NATIONAL GEOGRAPHIC

Unsere Erde

Gymnasium Niedersachsen 7/8

Herausgegeben von
Martina Flath
Ellen Rudyk

mit Beiträgen von
Martina Flath
Lynnette Jung
Rolf Maroske
Ute Mathesius-Wendt
Susanne McClelland
Ellen Rudyk

unter Mitarbeit der Autoren von
„Magellan" und „Unsere Erde" Bayern

in Zusammenarbeit
mit der Verlagsredaktion

W0385541

Cornelsen

Redaktion: Hans-Ragnar Steininger, Peter Südhoff, Johannes Völker
Atlasteil: Michael Kunz
Webcode: Ralf Kasper, Annett Küchler
Bildredaktion: Elke Schirok
Grafik: Dr. Volkhard Binder, Franz-Josef Domke, Hans Wunderlich
Karten: Cornelsen Kartographie, Berlin; Peter Kast, Ingenieurbüro für Kartographie, Schwerin

Gesamtgestaltung und technische Umsetzung:
Visuelle Gestaltung Katrin Pfeil, Mainz

www.cornelsen.de
www.oldenbourg-bsv.de

Die Internet-Adressen und -Dateien, die in diesem Lehrwerk angegeben sind, wurden vor Drucklegung geprüft. Der Verlag übernimmt keine Gewähr für die Aktualität und den Inhalt dieser Adressen und Dateien oder solcher, die mit ihnen verlinkt sind.

1. Auflage, 2. Druck 2012

Alle Drucke dieser Auflage sind inhaltlich unverändert und können im Unterricht nebeneinander verwendet werden.

„National Geographic" ist eine eingetragene Marke der National Geographic Society; für die deutsche Ausgabe lizenziert durch National Geographic Deutschland (G+J/RBA GmbH & Co KG), Hamburg, 2009

© 2009 Cornelsen Verlag, Berlin; Oldenbourg Schulbuchverlag GmbH, München

Das Werk und seine Teile sind urheberrechtlich geschützt.
Jede Nutzung in anderen als den gesetzlich zugelassenen Fällen bedarf der vorherigen schriftlichen Einwilligung des Verlages.
Hinweis zu den §§ 46, 52 a UrhG: Weder das Werk noch seine Teile dürfen ohne eine solche Einwilligung eingescannt und in ein Netzwerk eingestellt oder sonst öffentlich zugänglich gemacht werden.
Dies gilt auch für Intranets von Schulen und sonstigen Bildungseinrichtungen.

Druck: Stürtz GmbH, Würzburg

ISBN 978-3-06-064010-2

Inhalt gedruckt auf säurefreiem Papier aus nachhaltiger Forstwirtschaft.

Inhaltsverzeichnis

Unsere Erde – dein Erdkundebuch

Jedes Kapitel startet mit einem großen Bild, auf dem es viel zu entdecken gibt.

In der rechten Spalte erfährst du, was du zum Ende des Kapitels wissen und können solltest.

- Ein **roter Spiegelstrich** fordert dich dazu auf, dich in Deutschland und Europa zu orientieren.
- Der **gelbe Spiegelstrich** zeigt dir, welches erdkundliche Wissen du beherrschen sollst.
- Der **grüne Spiegelstrich** gibt an, welche Methoden du in diesem Kapitel anwenden wirst.
- Der **blaue Spiegelstrich** zeigt dir, welche erdkundlichen Sachverhalte und Probleme du bewerten und beurteilen sollst.

Das klappt – eine **ausklappbare Kartenseite** zu Kapitelbeginn. Du klappst sie aus und kannst dich bei den einzelnen Themen des Erdkundebuches jederzeit orientieren, wo Städte, Landschaften, Flüsse und Länder liegen, wo Braunkohle gefördert oder wo Weizen angebaut wird.

Alles klar? Der „**check-it**"-Kasten zu Beginn jeder Themenseite zeigt dir, was du nach deren Bearbeitung können solltest. Ob dir das gelungen ist, kannst du mithilfe der Arbeitsaufträge selbst testen.

Über den **Webcode** kannst du uns im Internet unter www.cornelsen.de/Unsere-Erde besuchen. Auf dieser Website findest du ein Feld, in das du die Zahlenkombination eingibst, die du unter dem Webcode findest, zum Beispiel UE640102-013. Klicke dann auf „Los" und schon sind wir zum jeweiligen Thema miteinander verbunden.

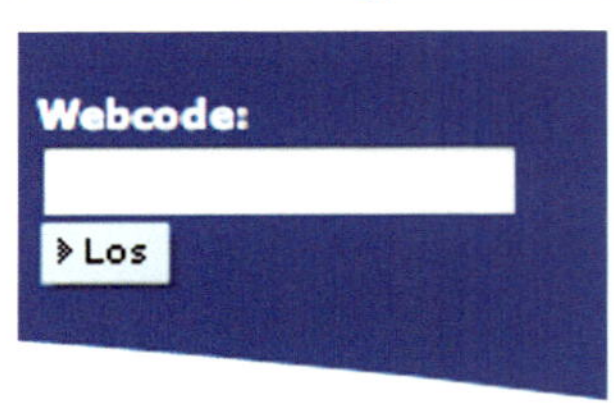

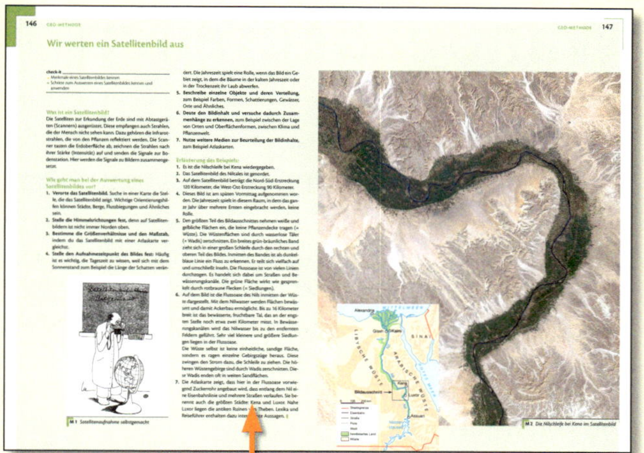

Geo-Aktiv
Hier findest du Anregungen, selbst aktiv zu werden, zum Beispiel beim Erstellen einer Wandzeitung oder Durchführung von Experimenten.

Geo-Methode
Hier kannst du Schritt für Schritt wichtige Methoden für das Fach Erdkunde lernen, zum Beispiel das Zeichnen von Kartenskizzen oder das Auswerten von Bildern.

Geo-Check
Am Ende jedes Kapitels kannst du dein Wissen und Können testen. Die entsprechenden Lösungen und weitere Übungen und Materialien findest du im Webcode.

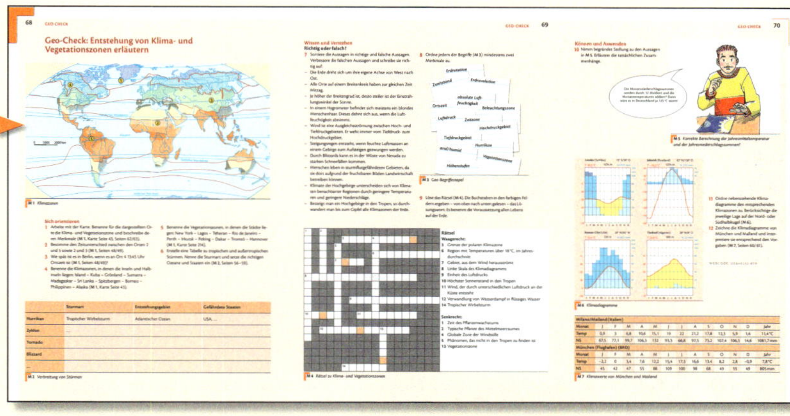

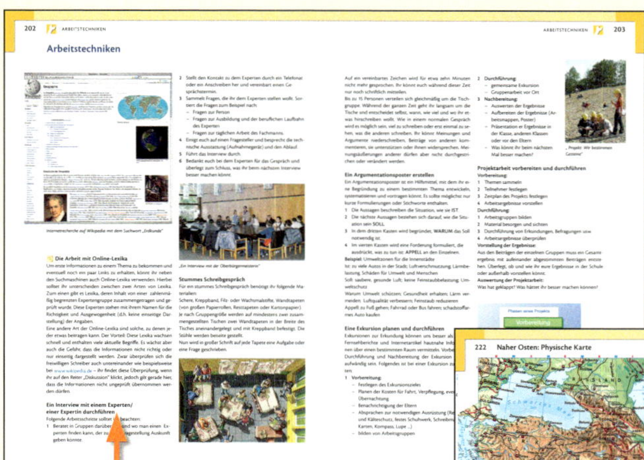

Im **Atlasteil** findest du zu allen wichtigen Themen im Buch die passende Atlaskarte. Welche Karte die richtige ist, erfährst du im Atlasregister.

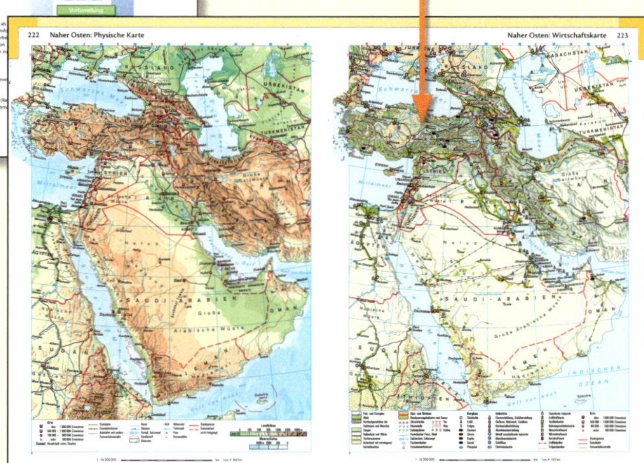

Der **Anhang** bietet dir unterschiedliche Hilfen: das **Lexikon**, um Begriffe zu erklären, das **Sachregister**, um Inhalte des Buches zu suchen und die **Arbeitstechniken**, die dir vielleicht unbekannt und auf den Themenseiten mit einem -Symbol gekennzeichnet sind.

1 Erdoberfläche im Wandel begreifen

Naturgewalten in Aktion

Blitze zucken vom Himmel – riesige Wolkentürme bei Nacht. Ein Gewitter? – Nein, ein Vulkan bricht aus. Gewaltige erdinnere Kräfte verändern die Landschaft der chilenischen Anden. Vulkanausbrüche stellen eine Gefahr dar und trotzdem wohnen viele Menschen in der Nähe von Vulkanen – wie lässt sich das erklären?

In diesem Kapitel lernst du
- Erdbeben- und Vulkangebiete zu verorten,
- die Ausbreitungsgebiete von Stürmen zu lokalisieren,
- die Plattentektonik kennen,
- Vulkane, Erdbeben und Seebeben sowie deren Wirkungen zu beschreiben und zu vergleichen,
- die Einteilung und Entstehung von Hurrikans und Tornados zu erläutern.

Dazu nutzt du:
- Blockbilder,
- Bilder und
- Internetrecherche.

Du beurteilst
- die Gefahren von Erdbeben und Vulkanausbrüchen für den Menschen,
- die Auswirkungen von Wirbelstürmen,
- Möglichkeiten des Schutzes vor Naturkatastrophen.

Ausbruch des Chaitén in Chile am 6. Mai 2008. Die Blitze entstehen durch Reibungselektrizität innerhalb der Staub- und Ascheteile, die beim Ausbruch in die Luft geschleudert werden.

Die Erde – vom Kern zur Kruste

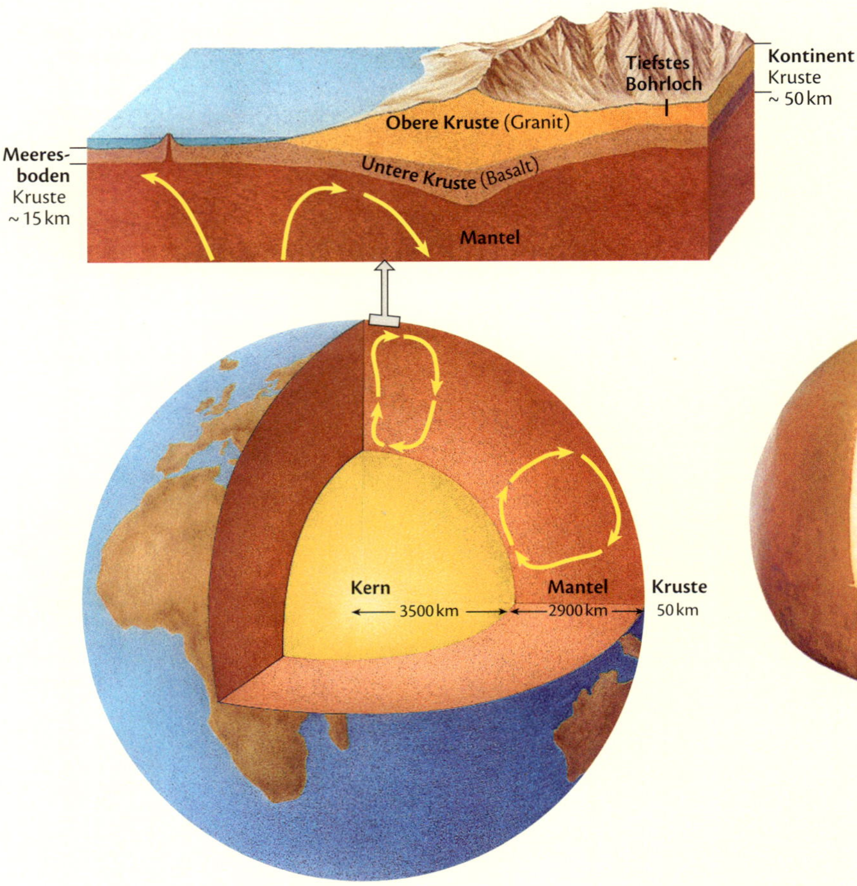

Vom Kern zur Kruste

Die kontinentale Kruste weist mit 4 Milliarden Jahren die ältesten Gesteine auf, die bislang gefunden wurden. Die ozeanische Kruste ist mit 200 Millionen Jahren noch relativ jung. Im oberen Erdmantel liegt die Grenze zwischen der festen Gesteinshülle und dem flüssigen Gestein, dem so genannten Magma. Erdkruste und oberer, fester Erdmantel bilden die so genannte **Lithosphäre**, das heißt die Gesteinshülle der Erde. In der darunter liegenden Schicht mit Temperaturen von etwa 1000 °C beginnen die Gesteine zu schmelzen. Diese Schicht heißt **Asthenosphäre** oder Fließzone. Sie ist nur wenige 100 Kilometer dick. Unter der Fließzone ist der Erdmantel wieder fest.
Über den Erdkern weiß man kaum etwas. Sein äußerer Teil ist vermutlich flüssig, sein innerer dagegen fester. Im Erdkern steigt die Temperatur auf 5000 bis 6000 °C an. Etwa 99 Prozent des Erdinneren sind heißer als 1000 °C und nur 0,1 Prozent sind kühler als 100 °C.

M 1 *Der Schalenbau der Erde*

check-it
- Schalenaufbau der Erde beschreiben
- Möglichkeiten der Erkundung des Erdinnern erläutern
- Blockbilder auswerten
- im Internet recherchieren und präsentieren

Unsere Erde – in Schalen aufgebaut

Obwohl noch niemand im Erdinnern war, haben Geowissenschaftler eine Vorstellung davon, wie es dort aussieht. Erkenntnisse über das Erdinnere können zum Beispiel über Tiefbohrungen gewonnen werden. Diese Bohrungen kosten sehr viel Geld, unter anderem weil sie stabile, dauerhafte Bohrtürme benötigen und mehrere Jahre dauern. Derartige Bohrungen sind zudem trotz des technischen Aufwands nur winzige Nadelstiche in die Erdkruste. Sie können keine erschöpfende Auskunft über das Erdinnere geben.
Erdbeben bieten die einzige Möglichkeit, das Erdinnere zu erforschen. Vor etwa einhundert Jahren waren Geologen dazu erstmals in der Lage. Der Göttinger Professor Emil Wiechert sagte damals: „Man kann jedes Erdbeben mit einer Laterne vergleichen, die für kurze Zeit angezündet wird und das Innere der Erde erleuchtet." Über die Ausbreitung von Erdbebenwellen lassen sich Rückschlüsse auf den Aufbau der Erde ziehen. Diese Wellen werden in bestimmten Tiefen wie an einem Hindernis abgelenkt oder ihre Ausbreitungsgeschwindigkeit ändert sich. Die Ursache dafür kann nur sein, dass die Erde in Schalen aus unterschiedlich dichtem Material aufgebaut ist.

Die Kontinentale Tiefbohrung (KTB) Windischeschenbach

1986 kündigte die Bundesregierung ein Projekt zur Erkundung des Erdinneren an. In Bayern bei Windischeschenbach sollte durch eine Tiefenbohrung das tiefste Loch der Welt entstehen. Für das gesamte Projekt standen etwa 270 Millionen Euro zur Verfügung. Allein eine neue Bohrspitze, die nach nur 100 Stunden Einsatz abgearbeitet war und er-

M 2 *Der 83 m hohe Bohrturm in Windischeschenbach*

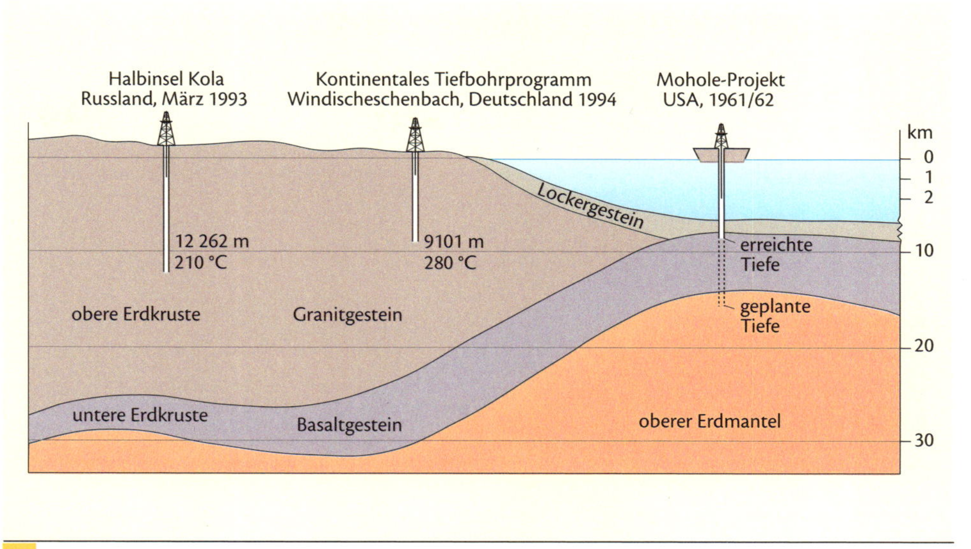

M 4 *Schemazeichnung bedeutender Tiefbohrprojekte*

M 3 *Benutzter Bohrkopf*

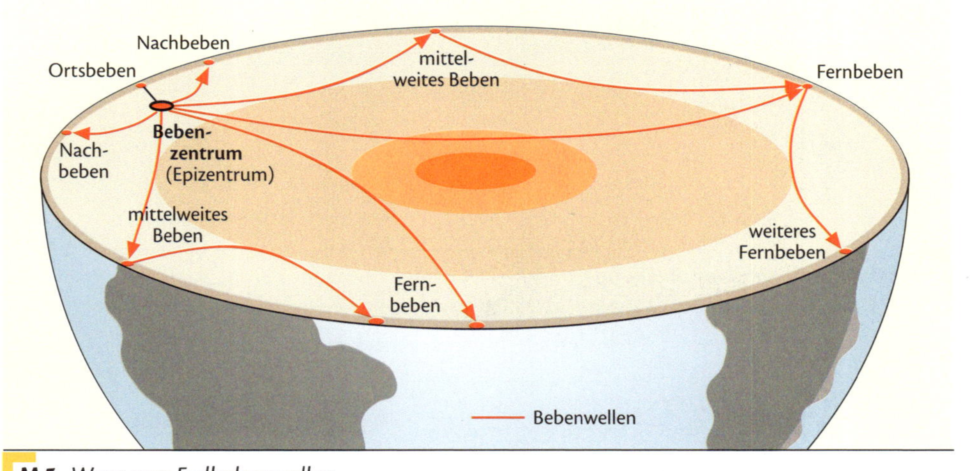

M 5 *Wege von Erdbebenwellen*

setzt werden musste, kostete etwa 13 000 Euro.
Im September 1987 wurde mit der Vorbohrung begonnen. 4000 Meter fraßen sich die Bohrmeißel in den Erdboden. Dabei stiegen die Temperaturen schneller als erwartet – der magische Grenzwert von 300 °C, der die Hitzegrenze für das Bohrgerät bedeutete, würde früher als erwartet erreicht werden. Somit stand fest, dass es keinen Tiefenrekord geben würde. Im September 1990 wurde die Hauptbohrung gestartet. Anfang 1994 erreichte die Bohrung eine Tiefe von 8600 Metern. Bei 9000 Metern stieg die Temperatur auf 270 °C an. Am 6. Oktober wurde die Bohrung schließlich bei 9101 Metern abgebrochen. Die Auswertung der Daten und Gesteinsproben beschäftigte die Fachleute über viele Jahre.
Heute befindet sich in Windischeschenbach ein GEO-Zentrum für die kontinentale Tiefbohrung und weitere geowissenschaftliche Themen. Führungen und Ausstellungen ermöglichen somit einer breiten Öffentlichkeit Einblicke ins Innere der Erde.

1 Vergleiche den Aufbau des Pfirsichs mit dem Schalenbau der Erde (**M 1**).
2 Beschreibe den Aufbau der Erdkruste im Bereich der Kontinente und der Ozeane (**M 1**).
3 Berichte über das Projekt Windischeschenbach. Beachte dabei den Aufbau der Erde (**M 2–M 4**, Internet).
4 Erläutere, wie Erdbeben zur Erkundung des Erdinneren genutzt werden (**M 5**).
5 Recherchiere im Internet, was man unter Geothermie versteht und inwiefern diese für den Menschen von Bedeutung sein kann. Präsentiere deine Ergebnisse in einem Kurzreferat (***ein Kurzreferat halten***).

Kontinente in Bewegung

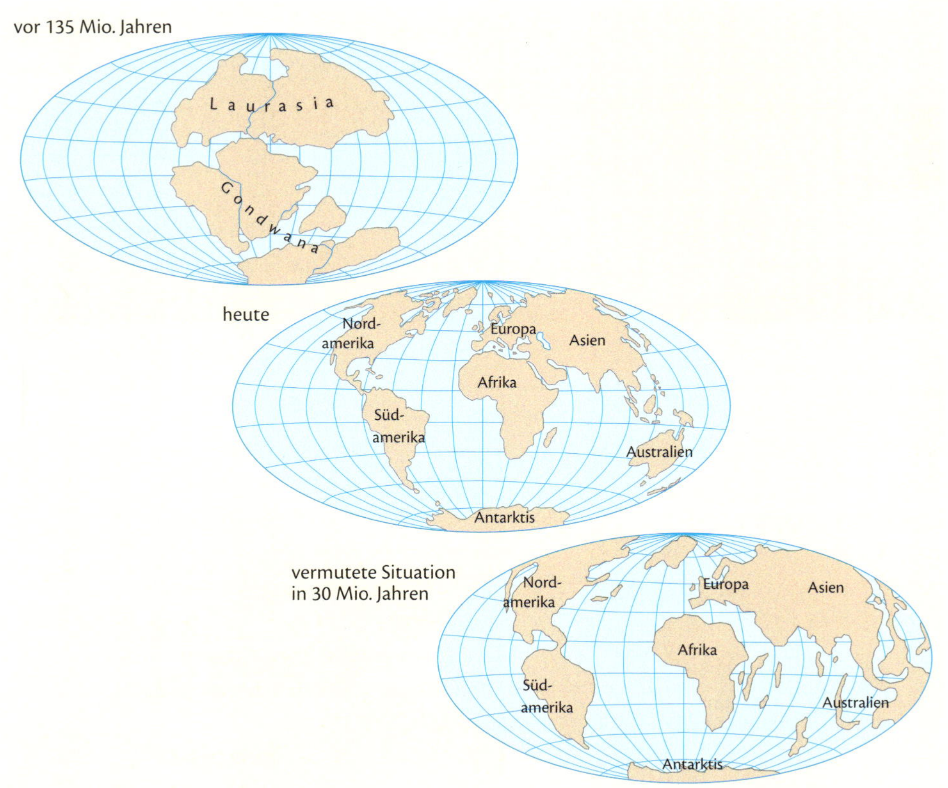

M1 *Die Kontinentalverschiebung*

check-it
- Theorie der Kontinentalverschiebung und der Plattentektonik kennen
- Plattenbewegungen erläutern
- Blockbilder auswerten

Plattentektonik: das neue Bild der Erde

Wer auf einer Weltkarte die Westküste Afrikas und die Ostküste Südamerikas betrachtet, dem fällt auf, dass beide Küsten wie zwei Puzzleteile zusammenpassen. Diese Beobachtung machte schon zu Beginn des vorigen Jahrhunderts ein Wissenschaftler namens Alfred Wegener. Wegener entwickelte die so genannte Theorie der Kontinentalverschiebung, die heute durch viele Beweise belegt ist. Auf beiden Kontinenten gibt es gleichartige Gesteine sowie Überreste verwandter Pflanzen- und Tierarten.

Eine Erweiterung der Theorie der Kontinentalverschiebung ist die Theorie der Plattentektonik. Nach heutigen Erkenntnissen besteht die Erdkruste aus mehreren großen und vielen kleineren Bruchstücken, die man „Platten" nennt. Diese starren Gesteinsplatten schwimmen auf dem zähflüssigen Gestein der Asthenosphäre, das heißt der Fließzone. Aus dem Erdinnern gelangt an manchen Stellen vermehrt Wärme nach oben. Dort quillt das **Magma** auf und drückt die benachbarte Gesteinsschmelze zur Seite. Andernorts sinkt kühleres Magma wieder ab. Auf diese

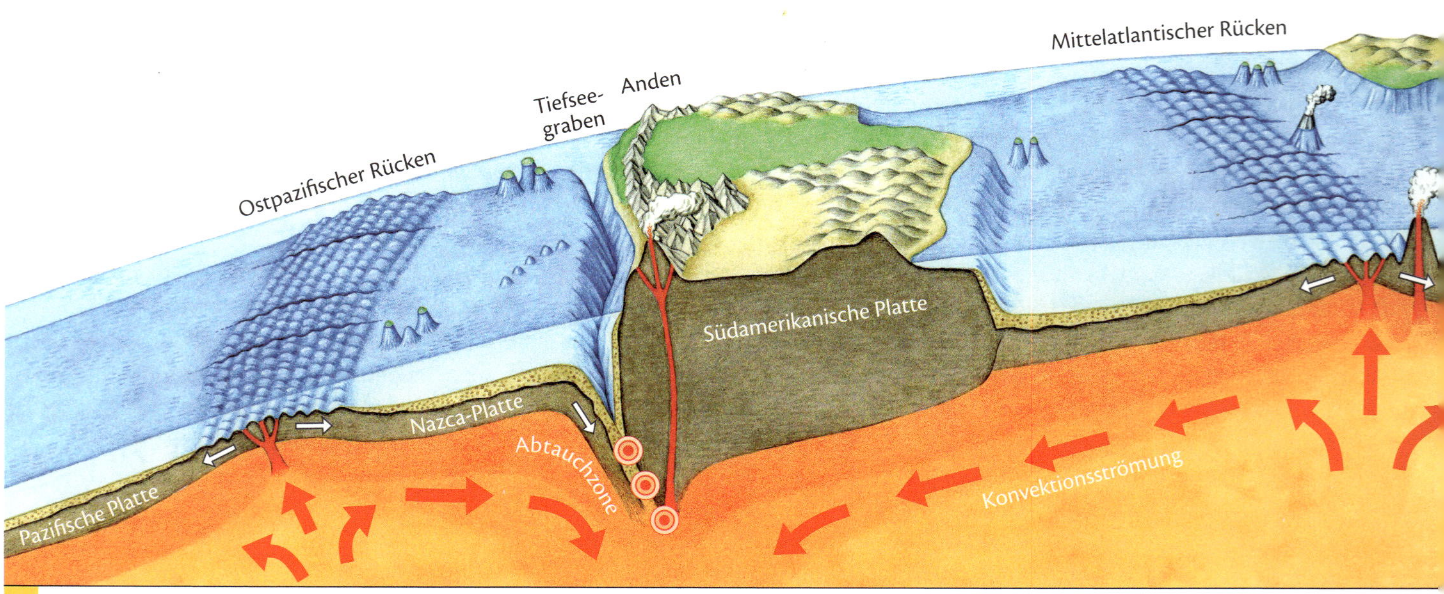

M2 *Blockbild zur Plattentektonik*

Weise entstehen geschlossene Magmawalzen, die man **Konvektionsströme** nennt. Die Platten werden von den Konvektionsströmen angetrieben – wie Eisschollen durch Meeresströmungen. Sie driften jährlich bis zu dreißig Zentimeter.

Die Bewegungen der Platten

Die Auswirkungen der Plattenbewegungen lassen sich gut am Beispiel Südamerikas, des Atlantischen Ozeans und Afrikas erkennen. Unter dem Atlantik strömt Gesteinsschmelze aus dem Erdmantel auf und dehnt dort den Ozeanboden. Dadurch kann Magma aufsteigen und untermeerische Vulkanausbrüche hervorrufen. Das aufsteigende Material bildet untermeerische Gebirge beziehungsweise mittelozeanische Rücken, hier den Mittelatlantischen Rücken. Er ist über 3000 Meter hoch und 17000 Kilometer lang. Beiderseits dieses Rückens werden die Platten durch aufsteigendes Magma auseinandergeschoben. Der Atlantik verbreitert sich durch die Bildung von neuem Ozeanboden, sodass Afrika und Südamerika sich voneinander entfernen. Die Entstehung eines neuen Ozeans und seine Verbreiterung nennt man **Sea-floor-spreading**.
An der Westseite wird Südamerika gegen die Nazca-Platte geschoben. Durch diese Stauchung faltete sich am Kontinentalrand ein Gebirge auf, die Anden. Das Basaltgestein der ozeanischen Kruste ist schwerer als das Granitgestein der kontinentalen Kruste und taucht deshalb unter den Kontinent ab. Am Meeresboden entstand in Küstennähe ein Tiefseegraben, der Atacamagraben. Das Abtauchen einer Platte unter eine andere bezeichnet man als **Subduktion**.

WEBCODE: UE640102-013

M 3 *Brücke auf Island, die die Nordamerikanische und Eurasische Platte verbindet*

1. Erkläre: „Kontinente bewegen sich" (**M 1**).
2. Recherchiere im Internet, wer Alfred Wegener war.
3. Benenne die großen Platten der Erdkruste und beschreibe, wo Subduktionszonen liegen und wo Sea-floor-spreading stattfindet (Atlasteil, **M 2**, **M 3**).
4. Erläutere, welche Prozesse beim Auseinanderdriften und beim Zueinanderbewegen von Platten ablaufen (**M 2**).
5. Begründe, warum Kolumbus heute, 500 Jahre nach seiner kühnen Entdeckungsreise, etwa 10 Meter weitersegeln müsste, um Amerika zu erreichen.

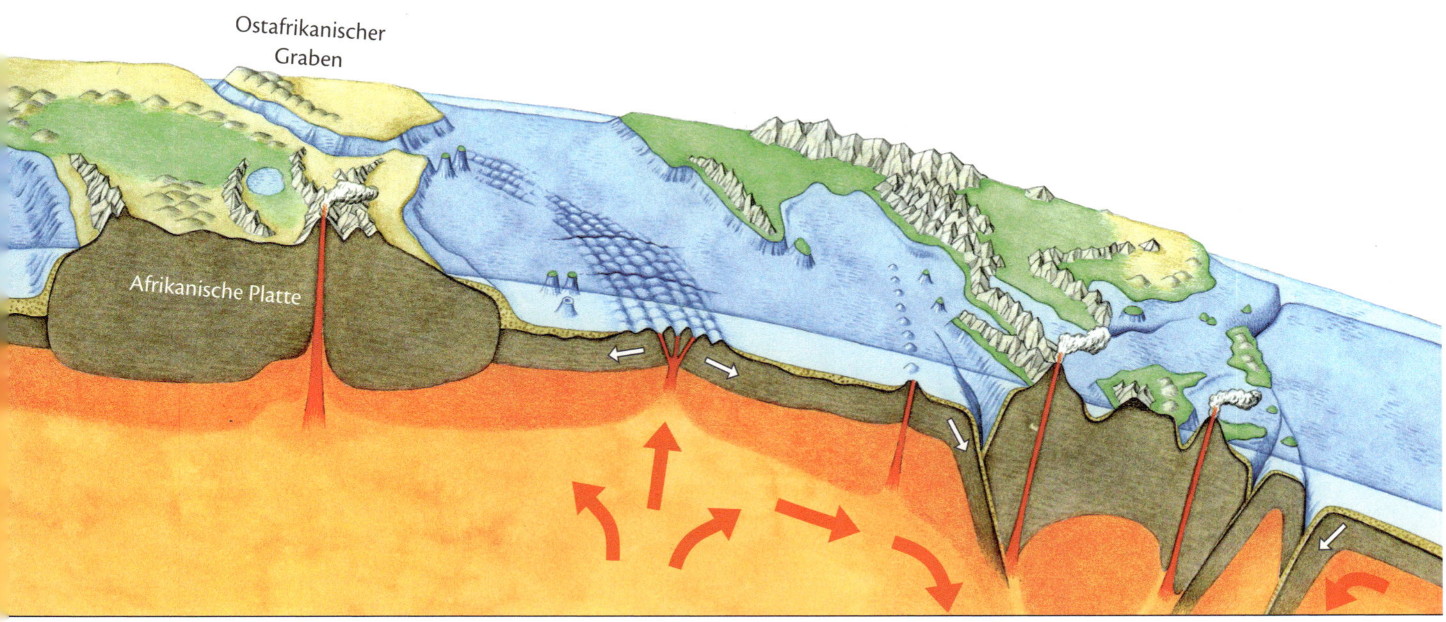

Endogene Vorgänge formen die Erdoberfläche

Der geköpfte Riese
Hundert Jahre lang galt der Mount St. Helens im Nordwesten der USA als gutmütiger, 2950 Meter hoher Riese. Bis er Anfang 1980 mit leichten Erdstößen aus seinem Schlaf erwachte, war er auch ein beliebtes Ausflugsziel.
Wie der Korken einer Champagnerflasche wird die Nordflanke des Mount St. Helens am 18. Mai 1980 plötzlich weggesprengt. Mit mehreren hundert Stundenkilometern ergießen sich Gestein, Geröll und vulkanische Gase ins Tal. Auf einer Fläche von 40 000 Quadratkilometern versinkt das Land im Ascheregen. So hoch steigt die Rauchsäule in die Atmosphäre, dass Flug-

M 1 *Vulkanausbruch des Mount St. Helens am 18. Mai 1980*

check-it
- Merkmale und Einteilung endogener Vorgänge kennen
- Gestaltung der Erdoberfläche durch endogene Vorgänge erläutern
- endogene Vorgänge und deren Wirkung vergleichen

Kräfte aus dem Erdinnern

Schon seit Beginn der Erdgeschichte beherrschen zwei globale Motoren die Gestaltung der Erde, ein innerer und ein äußerer. Der innere Motor wird durch die Wärmequelle im Erdinnern angetrieben, der äußere durch die Sonnenenergie. Die innere Wärme lässt Gesteine schmelzen und Vulkane entstehen, sie liefert die notwendige Energie, um Gebirge aufsteigen zu lassen, um Kontinente zu bilden und zu bewegen. Diese Vorgänge werden als **endogene** (erdinnere) **Vorgänge** bezeichnet.

Neues Land entsteht

Am 14. November 1963 ragt südlich von Island ein Feuerberg einige Meter aus dem Meer. Er speit Rauch, Asche und Lava 3600 Meter hoch in den Himmel. Jeden Lavaausstoß begleitet ein Donnergrollen. In den folgenden Tagen sind die Ausbrüche auch im 120 Kilometer entfernten Reykjavik zu beobachten. Am dritten Tag ist der Vulkan 550 Meter lang und 40 Meter hoch. Zwei Jahre lang wächst der Berg aus Asche und Lava, dann ist die neue Insel namens Surtsey auf 2,7 Quadratkilometer angewachsen und ragt 170 Meter über den Meeresspiegel. Im Sommer 1965 keimen erste Pflanzen auf dem Gestein. Meersenf und Strandhafer sind die ersten Pionierpflanzen. 1986 brüten erste Möwen auf der Insel, die als wichtigster Faktor bei der Belebung der Insel gelten: 75 Prozent der Pflanzenarten sind durch Vögel auf die Insel Surtsey gelangt, lediglich 14 Prozent über den Wind und elf Prozent über das Meer. Mit der Zeit könnte die Insel dank der Möwen eine grüne Insel werden, doch die Wellen des Nordatlantiks haben die Fläche der Insel schon auf 1,4 Quadratkilometer reduziert. Ein Geologe hat berechnet, dass Surtsey in 100 Jahren auf oder unter dem Meeresspiegel liegen wird.
Viele Inseln auf der Erde sind durch endogene Vorgänge an Plattengrenzen entstanden. Ebenso wie Surtsey wurde auch Island über Jahrmillionen aus dem

M 2 *Surtsey – eine Insel wächst aus dem Meer*

zeuge gezwungen sind, ihre Route zu ändern. Neun Tage dauert der Ausbruch, und als sich die Staubwolken allmählich legen, zeigt sich das ganze Ausmaß der Katastrophe. Im Umkreis von 15 Kilometern ist kein Baum mehr zu sehen. Eine riesige Lawine aus Geröll, Schlamm und mitgerissenen Baumstämmen hat eine Schneise der Verwüstung geschlagen. Der Berg ist um 500 Meter geschrumpft. Ein Zehntel des Riesen ist weggesprengt worden. Insgesamt kostet der Ausbruch 57 Menschen das Leben: Vulkanologen und Schaulustige zumeist, die die Wucht des Ereignisses überraschte.

Der Mount St. Helens am 30. Juni 1980

Endogene Kräfte

- kurzfristige, örtliche Vorgänge
  - Vulkanausbrüche
    - Entstehung unterschiedlicher Vulkanformen
  - Erdbeben
    - Flachbeben, Tiefe von 0–70 km, divergente Plattengrenzen
    - mitteltiefe Beben, Tiefe von 70–300 km, konvergente Plattengrenzen
    - Tiefbeben, Tiefe von 300–720 km, an Subduktionszonen
- langfristige, eng- und weiträumige Vorgänge
  - Gebirgsbildung
    - Falten und Bruchbildung, Veränderung der Gesteinslagerung
  - Hebungen, Senkungen
    - keine Zerstörung und Veränderung des Gesteinsverbandes

M 3 *Endogene Kräfte im Überblick*

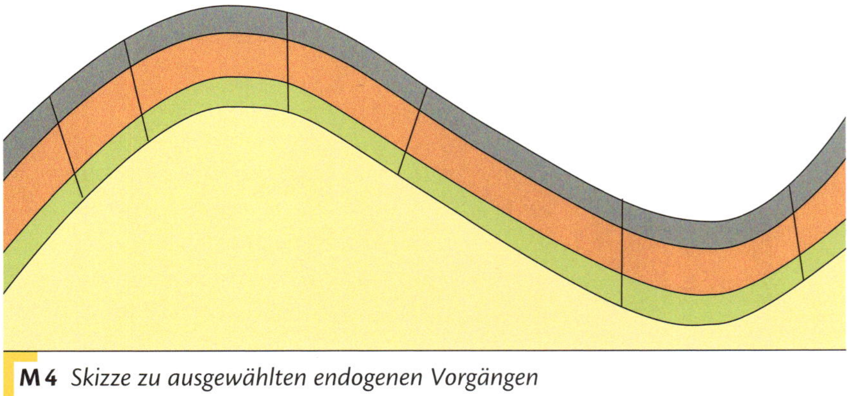

M 4 *Skizze zu ausgewählten endogenen Vorgängen*

Mittelatlantischen Rücken aufgetürmt. Der Japanische Inselbogen ist wiederum durch Subduktion der Philippinischen und Pazifischen Platte unter die Eurasische Platte entstanden.

1 Erläutert, wie endogene Kräfte die Erdoberfläche verändern. Bildet dazu zwei Gruppen. Gruppe 1 bearbeitet das Beispiel des Mount St. Helens (**M 1**), Gruppe 2 bearbeitet das Beispiel der Insel Surtsey (**M 2**).
2 Benenne Merkmale und verschiedene Arten endogener Vorgänge (**M 3**).
3 Zeichne eine Skizze wie **M 4**. Wähle eine Überschrift, die die dargestellten endogenen Vorgänge bezeichnet, und beschrifte die Skizze sachgerecht. Formuliere zu deiner Skizze einen Merksatz.
4 Erkläre, warum bestimmte Regionen mehr, andere hingegen weniger von Erdbeben und Vulkanausbrüchen betroffen sind (Atlas).
5 Äußere Vermutungen, wie die Alpen entstanden sein könnten.

Wir erstellen eine Wandzeitung zu Naturereignissen

Eine Wandzeitung gestalten

Wo treten Vulkanausbrüche, Erdbeben, Tsunamis oder Wirbelstürme auf? Welche Schäden richten diese Naturereignisse an, sind auch Menschen davon betroffen?
Sammelt aktuelle Berichte aus Zeitungen, Zeitschriften und dem Internet. Erstellt über mehrere Monate oder sogar über ein ganzes Schuljahr eine Wandzeitung, die euch und anderen einen informativen Einblick zum Thema „Naturereignisse" gibt. Die Wandzeitung sollte so gestaltet sein, dass sie ein Blickfang ist und zum Lesen einlädt.
Die folgenden Merkmale und Schritte zum Gestalten einer Wandzeitung bieten Anleitung und Hilfe.

Gestaltungsmerkmale einer Wandzeitung

- Schreibt mit ordentlicher Handschrift und so groß, dass eure Texte auch aus der Entfernung gut lesbar sind. Ihr könnt eure Texte natürlich auch mit dem Computer schreiben und ausdrucken. Wählt eine geeignete Schriftgröße.
- Eure Wandzeitung sollte dazu anregen, sich aktiv mit ihr auseinanderzusetzen. Ihr könnt euch z. B. spannende Rätsel ausdenken und diese aufnehmen.
- Die Wandzeitung soll ins Auge fallen. Unterschiedliche Fotos, Zeichnungen, Karikaturen ermöglichen ein vertieftes Erfassen der Inhalte und erhöhen den Anreiz, sich die Wandzeitung genauer anzuschauen.
- Ordnet Schrift und Bilder so an, dass man schnell einen Überblick gewinnt.
- Verwendet gutes Material, zum Beispiel stabilen Karton als Untergrund, sowie farbiges Papier.

Nimm eine Folie mit den Umrissen der Kontinente und vergrößere diese mithilfe des Tageslichtprojektors auf Plakatkarton.
Sammle über einen längeren Zeitraum hinweg Zeitungsmeldungen über Vulkanausbrüche und Erdbeben.
Markiere auf dem Plakat mit farbigen Klebepunkten die Orte der Naturereignisse. Nummeriere die Klebepunkte und versieh die ausgeschnittenen und am Rand aufgeklebten Zeitungsmeldungen mit der gleichen Zahl.
Was fällt dir auf, wenn die Karte sich allmählich füllt?

Vorgehen beim Gestalten einer mitwachsenden Wandzeitung

Ideen finden
Auftrag an alle: Jeder, der etwas zum Thema „Naturereignisse" hört, liest, findet, informiert die anderen Mitschüler oder bringt die Materialien mit.
Einen guten Platz im Klassenraum oder im Schulgebäude für die Wandzeitung suchen.

Material suchen
Überlegt, ob ihr in Gruppen arbeiten möchtet.
Geeignete Informationsquellen sind: Tageszeitungen, Zeitschriften, Nachrichtensendungen, das Internet.

Material vorbereiten
Eine Weltkarte oder eine andere geeignete Basiskarte muss erstellt werden. Art der Materialien festlegen, zum Beispiel: Fotos, Zeitungsausschnitte, eigene Texte, Diagramme, Zeichnungen, ...

Wandzeitung gestalten
Überlegt, wie ihr den Platz auf eurer Wandzeitung sinnvoll aufteilen könnt.
Wo sollen die Texte, Bilder, Grafiken usw. platziert werden, wo soll die Überschrift stehen?
Legt die Materialien zunächst nur auf und überprüft, ob sie den Gestaltungsmerkmalen genügen. Klebt die Materialien erst fest, wenn ihr zufrieden seid.

Wandzeitung präsentieren
Wem möchtet ihr die Wandzeitung präsentieren, vielleicht einer Parallelklasse oder zum Elternabend?

Vulkanismus in Europa

M 1 *Ausbruch des Ätna 2002*

Vulkane Europas
1. Ätna (ca. 3340 m)
2. Hvannadalshnúkur (2119 m, unter dem Vatnajökull)
3. Grímsvötn (1725 m, unter dem Vatnajökull)
4. Herðubreið (1682 m)
5. Hekla (1491 m)
6. Vesuv (ca. 1200 m)
7. Stromboli (ca. 926 m)

M 2 *Vulkane Europas*

check-it
- Lage von Vulkanen lokalisieren
- Vulkantypen vergleichen
- Vulkanausbrüche erläutern
- Risiken und Nutzen in Vulkangebieten beurteilen
- Bilder auswerten

Der Ätna – ein aktiver Vulkan

Am 17. Mai 2008 strömte Lava aus einem Südostkrater des Ätna. Nur drei Tage später ging im Bereich der Gipfel Ascheregen nieder und es traten mehrere Erdbeben auf. Die seit Jahrhunderten dauernde Vulkantätigkeit hat der Ätna weltweit nur mit acht Vulkanen gemein, unter anderem mit dem Stromboli. Aufgrund seiner Aktivität wächst der Ätna jährlich, kann aber auch durch Einbrüche an Höhe verlieren. Die häufigen Flankenausbrüche lassen immer wieder neue Öffnungen entstehen, die mehrere Wochen bis Monate aktiv Lava ausspeien können. Die Lavaströme sind dabei schon bis in die Vorgärten der Anwohner benachbarter Ortschaften vorgedrungen.

Der Vulkanismus Süditaliens steht in direktem Zusammenhang mit Bewegungen in der Erdkruste im Apennінen-Gebirge, das Italien von Nord nach Süd durchläuft und zu dem auch der Ätna gehört. Das Magma des Ätna stammt aus dem oberen Erdmantel, aus einer Tiefe von 70 bis 120 Kilometern.

M 3 *Zerstörtes Haus am Ätna*

Schicht- und Schildvulkane

Dadurch, dass sich Lavaströme und verfestigtes vulkanisches Lockermaterial abwechselnd ablagern, zählt der Ätna zu den so genannten **Schichtvulkanen**. Der Austritt von Gasen, die in der Gesteinsschmelze enthalten sind, erfolgt bei den Schichtvulkanen zumeist abrupt. Lavafetzen werden hochgeschleudert, erstarren und fallen als Bomben, kleinere (etwa walnussgroße) Steine und Asche zurück. Die Lava von Schichtvulkanen ist zähflüssig, erkaltet schneller und bildet relativ steil einfallende Schichten.

Anders ist es bei den so genannten **Schildvulkanen.** Deren Lava ist dünnflüssig. Dies führt zu einem gleichmäßigen Ausfluss. Der Mauna Loa auf Hawaii ist ein Schildvulkan und mit mehr als 4000 Meter Höhe der größte aktive Vulkan der Erde.

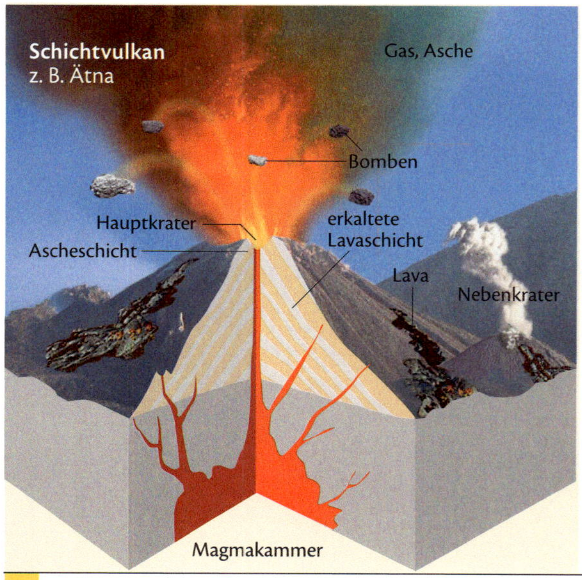

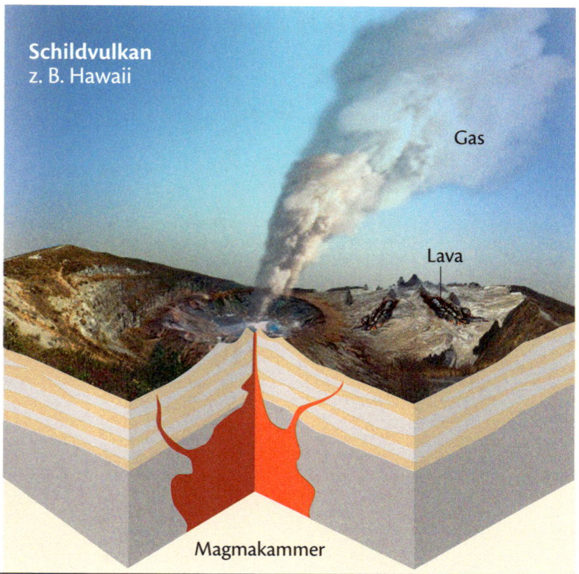

M 4 *Vulkantypen*

Leben mit dem Vulkanismus

Vulkane bringen auch Nutzen: Lava und Asche sind gewöhnlich reich an Mineralien. Durch ihre Verwitterung entsteht fruchtbarer Boden, der sich gut für Acker- und Weinbau eignet. Vulkanisches Gestein wird auch als Baumaterial genutzt (Basalt und Bimsstein). Vulkanische Wärme dient der Stromerzeugung. Dazu werden die Dampfkammern ehemaliger Vulkane angebohrt und der heiße Dampf in Kraftwerken zu elektrischer Energie umgewandelt. So kann zum Beispiel auf Island der gesamte Bedarf an Wärmeenergie aus vulkanischer Erdwärme gedeckt werden. Islands Hauptstadt Reykjavik wird deshalb „Stadt ohne Schornsteine" genannt. Es werden keine fossilen Brennstoffe verbrannt und damit auch keine Schornsteine benötigt.

Vulkanausbrüche sind spektakuläre Naturereignisse, die viele Touristen anlocken. Aber auch Lavagrotten oder die unterirdische Hitze, die unter anderem zum Grillen genutzt werden kann wie im Timanfaya-Nationalpark auf Lanzarote, sind touristisch attraktiv. Dadurch hat sich in vielen Vulkangebieten eine ausgeprägte Tourismusbranche mit entsprechend wirtschaftlicher Bedeutung entwickelt. Ob Tagesausflug, Trekkingtour oder Bildungsreise – die Gelegenheit zum Besuch von aktiven Vulkanen wie z. B. des Ätna wird gern genutzt.

M 5 *Touristen am Ätna*

1 Beschreibe die Lage des Ätna (Karte S. 230).
2 Finde heraus, in welchen Ländern sich die Vulkane Europas befinden, und nenne Lagemerkmale (Karte S. 230, **M 2**).
3 Erläutere Ursachen, Erscheinungsformen und Folgen eines Vulkanausbruches (**M 3**).
4 Vergleiche Schicht- und Schildvulkane und erkläre deren Unterschiede (**M 4**).
5 Lokalisiere die in **M 2** genannten Vulkane.
6 Menschen leben trotz der potenziellen Gefahren in der Nähe von Vulkanen. Beurteile die Bedrohungen und Bereicherungen (**M 3**).
7 Der Ätna kann Leben zerstören und Leben geben. Nimm Stellung.

WEBCODE: UE640102-019

Erdbeben in Kalifornien

Am 17. Oktober 1989 bebte die Erde in San Francisco für einige Sekunden während des Hauptberufsverkehrs um 17 Uhr. Das Beben erreichte eine Stärke von 6,9 auf der Richter-Skala. Mehr als 500 Meter der oberen Fahrbahn einer doppelstöckigen Autobahn stürzten herab und begruben mehr als 200 Autos unter sich. Auf manchen Straßen taten sich riesige Löcher auf, in denen Autos komplett verschwanden. Die Wolkenkratzer hielten dem Beben zwar stand, doch erschlugen herabfallende Fassadenteile mehrere Passanten. Viele kleinere Gebäude stürzten ein. Die Versorgung mit Strom, Wasser und Telefon brach zusammen. Die Schäden summierten sich auf etwa sechs Milliarden Dollar.
Am 30. Oktober 2007 fand ein Erdbeben der Stärke 5,6 statt, dessen Epizentrum in der Nähe von San José lag. Zu Schäden in San Francisco kam es dabei nicht. Experten befürchten für die Zukunft jedoch noch stärkere Erdbeben in Kalifornien. Forscher ermittelten eine Wahrscheinlichkeit von 99,7 Prozent für ein Beben der Stärke 6,7.
Am 29. Juli 2008 wurden die Bewohner von Los Angeles wieder daran erinnert, dass sie auf unsicherem Grund leben. 30 Sekunden lang bebte die Erde mit einer Stärke von 5,4 auf der Richter-Skala. Es war das heftigste Beben seit mehr als zehn Jahren.

M 1 *Erdbeben in Kalifornien*

M 3 *Übersicht über Erdbeben in Kalifornien*

M 4 *San-Andreas-Verwerfung*

check-it
- Lage Kaliforniens und der San-Andreas-Verwerfung beschreiben
- Auswirkungen von Erdbeben benennen
- Entstehung von Erdbeben erklären
- Gefahr von Erdbeben beurteilen
- thematische Karten auswerten

M 2 *Zerstörungen an einem doppelstöckigen Highway in San Francisco nach dem Erdbeben 1989*

Entstehung von Erdbeben in Kalifornien

Die Ursache für die Erdbeben in Kalifornien ist die San-Andreas-Verwerfung, ein etwa 1000 Kilometer langer Riss in der Erdkruste. An dieser Verwerfung verschieben sich Teile der Erdkruste gegeneinander. Beim Aneinander-Vorbeigleiten der Krustenteile verhakt sich das Gestein zu beiden Seiten und baut eine Spannung auf. Wird sie zu groß, verschiebt sich das Gestein beiderseits der Verwerfung ruckartig um bis zu mehrere Meter: Ein Erdbeben wird ausgelöst.

Messung von Erdbeben

Die Erschütterungen bei einem Erdbeben breiten sich über große Entfernungen aus. Mithilfe eines Seismographen kann man sie messen und den Verlauf von Erdbeben aufzeichnen. Eine solche Aufzeichnung heißt Seismogramm. Forscher fanden heraus, dass die meisten Erdbeben in Tiefen bis zu 100 Kilometern entstehen.

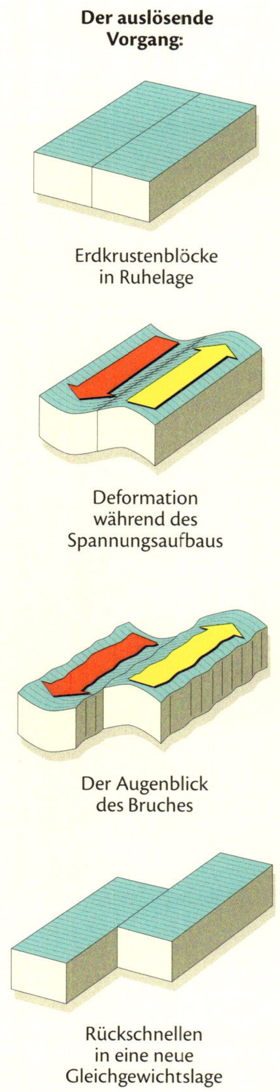

M 5 *Versetzung entlang einer Verwerfung*

Vorhersage und Schutz vor Erdbeben

Eine sichere Vorhersage von Erdbeben ist nicht möglich. Nur in seltenen Fällen konnten sich Menschen aufgrund von Veränderungen an der Erdoberfläche oder durch Beobachtung ungewöhnlicher Verhaltensweisen von Tieren auf ein kommendes Erdbeben vorbereiten. In den erdbebengefährdeten Gebieten wird versucht, Häuser zu bauen, die nicht einstürzen. So ist es gelungen, Gebäude mit einer Art von Stoßdämpfern auszustatten, die Erschütterungen elastisch aufnehmen können.

Amerikanische Geologen haben zudem ein Frühwarnsystem für die Erdbebenregion Kalifornien entwickelt. Das System fußt auf einem Netzwerk aus 155 seismischen Messstationen. Das automatische Netzwerk soll – so heißt es zumindest aus Kreisen der Forscher – etwa 40 Sekunden vor dem Erdbeben schwache Energiewellen erkennen. Diese gehen ebenso wie die zerstörerischen Bebenwellen vom Erdbebenzentrum aus, wandern aber schneller durch das Gestein und erreichen daher die Erdoberfläche eher.

In diesen lebenswichtigen Sekunden hätte die Bevölkerung noch Zeit, um ins Freie zu laufen oder sich unter Tischen zu schützen. Flugzeuge könnten noch vom Landen abgehalten, Brücken vom Verkehr freigemacht und Gaspipelines unterbrochen werden.

1 Berichte über die Auswirkungen von Erdbeben für San Francisco (**M 1**, **M 2** und **M 6**).
2 Erkläre die Entstehung von Erdbeben in Kalifornien (**M 3**, **M 5**).
3 Beschreibe, in welchen Gebieten Kaliforniens größere Erdbeben auftraten. Stelle einen Zusammenhang zur San-Andreas-Verwerfung her (**M 4**, **M 5**).
4 Erörtere folgende Aussage: Das Erdbebengebiet Kalifornien ist dicht besiedelt (**M 1**–**M 3**).
5 Auch in Deutschland gab es Erdbeben. Sammle z. B. mithilfe des Internets Informationen über Erdbeben in Deutschland.
6 Erläutere die Messung und Möglichkeiten der Vorhersage von Erdbeben (**M 6**, **M 7**).

WEBCODE: UE640102-021

Stärke 1–2	Nur durch Instrumente nachweisbar
Stärke 3	Selten nahe dem Bebenherd zu spüren
Stärke 4–5	Im Umkreis von 30 Kilometern um das Bebenzentrum spürbar, leichte Schäden
Stärke 6	Mäßiges Beben, Todesopfer und schwere Schäden in dicht besiedelten Regionen
Stärke 7	Starkes Beben, Zerstörungen im Umkreis von wenigen hundert Kilometern
Stärke 8–10	Großbeben; 9,5 war bisher der höchste gemessene Wert, katastrophale Zerstörungen im Umkreis von mehreren hundert Kilometern

M 6 *Die nach oben offene Richter-Skala*

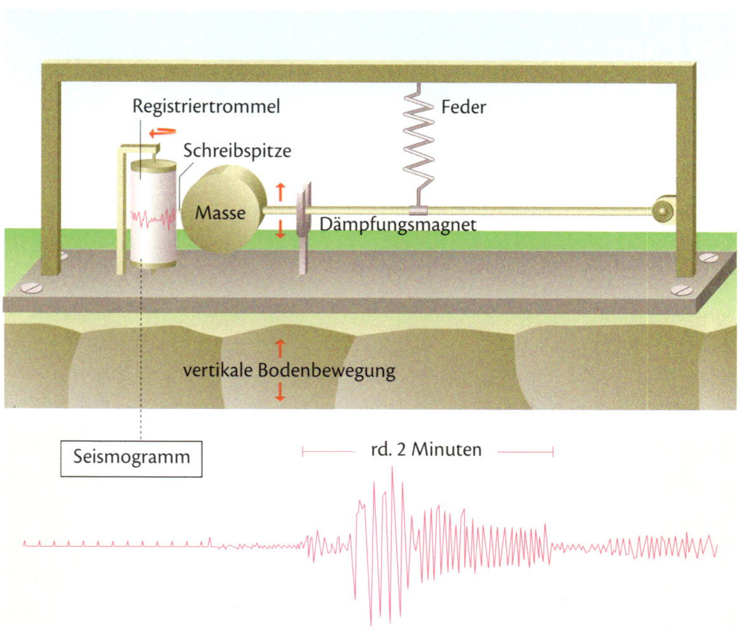

M 7 *Seismograph und Seismogramm*

Tsunamis – Gefahr aus dem Meer

M 1 *Luftbild von der Küste Sumatras nach dem Tsunami 2004*

Den Strand von Kamala auf Phuket gibt es nicht mehr, auch keine einzige Brücke ist erhalten geblieben. Von der Familie werden sieben Personen vermisst. Die Mutter von Paul wurde von den Wassermassen weggespült, Paul selbst bis zum Club. Leo konnte sich mit Mühe und im letzten Moment aus dem Auto retten. Hans, der im gleichen Auto war, wurde weggespült und war Stunden verschwunden.

Ich saß im Zimmer, als ich plötzlich Wasser unter die Tür fließen sah. Innerhalb von Sekunden stand das Wasser bis zur Decke. Ich weiß nicht mehr, wie ich herausgekommen bin.

Wir standen im Wintergarten, als eine große Welle über die Mauer des Gartens brach und innerhalb von Sekunden die Scheiben eindrückte. Wir fanden uns mehrere hundert Meter landeinwärts wieder.

M 2 *Berichte von Augenzeugen, Dezember 2004*

check-it
- durch Tsunamis gefährdete Gebiete lokalisieren
- Begriff Tsunami kennen
- Entstehung und Folgen von Tsunamis erläutern
- Frühwarnsystem erklären

Tsunami im Indischen Ozean

Die Insel Phuket in Thailand ist für viele Touristen mit ihren traumhaften Sandstränden, ihren zahllosen Buchten und dem glasklaren Meer der Inbegriff des Urlaubsparadieses gewesen. Dieser Traum wurde am 26. Dezember 2004 jäh zerstört. Vor Sumatra erzeugte ein Seebeben der Stärke 8,9 eine gewaltige Flutwelle, die in kurzer Zeit zahlreiche Länder rund um den Indischen Ozean erreichte und für eine Naturkatastrophe unermesslichen Ausmaßes sorgte. Die riesigen Wellen rissen mit ihren Strömungen alles mit, was sich ihnen in den Weg stellte. Vor Sumatra erreichte die Welle eine Geschwindigkeit von rund 700 Stundenkilometern, beinahe so schnell wie ein Verkehrsflugzeug. Im gesamten südasiatischen Raum, aber auch an der Ostküste Afrikas wurden über 200 000 Menschen Opfer der Naturgewalten. Der Tsunami zerstörte alle im betroffenen Küstenraum vorhandenen Siedlungen und Verkehrseinrichtungen, aber auch den Naturraum völlig.

Entstehung von Tsunamis

Ein Tsunami (japanisch: lange Hafenwelle) ist eine Springflut, die durch ein Seebeben mindestens der Stärke 7 auf der Richter-Skala entsteht. Da auf dem offenen Meer die Wellenhöhe der Springflut nur einen halben Meter beträgt, wird sie dort oftmals gar nicht bemerkt. Erst im flachen Küstensaum kann sich die Welle aufbauen und eine Höhe von bis zu 30 Meter erreichen.
Am Strand macht sich ein Tsunami durch ein lang anhaltendes, außergewöhnlich starkes Zurückweichen des Wassers bemerkbar. Danach kommt es als zerstörerische Welle zurück.
Ursache für die Entstehung von Tsunamis ist die Bewegung von Platten. In

Süd- und Südostasien taucht die schwerere Indisch-Australische Platte (ozeanische Platte) um etwa sieben Zentimeter pro Jahr unter die leichtere Chinesische Platte (kontinentale Platte) ab. Darum entstehen in diesem Gebiet häufig Seebeben. Dabei werden gewaltige Wassermassen aus dem Gleichgewicht gebracht und in eine Bewegung versetzt, die einen Tsunami auslösen können.

Schutz vor Tsunamis

Da Tsunamis an Land erst bemerkt werden können, wenn es für eine Rettung zu spät ist, wurden bereits in vielen Regionen satellitengestützte Frühwarnsysteme auf dem Meeresboden installiert. Das Deutsch-Indonesische Tsunami-Frühwarnsystem (kurz GITEWS) bietet eine Reihe unterschiedlicher Methoden, um Tsunamis zu orten und vor ihnen zu warnen.

1 Berichte über die Folgen des Tsunamis im Dezember 2004 (**M 1**, **M 2**).
2 Lokalisiere Gebiete, die durch Tsunamis gefährdet sind (**M 3**, Karte S. 230). Begründe ihre Lage.
3 Erläutere das Entstehen eines Tsunamis (**M 4**).
4 Erkläre die Funktionsweise des Frühwarnsystems (**M 5**).

WEBCODE: UE640102-023

M 3 *Räumliche Ausbreitung der Flutwelle*

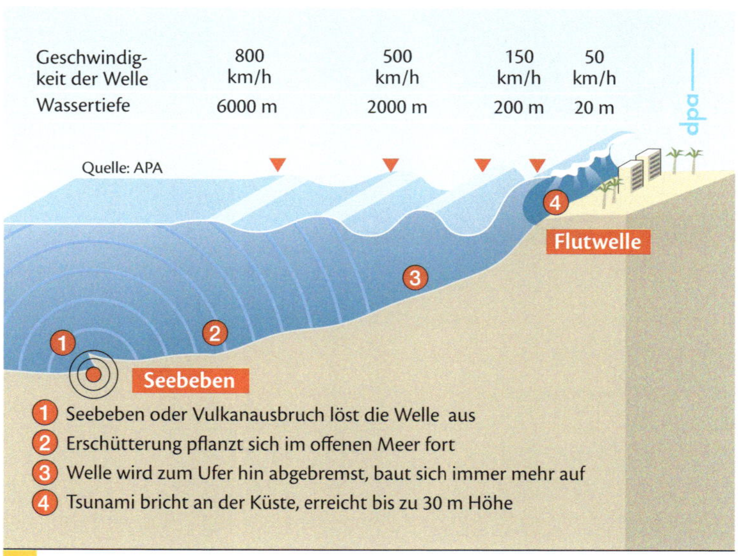

M 4 *Entstehung eines Tsunamis*

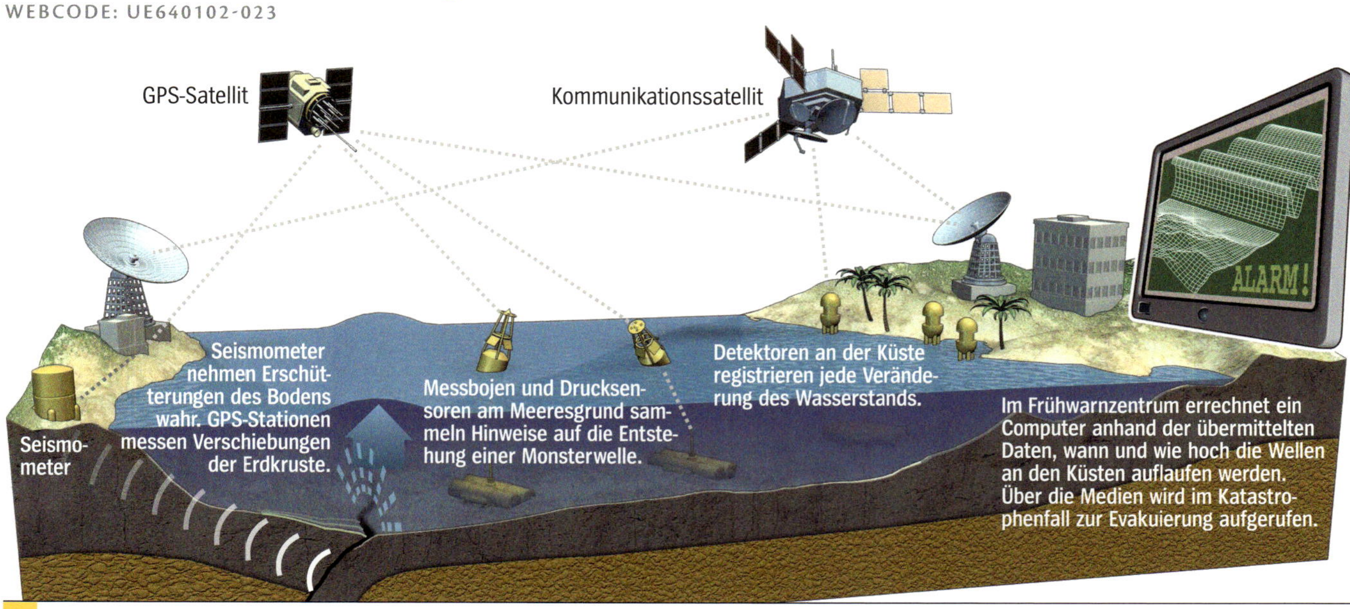

M 5 *Das deutsch-indonesische Tsunami-Frühwarnsystem GITEWS*

Aus dem Meer entsteht ein Gebirge

M 1 *Muschel auf dem Berggipfel*

check-it
- Lage der Alpen beschreiben
- Entstehung eines Faltengebirges am Beispiel der Alpen erklären
- Merkmale eines Hochgebirges kennen

1 Europa (Eurasische Platte) und Afrika (Afrikanische Platte) sind auseinandergedriftet. Europa ist durch ein großes, flaches Meeresbecken, das so genannte Ur-Mittelmeer, von Afrika getrennt. Auf dem Grund dieses Meerestroges lagerten sich nicht nur Sand, Schlamm und Kies von Flüssen ab, sondern auch Kalkschalen abgestorbener Meerestiere, wie zum Beispiel Muscheln und Korallen. Die erreichen im Ur-Mittelmeer eine Mächtigkeit von mehreren tausend Metern.

2 Unter dem zunehmenden Gewicht der Ablagerungen senkte sich der Meeresboden. Außerdem bewegte sich die Afrikanische Platte von Süden auf den Meerestrog zu. Deshalb wurden die Ablagerungen zusammengepresst und unter hohem Druck und großer Hitze in der Tiefe teilweise aufgeschmolzen und gefaltet.

3 Am Ende des Erdmittelalters war der Druck durch die nach Norden drängende Afrikanische Platte so groß, dass sich die verformten und gefalteten Gesteinsschichten schräg stellten. Als riesige Gesteinspakete wurden sie wie „Gesteinsdecken" sogar übereinandergeschoben.

4 Die Gesteinspakete stiegen aus dem Meer auf. Sofort begannen die erdäußeren Kräfte ihr Werk der Zerstörung. In den Zentralalpen war die Hebung am stärksten. Dort wurden die Gesteinsdecken aus Kalk weitgehend abgetragen, sodass die ursprünglich auf dem Meeresboden abgelagerten Gesteinsschichten an die Erdoberfläche gelangen. Nördlich und südlich der Zentralalpen wurde das Gebirge nicht so hoch herausgehoben und weniger stark abgetragen. Deshalb findet man dort Schichten aus Kalkstein mit den Versteinerungen von Meereslebewesen.

M 2 *Die Entstehung der Alpen*

WEBCODE: UE640102-024

Experiment **Faltung von Gesteinsschichten**

Benötigtes Material:
- Feste Unterlage: Tisch oder Brett
- Verschiedenfarbige Tücher (Haushaltstücher, Handtücher, Filzplatten) gleicher Größe

Versuchsbeschreibung:
- Lege die Tücher abwechselnd übereinander, sodass ein „Stoffpaket" entsteht.
- Ein Schüler hält das „Stoffpaket" auf einer Seite fest.
- Ein anderer Schüler übt an der anderen Seite dieses „Stoffpakets" einen Druck aus, indem er die Stofflagen zusammenschiebt.
- Das „Stoffpaket" kann auch von beiden Seiten zusammengeschoben werden.
- Erläutert eure Beobachtungen.

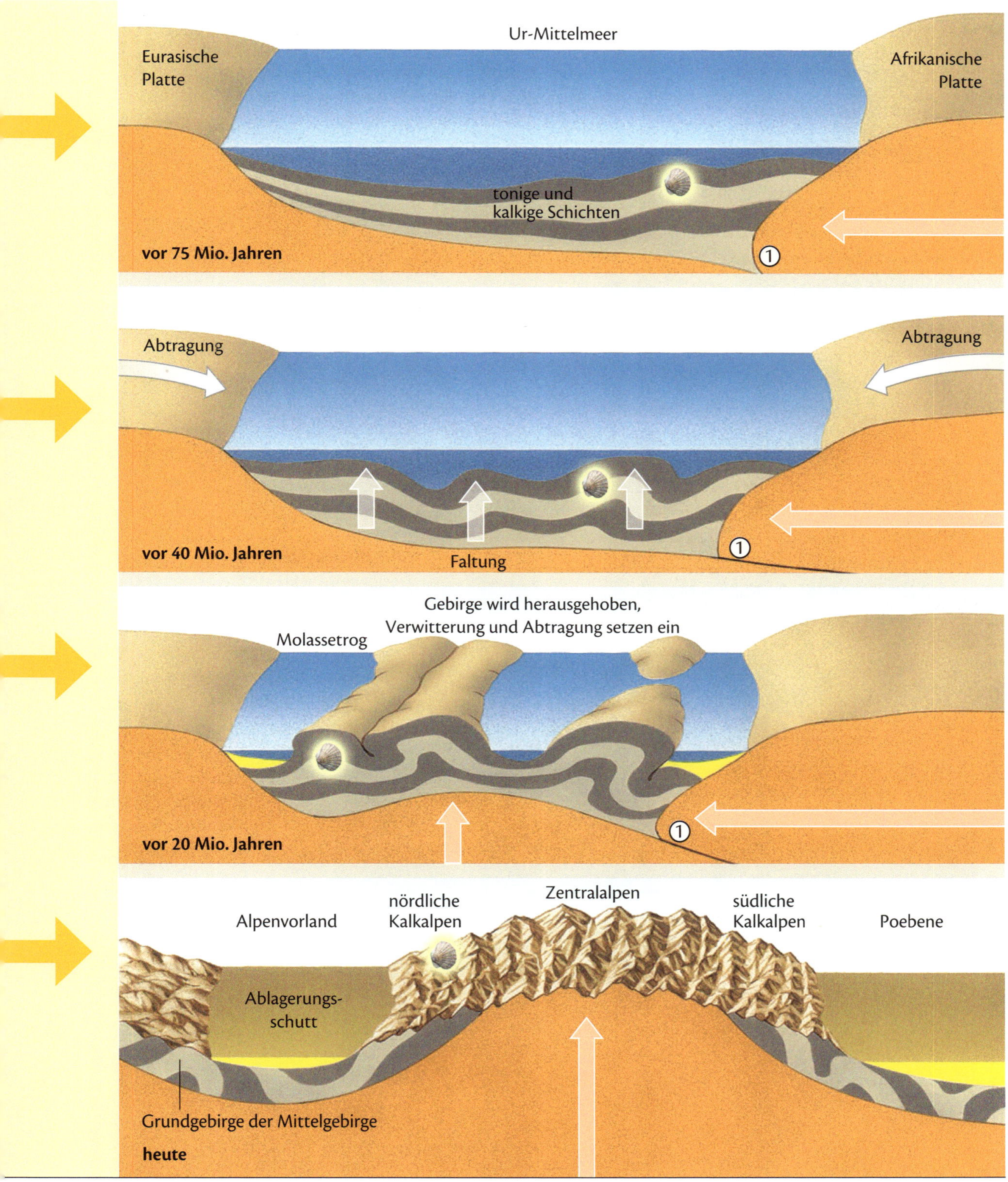

1 Beschreibe die Lage der Alpen und mache Angaben zu deren Höhe (Karte S. 212/213)

2 Erkläre die Entstehung der Alpen (**M 2**).

3 Erläutere, was an der mit ① markierten Stelle und mit der Muschel passiert. Beachte die Bewegung der Platten (**M 1**, **M 2**).

4 Die Alpen sind ein Hochgebirge. Ermittle Merkmale eines Hochgebirges (**M 1**, **M 2**).

Exogene Kräfte formen die Erdoberfläche

check-it
- Begriffe: Verwitterung, Erosion, Transport, Sedimentation und exogene Kräfte kennen
- Veränderung der Erdoberfläche durch exogene Kräfte erläutern
- Zusammenwirken der exogenen Kräfte erklären
- Blockprofil und Strukturschema auswerten

Massenbewegungen in steilerem Gelände: Erdrutsch, Schlammstrom, Bergsturz, Mure, gefördert durch Vernässung des Untergrundes und durch Entwaldung

Äolische Überformung: Mit körnigem Material befrachteter Wind schleift weichere Gesteine ab, präpariert härtere Gesteine heraus und lagert das transportierte Material als Dünen oder als Löss ab.

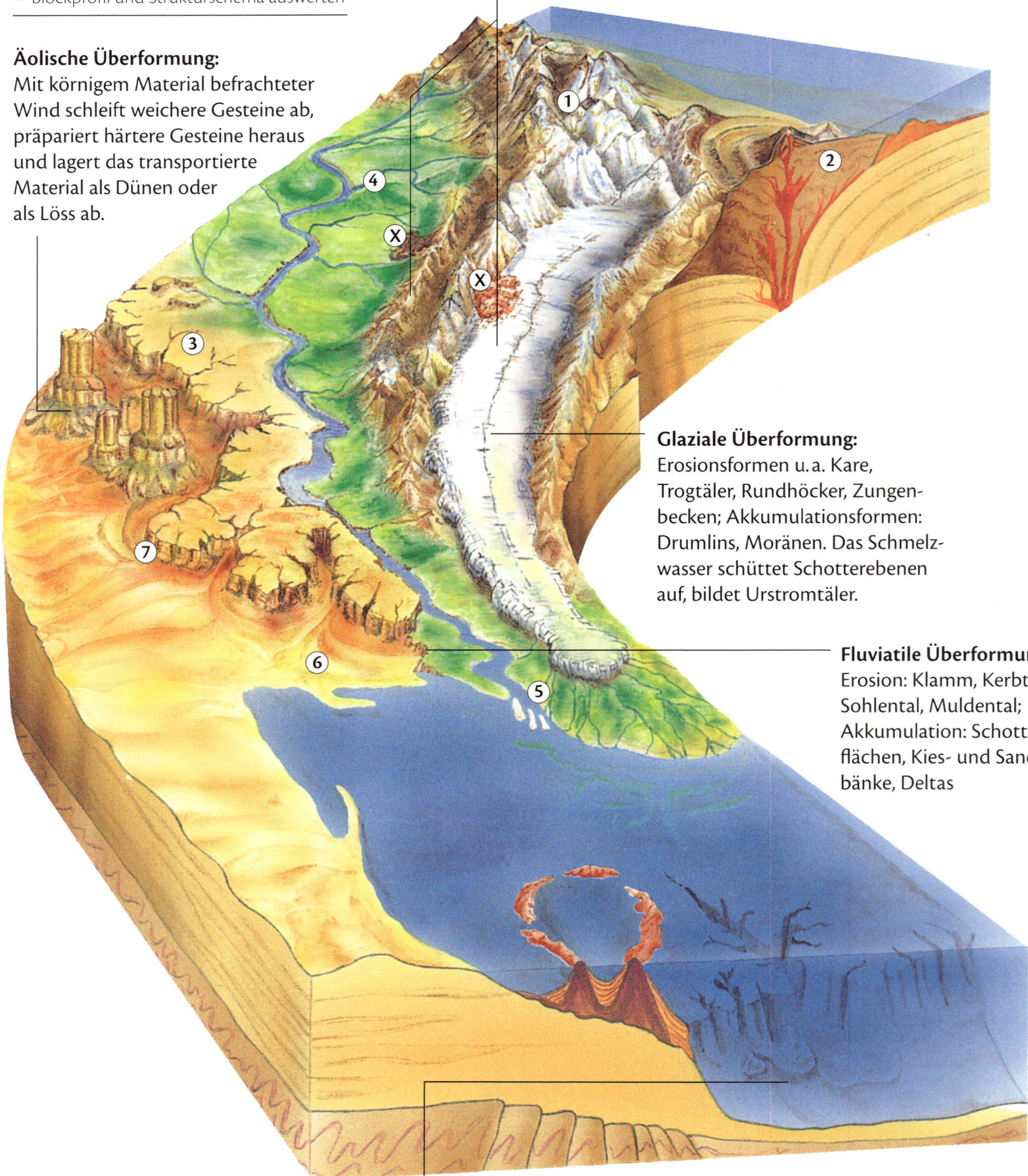

Glaziale Überformung: Erosionsformen u.a. Kare, Trogtäler, Rundhöcker, Zungenbecken; Akkumulationsformen: Drumlins, Moränen. Das Schmelzwasser schüttet Schotterebenen auf, bildet Urstromtäler.

Fluviatile Überformung: Erosion: Klamm, Kerbtal, Sohlental, Muldental; Akkumulation: Schotterflächen, Kies- und Sandbänke, Deltas

Marine Überformung: Wellen und Brandung haben erodierende und akkumulierende Wirkung: Kliffs, Watt, Sandbänke, Nehrungen.

M 1 *Die Erdoberfläche und deren Landschaften werden geformt und verändert*

M 2 *Das Zusammenwirken von Verwitterung und exogenen Kräften*

Verwitterung verändert die Landschaften

Die Energie der Sonne treibt Vorgänge an, die von außen auf die Erdoberfläche einwirken. Die dabei wirkenden Kräfte werden als erdäußere oder **exogene Kräfte** bezeichnet. Dazu gehören Frost und Hitze, Wasser und Eis sowie der Wind und die Schwerkraft der Erde. Die Oberflächenformen einer Landschaft sind diesen Kräften ständig ausgesetzt und werden durch diese umgeformt. Dabei wird das Gestein zerkleinert und in seine Bestandteile zerlegt. Dieser Vorgang heißt **Verwitterung**.

Die Arbeit der exogenen Kräfte

Die exogenen Kräfte schaffen unterschiedliche Formen in der Landschaft. Die Eismassen der Gletscher transportieren Verwitterungsschutt, schleifen Felsen ab oder hobeln große Täler aus. Dort, wo die Gletscher schmelzen, lagern sie das transportierte Material als Moränen ab. Die Schmelzwässer der Gletscher schütten Schotter oder Sand auf.

Das fließende Wasser schafft unterschiedlich geformte Täler. Es transportiert Verwitterungsmaterial, bearbeitet dieses beim Transport und lagert es als Sand- oder Kiesbank, Delta oder Geröllfläche ab.

An steilen Felswänden im Gebirge kommt es durch die Schwerkraft der Erde zu Erdrutschen, Bergstürzen oder Schlammlawinen.

Der Wind bläst feines Verwitterungsmaterial aus, transportiert dieses und lagert es zum Beispiel als Dünen ab. Wie mit Schleifpapier kann dabei das mitgeführte Material Gesteine abschleifen und formen.

Exogene Vorgänge: Erosion, Transport und Sedimentation

Wasser, Eis, Wind und die Schwerkraft der Erde tragen das durch die Verwitterung entstandene zerkleinerte Gestein ab. Dieser Vorgang heißt **Erosion**. Teile des verwitterten Gesteins werden von den exogenen Kräften bewegt und dabei weiter zerkleinert, abgerundet und gelöst. Dieser Vorgang wird als **Transport** bezeichnet. Bei nachlassender Strömungsgeschwindigkeit des Windes oder des Wassers kommt es zur Ablagerung des mitgeführten Materials. Dieser Vorgang ist die **Sedimentation**.

1 Benenne die Oberflächenformen, die mit den Ziffern ① bis ⑦ gekennzeichnet sind. Welche Formen sind durch endogene Kräfte geschaffen worden (**M 1**)?
2 Beschreibe verschiedene Arten der Verwitterung.
3 Erläutere die exogenen Kräfte, die in **M 1** dargestellt sind und wie diese die Erdoberfläche verändern. Verwende dabei die Begriffe: Verwitterung, Erosion, Transport und Sedimentation.
4 Erkläre, was an den in **M 1** mit ⓧ gekennzeichneten Stellen passiert ist.
5 Verwitterung und exogene Vorgänge wirken zusammen. Überprüfe die Richtigkeit dieser Aussage (**M 2**).

WEBCODE: UE640102-027

Gesteine im Wandel – der Kreislauf der Gesteine

check-it
- die drei großen Gesteinsgruppen kennen und Beispiele zuordnen
- Zusammenhang zwischen exogenen und endogenen Vorgängen und dem Wandel der Gesteine erläutern
- Blockbild und Strukturschema auswerten

Auf der Erde geht nichts verloren

Gesteine sind das Baumaterial, aus dem die festen Teile der Erdkruste bestehen. Auf Bergen oder an Felswänden kann man die Gesteine gut erkennen und anfassen.

Jedes Gestein, ob im Erdinneren oder an der Erdoberfläche, ist Veränderungen ausgesetzt. Die Entstehung und Zerstörung der Gesteine bildet dabei einen ständigen Kreislauf. Vulkanausbrüche oder die Gebirgsbildung lassen Gesteine entstehen, die sofort wieder umgewandelt werden.

Dieser Kreislauf bewirkt, dass es viele verschiedene Gesteine auf der Erde gibt. Kein Gestein und kein noch so kleiner Gesteinsbestandteil gehen dabei verloren.

Gestein ist nicht gleich Gestein

Nach ihrer Entstehung unterscheidet man drei große Gesteinsgruppen:
- magmatische Gesteine, auch Erstarrungsgesteine genannt,
- Sedimentgesteine, auch Ablagerungsgesteine genannt,
- metamorphe Gesteine, auch Umwandlungsgesteine genannt.

Magmatische Gesteine

entstehen durch Aufsteigen, Abkühlen und Erstarren einer 900 bis 1000 °C heißen Gesteinsschmelze, dem Magma. Wenn das Magma die Erdoberfläche nicht erreicht, erstarrt es in der Tiefe. Da die Abkühlung unter der Erdoberfläche meist langsam erfolgt, bilden sich große Kristalle wie beim Granit. Gelangt das Magma schnell an die Erdoberfläche, erkaltet und erstarrt die Gesteinsschmelze schnell. Deshalb bilden sich keine oder nur kleine Kristalle.

Sedimentgesteine

Die Verwitterung sorgt dafür, dass die magmatischen Gesteine an der Erdoberfläche zerkleinert werden, bis hin zu ganz kleinen Lockersedimenten wie Sand und Ton. Durch die exogenen Kräfte Wasser, Wind und Eis werden die Lockersedimente abgetragen, transportiert und abgelagert. Die Ablagerung erfolgt sowohl im Meer als auch auf dem Land. Aus den Sedimenten entstehen zum Teil mehrere tausend Meter mächtige Schichten. Durch den gewaltigen Druck dieser Sedimentschichten verfestigt sich das tiefer liegende Material während eines langen Zeitraumes zu Sedimentgestein.

Metamorphe Gesteine

Wenn die Sedimentgesteine in größere Tiefen gelangen, können sie durch Druck- und Temperaturanstieg in metamorphe Gesteine umgewandelt werden. Dabei verändert sich auch das Aussehen des Gesteins. Häufig kann man die Schichten der Sedimentgesteine noch als Bänder in den Umwandlungsgesteinen erkennen. Bei etwa 900 °C werden metamorphe Gesteine zu Magma aufgeschmolzen. Der Kreislauf hat sich damit geschlossen.

1. Beschreibe das Aussehen der abgebildeten Gesteine (**M 2**).
2. Nenne die drei großen Gesteinsgruppen und ordne diesen die Gesteinsbilder zu (**M 2**).
3. Bei der Verwitterung entsteht ein Sandkorn. Erkläre, wie aus dem Sandkorn Magma wird (**M 1**).
4. Erläutere den Zusammenhang zwischen Entstehung, Verwitterung und Abtragung von Gesteinen (**M 1**).
5. Auf der Erde geht nichts verloren, es wird nur umgewandelt. Ordne den Vorgängen A bis H die Begriffe bzw. Begriffsgruppen zu und überprüfe die Richtigkeit dieser Aussage (**M 2**).

WEBCODE: UE640102-028

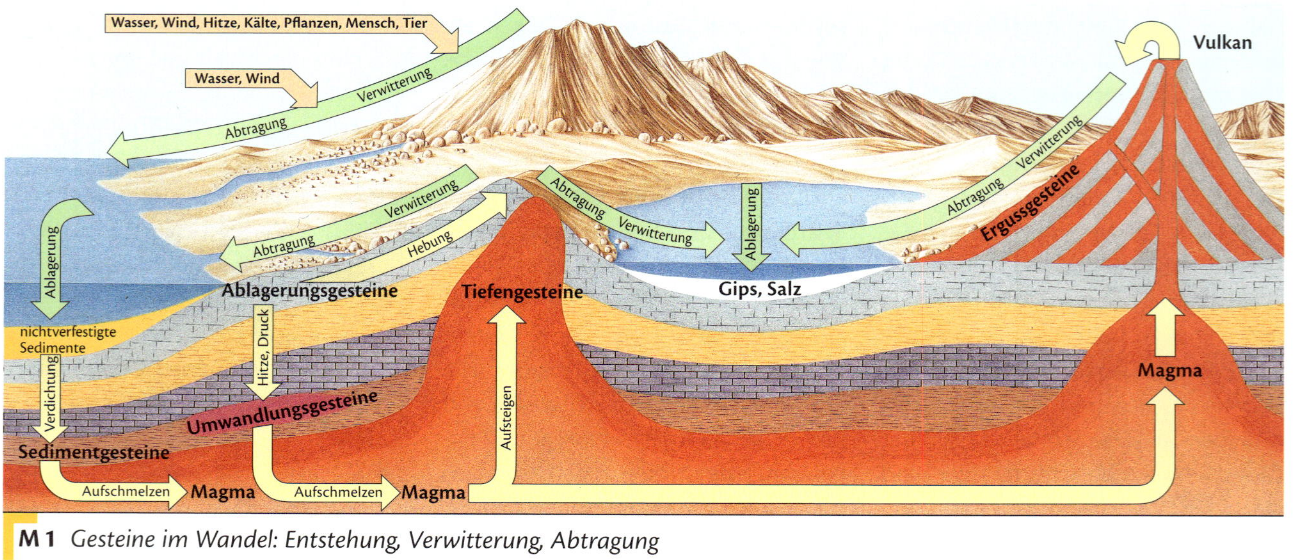

M 1 *Gesteine im Wandel: Entstehung, Verwitterung, Abtragung*

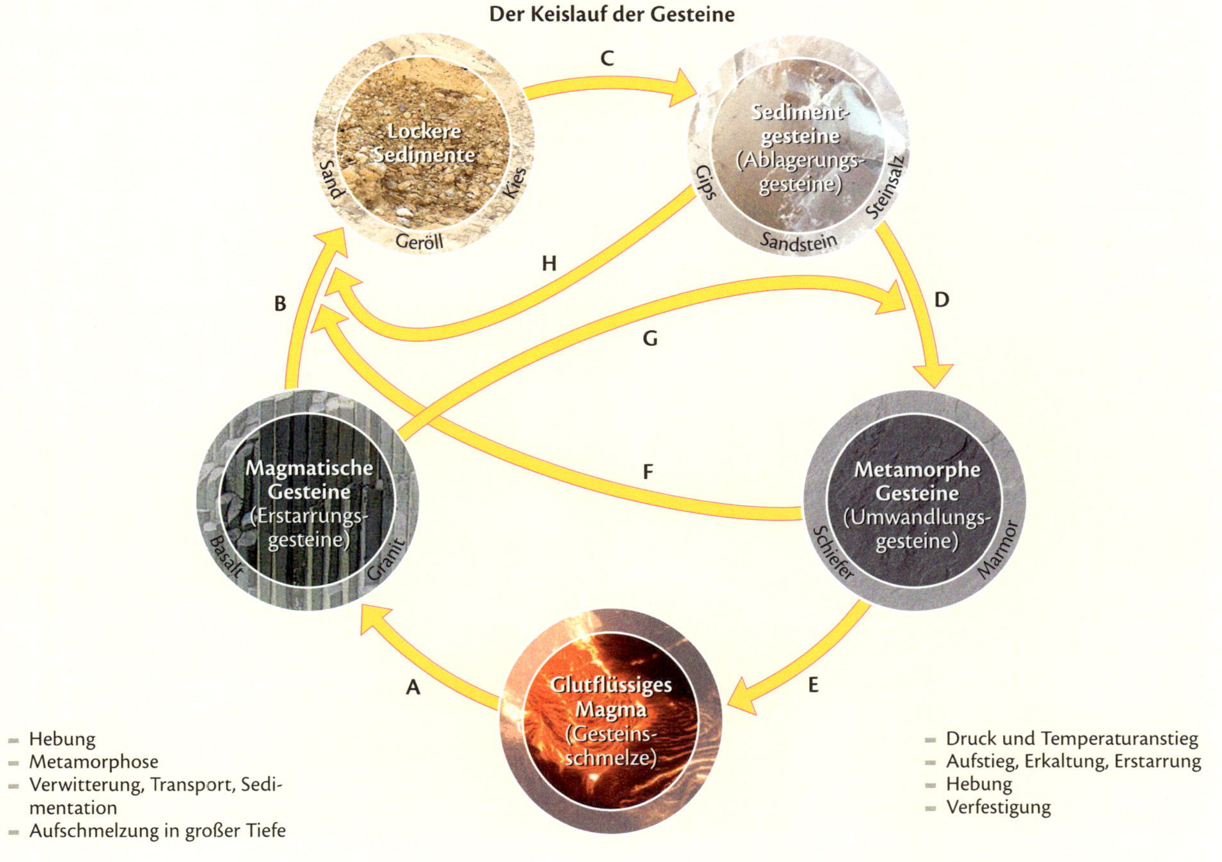

M2 *Der Kreislauf der Gesteine*

Flüsse gestalten die Landschaft

check-it
- den Verlauf großer Flüsse in Deutschland beschreiben
- Teile eines Flusses von der Quelle bis zur Mündung kennen
- Tätigkeit des fließenden Wassers erläutern
- verschiedene Talformen vergleichen und die Wirkung exogener Vorgänge erklären
- Profile und Bilder auswerten

Arbeitsbereiche des fließenden Wassers

Auch das fließende Wasser wirkt als exogene Kraft in den drei Arbeitsbereichen: Erosion, Transport und Sedimentation. Dabei arbeiten Flüsse entlang der Linie ihres Flussbettes.

Die Erosionsleistung eines Flusses hängt von verschiedenen Faktoren ab, dazu gehören die Art und die Menge des mitgeführten Materials und die Härte bzw. Widerstandsfähigkeit des Untergrundes über den der Fluss fließt. Die Erosionskraft eines Flusses wird aber vor allem dadurch bestimmt, welche Höhenunterschiede der Fluss zwischen Quelle und Mündung überwinden muss und wo sein tiefster Punkt liegt. Dieser ist meist an der Flussmündung zu finden. Auch Hindernisse im Verlauf des Flusses wie Seen oder Gebirge können solche Punkte sein, die die Erosionskraft des Flusses beeinflussen.

Ein Fluss transportiert die abgetragenen Materialien auf verschiedene Art und Weise:
- in gelöster Form, zum Beispiel Salze,
- als Schwebstoffe, zum Beispiel Löss oder Sand,
- als Geröll, dass am Boden des Flussbettes gerollt oder gewälzt und dabei abgerundet wird, zum Beispiel Steine.

Das transportierte Material greift den Flussboden und die Seitenwände des Flussbettes an. Es reibt und walzt, vertieft das Flussbett und reibt den Untergrund glatt.

M 1 *Profil eines Flusses von der Quelle bis zur Mündung*

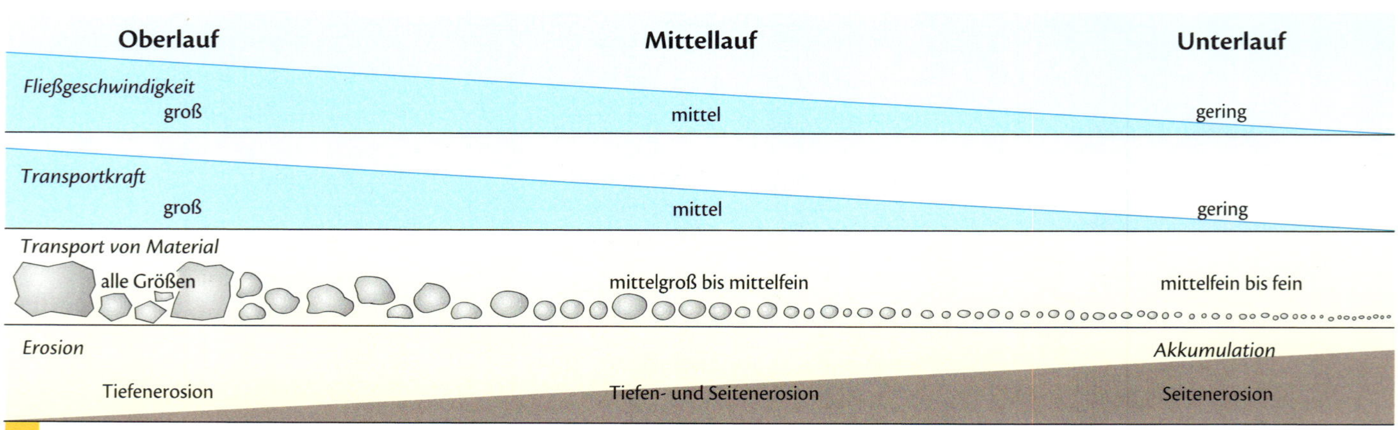

M 2 *Tätigkeiten des fließenden Wassers und deren Bedingungen*

M 3 *Talformen*

Ergebnisse der Arbeit des fließenden Wassers

Vor allem Flüsse, die im Gebirge entspringen, schneiden sich in ihrem Quellbereich und im Oberlauf tief in das Gestein ein. Es herrscht dort **Tiefenerosion** vor. Der Fluss bildet eine Klamm oder Schlucht.

Flussabwärts im Mittellauf entstehen vor allem Kerbtäler, die auch V-Täler genannt werden. Diese Talform bildet sich durch das Zusammenwirken von Tiefenerosion, Abtragen von Material an den Talhängen sowie der **Seitenerosion** am Fuss des Hanges.

In Flussabschnitten mit lockerem Material am Untergrund bilden sich weite Mulden- und Sohlentäler. Diese Talformen haben einen oft mehrere Kilometer breiten Talboden. Die Talhänge sind dann weit auseinander gelegen.

1 Beschreibe den Verlauf von Weser, Elbe, Saale, Ems und Aller. Verwende dabei die richtigen Fachbegriffe (**M 1**, Karte S. 212).
2 Lege eine Tabelle an, in der du für ausgewählte Flüsse gegliedert nach Ober-, Mittel- und Unterlauf Merkmale notierst, zum Beispiel Städte, Gebirge, Nebenflüsse u. a. Merkmale (Karte S. 212).
3 Die Arbeitsbereiche eines Flusses von der Quelle zur Mündung sind: Erosion, Transport und Sedimentation. Erläutere diese Aussage und vergleiche dabei Ober-, Mittel- und Unterlauf des Flusses (**M 1**, **M 2**).
4 Erkläre die Entstehung von Mäandern (**M 1**, **M 2**).
5 Vergleiche die Talformen und erkläre die Wirkung von Erosion und Sedimentation bei ihrer Entstehung (**M 3**).
6 Ordne die verschiedenen Talformen den entsprechenden Flussabschnitten zu (**M 3**).
7 Erkunde, ob es eine der Talformen in deiner Nähe gibt. Skizziere dieses Tal bzw. diese Täler.

WEBCODE: UE640102-031

Hochwasserereignisse – vom Menschen beeinflusst

M1 *Dresden am 17. August 2002*

12. August: In weiten Teilen Sachsens fallen binnen zwölf Stunden rund 80 Liter Regen pro Quadratmeter, vielerorts wird Katastrophenalarm ausgelöst. In Glashütte wälzt sich nach einem Dammbruch an einem Rückhaltebecken eine Schlammlawine durch den Ort. Die Talsperre Malter läuft über, die Rote Weißeritz fließt unkontrolliert in Richtung Dresden, wo sie in die Elbe mündet.
13. August: Um 3.00 Uhr beginnt die Evakuierung der ersten Stadtteile Dresdens. Die Weißeritz, die das Hundertfache der üblichen Wassermenge mit sich führt, überflutet den Dresdner Hauptbahnhof, Semperoper, Zwinger und Landtag. Der Elbpegel liegt mittlerweile bei über sieben Metern. Das Telefonnetz und die Stromversorgung brechen zusammen.
14. August: Das Hochwasser hat inzwischen acht Todesopfer gefordert. Die nächste Elbe-Flutwelle aus Tschechien droht.
17. August: Die Flutwelle erreicht Dresden mit einem Höchststand von 9,40 Metern – normalerweise steht der Elbpegel dort bei 2 Metern. Ein Siebtel des Stadtgebiets ist überschwemmt. Tausende sind im Einsatz: Mitarbeiter des Katastrophenschutzes, Bundeswehrsoldaten, Feuerwehrleute und freiwillige Helfer.
20. August: Der Flussspiegel sinkt. Die Menschen versuchen zur Normalität zurückzukehren. In Sachsen mit Ausnahme des Elbtals sind 740 Kilometer Straßen und 180 Brücken zerstört. Die Bahn beklagt den Verlust eines Fünftels des sächsischen Schienennetzes.
November 2002: Der durch die Jahrhundertflut angerichtete Schaden wird auf rund 6 Mrd. Euro beziffert. Zehntausende mussten ihre Häuser verlassen. Rund 150 000 Helfer, darunter zahlreiche Freiwillige aus allen Teilen Deutschlands, waren im Einsatz.

M2 *Aus dem Tagebuch der so genannten Jahrhundertflut 2002 in Dresden*

check-it
- Gewässernetz in Deutschland beschreiben
- Fließrichtung der Flüsse erklären
- Ursachen für Hochwasser an Flüssen erläutern
- Einfluss des Menschen beurteilen und Lösungen aufzeigen
- physische Karte auswerten

Fläche sparen – Natur bewahren

Deutschland ist ein dicht besiedeltes Land. Die Flächen für Verkehrsbauten und Siedlungen nehmen stetig zu. Gegenwärtig werden jährlich rund 115 Hektar Freiflächen in Siedlungs- und Verkehrsflächen umgewandelt. Das entspricht der Größe von 115 Fußballstadien mit Zuschauertribünen.
Diese Flächen werden bebaut, betoniert oder gepflastert. Der Boden kann seine natürliche Filter- und Pufferfunktion nicht mehr wahrnehmen. Niederschlagswasser kann nicht versickern, der Boden kann nicht mehr ausreichend mit Sauerstoff versorgt werden. Insbesondere bei lang anhaltenden, starken Regenfällen und zur Schneeschmelze fehlt die Speicherkapazität des Bodens. Große Wassermassen gelangen so sehr schnell in die Kanalisation, in die Bäche und Flüsse. Als „Flutwellen" bewegen sich diese dann durch die Täler und führen zu Überschwemmungen.

Veränderung der Flüsse und ihrer Täler

Um die Flüsse als Schifffahrtswege nutzen zu können, wurden Flüsse begradigt und kanalisiert. Diese Maßnahmen führten zur Verkürzung des Wasserweges, zur regelmäßigeren Wasserführung der Flüsse und zur Veränderung des Pflanzenbewuchses an den Ufern.
Fluss- und Bachtäler sowie deren Umgebung waren schon immer bevorzugte Siedlungsgebiete. Dafür wurden die feuchten **Flussauen** trockengelegt. Viele Flüsse verloren dadurch ihre natürlichen Überschwemmungsgebiete.

M 3 *Kanalisierter Flusslauf*

M 4 *Elbe mit natürlicher Auenlandschaft*

Immer wieder treten an Donau, Rhein, Mosel und andern Flüssen in Deutschland Hochwasserkatastrophen auf, die Schäden in Milliardenhöhe anrichten. Was kann man dagegen tun?
Hochwasser an Flüssen nach Starkregen oder zur Schneeschmelze sind etwas ganz Normales. Doch Sie sprechen die katastrophalen Hochwasserereignisse an, die auf die Sünden der Vergangenheit zurückzuführen sind, und dagegen müssen wir gezielte Maßnahmen ergreifen.

Welche Maßnahmen gegen diese Hochwasserkatastrophen haben Sie eingeleitet?
Ein verbessertes Frühwarnsystem informiert über die Pegelstände der Flüsse, um die Bevölkerung rechtzeitig informieren und Schutzmaßnahmen einleiten zu können. Außerdem gibt es ein Talsperreninformationssystem, das die Füllstände der Talsperren überwacht und genaue Auskunft darüber gibt, welche Wassermengen bei einem Starkregen oder zur Schneeschmelze aufgenommen werden können. Zahlreiche Rückhaltebecken wurden vor allem im Mittelgebirgsland gebaut.
Außerdem hat man in den Städten und Gemeinden Karten mit den hochwassergefährdeten Gebieten erstellt und darin nicht bebaubare Flächen ausgewiesen. Man will damit verhindern, dass noch mehr flussnahe Flächen versiegelt werden.
In einigen Städten wie Hitzacker oder Dresden wurden so genannte Flutmauern errichtet, die bei Bedarf hoch gefahren werden können und die Altstädte vor Hochwasser schützen sollen.

Das klingt ja alles richtig und gut. Aber was passiert denn an den Flüssen selbst?
Wir haben früher die Deiche zu nahe an die Flüsse gebaut und ihnen dadurch zu viel Platz genommen. Es reicht also nicht aus, die Flussdeiche zu erhöhen, sondern die Flüssen müssen dort wo möglich ihre natürlichen Überschwemmungsgebiete zurückerhalten. So entstehen wieder Flussauen.
Darüber hinaus werden Fluss- und Bachläufe renaturiert, das heißt, Begradigungen und Kanalisationen werden rückgebaut.

M 5 *Interview mit einem Vertreter aus dem Umweltministerium*

1 Beschreibe den Verlauf der großen Flüsse und Kanäle in Deutschland (Karte S. 212)
2 Erkläre, warum die Mehrzahl der großen Flüsse nach Norden fließt, und benenne Flüsse, die eine andere Fließrichtung haben (Karte S. 212)
3 Erläutere Ursachen und Folgen des Elbehochwassers in Dresden 2002 (**M 1**, **M 2**).
4 Sucht Beispiele für Hochwasserereignisse in eurer Nähe.
5 Hochwasserereignisse sind auch vom Menschen beeinflusst. Erläutere diese Aussage und beurteile den Einfluss des Menschen (**M 1–M 4**).
6 Stellt in einer Grafik Möglichkeiten für den Hochwasserschutz dar. Erkundet, wo es in eurer Nähe derartige Beispiele gibt.

WEBCODE: UE640102-033

Wir zeichnen ein Profil

M 1 *Schüler beim Zeichnen eines Profils*

check-it
- Merkmale einer topographischen Karte kennen
- Merkmale eines Profils benennen
- mit dem Maßstab arbeiten
- Profil mithilfe des Profilstreifens zeichnen
- überhöhtes Profil zeichnen

Was ist ein Profil?

Ein Profil ist ein senkrechter Schnitt durch die Erdoberfläche. Solch einen Schnitt erhält man auch, wenn man ein Brot durchschneidet.

Das Profil, das wir zeichnen, ist ein Höhenprofil. Auf der senkrechten Achse werden die Höhenmeter abgetragen. Die waagerechte Achse verdeutlicht die Länge des Profils. Ein Profil stellt die Höhenunterschiede und die Oberflächenformen, aber auch die Lage von Gewässern und anderes in einfacher Weise dar.

Die topographische Karte

In der topographischen Karte werden Oberflächenformen, Gewässer, Siedlungen mit Kirchen, Burgen und anderen Einzelheiten, Verkehrswege, die Pflanzenbedeckung und vieles mehr durch Kartenzeichen und Farben dargestellt. Für die Darstellung der Höhen verwendet man Höhenlinien, die Orte gleicher Höhe miteinander verbinden.

Topographische Karten haben einen relativ großen Maßstab, zum Beispiel 1:25 000 oder 1:50 000. Sie bieten deshalb eine gute Grundlage für die Orientierung und für das Zeichnen eines Profils. ▮

Schrittfolge zum Zeichnen eines Profils

1. Wähle auf der topographischen Karte eine Strecke aus, für die du ein Profil zeichnen möchtest. Zeichne mit dem Lineal eine Profillinie ein. Markiere Anfangs- und Endpunkt dieser Linie, zum Beispiel mit A und B.
2. Schneide einen Streifen Papier ab und lege ihn an die Profillinie an.
3. Markiere auf dem Papierstreifen die Schnittpunkte mit den Höhenlinien und notiere die Höhenangaben. Auch Flussläufe, Städte oder Gebirge, die auf der Profillinie liegen, kannst du eintragen.
4. Zeichne auf ein Blatt Papier eine waagerechte und eine senkrechte Maßstabsleiste für die Höhenangaben.
5. Lege dann den Papierstreifen mit den Eintragungen unter die waagerechte Maßstabsleiste.
   Übertrage nun die auf dem Papierstreifen markierten Höhenmeter auf die waagerechte Maßstabsleiste.
6. Kennzeichne danach mit einem Punkt oder Kreuz die jeweilige Höhenangabe mithilfe der senkrechten Maßstabsleiste.
7. Verbinde die Punkte zu einer Linie. So erhältst du die Profillinie des Geländes.
   Wenn das Profil noch deutlicher betont werden soll, musst du den Höhenmaßstab gegenüber dem Maßstab der Karte (Längenmaßstab) vergrößern.
   In unserem Beispiel 1:25 000 (1 cm entspricht 250 m) haben wir den Höhenmaßstab um das Zweieinhalbfache vergrößert: 1 cm entspricht in der Höhe 100 m. Wir sagen: Das Profil ist um das Zweieinhalbfache überhöht.
   Auf der Profillinie kannst du zusätzliche Eintragungen vornehmen, zum Beispiel Beschriftungen für Gewässer, Verkehrswege, Siedlungen, Bodenbedeckung.

1 Zeichne ein Profil vom Ahlsberg zum Kapenberg. Nutze dazu die topographische Karte in **M 2.**

2 Fertige aus deinem Profil ein überhöhtes Profil an, in dem du weitere wichtige Informationen einträgst.

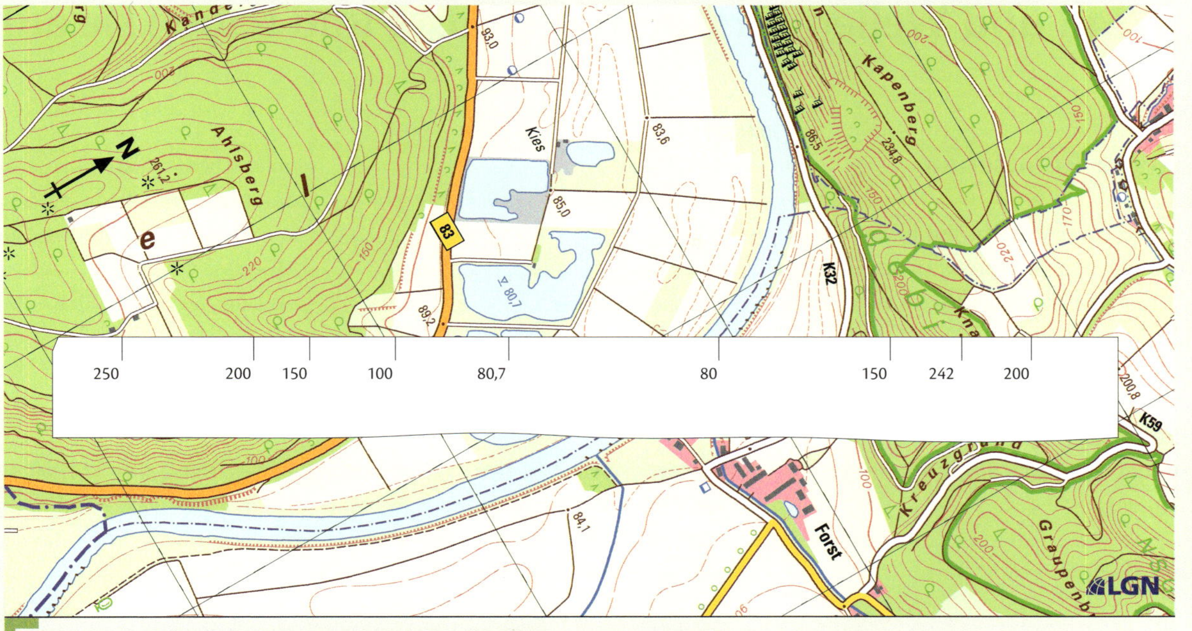

M2 *Topographische Karte 1.25000 mit Profilstreifen*

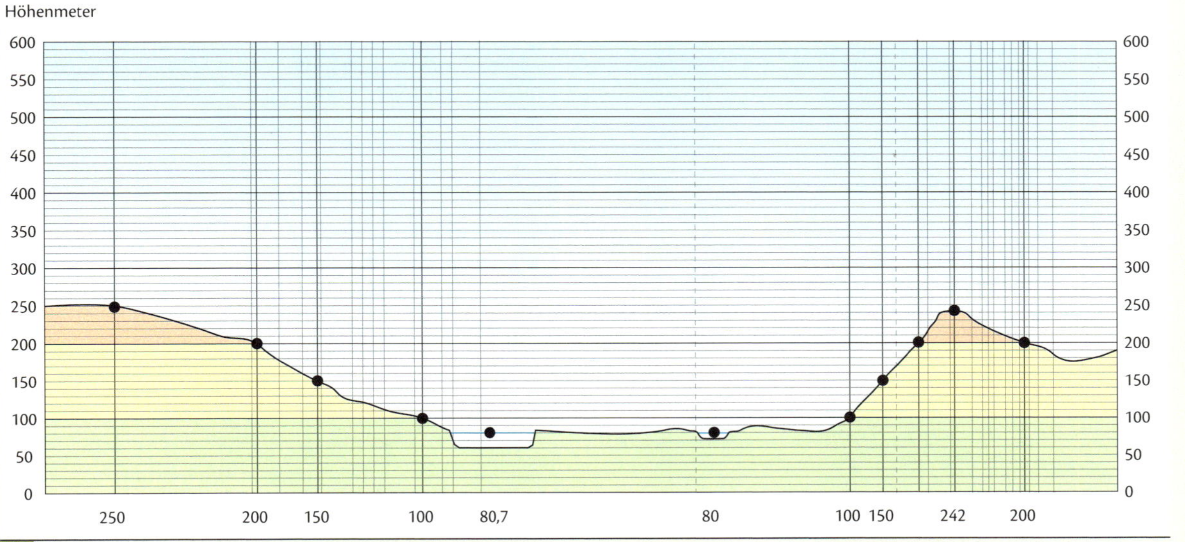

M3 *Profil mit vom Papierstreifen übertragenen Höhenangaben*

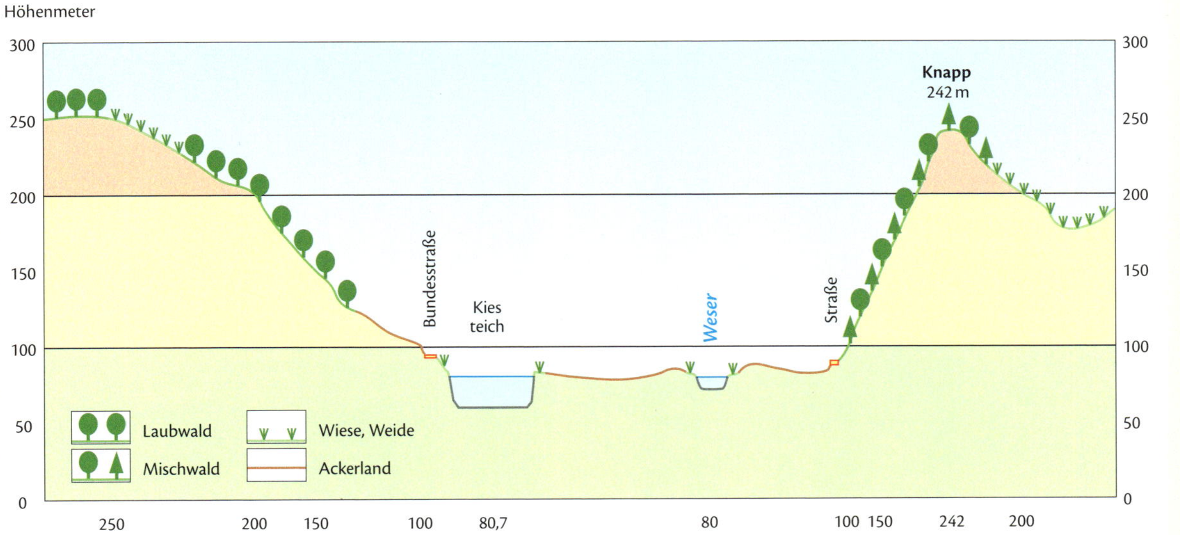

M4 *Überhöhtes Profil mit zusätzlichen Eintragungen*

Wind und Wellen zerstören die Küste und bauen sie auf

Die Rügener Rundschau berichtet:
Die Ostsee ist unerbittlich. Vor allem wenn sie im Winter von Stürmen aufgepeitscht wird, prallt sie mit voller Wucht gegen die Küste. Jahr für Jahr reißen Wind und Wellen über eine Million Kubikmeter Sand mit sich fort. Strand, Dünen, Steilküste – nichts ist vor ihnen sicher. Für die Männer vom Küstenschutz beginnt dann die härteste Zeit des Jahres.

M 1 *Zeitungsbericht*

check-it
- Merkmale von Steil- und Flachküsten beschreiben
- Zerstörung der Steilküste und Aufbau der Flachküste erläutern und deren Zusammenhang erklären
- Blockbilder und Bilder auswerten und vergleichen

Küsten entstehen und vergehen

Die Küste ist der Grenzbereich zwischen dem Meer und dem Festland. Steil- und Flachküste sind Küstenformen. Diese Küstenformen entstehen durch die Verwitterung und das Wirken von Wind, Brandung, Gezeiten und Meeresströmungen. Auch der Verlauf und der Gesteinsaufbau der Küste sowie Hebungs- und Senkungsvorgänge haben einen Einfluss auf die Formung der Küste.

Zerstörung der Steilküste

Wenn eine Welle überkippt, entsteht die Brandung. Vor allem bei Sturm trifft die Brandung mit voller Wucht

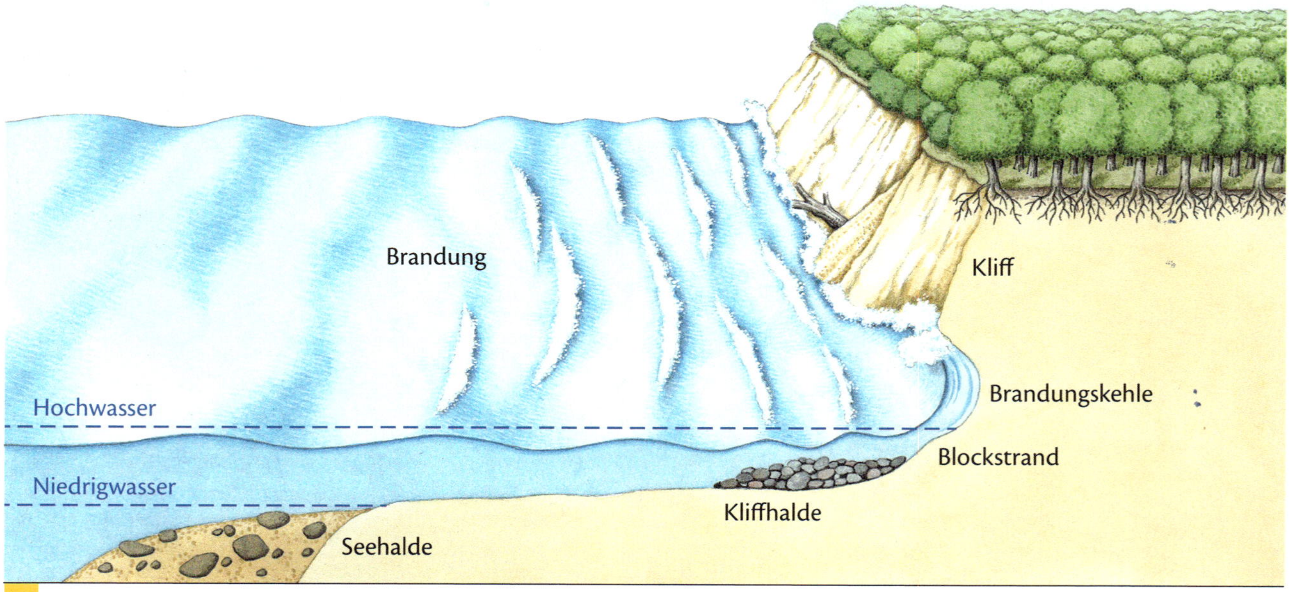

M 2 *Zerstörung der Steilküste*

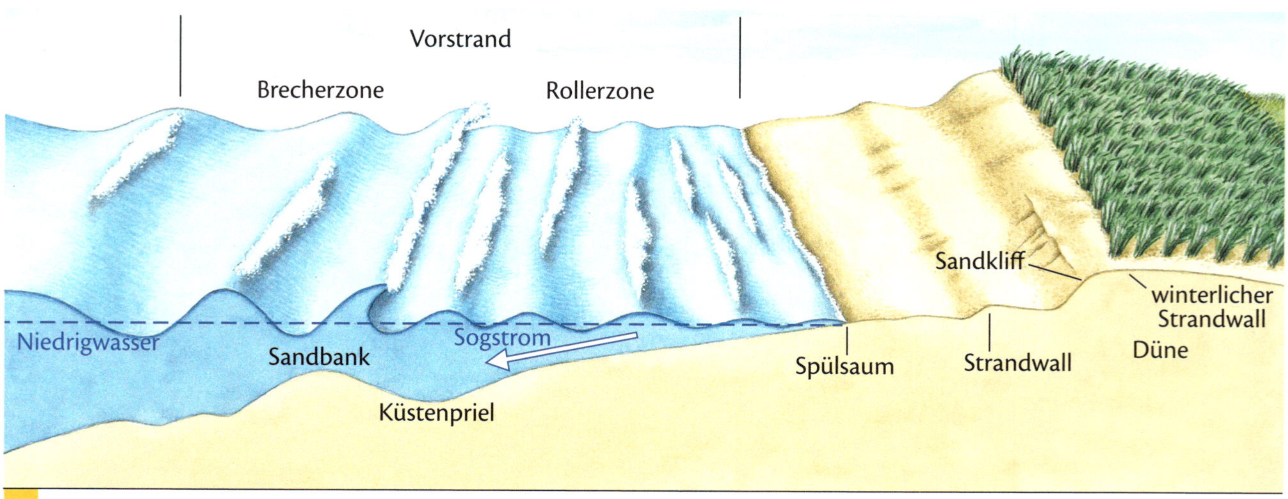

M 3 *Aufbau der Flachküste*

auf hohe Küstenvorsprünge, unterhöhlt diese, zerstört das Gestein und trägt es ab. Es entstehen Steilküsten wie zum Beispiel auf den Inseln Helgoland, Sylt oder Rügen. In stärker salzhaltigen Meeren wird die Kliffbildung durch Lösungsverwitterung häufig noch verstärkt.

Aber auch die exogenen Kräfte Frost und Niederschlagswasser arbeiten zerstörerisch am Kliff der Steilküste. Durch Frostsprengung wird das Gestein des Kliffs gelockert. Das durch Sickerwasser durchnässte schwere Material stürzt ins Meer.

Meeresströmungen und der Gezeitenstrom transportieren das feine Verwitterungsmaterial wie Sand und Kies ab. Auch der Wind kann feinen Sand ausblasen und abtransportieren.

Die Steilküste wird zwar nicht vollständig zerstört, aber das Kliff wandert immer weiter landeinwärts. An der Südküste Englands zum Beispiel weicht das Kliff in 10 Jahren bis zu 20 Meter zurück.

M 4 *Steilküste auf der Insel Rügen*

M 5 *Flachküste östlich von Rostock in Markgrafenheide*

Aufbau der Flachküste

Flachküsten entstehen dort, wo das feine von der Steilküste abgetragene und transportierte Material sedimentiert wird. Das geschieht an flachen Küstenabschnitten oder in Form von Sandhaken, die völlig neu aufgebaut werden.

An der Flachküste laufen die Wellen flach auf und brechen sich schon weiter draußen auf dem Meer. Als flache Roller erreichen sie die Küste, laufen am Strand aus und schütten dabei Sand und Kies, Tang und Muscheln im Strandwall auf. Das zurückfließende Wasser lagert einen Teil des Materials 50 bis 100 Meter vor der Küste ab.

Während der im Spülsaum des Meeres liegende Sand immer feucht ist und deshalb liegen bleibt, trocknet der weiter vom Meer entfernt abgelagerte Sand mit der Zeit aus. Der trockene Sand wird vom Wind zu Dünen aufgeweht und mit Strandhafer befestigt. Bei Sturmfluten schützen die Dünen das flache Hinterland vor Überflutungen.

1. Beschreibe den Aufbau von Steil- und Flachküste (**M 2–M 5**).
2. Lokalisiere die Bilder von Steil- und Flachküste in der Karte (**M 4, M 5**, Karte S. 212).
3. Erläutere die Zerstörung der Steilküste (**M 2, M 4**).
4. Äußere Vermutungen, wo das Kliff der Steilküste vor 5000 Jahren gelegen hat. Begründe deine Meinung (**M 2, M 4**).
5. Die Flachküste ist eine aufgebaute Küste: Gestalte zu diesem Thema einen kurzen Schülervortrag. Nutze dazu **M 3** und **M 5**.
6. Erkläre den Zusammenhang zwischen der Zerstörung der Steilküste und dem Aufbau der Flachküste (**M 2–M 5**).

Spuren der Eiszeit im Norddeutschen Tiefland

check-it
- die Teile der glazialen Serie kennen und diese der Tätigkeit des Eises sowie des Schmelzwassers zuordnen
- heutige Oberflächenformen den Teilen der glazialen Serie zuordnen
- Blockbilder lesen

M2 *Findling „Alter Schwede" am Elbufer*

Findlinge – die ersten Einwanderer in Niedersachsen

An vielen Stellen im Norddeutschen Tiefland findet man große, oft Tonnen schwere Gesteinsblöcke. Sie werden Findlinge genannt, stammen aus Skandinavien und sind eingefroren im Eis zu uns gekommen.

Das Eiszeitalter

Im **Eiszeitalter** herrschten in Europa in bestimmten Zeitabschnitten sehr niedrige Temperaturen. Die Niederschläge fielen ganzjährig als Schnee. Es entstanden riesige Gletscher, die auch als **Inlandeis** bezeichnet werden. Diese Zeiten nennt man **Kaltzeiten.**

Unter dem Druck der gewaltigen Eismasse begann sich das Eis nach Süden bis an den Rand des Mittelgebirgslandes zu bewegen. Dabei wurde tonnenweise Gestein aus dem Untergrund herausgebrochen, im Eis eingefroren, beim Transport zerstoßen und zerrieben.

Es gab aber auch Zeitabschnitte, die wärmer waren. Diese werden als **Warmzeiten** bezeichnet. Dann schmolz das Inlandeis ab und zog sich nach Nordosten zurück. Das Eiszeitalter dauerte etwa zwei Millionen Jahre. Kaltzeiten und Warmzeiten wechselten mehrmals.

Inlandeis und Schmelzwasser formten die Oberfläche

Die Hügelketten und Seenplatten, die flachwelligen Ackerflächen und die breiten Flusstäler im Norddeutschen Tiefland sind durch die Arbeit des Eises und des Schmelzwassers entstanden.

In Kaltzeiten bewegte sich der riesige Eispanzer des Inlandeises fließend vorwärts. In Warmzeiten kam das Inlandeis zum Stehen und begann abzuschmelzen. Am Grund des Eispanzers wurde fein zerriebenes lehmiges Material in der **Grundmoräne** abgelagert. In Mulden und Rinnen sammelte sich Wasser. So entstanden Seen, die aber im Laufe der Jahrtausende auch wieder versandet und damit verschwunden sind. Die mitgebrachten Gesteinsmassen blieben an der Stirn des Eises in wallartigen Hügelketten aus Steinen, Kies und Sand liegen. Dabei wurde die **Endmoräne** aufgeschüttet. Beim Abtauen des Inlandeises entstanden große Mengen an Schmelzwasser. Das Schmelzwasser hat feines Material, vor allem Sand, ausgeschwemmt und über große Flächen verteilt. Diese werden als **Sander** bezeichnet. Das Schmelzwasser selbst sammelte sich in den **Urstromtälern** und floss in Richtung Nordwesten ab. Grundmoränen, Endmoränen, Sander und Urstromtäler haben sich in jeder Kaltzeit in derselben Reihenfolge gebildet. Deshalb spricht man von der **glazialen** (= eiszeitlichen) **Serie.**

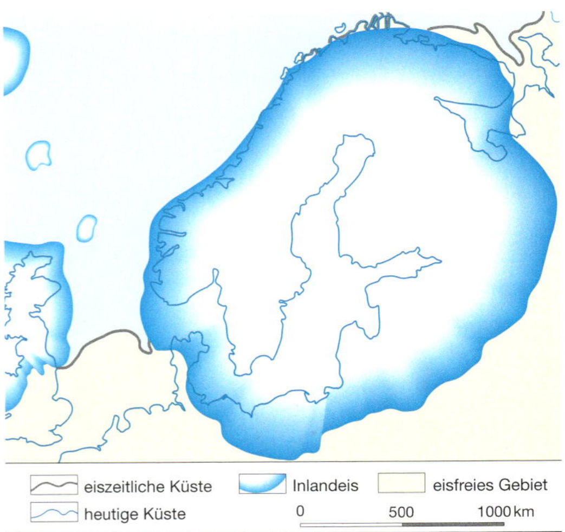

M1 *Ausdehnung des Inlandeises*

M3 *Mecklenburgische Seenplatte*

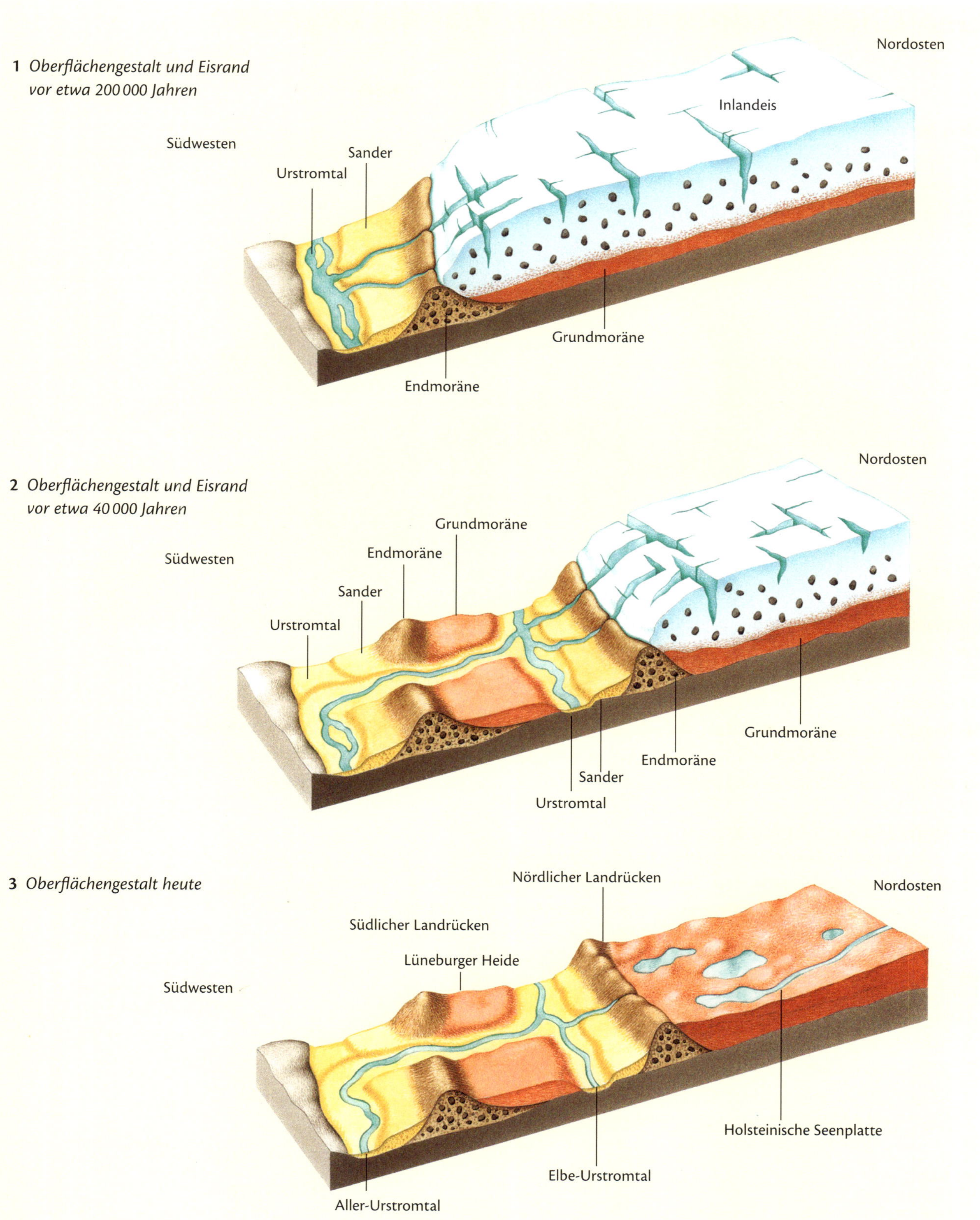

M 4 *Entstehung der glazialen Serie und heutige Oberflächenformen*

WEBCODE: UE640102-039

1 Beschreibe die Ausdehnung des Inlandeises in Europa (**M 1**).

2 Erkläre mithilfe des Textes, wie der „Alte Schwede" zu uns gekommen ist (**M 2**).

3 Erläutere die Entstehung der glazialen Serie. Verwende dazu auch die Begriffe Warm- und Kaltzeit.

4 Beschreibe das Bild **M 3** und ordne es in die Blockbilder ein (**M 4**).

5 Begründe, warum es in der Lüneburger Heide keine Seen gibt.

6 Informiere dich im Internet über Findlinge in Niedersachsen und berichte in der Klasse. ***Mit dem Internet arbeiten***

Geo-Check: Erdoberfläche im Wandel begreifen

Sich orientieren

1 Benenne Folgendes:
- **A** bis **D**: Schalen des Erdkörpers,
- **1** bis **7**: Platten,
- Formen, die durch Plattenbewegungen entstehen,
- Erscheinungen, die im Zusammenhang mit erdinneren Vorgängen auftreten.

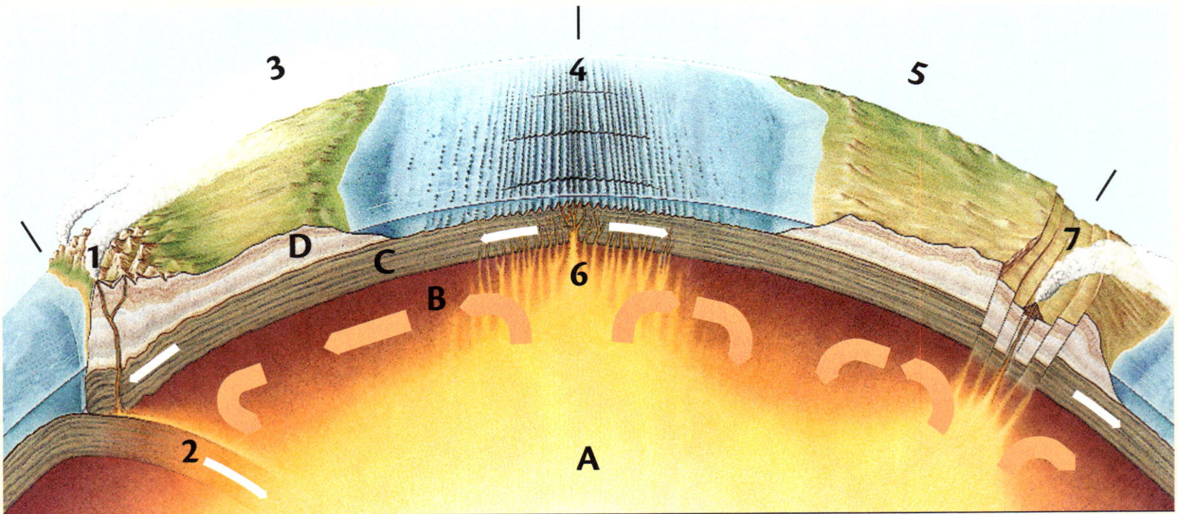

M 1 *Plattentektonik*

Sich verständigen, beurteilen, handeln

2 Erörtere die Bedeutsamkeit der folgenden Meldung und die zu erwartenden Auswirkungen.

Flächensparprogramm
In den nächsten Jahrzehnten soll in Deutschland die Umwandlung von Freiflächen von gegenwärtig über 110 Hektar pro Jahr auf 30 Hektar pro Jahr reduziert werden.

M 2 *Pressemeldung*

3 Beurteile die Aussagen des Reiseprospekts unter dem Gesichtspunkt der Naturrisiken und der Vorteile für das Leben und Arbeiten von Menschen in Vulkangebieten.

Abenteuer pur
Täglich verschiedene private Trekkingtouren auf das „Dach des Mittelmeeres“.
Überqueren Sie junge Lavaströme, werfen Sie einen Blick in einen der Gipfelkrater! Wir bringen Sie mit Jeeps oder Seilbahn und zu Fuß auf den höchsten Vulkan Europas – ein einzigartiges Event. Aber die Abenteuerlust muss nicht der einzige Grund für einen Ausflug auf den Ätna sein. Auf dem Weg werden Ihnen zahlreiche Trattorien (Gasthäuser) begegnen. Kosten Sie Wein vom Ätna, hausgemachte Nudeln oder ein Lammgericht.

M 3 *Auszug aus einem Reiseprospekt*

Wissen und verstehen

4 Nenne zu jedem dieser Begriffe mindestens zwei Merkmale.

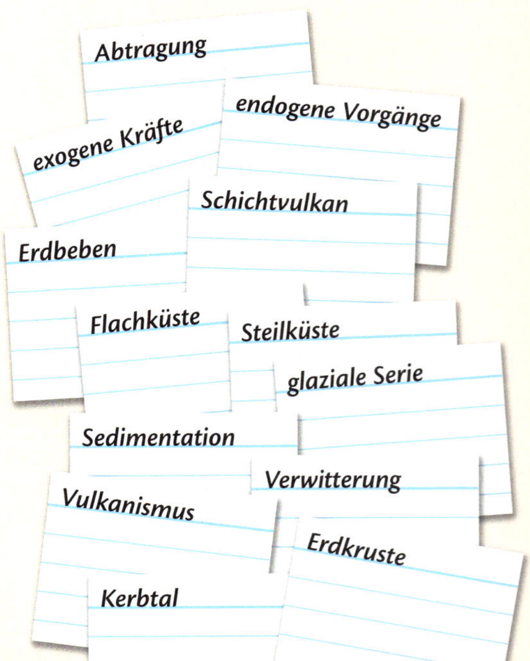

M 4 *Geo-Begriffestapel*

2 Entstehung von Klima- und Vegetationszonen erläutern

Richtig oder falsch?

5 Sortiere die Aussagen in richtige und falsche Aussagen. Verbessere die falschen Aussagen und schreibe diese richtig auf.

- Bei der Subduktion von Platten taucht eine schwerere Platte unter eine leichtere Platte.
- Die Alpen sind ein Faltengebirge, das durch Plattenbewegungen und die Auffaltung mächtiger Gesteinsschichten entstanden ist.
- Die Erde ist streifenförmig aufgebaut. Vom Erdinneren nach außen folgen die Streifen Erdmantel, Erdkruste und Erdkern aufeinander.
- Für die Bewegungen der Platten, aus denen der Erdmantel besteht, sind Konversationsströme verantwortlich.
- Die Zerstörungen bei Erdbeben sind heute meist sehr gering, denn die Vorhersage von Erdbeben ist äußerst zuverlässig und in Erdbebengebieten wird Einsturz gefährdet gebaut.
- Tsunamis sind Seebeben, bei denen gewaltige Wassermassen in Bewegung gesetzt werden und die an den Küsten große Zerstörungskraft entfalten.
- Vulkanismus, Erdbeben, Gebirgsbildung, Hebungen und Senkungen sind exogene Vorgänge.
- Endmoräne und Grundmoräne entstehen durch die Tätigkeit des fließenden Wassers, Sander und Urstromtal werden durch den Wind gebildet.
- Basalt ist ein magmatisches Gestein, Marmor ist ein metamorphes Gestein und Granit ein Sedimentgestein.
- Durch die Brandung werden die Flachküsten zerstört. Das Material wird transportiert und an den Steilküsten abgelagert.

6 Löse das Kreuzworträtsel. Schreibe dazu die Begriffe in dein Heft und kennzeichne den entsprechenden Buchstaben. Das Lösungswort bezeichnet einen exogenen Vorgang.

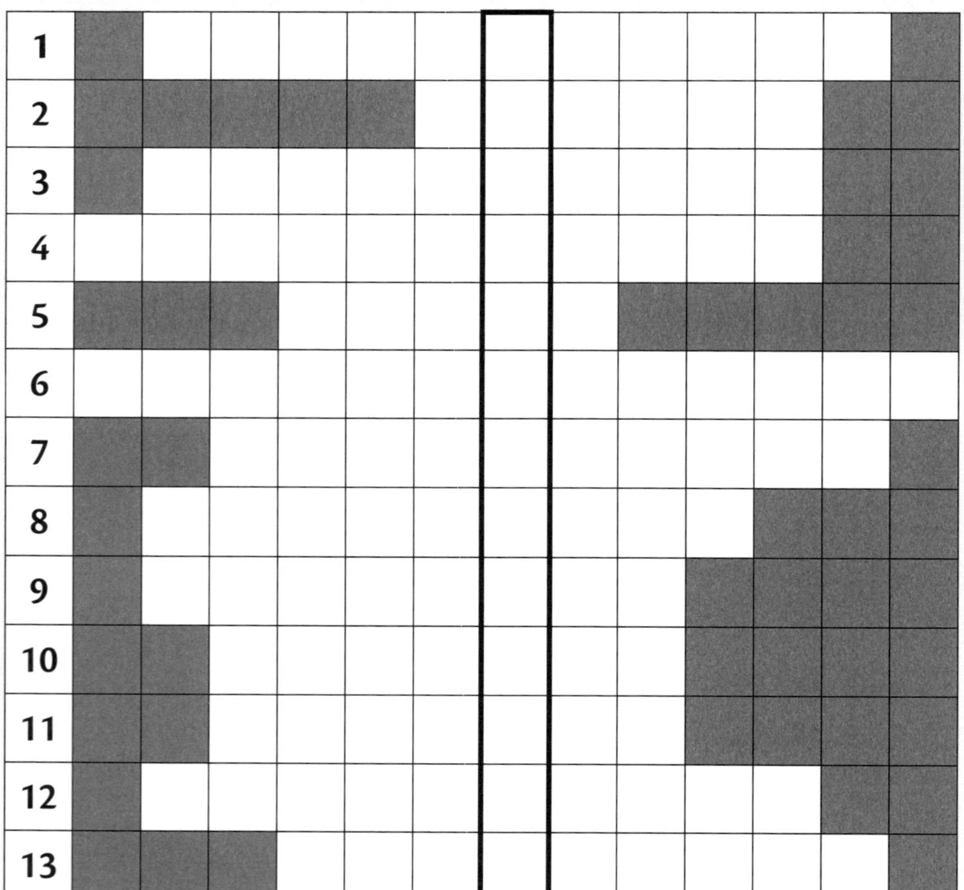

Rätsel

1. Teil der Steilküste
2. Erdinnerer Vorgang, der unter anderem bei der Gebirgsbildung wirkt
3. Durch diese exogene Kraft wurde das Norddeutsche Tiefland geformt.
4. Name eines endogenen Vorganges
5. Enge, steilwandige Talform, die durch Tiefenerosion entsteht
6. Gebiet am Rand der Kontinente, das durch Subduktion entsteht
7. Teil der Flachküste
8. Sedimentgestein
9. Abschnitt eines Flusses nahe der Quelle
10. Sich bewegende Teile der Erdkruste
11. Abtragung von Verwitterungsmaterial
12. Teil der glazialen Serie
13. Materialverlagerung des Eises oder des fließenden Wassers

M5 *Rätsel für Geo-Experten*

Können und anwenden

7 Benenne Merkmale einer topographischen Karte.

8 Erläutere den Aufbau des Profils und die Abfolge der Schritte, die der Zeichner gegangen ist, um das Profil zu zeichnen.

9 Übertrage das Profil als Skizze in dein Heft und beschrifte das Profil, indem du weitere Informationen aus der topographischen Karte einträgst.

M6 *Ausschnitt aus topographischer Karte*

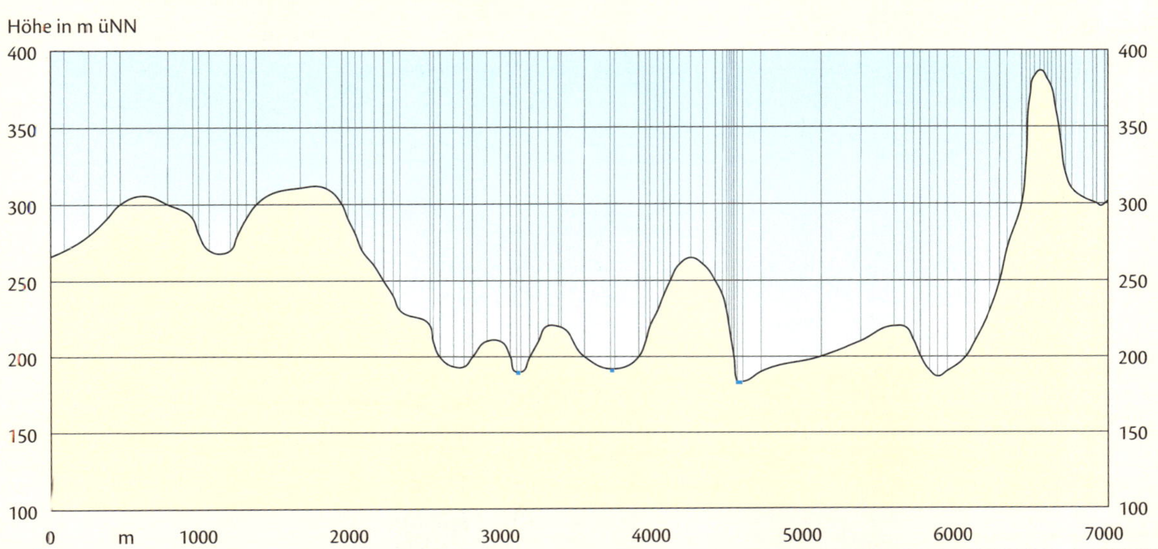

M7 *Profil*

Klima- und Vegetationszonen

Erde: Klimazonen

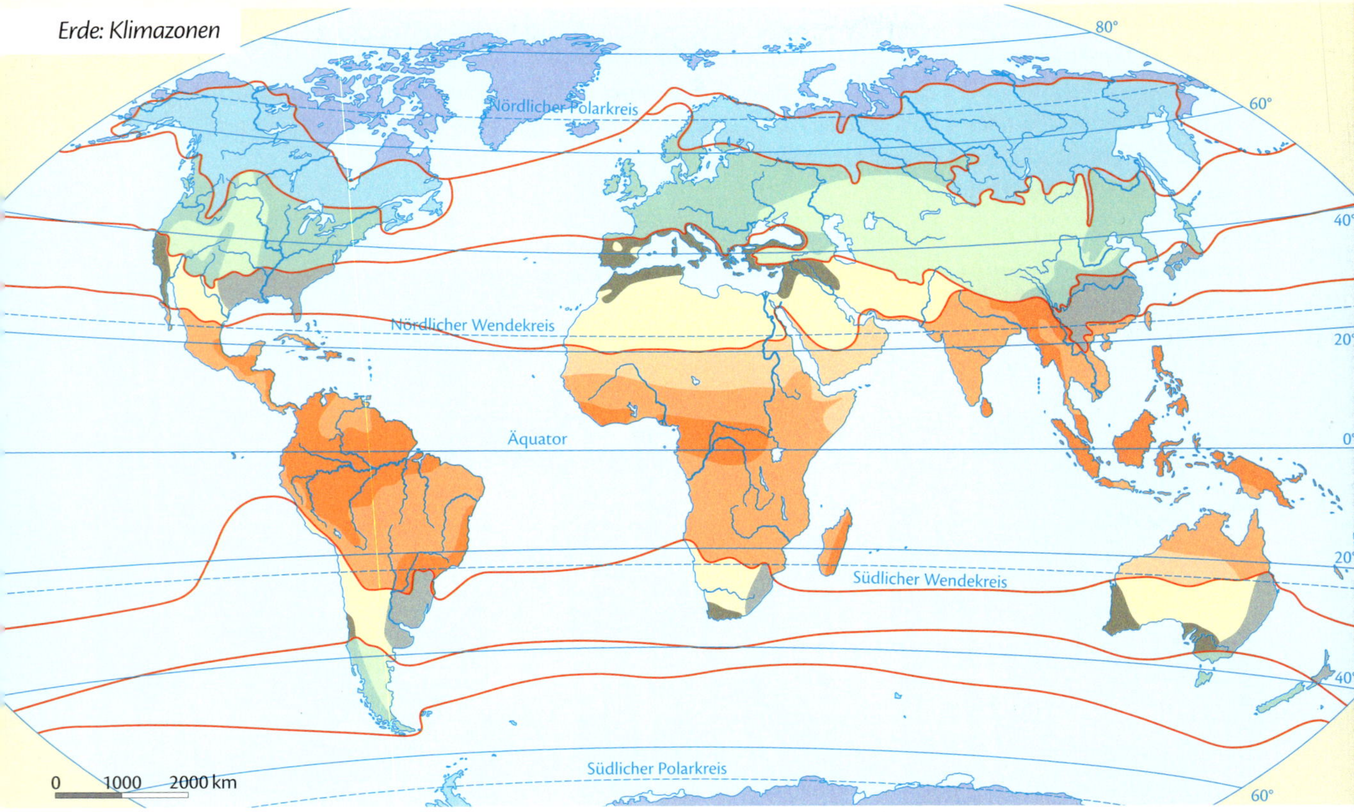

Polare Klimazone
- Polare Klimazone
- Subpolare Klimazone

Gemäßigte Klimazone
- Kühlgemäßigte Klimazone
- Winterkalte Trockenzone

Subtropische Klimazone
- Winterregengebiete
- Immerfeuchte Subtropen
- Trockene Subtropen

Tropische Klimazone
- Trockene Tropen
- Wechselfeuchte Tropen
- Immerfeuchte Tropen

Grenze der Klimabereiche

Erde: Vegetationszonen

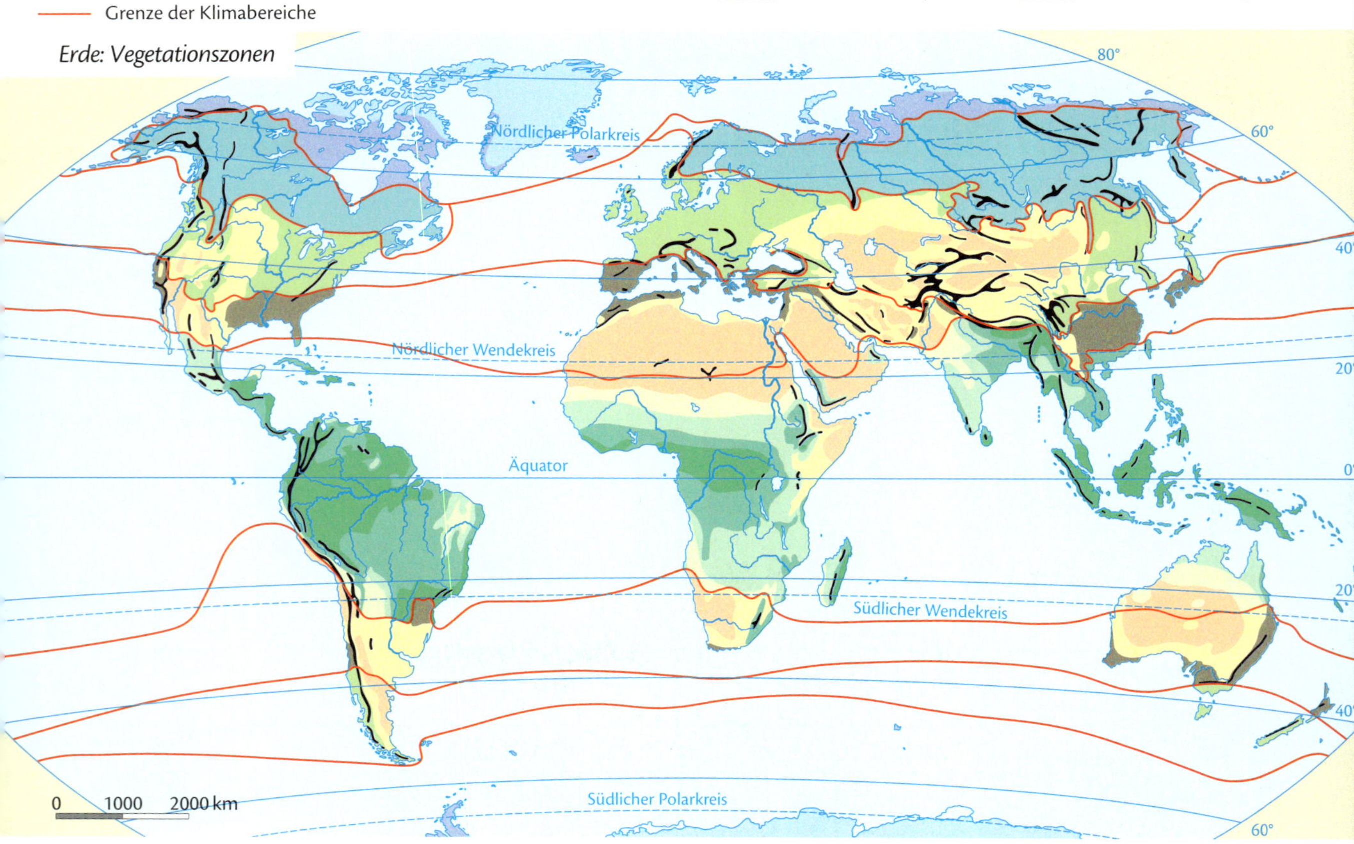

- Eis- und Schneewüsten
- Tundren
- Boreale Nadelwälder
- Sommergrüne Laub- und Mischwälder
- Hartlaubgehölze
- Steppen
- Halbwüsten und Wüsten
- Dornsavannen
- Trockensavannen
- Feuchtsavannen
- Immerfeuchte tropische Regenwälder
- große Gebirge
- Grenze der Klimabereiche

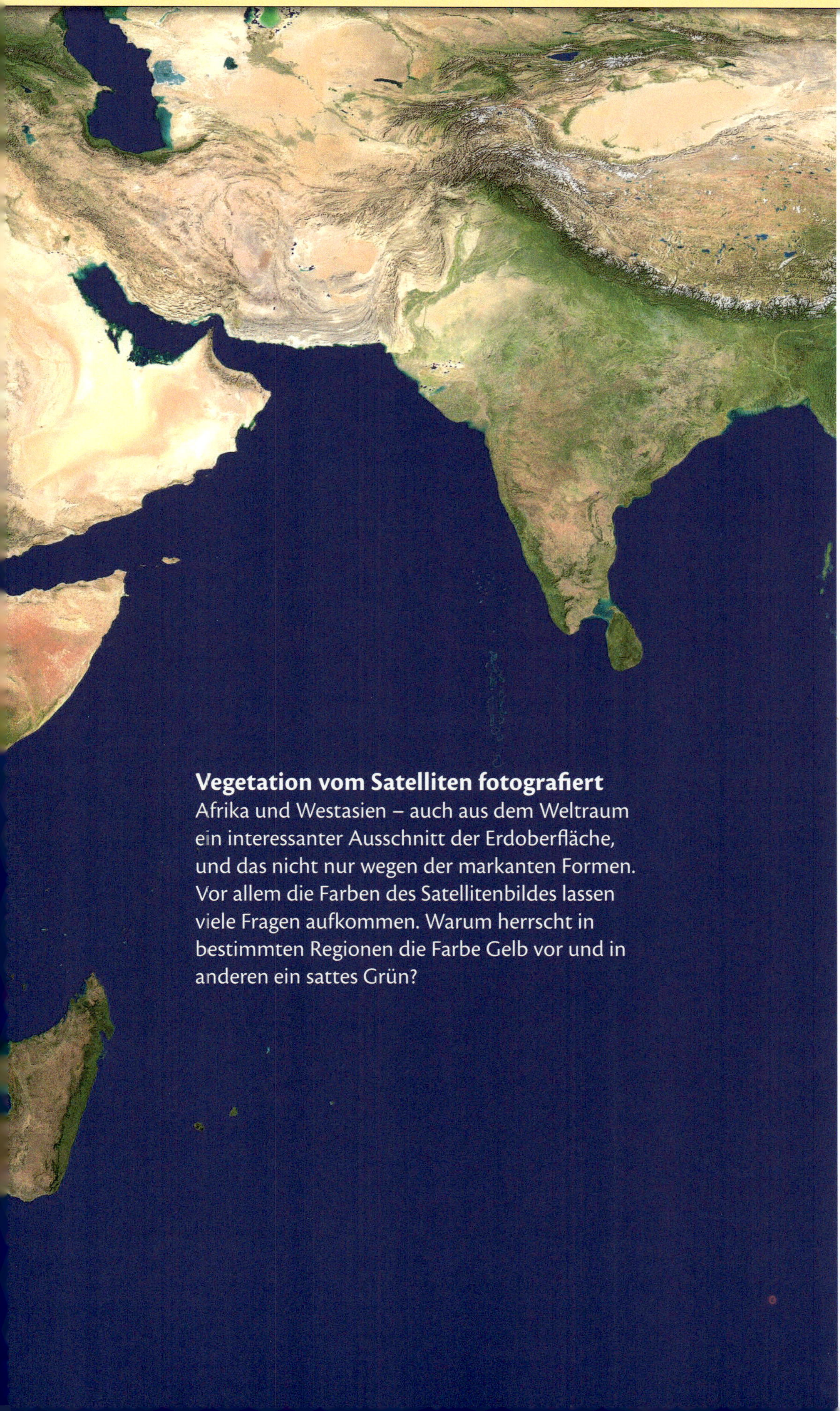

Vegetation vom Satelliten fotografiert

Afrika und Westasien – auch aus dem Weltraum ein interessanter Ausschnitt der Erdoberfläche, und das nicht nur wegen der markanten Formen. Vor allem die Farben des Satellitenbildes lassen viele Fragen aufkommen. Warum herrscht in bestimmten Regionen die Farbe Gelb vor und in anderen ein sattes Grün?

In diesem Kapitel lernst du
- die Lage und Ausdehnung von Klima- und Vegetationszonen zu beschreiben,
- die Entstehung von Temperaturzonen kennen,
- Zusammenhänge zwischen Temperatur und Luftfeuchte sowie zwischen Luftdruck und Wind zu erläutern,
- die Entstehung von Hoch- und Tiefdruckgebieten zu erklären,
- Zusammenhänge zwischen Klima, Vegetation und Nutzung in verschiedenen Klima- und Vegetationszonen zu erkennen und zu erläutern,
- die Entstehung verschiedener Wüsten- und Savannenformen zu erklären.

Dazu nutzt du
- Karten,
- Blockbilder,
- Profile,
- Klimadiagramme,
- Schemaskizzen und
- Experimente.

Du beurteilst
- die Lebens- und Wirtschaftsformen von Menschen unter bestimmten klimatischen Bedingungen,
- den Einfluss der Höhe- und Breitenlage auf Klima, Vegetation und Nutzung.

Satellitenbild von Afrika (mit Teilen Europas und Asiens)

Entstehung der Tages- und Jahreszeiten

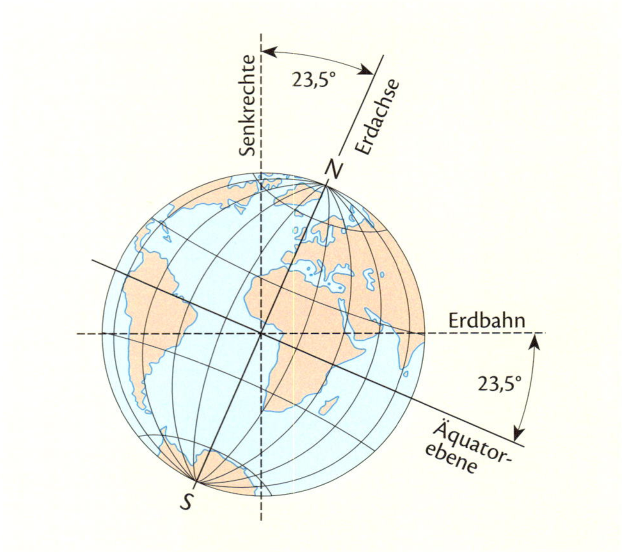

M 1 *Die Erde „steht schief"*

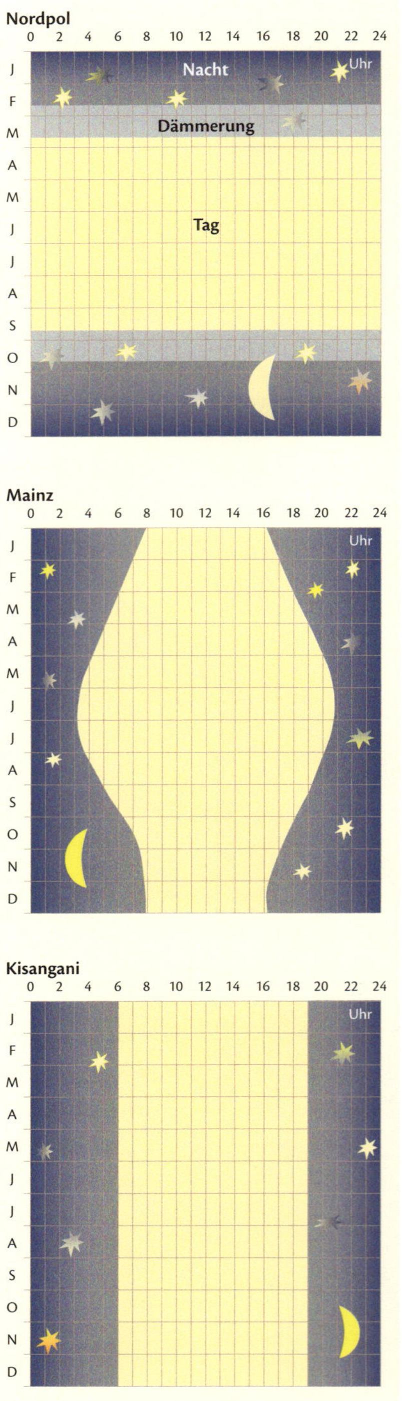

M 2 *Tageslängen im Verlauf eines Jahres in Abhängigkeit von der Lage*

check-it
- Begriffe Erdrotation und Erdrevolution kennen
- Zenitstand der Sonne und dessen Verlauf erläutern
- Entstehung der Jahreszeiten erklären
- Tageslängendiagramme auswerten

Wie Tag und Nacht entstehen

Die Erde dreht sich um ihre eigene Achse von West nach Ost. Dabei steht die Erdachse nicht senkrecht, sondern sie ist um 23,5° geneigt. Durch diese Erdumdrehung, die **Erdrotation** genannt wird, wandert die Sonne innerhalb von 24 Stunden scheinbar über alle 360 Meridiane des Gradnetzes von Ost nach West hinweg. In den Gebieten, die von der Sonne beschienen werden, ist es Tag. In den Gebieten, die der Sonne abgewandt sind, ist es in dieser Zeit Nacht.

Wie die Jahreszeiten entstehen

Die Erde dreht sich aber nicht nur um ihre eigene Achse, sondern sie bewegt sich auch um die Sonne. Diese Bewegung heißt **Erdrevolution.** Für einen Umlauf benötigt die Erde 365 Tage, 5 Stunden, 48 Minuten und 48 Sekunden. Da ein Jahr nur 365 Tage hat, schafft man alle vier Jahre mit dem 29. Februar einen „Schalttag".
Auf der Umlaufbahn um die Sonne behält die Erdachse den Neigungswinkel und die Neigungsrichtung unverändert bei. Deshalb beleuchtet die Sonne während eines Jahres die Erde unterschiedlich. Wenn bei uns Sommer ist, dann ist die Nordhalbkugel der Sonne zugeneigt. Ist bei uns Winter, dann ist die Nordhalbkugel von der Sonne abgewandt.

Der Zenitstand der Sonne

Nur in den Tropen, zwischen 23,5° nördlicher und südlicher Breite, kann die Sonne im Verlauf eines Jahres senkrecht, das heißt im **Zenit** stehen. Die Grenzen werden als nördlicher und südlicher **Wendekreis** bezeichnet.
Am 21. März und am 23. September fallen die Sonnenstrahlen senkrecht auf den **Äquator.** Die Schattengrenze verläuft über den Nord- und den Südpol. Tag und Nacht sind überall auf der Erde gleich lang.
Am 21. Juni fallen die Sonnenstrahlen senkrecht auf den nördlichen Wendekreis. Die Tage auf der Nordhalbkugel sind lang, die Nächte kurz. Im Nordpolargebiet geht die Sonne auch in der Nacht nicht unter. Es herrscht Polartag.

Am 21. Dezember fallen die Sonnenstrahlen senkrecht auf den südlichen Wendekreis. Die Tage auf der Nordhalbkugel sind kurz, die Nächte lang. Im Nordpolargebiet geht die Sonne auch tagsüber nicht auf. Es herrscht Polarnacht.

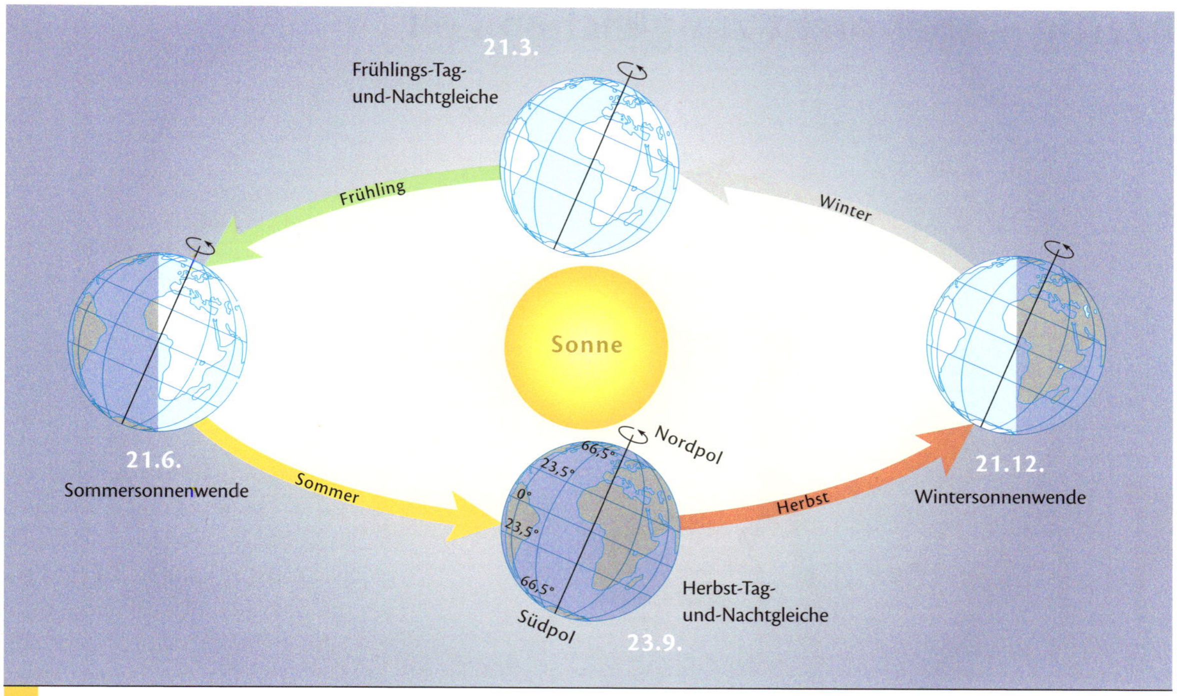

M 3 *Bewegung der Erde um die Sonne*

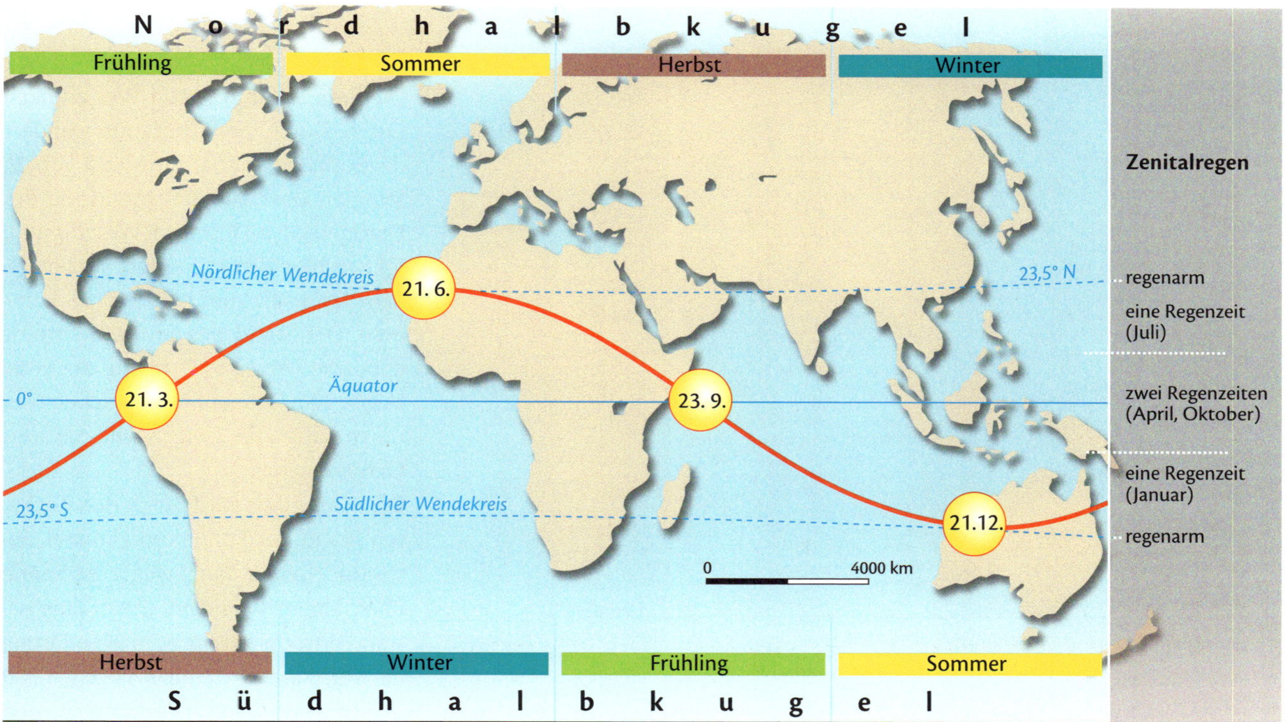

M 4 *Wanderung des Zenitstandes der Sonne im Jahresverlauf*

1 Erläutere die Erdrotation und ihre Folgen (**M 1**).
2 Erkläre die Entstehung der Jahreszeiten auf der Nordhalbkugel (**M 3**).
3 Erläutere die Wanderung des Zenitstandes der Sonne. Verwende dabei Daten und den Begriff „Tropen" (**M 4**).
4 Kann die Sonne auch in Deutschland im Zenit stehen? Begründe deine Aussage (**M 4**).
5 Erkläre, warum es zwischen den Wendekreisen im Jahresverlauf keinen ausgeprägten Temperaturwechsel wie in Deutschland gibt (**M 3, M 4**).
6 Demonstriere mit dem Globus die Auswirkungen, wenn die Erdachse senkrecht stehen würde und wenn diese stärker oder weniger stark geneigt wäre.
7 Vergleiche die Tageslängen am Nordpol, in Deutschland sowie am Äquator (**M 2**) und erkläre die Unterschiede.

WEBCODE: UE640102-047

Gleichzeitig – aber nicht zur gleichen Zeit

M 1 *Gleichzeitig – aber nicht zur gleichen Uhrzeit*

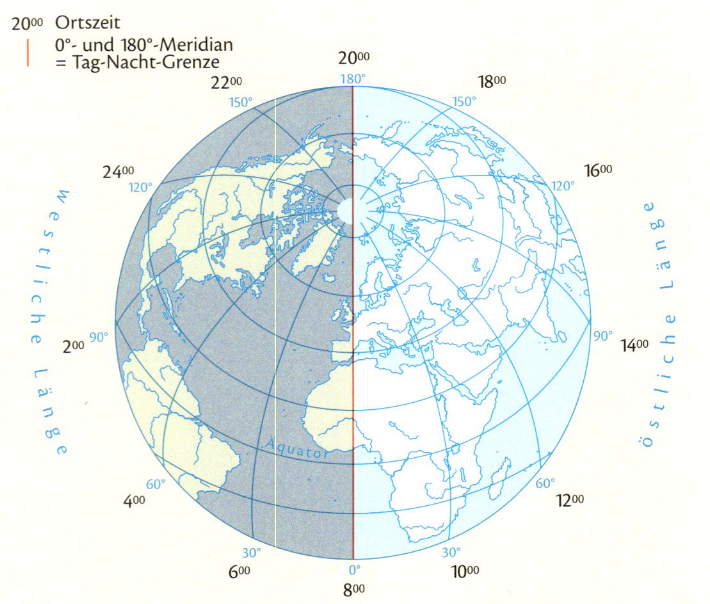

M 2 *Meridiane und Ortszeiten*

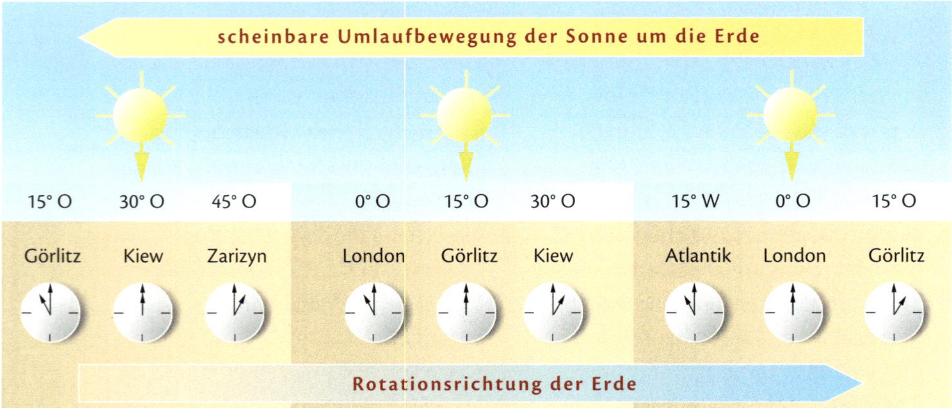

M 3 *Höchststand der Sonne und Ortszeit*

check-it
- Begriffe Ortszeit, Zeitzonen und Datumsgrenze kennen
- Entstehung von Ortszeiten erläutern
- Notwendigkeit von Zeitzonen und der Datumsgrenze begründen
- thematische Karten auswerten

Wenn du gegen 12.00 Uhr zum Mittagessen gehst, tut dies Miranda in Jaunde, der Hauptstadt Kameruns, vielleicht ebenfalls. Miko in Tokio ist dagegen gerade mit dem Abendessen fertig, während John in New York die Nachtruhe beendet. Die Tageszeit eines Ortes hängt immer mit seiner Lage im Gradnetz und der Rotation der Erde um ihre Achse zusammen.

Die Ortszeit

Die Erde dreht sich von Westen nach Osten. Durch die Erdrotation wandert die Sonne scheinbar innerhalb von 24 Stunden über alle 360 Meridiane des Gradnetzes von Ost nach West hinweg. Sie benötigt also 4 Minuten, um von einem Meridian zum nächsten zu kommen. Der Stand der Sonne bestimmt dabei die Zeit eines Ortes auf der Erde. Es gilt: Alle Orte auf dem gleichen Meridian haben die gleiche Zeit. Sie wird **Ortszeit** genannt.

Die Mittagszeit wird durch den höchsten Stand der Sonne am Himmel bestimmt. Genau dann, wenn die Sonne über einem Meridian ihren Höchststand erreicht hat, ist es in allen Orten, die auf diesem Meridian liegen, 12.00 Uhr mittags. Die Meridiane werden deshalb auch Mittagslinien genannt. Über den Meridianen, die östlich dieses Meridians liegen, hatte die Sonne bereits früher den Höchststand erreicht. Dort trat die Mittagszeit früher ein, westlich davon tritt diese erst später ein.

Die Zeitzonen

Da die Wanderung des Höchststandes der Sonne von einem Meridian zum nächsten 4 Minuten dauert, benötigt die Sonne für 15 Meridiane eine volle Stunde. Deshalb musste man früher sogar bei kürzeren Reisen die Uhrzeit ständig umstellen. Dies war sehr aufwändig. Heute wäre es gar nicht mehr auszudenken, dass für jeden Ort eine eigene Ortszeit gelten könnte.

Um diesen Zeitwirrwarr zu vermeiden, wurde im 19. Jahrhundert die Erde in 24 **Zeitzonen** eingeteilt. In jeder Zeitzone gilt die gleiche Zeit, die Zonenzeit. Jeder Meridian, dessen Zahlenwerk durch 15 teilbar ist, wurde zur Mittellinie einer Zeitzone erklärt. Zwischen benachbarten Zeitzonen besteht immer eine Stunde Zeitunterschied.

Deutschland liegt in der Mitteleuropäischen Zeitzone (MEZ). Deren Mittellinie ist der 15. Meridian östlicher Länge. Er verläuft genau durch die Stadt Görlitz an der Neiße.

Damit die Grenzen von Zeitzonen kleinere Länder nicht durchschneiden oder andere Schwierigkeiten im Zusammenleben benachbarter Völker hervorrufen, weichen die Begrenzungen von Zeitzonen manchmal vom direkten Meridianverlauf ab.

Die Datumsgrenze

Bei einer Reise, die nach Osten führt, wird die Uhr in jeder Zeitzone eine Stunde vorgestellt. Das ergibt bei 24 Zeitzonen einen vollen Tag. Somit wäre man dem Kalender schließlich einen Tag voraus. Umgekehrt wäre es bei einer Reise um die Erde in westlicher Richtung. Die Uhr wird 24-mal eine Stunde zurückgestellt. Man bliebe schließlich einen ganzen Tag zurück.

Zum Ausgleich dieser Unterschiede wurde im Jahr 1846 die **Datumsgrenze** eingeführt. Sie verläuft annähernd entlang des 180. Meridians. Überquert man die Datumsgrenze von Ost nach West, wird ein Kalendertag übersprungen, während von West nach Ost das gleiche Datum weiter gilt.

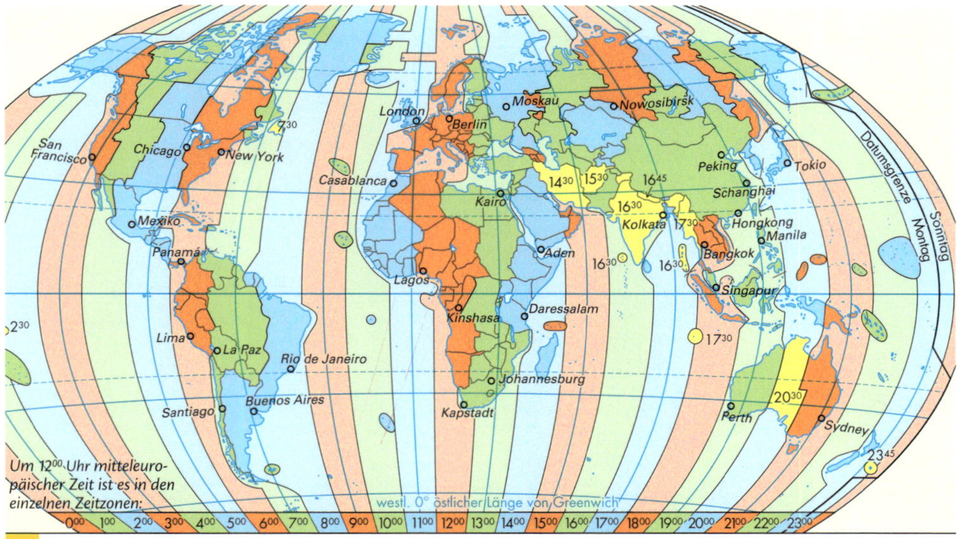

M 4 *Zeitzonen der Erde*

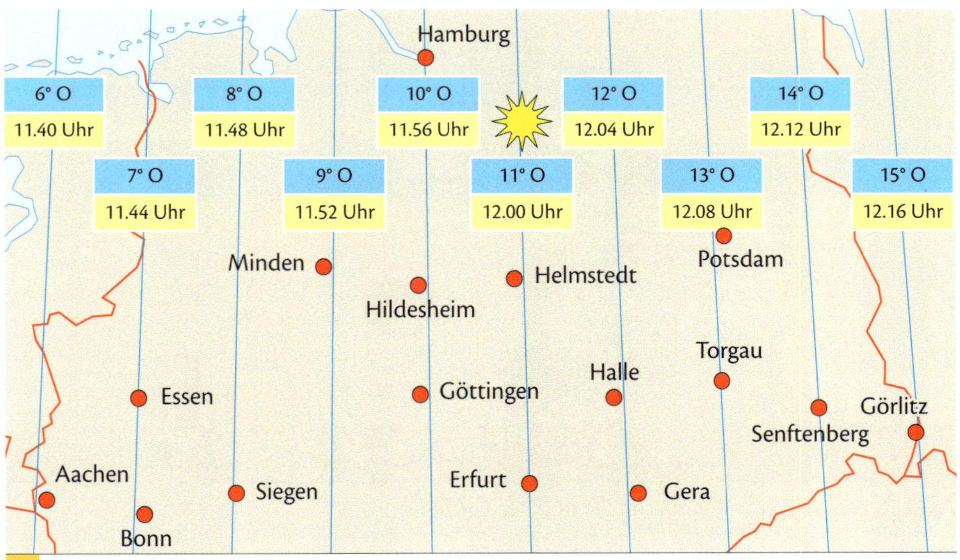

M 5 *Wahre Ortszeit in Deutschland*

WEBCODE: UE640102-049

1. Der Stand der Sonne bestimmt die wahre Ortszeit. Erläutere diese Aussage (**M 2**, **M 3**, **M 5**).
2. Du fährst mit dem Zug von Minden nach Görlitz. Wie oft musst du die Uhr verstellen, wenn du immer Ortszeit haben möchtest (**M 5**)?
3. Fertige eine Tabelle an. Wähle drei Zeitzonen aus und ordne Länder zu, die in der jeweils gleichen Zeitzone liegen (**M 4**).
4. Zähle die Zeitzonen in den USA und in Russland (**M 4**).
5. Begründe die Notwendigkeit der Zonenzeit und der Datumsgrenze (**M 4**).
6. Benenne Gründe, warum man die Datumsgrenze in den Pazifischen Ozean gelegt hat (**M 4**).
7. Überlege, wie du deinen Geburtstag zweimal hintereinander feiern könntest.

Von heiß bis kalt – die Temperaturzonen der Erde

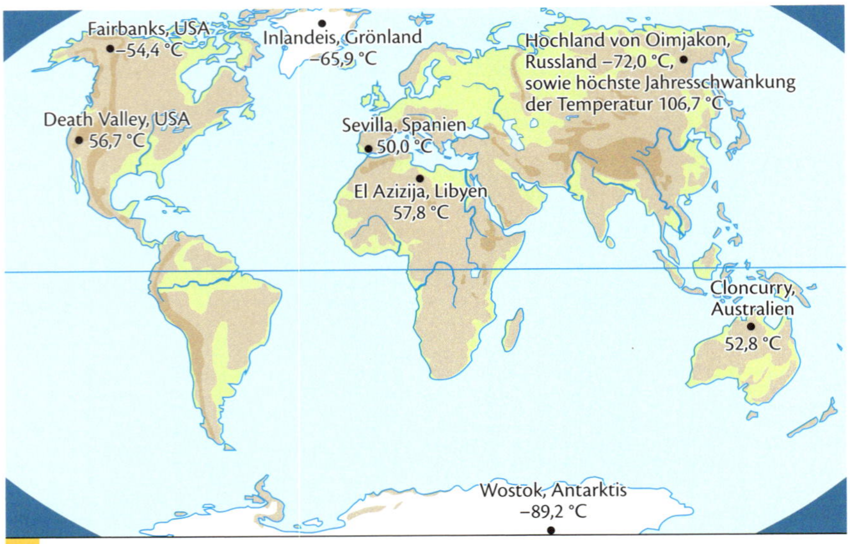

M 1 *Temperaturrekorde der Erde*

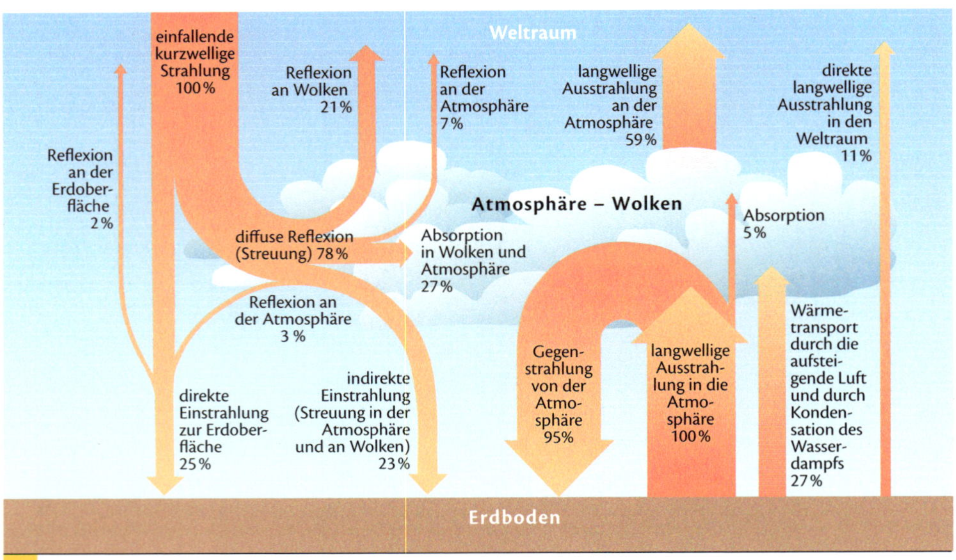

M 2 *Erwärmung der Erdoberfläche und der Lufthülle*

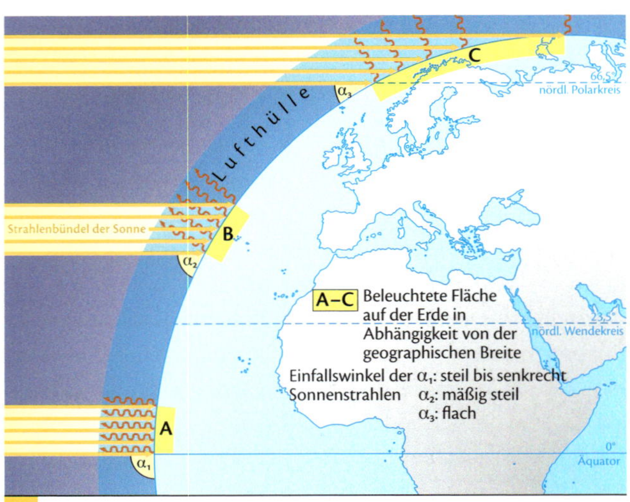

M 3 *Einstrahlungswinkel der Sonnenstrahlen*

check-it
- Ursachen der Entstehung von Temperaturzonen erläutern
- Temperaturzonen abgrenzen
- Merkmale der Temperaturzonen benennen
- Temperaturdiagramme auswerten und zuordnen

Die Temperaturzonen

Warum gibt es auf der Erde so gewaltige Temperaturunterschiede?
Die Erwärmung durch die Sonne lässt parallele Streifen oder Zonen auf der Erdoberfläche entstehen. In diesen Zonen herrschen ähnliche Temperaturmerkmale. Diese Temperaturzonen umspannen die ganze Erdkugel. Ihre Grenzen sind die **Polarkreise** und Wendekreise.
Die Temperaturzonen werden auch als Beleuchtungszonen bezeichnet. Jede dieser Zonen kennzeichnet Gebiete gleicher oder ähnlicher Temperaturmerkmale und Temperaturverläufe. Das hat Auswirkungen auf die Pflanzen- und Tierwelt.

Die Kugelgestalt der Erde

Hätte die Erde die Gestalt einer Scheibe, so wäre es überall auf der Erde gleich warm oder kalt. An jedem Punkt der Erdoberfläche würde die gleiche Menge Sonnenlicht einstrahlen und umgewandelt werden. Da die Erde aber Kugelgestalt hat, fallen die Sonnenstrahlen unterschiedlich steil auf die Erde ein.
Der Winkel, in dem die Sonnenstrahlen auf die Erdoberfläche treffen, wird **Einstrahlungswinkel** genannt. Die Luft erwärmt sich dort am stärksten, wo die Sonnenstrahlen sehr steil oder gar senkrecht auf die Erde einstrahlen. Je steiler der Einstrahlungswinkel ist, desto kürzer ist der Weg, den die Sonnenstrahlen durch die Atmosphäre zurücklegen. Daher kann nur ein geringer Teil der Sonnenstrahlung von der Atmosphäre aufgenommen, zurückgeworfen, absorbiert, reflektiert oder gestreut werden.

Temperaturzonen

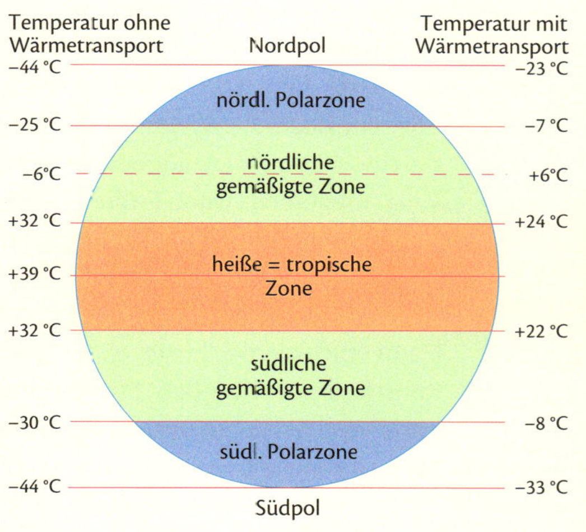

Einfallswinkel der Sonnenstrahlen	Taglänge / mögliche Sonnenscheindauer	Jahresmittel der Temperatur
flach	starker Wechsel (Polartag/Polarnacht) 0–24 h	niedrig
mäßig steil	jahreszeitlicher Wechsel mäßig 2–22 h	gemäßigt
steil bis senkrecht	stets gleich lang 10–12 h	hoch
mäßig steil	jahreszeitlicher Wechsel mäßig 2–22 h	gemäßigt
flach	starker Wechsel (Polartag/Polarnacht) 0–24 h	niedrig

Temperaturdiagramme

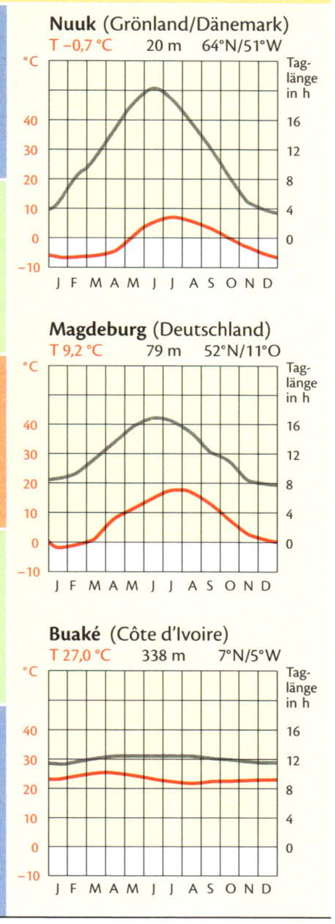

M 4 *Merkmale der Temperaturzonen der Erde*

Werden Sonnenstrahlen aufgenommen, so bezeichnet man dies als **Absorption**, werden sie zurückgeworfen, spricht man von **Reflexion.**

1 Erläutere die Ursachen für die Entstehung paralleler Temperaturzonen.
2 Drei gleich große Strahlenbündel (A, B, C) bescheinen auf der Erdoberfläche unterschiedliche Flächen. Miss den Einstrahlungswinkel und erläutere, wo die Erwärmung am stärksten ist (**M 3**).
3 Erläutere, weshalb es größere Temperaturunterschiede auf der Erde gibt (**M 1–M 4**).
4 Benenne die Abgrenzungen der Temperaturzonen. Nenne je zwei Staaten, die in den einzelnen Zonen liegen (**M 4**).
5 Charakterisiere die drei Beleuchtungszonen (**M 4**, Karte S. 47).
6 Durch die Erderwärmung schmelzen weltweit Gletscher ab. Informiere dich, wo dies geschieht, und diskutiere die Folgen dieses Prozesses.

Experiment **Einstrahlungswinkel der Sonne**

Versuchsaufbau:
Lichtquelle in einem bestimmten Abstand zu einem schwarzen Karton der in Position 1 senkrecht steht und in Position 2 schräg gestellt wird.
Vergleiche den Lichtfleck bei Position 1 mit dem bei Position 2.
Was stellst du fest?

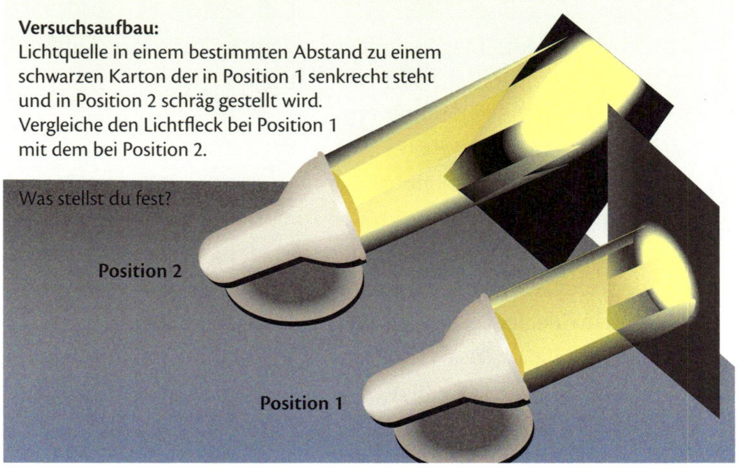

Luftfeuchtigkeit und Niederschlag

M 1 *Regenwetter bei uns*

check-it
- Begriffe absolute und relative Luftfeuchtigkeit kennen
- Zusammenhang zwischen Temperatur und Luftfeuchtigkeit erläutern
- Entstehung von Niederschlägen erklären
- Funktionsweise eines Hygrometers beschreiben

Luftfeuchtigkeit – Wasserdampf in der Atmosphäre

Bei der Erwärmung feuchter Oberflächen verdunstet Wasser zu unsichtbarem Wasserdampf. Dieser Vorgang spielt sich auch ab, wenn Wasser gekocht wird. Umgekehrt kondensiert Wasserdampf bei Abkühlung zu Wasser. Die dabei gebildeten Wassertröpfchen können so klein sein, dass sie in der Luft schweben. Im Alltag kann man diesen Vorgang beobachten, wenn am kalten Fenster aus Wasserdampf in der Luft Wassertröpfchen entstehen.

Das Wasser in der Atmosphäre ist für das Klima und das Wetter von großer Bedeutung. Wer in der Nähe des Äquators aus dem Flugzeug steigt, den empfängt sehr schwüle, feuchtwarme Luft. Wie kommt es dazu, dass es in sehr warmen Gebieten oftmals feuchter ist als in unseren Breiten?

Die Aufnahmefähigkeit der Luft hängt von deren Temperatur ab. Je wärmer die Luft ist, desto mehr Wasserdampf kann sie aufnehmen. Wenn sich die Luft abkühlt, verringert sich ihre Aufnahmefähigkeit für Wasserdampf.

Absolute und relative Luftfeuchtigkeit

Den in der Luft tatsächlich vorhandenen Wasserdampf bezeichnet man als absolute Luftfeuchtigkeit. Diese wird in Gramm je Kubikmeter angegeben. Das Verhältnis der in der Luft vorhandenen Wasserdampfmenge zu der Wassermenge, die die Luft maximal aufnehmen könnte, heißt relative Luftfeuchtigkeit. Diese wird mit dem Hygrometer gemessen. Ein Beispiel: Ein Kubikmeter Luft enthält bei 20 °C 13,84 g Wasserdampf. Die relative Luftfeuchtigkeit beträgt 80 Prozent.

Wusstest du schon, dass:

- etwa 15 Billionen Tonnen Wasser in der Atmosphäre zirkulieren?
- das Wasser in der Atmosphäre nur 0,001 % des gesamten Wassers der Erde entspricht?
- auf dem Atlantischen und Pazifischen Ozean je Quadratmeter jährlich 1200 bis 1300 Liter Wasser verdunsten?

Das Hygrometer

Gebräuchliche Hygrometer enthalten ein Wasser anziehendes Material, dessen Eigenschaften sich durch die Feuchtigkeit ändern. Am bekanntesten ist das Haarhygrometer. Seine Funktionsweise beruht darauf, dass sich Haare bei höherer Luftfeuchte ausdehnen und bei niedrigerer Luftfeuchte wieder zusammenziehen. Die Messung erfolgt über ein Haarbündel, dessen Dehnung durch ein Hebelwerk auf eine Anzeigeskala umgesetzt wird. Früher kamen aufgrund ihrer dünnen Struktur vor allem blonde Frauenhaare, aber auch Schaf- und Pferdehaare, zum Einsatz. Heutzutage werden hingegen vor allem Kunstfasern verwendet. Die traditionellen Wetterhäuschen sind im Prinzip Haarhygrometer.

Wolkenbildung und Niederschläge

Wenn Luft aufsteigt, bleibt zwar die absolute Luftfeuchtigkeit gleich, die relative Luftfeuchtigkeit nimmt jedoch wegen der Abkühlung zu. Wenn die Luft mit Wasserdampf gesättigt ist, wird der Taupunkt erreicht. Es kommt zur Kondensation und Wolkenbildung. Wolken bestehen aus Wassertröpfchen oder

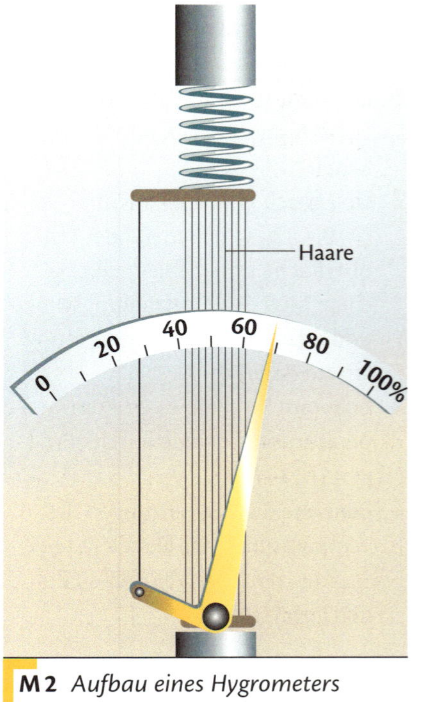

M 2 *Aufbau eines Hygrometers*

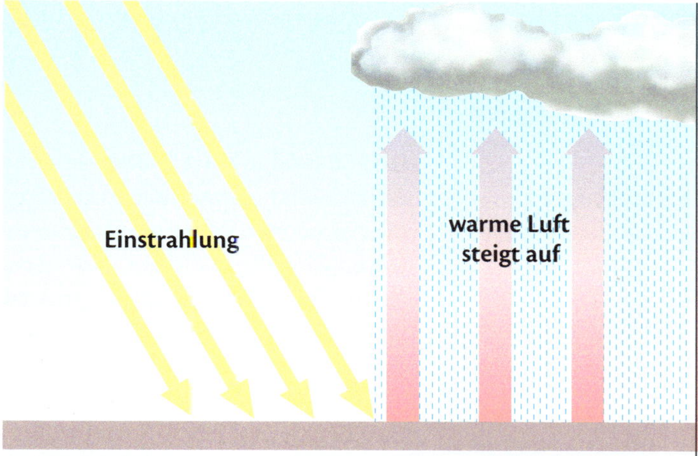

Einstrahlung erwärmt die Bodenoberfläche, diese erwärmt die Luft, → erwärmte Luft steigt auf, → aufsteigende Luft kühlt ab, es kommt zur → Kondensation, zur → Wolkenbildung und zu → Niederschlägen.

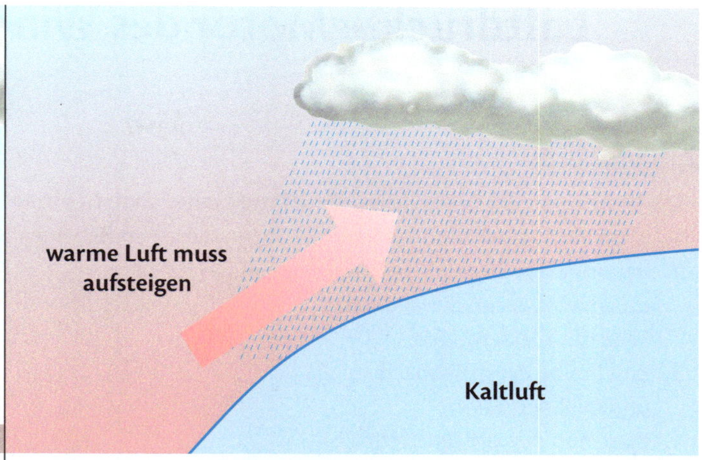

Einströmende warme Luft wird durch eine kalte Luftmasse zum Aufgleiten gezwungen, es kommt zur → Abkühlung und → Kondensation, → Wolken bilden sich, → Niederschläge fallen in der Regel als Nieselregen.

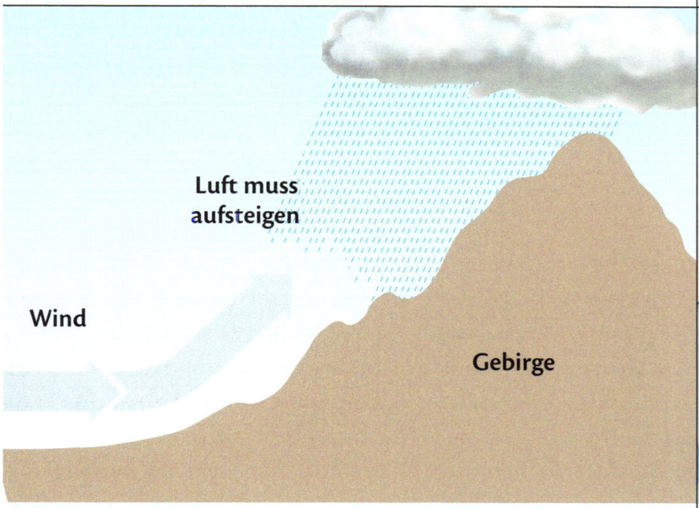

Luftmassen müssen am Gebirge aufsteigen. Es kommt zur → Abkühlung, zur → Kondensation, zur → Wolkenbildung und zu → Niederschlägen.

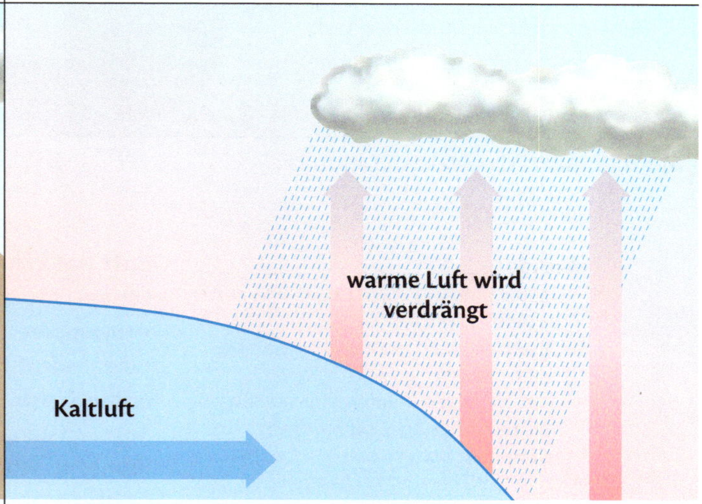

Einströmende kalte Luft verdrängt warme Luft nach oben, es kommt zur → Abkühlung und → Kondensation und in der Regel zu → starken Niederschlägen.

M 3 *Verschiedene Ursachen von Niederschlägen*

Temperatur der Luft in °C	–20	–10	0	10	15	20	25	30
höchstmögliche Wasserdampfmenge in g/m³ (Sättigungswert)	0,89	2,16	4,85	9,40	12,83	17,30	23,05	30,37

M 4 *Zusammenhänge zwischen Lufttemperatur und maximaler Wasserdampfmenge in der Luft*

Eiskristallen. Nicht aus jeder Wolke fallen Niederschläge. Kleinste Wassertröpfchen, die sich an winzigen Kondensationskeimen wie Ruß- und Eisteilchen anlagern, sind leicht und schweben. Erst wenn die Tröpfchen bzw. Eiskristalle zusammenwachsen, entstehen schwere Tropfen, die als Niederschlag fallen.

1 Erkläre, weshalb die Brille beschlägt, wenn man aus der Kälte kommt und ein Haus betritt.
2 Erläutere, wodurch sich absolute und relative Luftfeuchtigkeit unterscheiden.
3 Wie groß ist die relative Luftfeuchtigkeit wenn bei 10 °C 1 m³ Luft 4,7 g Wasserdampf enthält (**M 4**)?
4 Beschreibe die Funktionsweise eines Hygrometers (**M 2**).
5 Erkläre, auf welch unterschiedliche Weise Niederschläge entstehen können (**M 3**).
6 Begründe, weshalb es auf der Westseite des Harzes häufiger und ergiebiger regnet als auf der Ostseite (**M 3**).

Luftdruck – Motor des Windes

Experiment

Du benötigst: 3 Luftballons, Bindfaden oder Zwirn, einen Kleiderbügel

1. Blase einen Luftballon auf und befestigen diesen an der einen Seite des Kleiderbügels.
2. Befestige den zweiten Luftballon unaufgeblasen an der anderen Seite des Kleiderbügels.
3. Beschreibe deine Beobachtungen und erkläre diese.
4. Blase nun den dritten Luftballon auf. Erkläre, warum es immer schwerer wird, den Ballon aufzublasen, je mehr Luft im Luftballon ist. Erläutere, warum die Luft wieder entweicht, wenn du den Luftballon nicht richtig zuhältst oder zubindest.

M 1 *Kleine Experimente zum Luftdruck*

check-it
- Begriffe Luftdruck, Hochdruck- und Tiefdruckgebiete kennen
- Entstehung von Hoch- und Tiefdruckgebieten erklären
- Wind als Ausgleichsströmung zwischen Hochdruckgebieten und Tiefdruckgebieten beschreiben und erklären
- kleine Experimente durchführen und auswerten

Luft hat ein Gewicht

Unsere Erde ist von einer Lufthülle, der **Atmosphäre,** umgeben, dadurch wird Leben auf unserem Planeten überhaupt erst möglich. Luft ist für uns etwas Selbstverständliches. Da die Luft gasförmig ist, sehen wir sie nicht, nehmen sie aber wahr. Das geschieht zum Beispiel, wenn Luft aus einem Wasserball entweicht oder wir ausatmen.

Die Luft hat auch ein Gewicht. Sie wiegt über einem Quadratzentimeter der Erdoberfläche mindestens ein Kilogramm. Dieses Gewicht übt einen Druck aus, der mithilfe eines Barometers gemessen werden kann. Die Einheit des Luftdruckes lautet Hektopascal (hPa).

Luftdruck mal hoch – mal tief

Der durchschnittliche Luftdruck auf Meeresspiegelniveau beträgt 1013 Hektopascal. Gebiete mit einem Luftdruck unter 1013 Hektopascal nennt man **Tiefdruckgebiete,** Gebiete mit einem Luftdruck über 1013 Hektopascal **Hochdruckgebiete.**

Der Luftdruck ist nicht überall auf der Erde gleichmäßig verteilt und verändert sich ständig. Die Ursachen dafür liegen in der unterschiedlichen Erwärmung der Erde durch die Sonneneinstrahlung sowie im Wechsel zwischen Tag und Nacht. Wird Luft erwärmt, so dehnt sie sich aus und steigt auf. Am Boden bildet sich tiefer Luftdruck, da die Anzahl der Luftmoleküle abnimmt. Kalte Luft hingegen ist schwerer als warme Luft und sinkt nach unten. Dadurch nimmt die Anzahl der Luftmoleküle am Boden zu und der Luftdruck steigt. Die Luft ist bestrebt, die so entstandenen Luftdruckunterschiede auszugleichen. Deshalb strömt sie von Gebieten höheren Luftdrucks in Gebiete niedrigeren Luftdrucks. Die Luft aus den Gebieten mit hohem Luftdruck

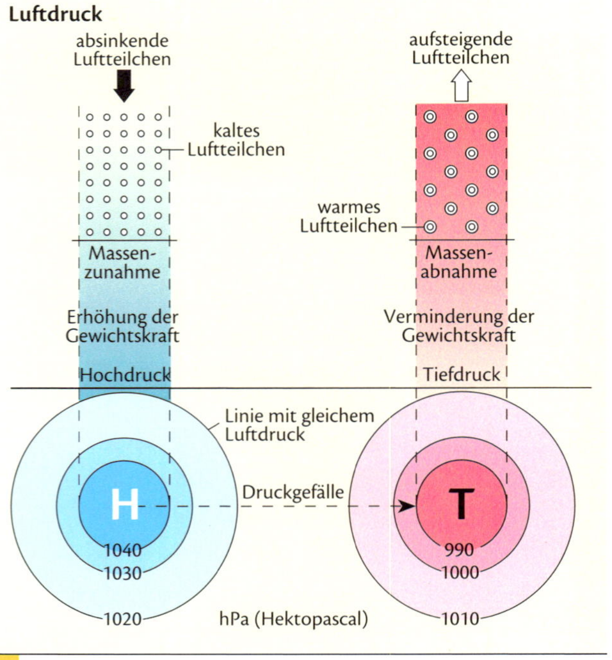

M 2 *Entstehung von Hoch- und Tiefdruckgebieten*

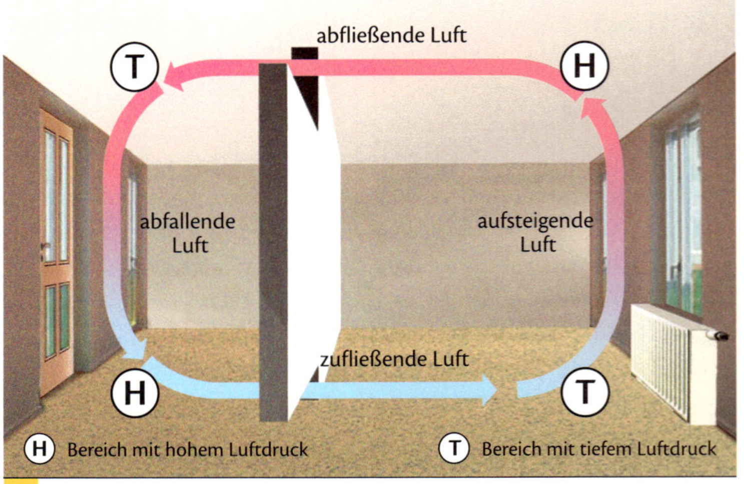

M 3 *Luftströmung zwischen kaltem und warmen Raum*

fließt in Gebiete mit tiefem Luftdruck ab. Tiefdruckgebiete ziehen also Luft aus den Hochdruckgebieten an.

Druckausgleich durch Wind

Den Luftausgleich zwischen Hoch- und Tiefdruckgebieten nehmen wir als Wind wahr. Wind weht also immer vom Hochdruck- zum Tiefdruckgebiet. Durch die Rotation der Erde um ihre Achse wird der Wind abgelenkt. Auf der Nordhalbkugel erfolgt diese nach rechts, auf der Südhalbkugel nach links. Aus dem Hoch strömt die Luft auf der Nordhalbkugel im Uhrzeigersinn heraus und gegen den Uhrzeigersinn in das Tief hinein. Auf der Südhalbkugel passiert dies genau andersherum.

1 Erläutere die Entstehung von Hoch- und Tiefdruckgebieten (**M 1**, **M 2**).
2 Beweise durch kleine Experimente folgende Aussagen: Luft hat ein Gewicht. Es gibt einen Druckausgleich zwischen hohem und niedrigem Luftdruck. (**M 1**)
3 Zeichne eine Skizze mit einem Berg und einem Tal. Trage über dem Berg und dem Tal eine Säule ein, die den Luftdruck darstellt, der auf die jeweiligen Gebiete wirkt. Erläutere den von dir gezeichneten Luftdruck.
4 Miss mit dem Barometer den Luftdruck im Raum und außerhalb der Schule. Erkläre die gemessenen Werte.
5 Erkläre, wie Wind entsteht (**M 3**, **M 6**).
6 Halte vorsichtig eine brennende Kerze oben und unten in die geöffnete Tür des Klassenzimmers. Erkläre die Richtung der Flamme mithilfe von **M 3**.
7 Erläutere, warum die Windflüchter sich in Deutschland nach Südosten neigen (**M 4**).
8 Land- und Seewind entstehen durch unterschiedlichen Luftdruck. Weise diese Aussage nach (**M 5**).

WEBCODE: UE640102-055

M 4 *Windflüchter an der Küste*

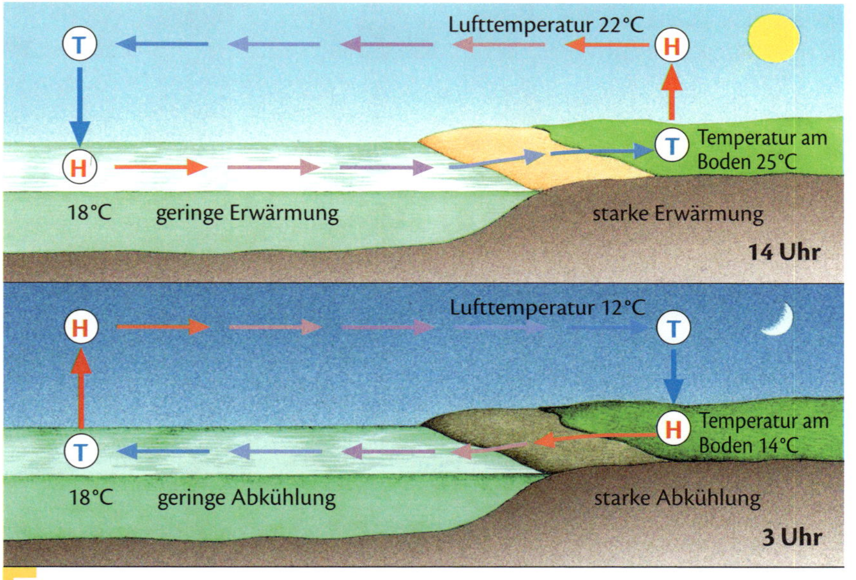

M 5 *Entstehung von Land- und Seewind*

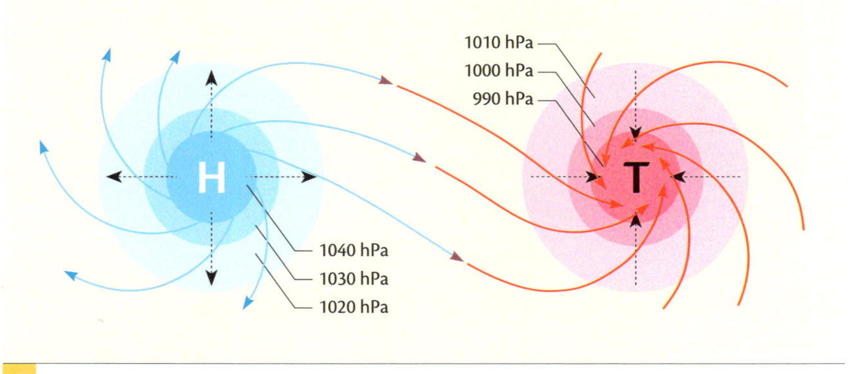

M 6 *Ausgleichsströmungen zwischen Hoch- und Tiefdruckgebieten auf der Nordhalbkugel*

Stürme weltweit

M 1 *Folgen eines Blizzards in Las Vegas*

check-it
- Ausbreitungsgebiete von Wirbelstürmen beschreiben
- tropische und außertropische Stürme benennen
- Auswirkungen von Stürmen erläutern
- Satellitenbilder auswerten

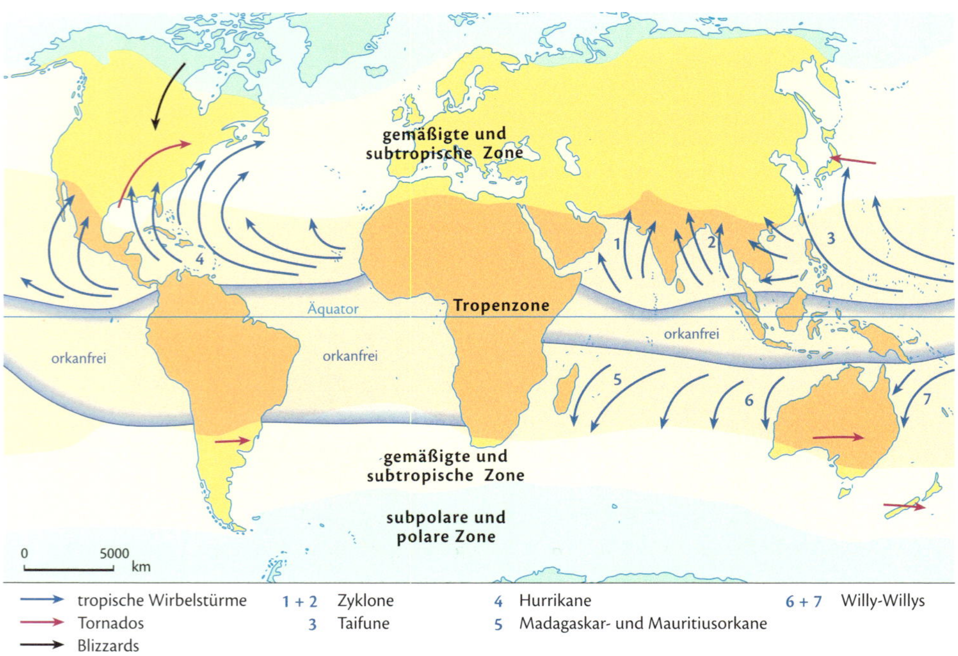

M 2 *Zugbahnen von Wirbelstürmen*

Schnee in Las Vegas?

Kurz vor Weihnachten 2008 sorgten ungewöhnlich heftige Stürme in Nordamerika für ein Winterchaos. In Kanada und den USA wurden extrem niedrige Temperaturen und starke Schneefälle gemeldet. Zahlreiche Unfälle waren die Folge. Vielerorts brach die Stromversorgung zusammen. Besonders die Industrie im Nordosten des Landes war betroffen: Sie musste ihre Produktion unterbrechen. Durch den Wintereinbruch mussten die Flughäfen den Betrieb mehrere Tage lang einstellen. Erstmals seit 37 Jahren bildete sich in Kanada eine Schneedecke vom Pazifik bis zum Atlantik. Selbst 2000 Kilometer weiter südlich fegte ein Blizzard durch die Wüste von Nevada und bescherte dem Spielerparadies knapp 15 Zentimeter Schnee – so viel wie seit den 1970er-Jahren nicht mehr.

Blizzards

Blizzards mit Windgeschwindigkeiten von bis zu 140 Stundenkilometern richten jedes Jahr in Nordamerika enorme Schäden an und fordern zahlreiche Todesopfer. Sie treten in der Zeit zwischen Dezember und März auf. Kalte Luft strömt von Norden her über den Kontinent. Sie kann beinahe ungehindert bis zur Golfküste vordringen, da sich ihr kein Hindernis in Form von Gebirgen entgegenstellt. Die eigentliche Gefahr für die Wirtschaft entsteht aber hinter dem Sturmgebiet. Regenfälle, vermischt mit Schnee und Eis, verwandeln den Untergrund in eine Eisbahn. Innerhalb von Minuten bricht die Infrastruktur zusammen: Erst kommt der Verkehr auf den vereisten Straßen zum Erliegen, dann brechen Strommasten, Stromleitungen und Bäume unter der gewaltigen Eislast zusammen.

Zyklon Nargis

Der Zyklon Nargis war der erste tropische Wirbelsturm der Wirbelsturmsaison im nördlichen Indischen Ozean 2008. Der Sturm bildete sich am 27. April im Golf von Bengalen und wanderte zunächst langsam in nordwestlicher Richtung. Nargis drehte nach einer vorübergehenden Abschwächung in östliche Richtung und erreichte schließlich Myanmar. In fünf Regionen des Staates wurde der Notstand ausgerufen, darunter auch in der Millionenstadt und früheren Hauptstadt Rangun, die direkt in der Zugbahn des Zyklons lag. Der Sturm erreichte auf seinem Höhepunkt Windgeschwindigkeiten zwischen 165 und 215 km/h. Am 3. Mai löste sich der Wirbelsturm im Grenzgebiet zwischen Myanmar und Thailand auf. Das Problem für die Bewohner der Irrawaddi-Deltas wurde aber das Krisenmanagement des Staates. Obwohl zahlreiche Staaten und Hilfsorganisationen schnelle Hilfe anboten und Hilfsgüter in den Nachbarstaaten anlieferten, ließ die Militärregierung die Hilfe nur zögerlich ins Land und dann auch nicht in das betroffene Delta.

M 3 *Folgen des Zyklons Nargis in Myanmar 2008*

Myanmar: Leben mit der Gefahr

Madinal Haq lebt auf einer Insel vor dem Irrawaddi-Delta. Früher besaß er sechs Hektar Land, von denen er mit seiner Familie gut leben konnte. Seit der Ozean seine Felder überflutete, gehört er zu den Landlosen. Unter ein paar Bäumen steht seine Hütte, umgeben von einem winzigen Garten, der die Familie mit Gemüse versorgt. Familie Haq wohnt keine zehn Meter vom Meer entfernt. Madinal kann zusehen, wie die Strömung den Lehmboden wegreißt. In wenigen Tagen wird er seine Hütte abbrechen müssen und fortziehen – zum achten Mal, seitdem er kein eigenes Land mehr besitzt. Wenn er Glück hat, wird es anderswo im Delta ein paar Quadratmeter Land geben. Vielleicht muss er aber auch in eine größere Stadt ziehen. Möglicherweise findet er mit seiner Familie Platz in einem der Slums. Der fruchtbare Löss im Delta, der durch natürliche Aufschüttung entstanden ist, erlaubte bis zu vier Ernten im Jahr. Das übrige Land ist überbevölkert, sodass die Menschen keine andere Wahl haben, als in diesem Gebiet, das nur wenig über dem Meeresspiegel liegt, zu siedeln.

WEBCODE: UE640102-057

1. Beschreibe die Verbreitungsgebiete der verschiedenen Stürme (**M 2**).
2. Erstelle eine Mindmap zur Einteilung der Wirbelstürme. Beachte die Breitenlage.
3. Beschreibe die Veränderung der Küste Myanmars nach dem Zyklon Nargis (**M 3**).
4. Leben an der Küste bedeutet „Leben am Rande der Katastrophe". Nimm Stellung zu dieser Aussage (**M 2**, **M 3**).
5. Nenne mögliche Folgen der Erderwärmung für Myanmar und Bangladesh (**M 2**).
6. Ergänzt eure Wandzeitung der Naturereignisse um die Stürme.

Hurrikane und Tornados

M1 *Satellitenfoto des Hurrikans „Katrina"*

Hurrikan „Katrina"

Der Hurrikan bildete sich am 23.08.2005 östlich von Florida. Er zog über Miami in den Golf von Mexiko und verstärkte sich. Am 29.08.2005 erreichte „Katrina" mit Windgeschwindigkeiten von 200 Stundenkilometern südlich von New Orleans die US-Küste und zog dann weiter nach Norden. Durch den Tropensturm und die dadurch ausgelöste Sturmflut wurden Häuser an der Küste fortgespült, Schiffe auf das Festland gesetzt, Fahrbahnen aus Betonbrücken gerissen. Es brachen die Deiche des Industrial Canal in New Orleans, der den Fluss Mississippi mit dem Pontchartrainsee verbindet. Das Wasser überflutete die tiefer liegende Stadt zu 80 Prozent. Eine Million Menschen wurden obdachlos und fünf Millionen waren wochenlang ohne Strom und Wasser. „Katrina" verursachte den größten Sachschaden, den je eine Naturgewalt ausgelöst hat.

check-it
- Verbreitungsgebiete der Hurrikane und Tornados vergleichen
- Entstehung von Hurrikanen und Tornados erläutern
- Satellitenbild und Grafiken auswerten

Hurrikane

Hurrikane sind Wirbelstürme, die über den tropischen Teilen des Atlantischen Ozeans entstehen. Als Hurrikane werden sie eingestuft, wenn sie Windstärke 12 oder Windgeschwindigkeiten von mehr als 117 Stundenkilometern erreichen. Über dem stark erhitzten Meer steigen große Mengen von Wasserdampf auf, die am Boden sehr tiefen Luftdruck erzeugen. Durch den Unterdruck bildet sich eine Zone, die kilometerlang sein kann und in der schnell rotierende Luftmassen aufsteigen. Diese Zone wird als Auge bezeichnet. Im Auge herrscht absolute Windstille, es gibt keine Wolken und deshalb auch keine Niederschläge. Umso mehr Regen und Sturm können die Gewitterringe um das Auge herum verursachen: zwischen einem halben und zwei Metern Wasser pro Quadratkilometer am Tag und Windgeschwindigkeiten zwischen 200 und 400 Stundenkilometern. In einem solchen tropischen Wirbelsturm kann an jedem Tag so viel Wärmeenergie freigesetzt werden, wie in einem Jahr weltweit an elektrischer Energie verbraucht wird.

Hurrikane wandern vom Atlantik zunächst in Richtung Westen und Nordwesten und drehen dann zwischen dem 20. und 35. Breitengrad meist nach Norden oder Nordosten ab. Die Fortbewegungsgeschwindigkeit des Hurrikans jedoch beträgt lediglich 15 bis 30 Stundenkilometer. Daher existiert ein solcher Sturm mehrere Tage oder sogar Wochen lang.

Die offizielle Hurrikan-Saison dauert vom 1. Juni bis zum 30. November. Neben den Überschwemmungen besteht die große Gefahr, dass Schlammlawinen entstehen. Die Sogwirkung eines Hurrikans kann Sturmfluten auslösen und dadurch enorme Schäden an den Küsten und küstennahen Siedlungen verursachen.

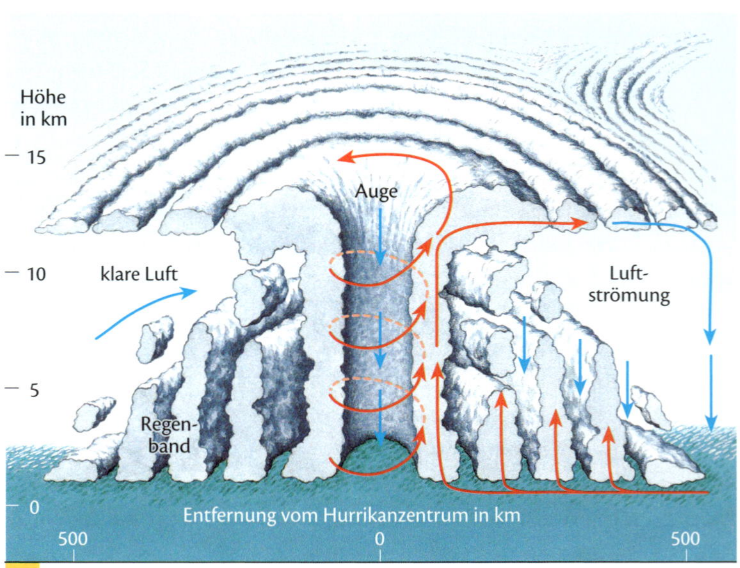

M2 *Schnitt durch einen Hurrikan*

Tornados

Tornados sind außertropische Wirbelstürme, die in der subtropischen und in der gemäßigten Klimazone auftreten. Tornados entstehen, wenn feuchtheiße und kalte Luftmassen aufeinanderprallen. Dabei bilden sich mächtige Luftverwirbelungen, die sich schnell um ein schmales Gebiet äußerst niedrigen Luftdrucks drehen und mehrere hundert Meter Durchmesser erreichen können. Tornados erreichen Geschwindigkeiten von bis zu 700 Stundenkilometern.

Der schlauchartige Luftwirbel ist das äußere Kennzeichen eines Tornados. Aus einiger Entfernung ähnelt der Luftwirbel einem Elefantenrüssel, der unberechenbar hin und her pendelt und sich gelegentlich vom Boden abhebt. Mit diesem „Rüssel" wird Staub und Sand aufgewirbelt. Über Wasserflächen bilden sich Wasserwirbel, so genannte Wasserhosen. Der Durchmesser des Luftwirbels reicht von einigen Metern bis zu 500 Metern. Die Lebensdauer eines Tornados ist gering. Sie beträgt von mehreren Sekunden bis zu einer Stunde, aber in den meisten Fällen nur etwa 10 Minuten.

Starke Tornados lassen Häuser wegen des plötzlich abfallenden Luftdrucks explodieren. Da der Tornadorüssel nicht immer aus Wolkentröpfchen besteht, kann er auch unsichtbar bleiben. Erst umherfliegende Trümmer und Sandmassen verraten ihn.

M 3 *Tornado in den USA*

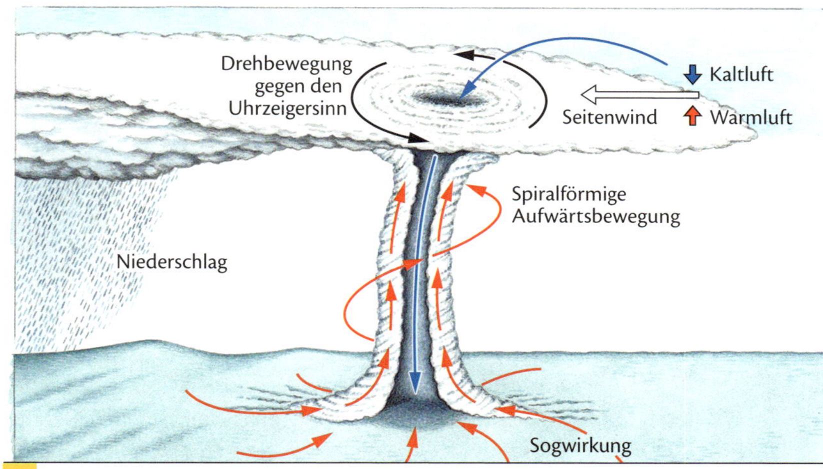

M 4 *Schnitt durch einen Tornado*

1 Beschreibe die Zugrichtung des Hurrikans „Katrina" und die Schäden, die er verursachte (**M 1**, Karte S. 228).

2 Vergleiche Verbreitung, Gestalt, Entstehung und Wirkung von Hurrikanen und Tornados (**M 1–M 5**). Fertige dazu eine Tabelle an.

3 Erläutere die Zerstörungen, die Hurrikane anrichten können (**M 5**).

WEBCODE: UE640102-059

Windgeschwindigkeit (km/h)	119–153	154–177	178–210	211–249	über 249
Sturmflut (Höhe m)	1,2–1,5	1,8–2,4	2,7–3,6	3,9–5,4	über 5,4
	Kategorie 1 – gering: Schäden an Hafenanlagen, Straßen und Bäumen	**Kategorie 2 – mäßig:** Entwurzelte schwache Bäume, aus Halterung gerissene Wegweiser, Küstenstraßen unter Wasser	**Kategorie 3 – erheblich:** Bäume und Leitungsmasten am Boden. Zerstörte Wohnmobile. Umherfliegende Teile eine Gefahr.	**Kategorie 4 – außergewöhnlich:** Zerstörte Dächer, Türen, Fenster. Lebensgefahr im drei Kilometer breiten Küstenbereich.	**Kategorie 5 – katastrophal:** Häuser stürzen ein. Küste auf einer Breite bis zu 16 Kilometern lebensgefährlich.

M 5 *Skala der Stärken von Hurrikanen*

Wir zeichnen Klimadiagramme und werten sie aus

check-it
- Aufbau eines Klimadiagramms erklären
- Klimadiagramme zeichnen
- Klimadiagramme auswerten

Das Klimadiagramm

Das Klimadiagramm eines Ortes wird durch langfristiges Messen der Tages-, Monats- und Jahresmitteltemperaturen und Niederschlagsmengen ermittelt. Klimadiagramme geben Auskunft über die Höhe von Temperaturen und Niederschlägen, Wachstumszeiten von Pflanzen, ob das Klima feucht oder trocken ist und in welcher Klimazone die Klimastation liegt.

Klima und Wachstumszeiten

Wasser ist lebensnotwendig für Tiere und Pflanzen. Liegen die Niederschlagssäulen über der Temperaturkurve, spricht man von feuchtem Klima (humid), dann fällt mehr Niederschlag als verdunstet. Verläuft die Temperaturkurve über den Niederschlagssäulen, spricht man von trockenem Klima (arid), dann verdunstet mehr Niederschlag als fällt. Es handelt sich dann um Trockenmonate oder Trockenzeiten.
Die Wachstumszeiten von Pflanzen sind aber auch abhängig von der Temperatur. Kulturpflanzen wie zum Beispiel Getreide oder Laubbäume wachsen bei einem Monatsmittel von mindestens 10 °C. Wildpflanzen wie zum Beispiel Gräser benötigen nur 5 °C, wobei immer genügend Feuchtigkeit vorhanden sein muss.

Ein Klimadiagramm zeichnen

Die Klimawerte einer Klimastation sollen in einem Klimadiagramm veranschaulicht werden. Wir wählen dazu die Klimawerte der Station Brocken. Beim Zeichnen von Klimadiagrammen werden folgende Materialien benötigt: Millimeterpapier, Lineal, Bleistift, roter, hellblauer und dunkelblauer Buntstift.

Checkliste zum Zeichnen eines Klimadiagramms

1. Schritt: Erstellen des Diagrammrahmens
Benutze zum Zeichnen einen Bleistift. Zeichne eine Grundachse 12 cm lang. Trage die 12 Monate mit den Anfangsbuchstaben ein. Zeichne zwei Hochachsen, die etwa 14 cm hoch sind. Beschrifte die linke Hochachse mit den Temperaturwerten in Zehnerschritten von –10 bis 40 °C (Maßstab: Ein Grad entspricht zwei Millimetern) und die rechte Hochachse mit Niederschlagswerten in Zwanzigerschritten (Maßstab: Ein Millimeter Niederschlag entspricht einem Millimeter). Beachte dabei, dass sich null Grad und null Millimeter Niederschlag auf einer Linie befinden und dass der Maßstab ab 100 mm Niederschlag verkürzt wird (Maßstab: Zehn Millimeter Niederschlag entsprechen einem Millimeter). Beschrifte das Diagramm mit dem Namen der Klimastation, den Angaben zum Gradnetz und zur Höhe.

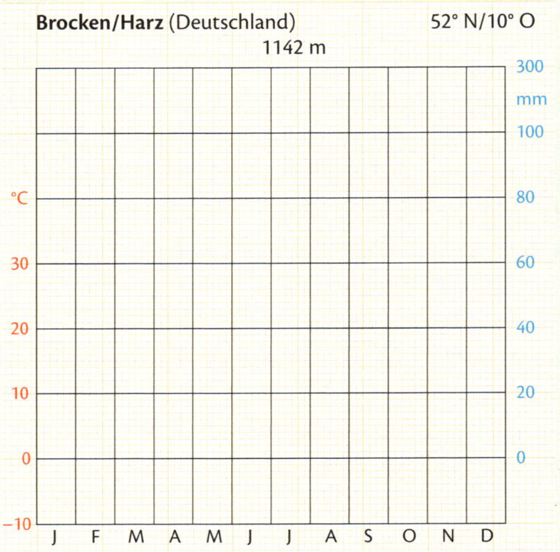

2. Schritt: Zeichnen des Temperaturdiagramms
Beschrifte das Diagramm mit der Jahresmitteltemperatur. Markiere im Diagramm die Höhe der Monatsmitteltemperatur im jeweiligen Monat mit einem Punkt. Verbinde alle Punkte zu einer Kurve und kontrolliere, ob der Temperatur-

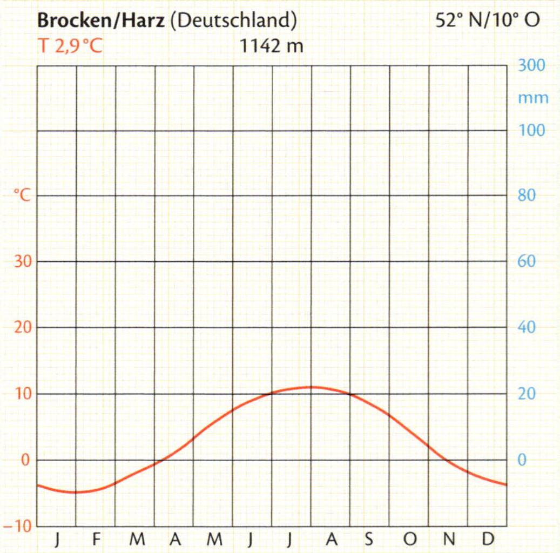

Brocken, Harz/Deutschland 52° N/10° O 1142 m	Monat												Jahr
	J	F	M	A	M	J	J	A	S	O	N	D	
Monatsmitteltemperaturen (°C)	–4,6	–4,7	–2,0	1,2	5,7	9,1	10,8	10,7	7,9	3,6	–0,3	–3,0	2,9
Monatsniederschläge (mm)	158	126	94	105	96	115	143	117	105	122	115	126	1422

M 1 *Klimawerte für den Brocken*

verlauf korrekt dargestellt wird. Markiere die Temperaturkurve mit dem roten Stift.

3. Schritt: Zeichnen des Niederschlagsdiagramms
Beschrifte das Diagramm mit den Jahresniederschlägen. Markiere die Monatsniederschlagssummen durch einen Strich über dem jeweiligen Monat. Verbinde die Striche durch eine senkrechte Linie mit der Nulllinie. Male die entstandenen Niederschlagssäulen mit dem hellblauen Buntstift an. Verdeutliche mit dem dunkelblauen Stift in den einzelnen Niederschlagssäulen die Monatsniederschläge, die über 100 mm liegen.

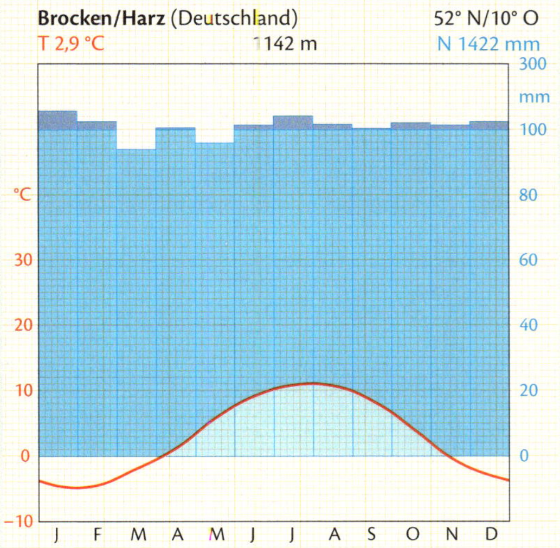

Beispiel für das Auswerten eines Klimadiagramms

1. Schritt: Angaben zur Klimastation
Nenne den Namen der Station und das Land, in dem diese liegt. Gib die Höhenlage an und die Lage im Gradnetz.
Die Klimastation Brocken (Harz) in Deutschland liegt auf einer Höhe von 1142 Metern über dem Meeresspiegel. Der Brocken befindet sich auf 52 Grad nördlicher Breite und 10 Grad östlicher Länge.

2. Schritt: Temperatur (T)
Lies die Jahresmitteltemperatur ab. Ermittle den wärmsten Monat des Jahres (Monat, T in °C). Ermittle den kältesten Monat des Jahres (Monat, T in °C). Berechne die Jahresschwankung der Temperatur. Beschreibe den Verlauf der Temperaturkurve. Benenne die Monate, in denen Frost herrscht.
Die jährliche Durchschnittstemperatur beträgt 2,9 °C. Die zwei wärmsten Monate sind der Juli und August. Die kältesten Monate sind Dezember, Januar und Februar. Die Jahresschwankung der Temperatur beträgt 15,5 °C. Der wärmste Monat ist der Juli mit einer Durchschnittstemperatur von 10,8 °C, der kälteste Monat ist der Februar mit einer Durchschnittstemperatur von −4,7 °C. Frostmonate gibt es von November bis März.

3. Schritt: Niederschläge (N)
Lies die Jahresniederschlagssumme ab. Ermittle den niederschlagsreichsten Monat (Monat, N in mm). Ermittle den niederschlagsärmsten Monat (Monat, N in mm). Beschreibe die Verteilung der Niederschläge über das Jahr.
Die Summe der Jahresniederschläge beträgt 1422 Millimeter. Die zwei niederschlagsreichsten Monate sind der Januar und Juli. Am wenigsten Niederschlag fällt im März und Mai. Die Niederschläge sind gleichmäßig über das Jahr verteilt.

4. Schritt: Wachstumszeit
Ermittle die Wachstumszeiten für Kulturpflanzen und Bäumen sowie Wildpflanzen: Die Wachstumszeit für Kulturpflanzen und Bäume ist im Juli und August und für Wildpflanzen von März bis Oktober.

5. Schritt: Verlauf von Temperaturen und Niederschlägen
Vergleiche den Verlauf der Temperaturkurve mit der Niederschlagskurve und benenne Monate mit trockenem oder feuchtem Klima: Das Klima ist ganzjährig feucht (humid).

6. Schritt: Klimazone
Ordne das Klimadiagramm einer Klimazone zu (Karte S. 43): Die Klimastation Brocken (Harz) liegt auf 1142 m und in der gemäßigten Klimazone.

1 Zeichne zu den Klimawerten mithilfe der Checkliste die Klimadiagramme (**M2**).
2 Werte die Klimadiagramme von Madrid und Murmansk in den angegebenen sechs Schritten aus.

Madrid/Spanien 40° N/3° W 667 m	**Monat**												**Jahr**
	J	F	M	A	M	J	J	A	S	O	N	D	
Monatsmitteltemperaturen (°C)	4,9	6,5	10,0	13,0	15,7	20,6	24,2	23,6	19,8	14,0	8,9	5,6	13,9
Monatsniederschläge (mm)	38	34	45	44	44	27	12	14	32	53	47	48	438
Murmansk/Russland 69° N/33° O 46 m	**Monat**												**Jahr**
	J	F	M	A	M	J	J	A	S	O	N	D	
Monatsmitteltemperaturen (°C)	−9,9	−9,9	−7,0	−1,2	3,5	8,9	12,8	10,9	6,4	0,3	−5,1	−8,6	0,1
Monatsniederschläge (mm)	19	16	18	19	25	40	54	60	44	30	28	23	376

M2 *Klimawerte von Madrid und Murmansk*

Klima- und Vegetationszonen der Erde

Polare Klimazone	Gemäßigte Klimazone		Subtropische Klimazone

Gräser, Moose, Zwergsträucher	Lärchen, Fichten, Moore	Buchen, Eichen, Ahorn	Mediterrane Vegetation, z. B. Steineichen
Tundra	Borealer Nadelwald	Laub-/Mischwald	Hartlaubgehölze

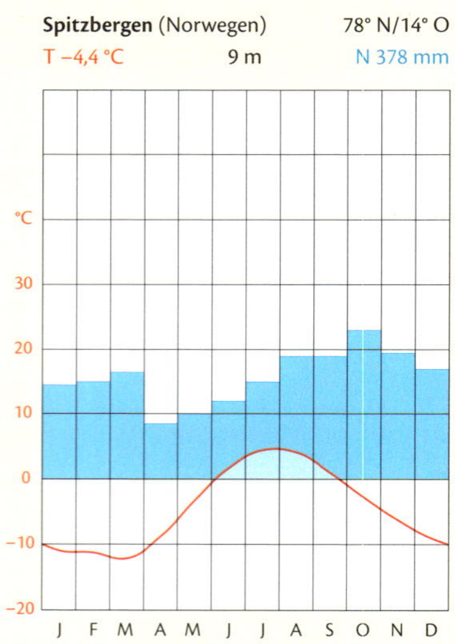

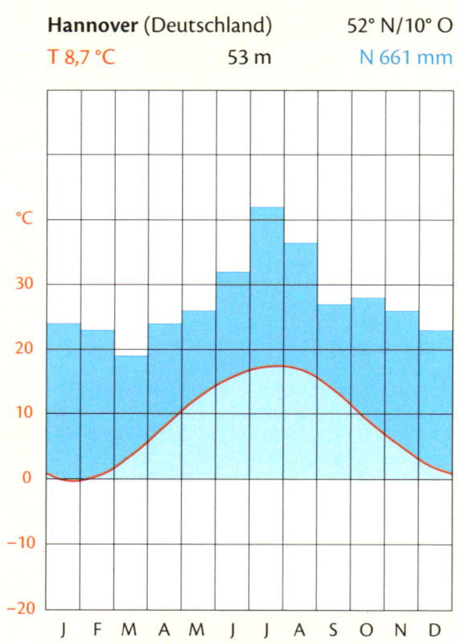

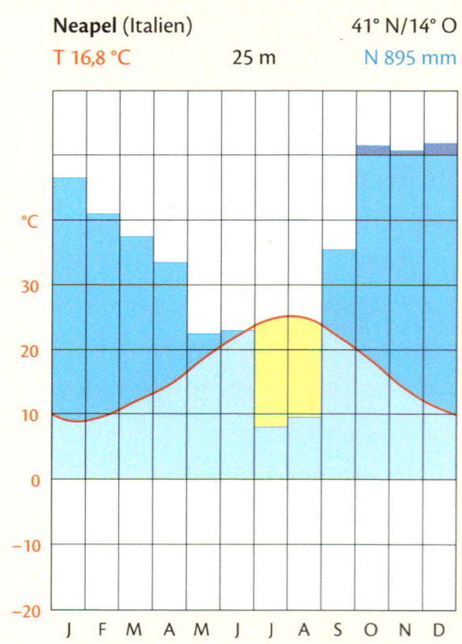

M 1 *Klima und Vegetation*

check-it
- Verteilung der Klimazonen und Vegetationszonen erläutern
- Unterscheidungsmerkmale der Klimazonen und Vegetationszonen benennen
- Zusammenhänge zwischen Klima und Vegetation erläutern
- Auswerten von Klimadiagrammen und Bildern

Geographische Klimazonen

Entsprechend den Wärmezonen wird die Erde in Klimazonen unterteilt. Allerdings werden zusätzlich die folgenden Faktoren betrachtet:
- Meeresströmungen und Winde transportieren Wärme.
- Verteilung von Land und Meer.
- Höhenlage.
- Menge und jahreszeitliche Verteilung der Niederschläge.

Vegetationszonen

Tageslänge, Temperatur, Bodenbeschaffenheit und Niederschläge an einem Ort bewirken, dass sich typische Pflan-

Tropische Klimazone

Vegetationslos oder vereinzelt Zwergsträucher, Gräser

Wüsten und Halbwüsten

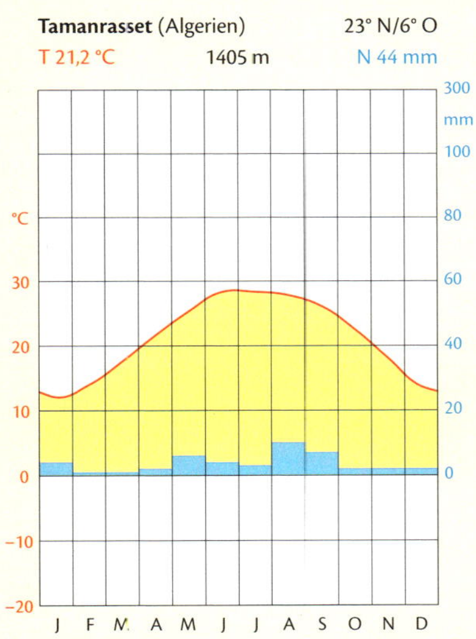

Übermannshohes Gras, Baumgruppen, Wälder

Savannen

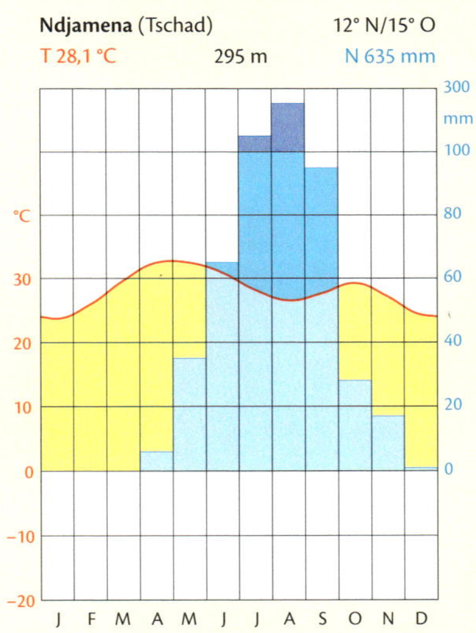

Immergrüner tropischer Regenwald

Tropischer Regenwald

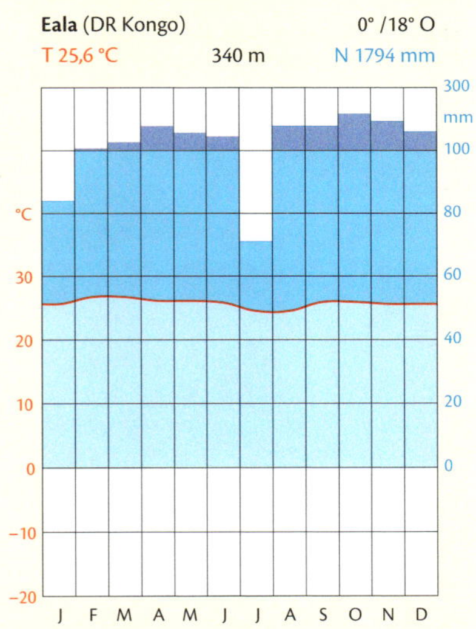

zengesellschaften entwickeln. In Abhängigkeit vom Klima findet man für jede Klimazone „typische" Pflanzengesellschaften. Sie stellen die Vegetationszone dar.

1 Grenze die großen Klimazonen räumlich voneinander ab (Karte S. 43).
2 Erläutere, wie sich das Klima vom Äquator zum Pol verändert (**M 1**).
3 Erläutere den Zusammenhang zwischen Klima und Vegetation.
4 Ordne die Klimadiagramme begründet den Klima- und Vegetationszonen zu.

WEBCODE: UE640102-063

Höhenstufen am Kilimandscharo

M 1 *Aufstieg zum Kibo*

check-it
- Zusammenhänge zwischen Höhenlage, Niederschlägen und Temperaturen erläutern
- Höhenstufen der Vegetation am Kilimandscharo beschreiben und mit den Alpen vergleichen
- Profil und Diagramme auswerten

Reisebericht einer Bergtour zum Gipfel des Kibo

Nach wochenlangen intensiven Vorbereitungen ist unsere Gruppe am Fuße des Kilimandscharo-Massivs angekommen. Marangu liegt auf 1234 m und ist unser Ausgangs- und Endpunkt.

Gespannt erwarten wir die erste Etappe des Aufstiegs mit unseren einheimischen Führern und Trägern. Wir stehen in aller Frühe auf, um der Tageshitze zu entgehen, das Thermometer zeigt bereits 20 °C. Unser Marsch führt uns durch Nebel, schattigen Regenwald mit Moosen, meterhohe Farne und lang herunterhängenden Bartflechten. Wir erreichen unser Tagesziel, die Mandara-Hütte. Sie liegt auf 2700 m, das Thermometer zeigt 11 °C. Am nächsten Tag führt uns die zweite Etappe durch Gräser und Heide mit meterhohen Erikasträuchern. Wir erreichen die Horombo-Hütten auf 3725 m. Nach und nach wird der Bewuchs lichter, sodass die Sonne die Temperatur auf 18 °C steigen lässt. In der Nacht werden Minustemperaturen gemessen. Weiter geht es am übernächsten Tag. Der Aufstieg hat uns sehr angestrengt und ein Ruhetag ist uns allen sehr willkommen.

Abmarsch zur dritten Etappe, die uns über Felsen und Geröll, einzeln stehende Grasbüschel und Moose zur Kibohütte, auf 4694 m, führt. Das Thermometer ist stetig gefallen. Es zeigt nur noch 5 °C. Der Sauerstoffmangel in der Höhenluft verursacht bei uns Herzklopfen. In der frostigen Nacht schlafen wir nur wenig. Die letzte Etappe beginnt kurz nach Mitternacht bei –8 °C. Unser Führer leuchtet uns mit einer Petroleumlampe den Weg. Wir sind jetzt beim Gletscher und der Aufstieg wird

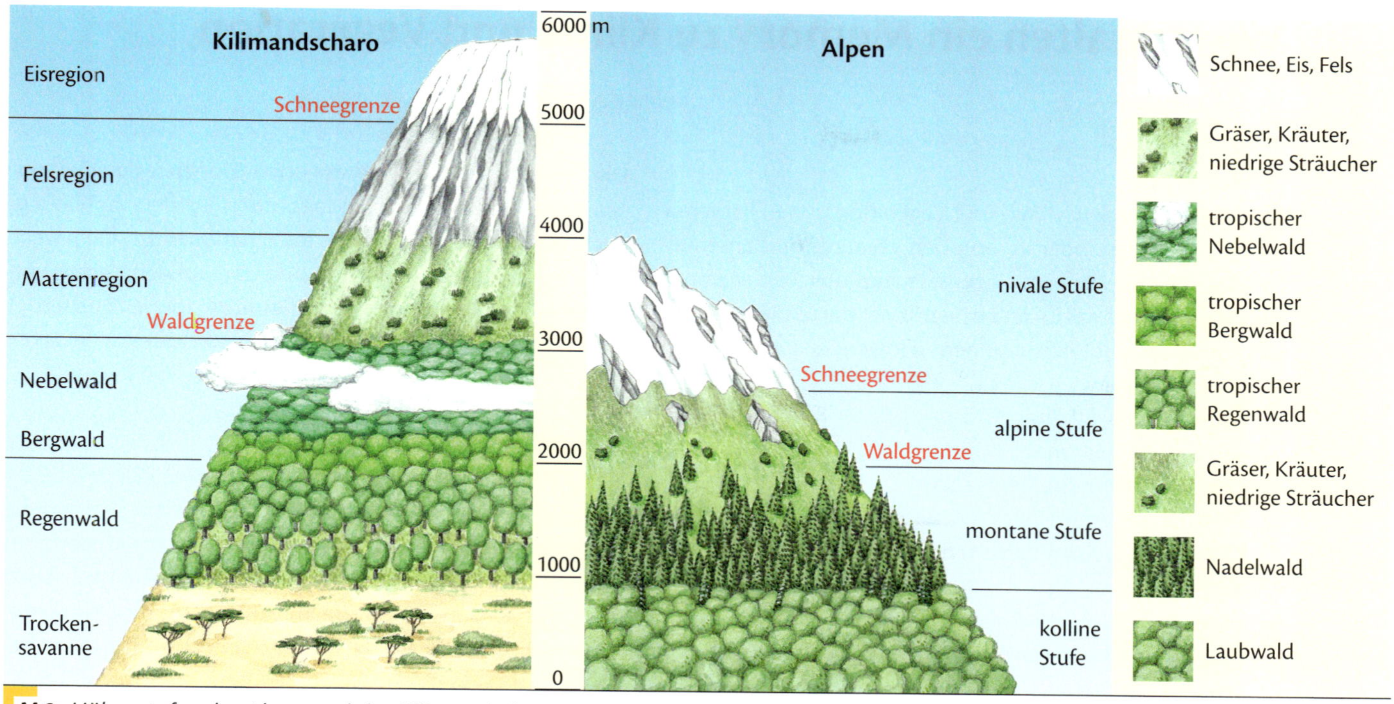

M 2 *Höhenstufen der Alpen und des Kilimandscharo im Vergleich*

immer mühsamer. Da es leicht schneit, kommen wir nur langsam voran. Bei Sonnenaufgang stehen wir staunend am Kraterrand des Kibo und überblicken den Klilimandscharo-Nationalpark. Zum Glück sind wir von der gefürchteten Höhenkrankheit verschont geblieben, die etwa 50 Prozent der Bergsteiger zur Umkehr zwingt. Die Sauerstoffdichte ist am Gipfel nur etwa halb so hoch wie auf Meereshöhe. Noch am selben Tag beginnt der Abstieg zurück zur Kibo-Hütte.

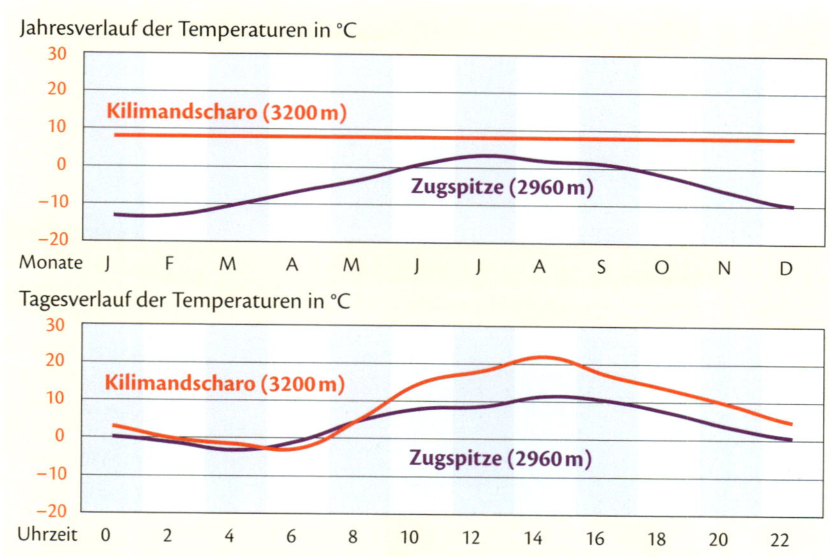

M 3 *Jahres- und Tagesverlauf der Temperaturen im Hochgebirgsklima*

Schnee in Afrika

Das Klima und die Vegetation eines Ortes oder Raumes werden nicht nur durch dessen Breitenlage beeinflusst, sondern auch durch dessen Höhenlage. Deshalb gibt es am Äquator Schnee und es ist möglich, in den Alpen im Sommer Ski zu laufen. In allen Klima- und Vegetationszonen der Erde lassen sich Höhenstufen des Klimas und der Vegetation erkennen.

Hochgebirgsklima

Die Klimate der Hochgebirge unterscheiden sich vom Klima benachbarter Gebiete durch niedrigere Temperaturen und meist höhere Niederschläge. Die Temperaturen nehmen im Durchschnitt je 100 Meter um 0,6 °C ab. Dadurch bilden sich Höhenstufen des Klimas und der Vegetation heraus. In den Tropen wird das Wachstum von Pflanzen in den unteren Höhenstufen nicht durch Jahreszeiten unterbrochen. In höheren Lagen herrschen das ganze Jahr über mäßige oder niedrige Temperaturen. Die Bedingungen für Vegetation und Anbaukulturen verändern sich deshalb mit zunehmender Höhenlage.

1 Beschreibe die Veränderungen der Vegetation am Kilimandscharo (**M 1**).
2 Vergleiche die Höhenstufen der Alpen mit denen des Kilimandscharo (**M 2**).
3 Erläutere Zusammenhänge zwischen Höhenlage, Temperaturen, Vegetation und Nutzung (**M 2**, **M 3**).
4 Vergleiche den Jahres- und Tagesverlauf der Temperatur am Kilimandscharo und der Zugspitze miteinander und erkläre die Unterschiede (**M 3**).
5 Nimm begründet Stellung zu der Aussage, dass man beim Aufstieg auf den Kilimandscharo das Klima der Subtropen und der gemäßigten Klimazone durchwandert.

Wir gestalten ein Memory zu Klima und Vegetation

Vorbereitung

Das Memory zu den Klima- und Vegetationszonen kann mit der ganzen Klasse oder in Gruppen gestaltet und anschließend gespielt werden. Im Gegensatz zum üblichen Memory braucht ihr allerdings für jeden Begriff vier Karten. Jeweils eine der Karten enthält Informationen zu folgenden Kategorien:

1 **Kategorie: Klima**
Diese Karte beinhaltet ein ausgewähltes Klimadiagramm der Vegetationszone.

2 **Kategorie: typische Vegetation**
Diese Karte beschreibt die Merkmale der Vegetation. Hier können auch charakteristische Tierarten aufgezählt werden.

3 **Kategorie: Klimamerkmale**
Hier können Aussagen über den Verlauf von Niederschlägen und Temperatur, Wachstumszeiten sowie Zeiten der Vegetationsruhe oder Ähnliches aufgeführt werden.

4 **Kategorie: Klima- und Vegetationszone**
Diese Karte gibt Informationen darüber, welche Vegetationszone beschrieben wurde und welche Klimazone ihr zugeordnet werden kann.

Die Inhalte der einzelnen Kategorien können je nach Interessen- und Materiallage leicht abgeändert werden. Ihr überlegt euch in eurer Gruppe, welche Informationen zu den jeweiligen Vegetationszonen wichtig sind und auf den Karten vorhanden sein sollten. Sucht dann die Informationen und fertigt zu den jeweiligen Vegetationszonen die vier Kategorienkarten wie im Beispiel an. Klebt sie auf einen passenden Karton.

Durchführung

Wenn ihr das Memory in verschiedenen Gruppen erarbeitet habt, tauscht ihr untereinander eure Kartensätze. Sortiert die Karten nach den vier Kategorien. Legt für jede Kategorie ein Feld von drei mal drei Karten mit der Rückseite nach oben aus. Der erste Spieler darf von jeder Kategorie eine Karte aufdecken. Passen die vier Karten zusammen, so darf er sie behalten und die nächsten vier Karten aufdecken. Ansonsten ist der nächste Spieler dran. Wer am Ende die meisten Kartensätze besitzt, hat gewonnen. Diskutiert anschließend in eurer Gruppe, wie gut die Karten ausgearbeitet wurden. Alternativ könnt ihr in eurer Klasse einen der erstellten Kartensätze auswählen und in vier Gruppen gegeneinander antreten.

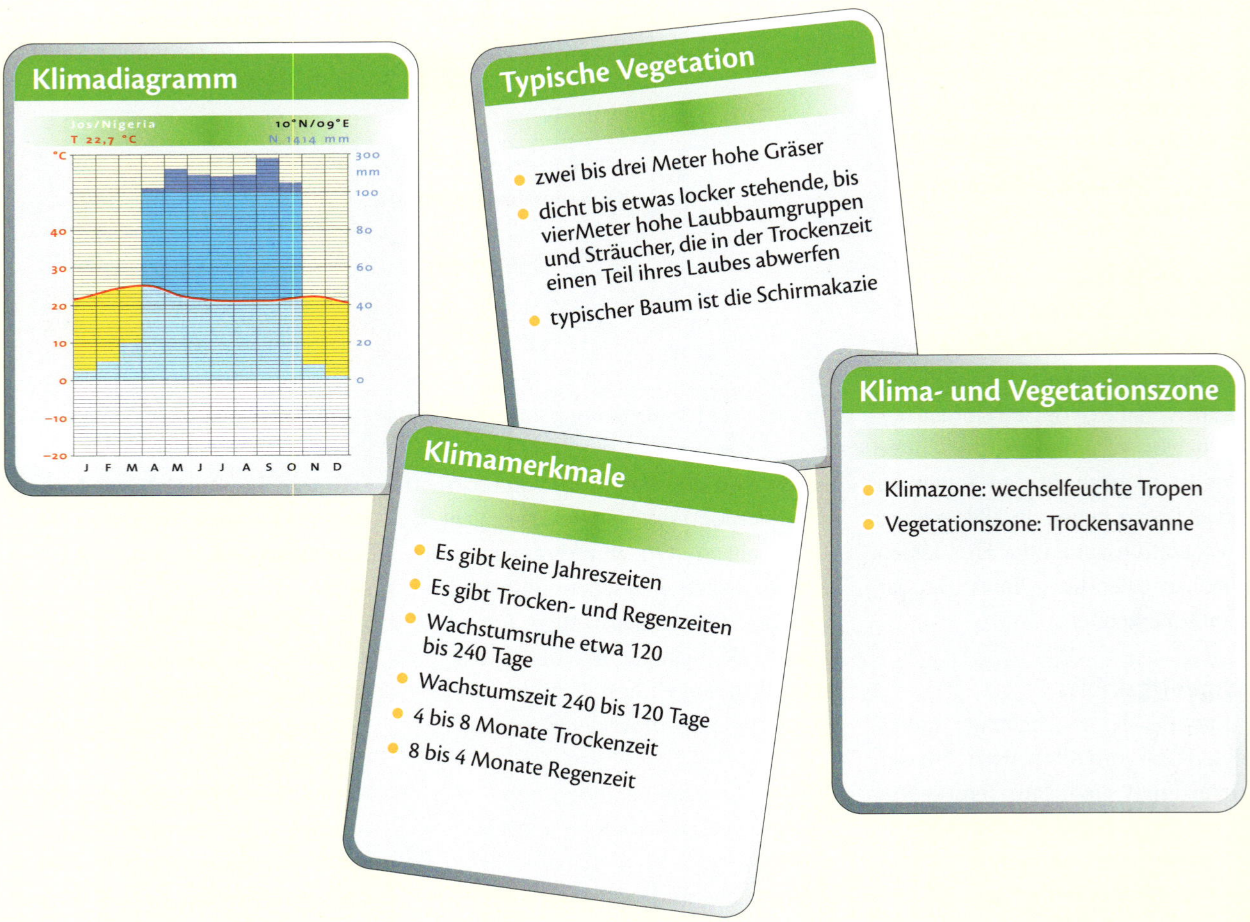

M 1 *Beispiele für die Spielkarten*

M 2 *Aufbau des Spielfeldes*

Vegetationszone	Merkmale
Tundra 9 Monate kühl bis sehr kalt 3 Monate kühl bis warm	Wachstumsruhe etwa 270 Tage Wachstumszeit etwa 90 Tage
Borealer Nadelwald 7 bis 8 Monate kühl bis extrem kalt 4 bis 5 Monate mild und warm	Wachstumsruhe etwa 240 Tage Wachstumszeit etwa 120 Tage
Laub- und Laubmischwald 6 bis 7 Monate kühl bis sehr kalt 5 bis 6 Monate mild bis warm	Wachstumsruhe etwa 200 Tage Wachstumszeit etwa 160 Tage
Hartlaubwald 1 bis 4 Monate mild bis kühl 2 bis 5 Monate sehr warm und trocken 5 bis 6 Monate warm und feucht	Wachstumsruhe etwa 180 Tage Wachstumszeit etwa 180 Tage
Steppe der Subtropen 5 Monate kühl bis kalt 7 Monate mild bis sehr warm	Wachstumsruhe etwa 150 Tage Wachstumszeit etwa 210 Tage
Dornsavanne 7 ½ bis 10 Monate Trockenzeit 2 bis 4 ½ Monate Regenzeit	Wachstumsruhe 240 bis 310 Tage Wachstumszeit 60 bis 135 Tage
Trockensavanne 4 bis 8 Monate Trockenzeit 8 bis 4 Monate Regenzeit	Wachstumsruhe etwa 120 bis 240 Tage Wachstumszeit 240 bis 120 Tage
Feuchtsavanne 2 ½ bis 5 Monate Trockenzeit 7 bis 9 ½ Monate Regenzeit	Wachstumsruhe 75 bis 155 Tage Wachstumszeit 210 bis 290 Tage
Tropischer Regenwald 12 Monate sehr warm und feucht	Wachstumszeit 365 Tage

M 3 *Ausgewählte Merkmale der Vegetationszonen*

Geo-Check: Entstehung von Klima- und Vegetationszonen erläutern

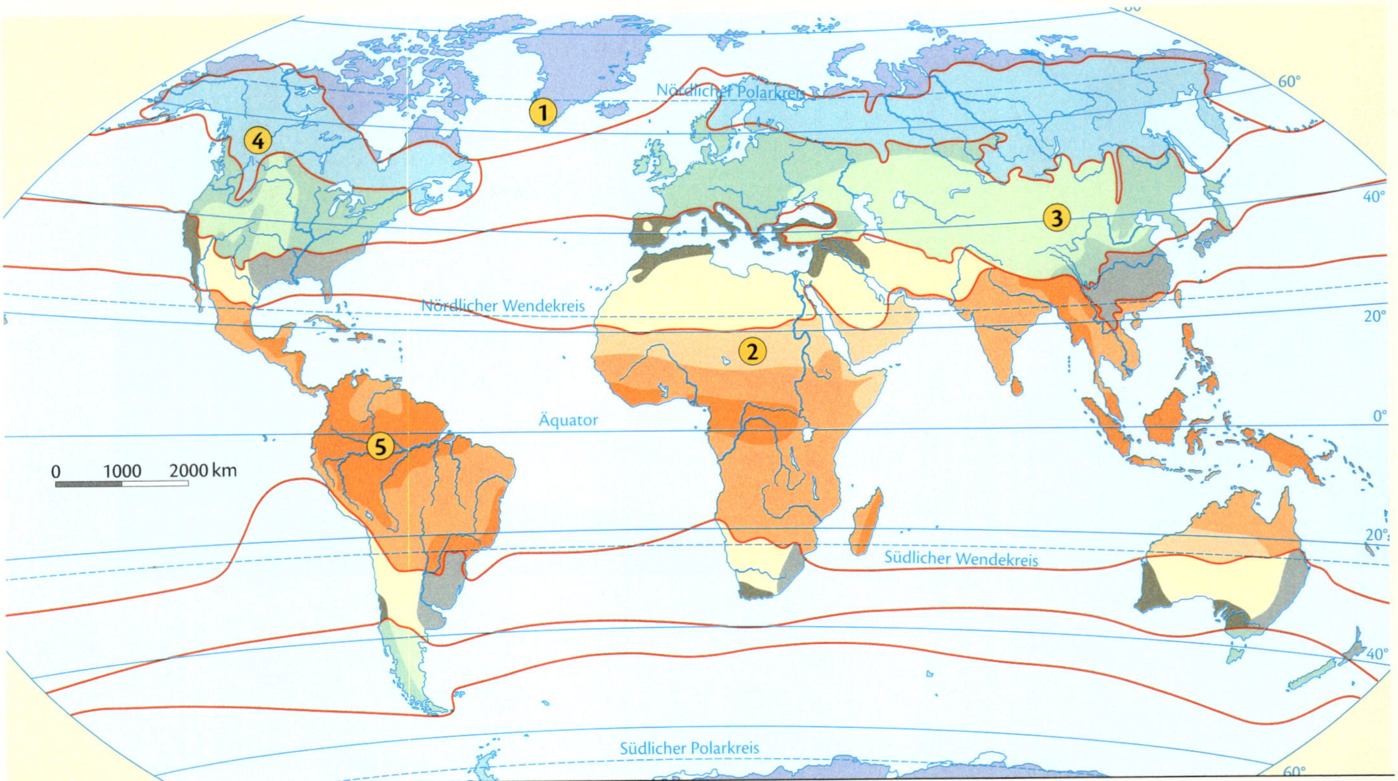

M 1 *Klimazonen*

Sich orientieren

1 Arbeite mit der Karte. Benenne für die dargestellten Orte die Klima- und Vegetationszone und beschreibe deren Merkmale (**M 1**, Karte Seite 43, Seiten 62/63).

2 Bestimme den Zeitunterschied zwischen den Orten 2 und 5 sowie 2 und 3 (**M 1**, Seiten 48/49).

3 Wie spät ist es in Berlin, wenn es an Ort 4 13:45 Uhr Ortszeit ist (**M 1**, Seiten 48/49)?

4 Benenne die Klimazonen, in denen die Inseln und Halbinseln liegen: Island – Kuba – Grönland – Sumatra – Madagaskar – Sri Lanka – Spitzbergen – Borneo – Philippinen – Alaska (**M 1**, Karte Seite 43).

5 Benenne die Vegetationszonen, in denen die Städte liegen: New York – Lagos – Teheran – Rio de Janeiro – Perth – Irkutsk – Peking – Dakar – Tromsö – Hannover (**M 1**, Karte Seite 214).

6 Erstelle eine Tabelle zu tropischen und außertropischen Stürmen. Nenne die Sturmart und setze die richtigen Ozeane und Staaten ein (**M 2**, Seiten 56–59).

	Sturmart	**Entstehungsgebiet**	**Gefährdete Staaten**
Hurrikan	Tropischer Wirbelsturm	Atlantischer Ozean	USA, …
Zyklon	…		
Tornado			
Blizzard			
…			

M 2 *Verbreitung von Stürmen*

3 Zusammenhänge in der Polarzone erklären

Mitten im ewigen Eis?

Kälte, Eis und Schnee prägen die Polarzone. Sind Pinguine die einzigen Bewohner dieser eisigen Region? Leben dort auch Menschen? Welche Gefahren birgt das Leben und Arbeiten in der Polarzone oder ist diese vielleicht sogar selbst in Gefahr?

Wissen und verstehen

Richtig oder falsch?

7 Sortiere die Aussagen in richtige und falsche Aussagen. Verbessere die falschen Aussagen und schreibe sie richtig auf:
- Die Erde dreht sich um ihre eigene Achse von West nach Ost.
- Alle Orte auf einem Breitenkreis haben zur gleichen Zeit Mittag.
- Je höher der Breitengrad ist, desto steiler ist der Einstrahlungswinkel der Sonne.
- In einem Hygrometer befindet sich meistens ein blondes Menschenhaar. Dieses dehnt sich aus, wenn die Luftfeuchtigkeit abnimmt.
- Wind ist eine Ausgleichsströmung zwischen Hoch- und Tiefdruckgebieten. Er weht immer vom Tiefdruck- zum Hochdruckgebiet.
- Steigungsregen entsteht, wenn feuchte Luftmassen an einem Gebirge zum Aufsteigen gezwungen werden.
- Durch Blizzards kann es in der Wüste von Nevada zu starken Schneefällen kommen.
- Menschen leben in sturmflutgefährdeten Gebieten, da sie dort aufgrund der fruchtbaren Böden Landwirtschaft betreiben können.
- Klimate der Hochgebirge unterscheiden sich von Klimaten benachbarter Regionen durch geringere Temperaturen und geringere Niederschläge.
- Besteigt man ein Hochgebirge in den Tropen, so durchwandert man bis zum Gipfel alle Klimazonen der Erde.

8 Ordne jedem der Begriffe (**M 3**) mindestens zwei Merkmale zu.

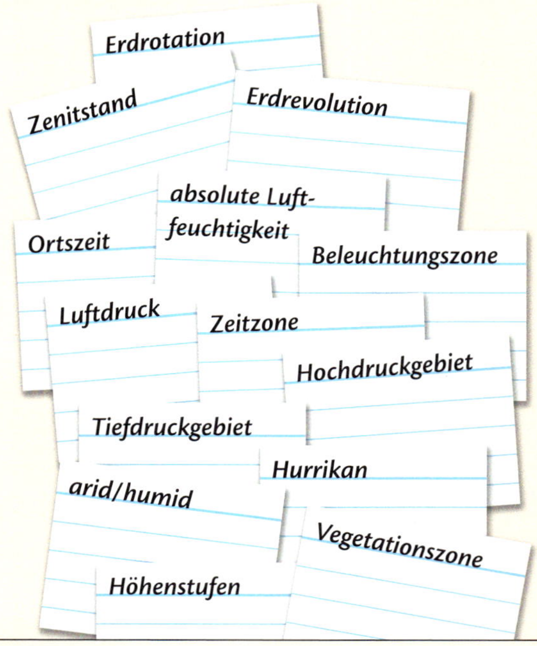

M 3 *Geo-Begriffestapel*

9 Löse das Rätsel (**M 4**). Die Buchstaben in den farbigen Feldern ergeben – von oben nach unten gelesen – das Lösungswort. Es benennt die Voraussetzung allen Lebens auf der Erde.

Rätsel

Waagerecht:

3 Grenze der polaren Klimazone
6 Region mit Temperaturen über 18 °C, im Jahresdurchschnitt
7 Gebiet, aus dem Wind herausströmt
8 Linke Skala des Klimadiagramms
9 Einheit des Luftdrucks
10 Höchster Sonnenstand in den Tropen
11 Wind, der durch unterschiedlichen Luftdruck an der Küste entsteht
12 Verwandlung von Wasserdampf in flüssiges Wasser
14 Tropischer Wirbelsturm

Senkrecht:

1 Zeit des Pflanzenwachstums
2 Typische Pflanze des Mittelmeerraumes
4 Globale Zone der Windstille
5 Phänomen, das nicht in den Tropen zu finden ist
13 Vegetationszone

M 4 *Rätsel zu Klima- und Vegetationszonen*

Können und anwenden

10 Nimm begründet Stellung zu den Aussagen in **M 5**. Erläutere die tatsächlichen Zusammenhänge.

M 5 *Korrekte Berechnung der Jahresmitteltemperatur und der Jahresniederschlagssummen?*

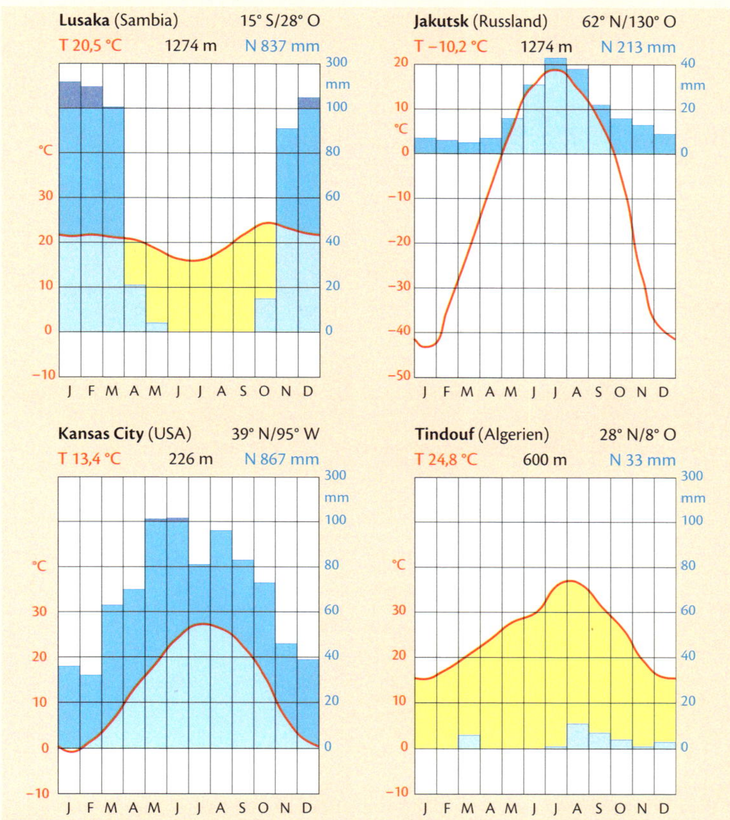

M 6 *Klimadiagramme*

11 Ordne nebenstehende Klimadiagramme den entsprechenden Klimazonen zu. Berücksichtige die jeweilige Lage auf der Nord- oder Südhalbkugel (**M 6**).

12 Zeichne die Klimadiagramme von München und Mailand und interpretiere sie entsprechend den Vorgaben (**M 7**, Seiten 60/61).

WEBCODE: UE640102-070

Milano/Mailand (Italien)													
Monat	J	F	M	A	M	J	J	A	S	O	N	D	Jahr
Temp	0,9	3	6,8	10,6	15,1	19	22	21,2	17,8	12,3	5,9	1,6	11,4 °C
NS	67,5	77,1	99,7	106,3	132	93,3	66,8	97,5	73,2	107,4	106,3	54,6	1081,7 mm
München (Flughafen) (Deutschland)													
Monat	J	F	M	A	M	J	J	A	S	O	N	D	Jahr
Temp	−2,2	0	3,4	7,6	12,2	15,4	17,3	16,6	13,4	8,2	2,8	−0,9	7,8 °C
NS	45	42	47	55	88	109	100	98	68	49	55	49	805 mm

M 7 *Klimawerte von München und Mailand*

Nord- und Südpolargebiet

Nordpolargebiet: Physische Karte

Südpolargebiet: Physische Karte

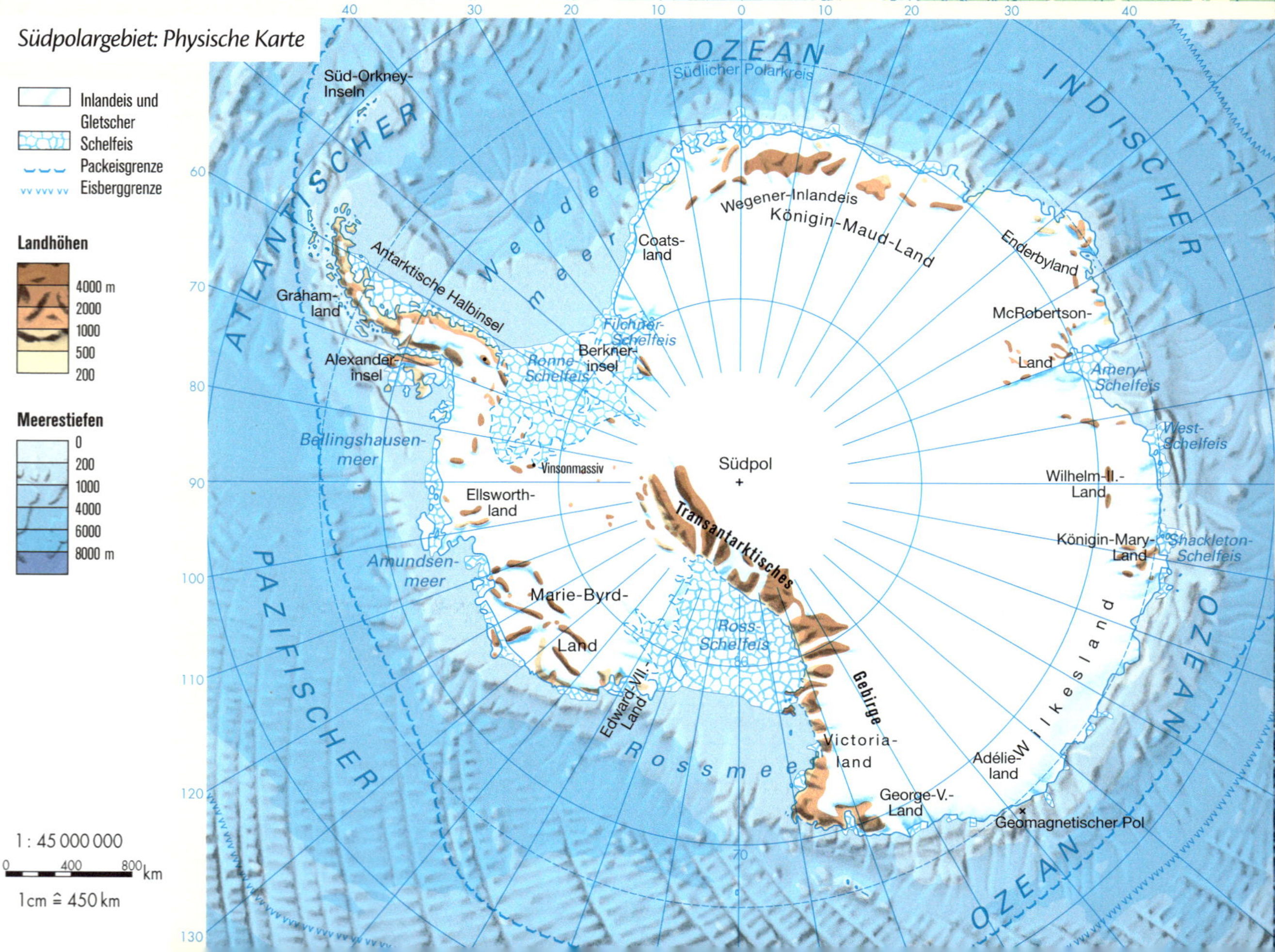

In diesem Kapitel lernst du
- Lage und Ausdehnung der Polargebiete zu beschreiben,
- Arktis und Antarktis zu vergleichen,
- Zusammenhang zwischen Klima und Vegetation in der Tundra zu erläutern,
- Probleme bei der Erschließung zu erklären.

Dabei nutzt du
- Karten,
- Profile,
- Klimadiagramme und
- Bilder.

Du beurteilst
- die Lebenssituation der Inuit,
- die Nutzungsmöglichkeiten der Rohstoffe und
- die Auswirkungen einer verstärkten Nutzung für die Umwelt.

Pinguine am Rande der Antarktis

Polargebiete – bedeckt vom ewigen Eis?

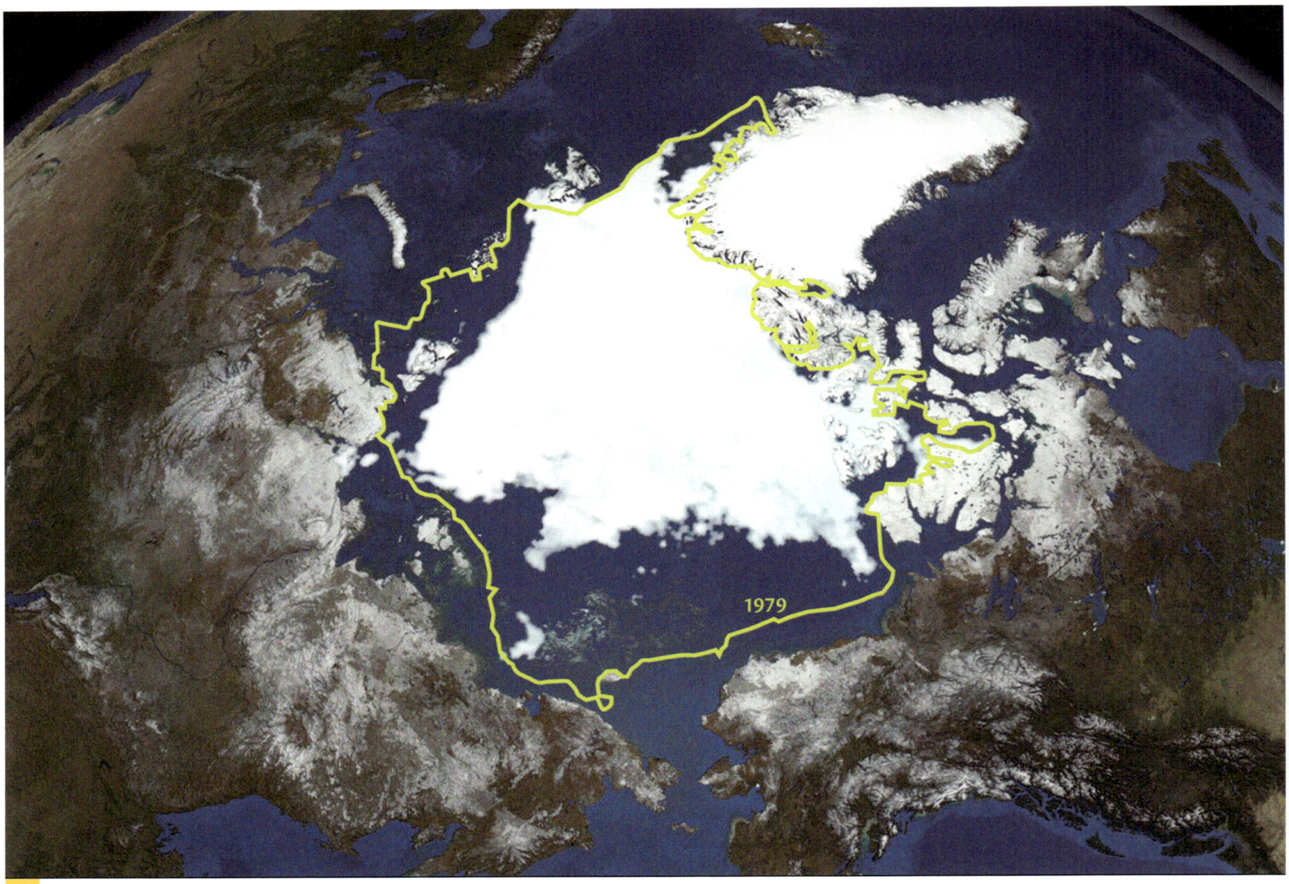

M 1 *Eisbedeckung in der Arktis im September 1979 und 2008*

check-it
- Lage und Ausdehnung der Polargebiete beschreiben
- Merkmale der Polargebiete kennen
- Arktis und Antarktis vergleichen
- Profile auswerten
- Auswirkungen der Klimaerwärmung auf die Polargebiete erörtern

An den Polen

Die Polarregionen erstrecken sich vom nördlichen beziehungsweise südlichen Polarkreis bis zu den Polen. Den Nordpol umgibt die Arktis, während der Südpol in der Antarktis liegt.
Die Polarregionen sind nur sehr dünn besiedelt, denn sie sind die kältesten Gebiete der Erde. Große Teile sind ganzjährig vereist, das heißt mit Eis und Schnee bedeckt.

Tauwetter an den Polen

Immer mehr Eisbären schwimmen im Sommer auf kleinen Eisschollen durchs Nordpolarmeer auf der Suche nach Nahrung. Ihr Lebensraum, das Eis der Arktis, wird immer kleiner. Seit Jahren

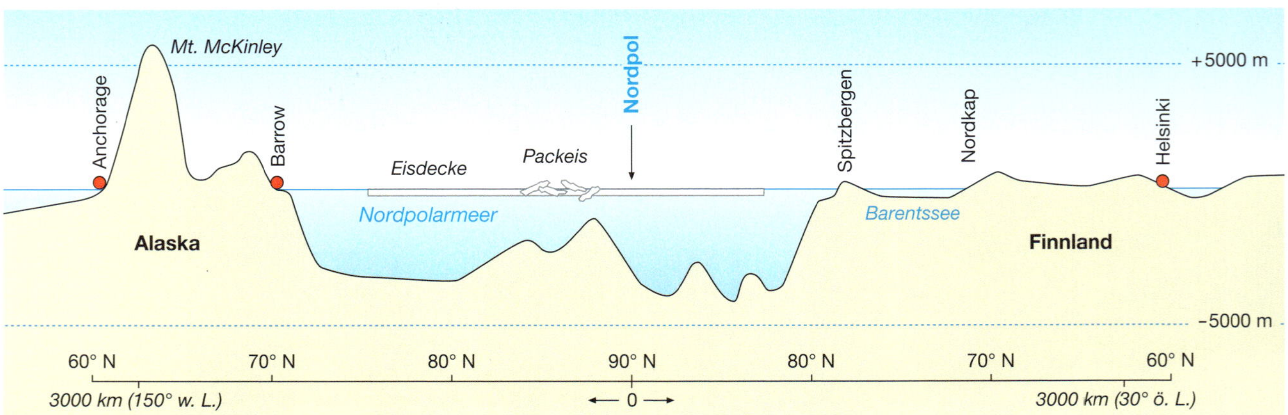

M 2 *Profil durch die Arktis*

M 3 *Eisbären auf einer Eisscholle*

M 4 *Pinguine auf dem Schelfeis*

beobachten Wissenschaftler einen deutlichen Rückgang der Eisbedeckung an den Polen. Ursache hierfür ist, dass sich in den letzten 50 Jahren in der Arktis die durchschnittliche Lufttemperatur um mehr als ein Grad erhöht hat. Die weltweit gemessene Erwärmung ist nur etwa halb so hoch.
Die klimatischen Veränderungen an den Polen wirken sich aber nicht nur dort aus. Schmilzt das Eis weiter, würde der Meeresspiegel weltweit ansteigen. Rohstoffvorkommen und Schifffahrtswege könnten zugänglich werden, die heute noch unter Eis verborgen sind. Gleichzeitig werden Menschen und Tiere der Polargebiete einen Teil ihrer Nahrungsgrundlage verlieren.

Arktis

Rund um den Nordpol erstreckt sich das Nordpolarmeer, das ebenso wie die angrenzenden Festländer und Inseln von Eis bedeckt ist. Das Meereis besteht aus Salzwasser. Die relativ dünne Eisdecke wird durch die Wellenbewegungen des Meeres in einzelne Schollen zerbrochen. So entsteht das Packeis. Das Inlandeis Grönlands hingegen wird von Gletschern gebildet. Diese entstehen durch Niederschläge in Form von Schnee, sodass Inlandeis aus Süßwasser besteht.

Antarktis

Im Zentrum der Antarktis liegt der Kontinent Antarktika, der von Inlandeis bedeckt ist. Es reicht an den Küsten bis aufs Meer hinaus. Von dem **Schelfeis** brechen immer wieder Eisplatten ab und schwimmen als Eisberge im Ozean.
In der Antarktis werden die tiefsten Temperaturen der Erde gemessen. Deshalb leben hier dauerhaft keine Menschen.

1 Eisbär und Pinguin begegnen sich in der Natur nie. Begründe diese Aussage (**M 3**, **M 4**).
2 Beschreibe die Lage und Ausdehnung der Arktis und der Antarktis (**M 2**, **M 5**, Karten S. 71).
3 Bildet zwei Gruppen und stellt je eines der Polargebiete vor. Vergleicht anschließend Arktis und Antarktis (**M 2–M 5**).
4 Beschreibe das Abschmelzen des Eises in der Arktis und erörtere, welche Folgen das für Menschen und Tiere hat (**M 1**, Webcode).

WEBCODE: UE640102-075

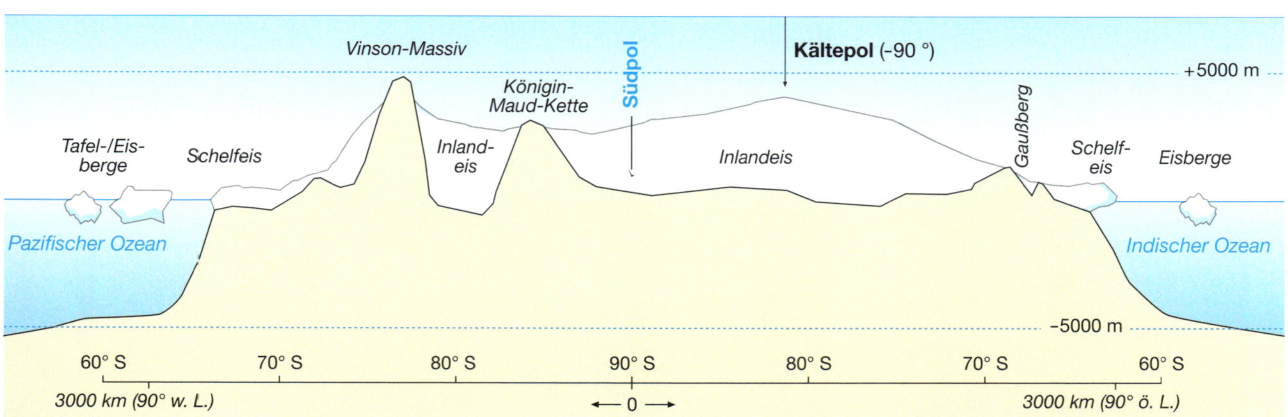

M 5 *Profil durch die Antarktis*

Die Tundra – baumlose Landschaft

M 1 *Die Tundra in Alaska*

check-it
- Verbreitung der Tundra und der Permafrostgebiete beschreiben
- Merkmale der Vegetation der Tundra kennen
- Zusammenhang zwischen Klima und Vegetation in der Tundra erläutern
- Klimadiagramme und Profile auswerten

Ohne Wärme kein Pflanzenwuchs

In der Polarzone ist die Vegetationsperiode sehr kurz. Nur wenige Wochen im Jahr steigen die Temperaturen über null Grad an, sodass Pflanzenwuchs möglich ist. Bäume benötigen mindestens zwei Monate mit einer Durchschnittstemperatur von zehn Grad, um wachsen zu können. Da dies nicht gegeben ist, ist die Polarzone eine baumlose Landschaft – die Tundra. Die Pflanzen wachsen nur langsam. Sie haben oft dunkle Blätter, denn diese sorgen für eine stärkere Erwärmung des Bodens. Bei Schnee sind die niedrigen Pflanzen unter der Schneedecke vor Kälte geschützt. Je weiter man nach Norden kommt, desto dünner wird die Pflanzendecke. Die **Tundra** geht allmählich in die polare Eiswüste über.

Ewiges Eis unter der Erdoberfläche

In der Polarzone und den nördlichen Bereichen der gemäßigten Zone sind der Boden und die Gesteine seit tausenden Jahren im Untergrund ständig gefroren. Die Gebiete mit **Permafrost** nehmen ungefähr ein Viertel der Landmasse der Nordhalbkugel ein. Nur in den Sommermonaten taut der Boden für kurze Zeit an der Oberfläche auf. Da das Schmelzwasser in dem gefrorenen Boden des Untergrunds nicht versickern kann, bilden sich an vielen Stellen Sümpfe und flache Seen.

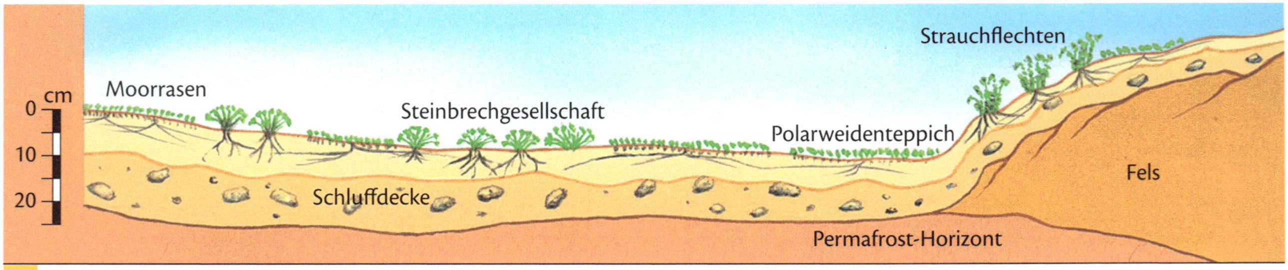

M 2 *Wuchsformen in der Tundra*

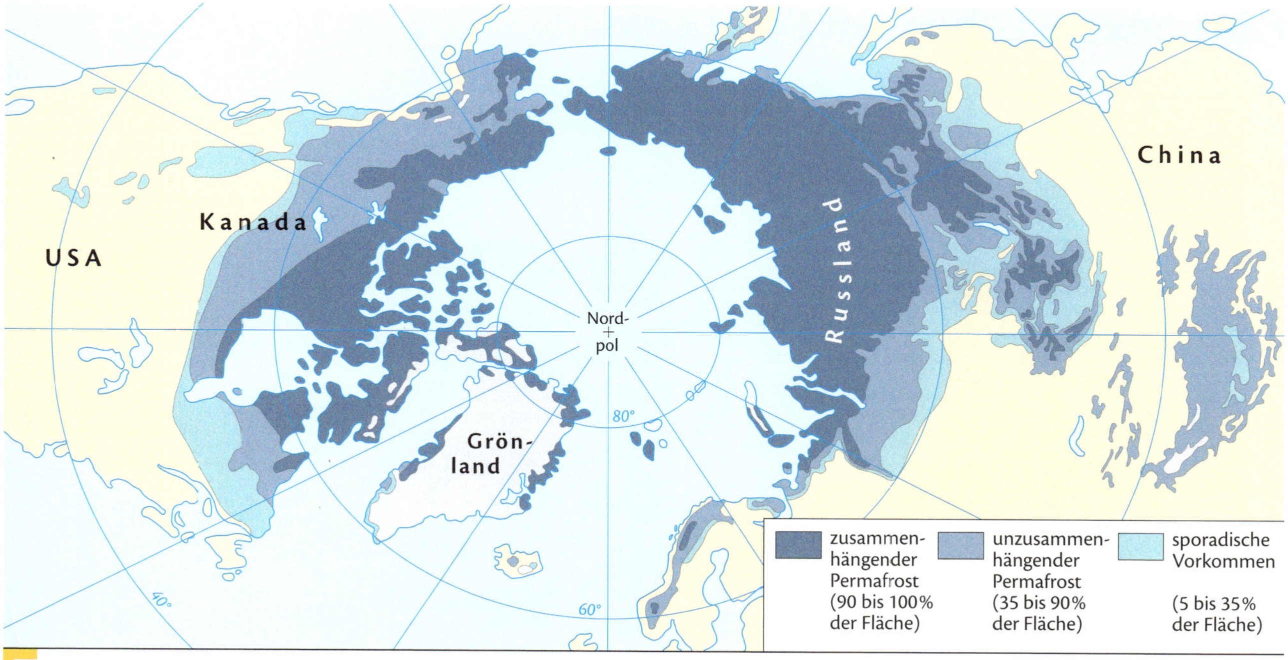

M 3 *Verbreitung des Permafrosts*

Der Bau befestigter Straßen ist auf Permafrostboden kaum möglich. Weite Teile der Tundra sind im Sommer unpassierbar. Menschen und Fahrzeuge versinken im Schlamm. Nur im Winter können die Siedlungen auf dem Landweg erreicht werden. Die Winterstraßen verlaufen über zugefrorene Seen und Sümpfe.

1. Benenne Merkmale der Tundra (**M 1**, **M 2**).
2. Nenne alle Kontinente und Staaten, die Anteil an der Vegetationszone der Tundra haben (Karte S. 43).
3. Vergleiche die Verbreitung der Tundra mit der des Permafrosts auf der Nordhalbkugel (**M 3**, Karte S. 43).
4. Werte die Klimadiagramme aus: Vergleiche die Lage der Orte und die Temperaturverhältnisse (**M 5**, **M 6**).
5. Werte das Profil durch Alaska aus. Stelle einen Zusammenhang zwischen der Tiefe des Permafrosts und den Temperaturverhältnissen her (**M 4–M 6**).
6. Die Bodenverhältnisse haben Auswirkungen auf das Pflanzenwachstum. Erläutere diese Aussage (**M 1**, **M 2**, **M 4**).

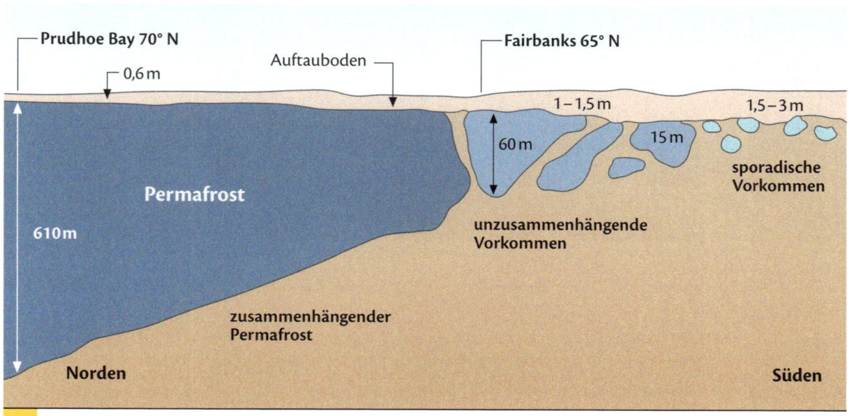

M 4 *Profil durch den Permafrost in Alaska*

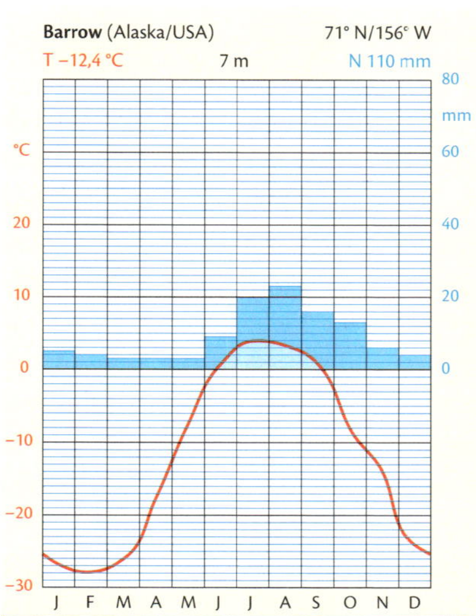

M 5 *Klimadiagramm Barrow*

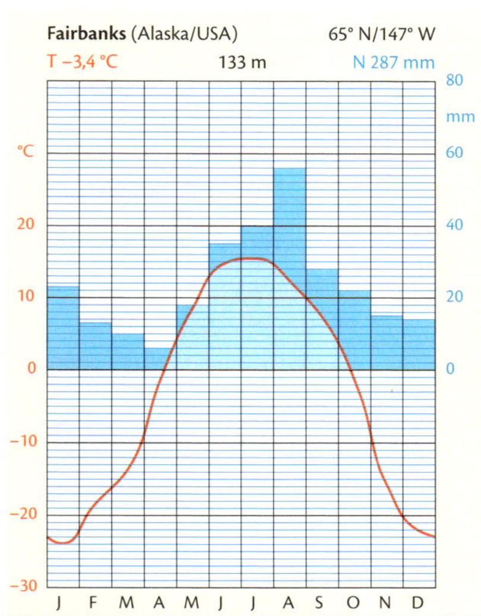

M 6 *Klimadiagramm Fairbanks*

Fairbanks – Leben am Polarkreis

M 1 *Luftaufnahme von Fairbanks*

check-it
- geographische Lage von Fairbanks beschreiben
- Gründe für eine Stadtgründung in der Polarzone benennen
- Probleme einer Stadt in der Polarzone erläutern
- Lebenssituation in der Polarzone beurteilen

Leben in der Polarzone

Winterliche Kälte von bis zu minus 54 Grad Celsius und viele Wintermonate, an denen es nur wenige Stunden am Tag hell wird – ein Leben in der Polarzone stellt besondere Anforderungen an die Menschen, aber auch an die Bauweise und Materialien. Bei Temperaturen unter minus 40 Grad zerbricht Gummi wie Glas und selbst Eisen kann spröde werden. Auf allen Parkplätzen gibt es Steckdosen, damit die Automotoren elektrisch angewärmt werden können, denn auch sie würden bei solchen Minustemperaturen nicht mehr funktionieren.

Im Sommer machen unzählige Stechmücken das Leben schwer. Bei Temperaturen von bis zu 30 Grad taut der Permafrostboden auf. Die Sümpfe sind ideale Brutplätze für die Mücken.

Goldrausch in Alaska

Fairbanks wurde 1901 als Handelsposten für Pelzhändler in der Wildnis gegründet. Als ein Jahr später ganz in der Nähe Gold gefunden wurde, kamen Tausende von Goldsuchern nach Alaska. Viele siedelten sich in Fairbanks an. Bis 1910 wurde Gold im Wert von 40 Millionen Dollar geschürft. Doch dann waren die Goldvorkommen erschöpft und die Menschen verließen Fairbanks wieder.

Einen erneuten Aufschwung erlebte die Stadt, als 1923 die einzige Eisenbahnlinie Alaskas von Seward an der Pazifikküste nach Fairbanks eröffnet wurde. Während des Zweiten Weltkriegs errichtete die US-amerikanische Regierung einen Militärstützpunkt in Fairbanks.

Seit 1959 ist Alaska ein Bundesstaat der USA. Die Regierung im 6743 Kilometer entfernten Washington ist vor allem an den Bodenschätzen dieses nördlichsten Bundesstaates interessiert.

Jahr	Bevölkerung
1910	3541
1920	1155
1930	2151
1940	3455
1950	5771
1960	13311
1970	14711
1980	22645
1990	30843
2000	30224
2007	34540

M 2 *Entwicklung der Einwohnerzahl*

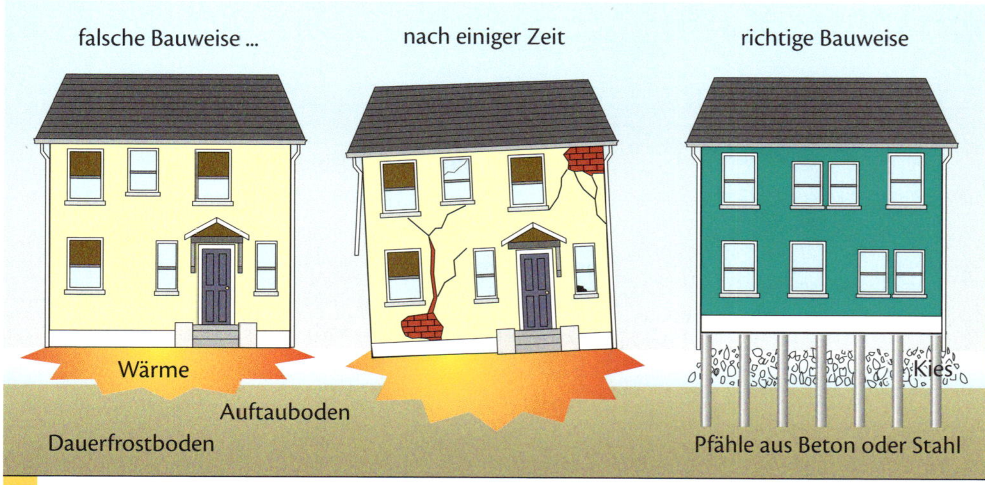

Der Permafrost erfordert eine besondere Technik beim Bau von Häusern. Man bohrt Löcher bis zu 12 Metern Tiefe in den gefrorenen Boden und setzt Eisenbetonpfähle ein, auf denen das Gebäude dann steht.
Beim Bau von Flugplätzen zum Beispiel muss ein Kühlsystem im Untergrund verlegt werden, damit die oberste Bodenschicht nicht auftaut.

M3 *Bauen im Permafrost*

Erdöl – das „schwarze Gold"

1968 wurden bei Prudhoe Bay an der Küste des Nordpolarmeeres große Erdölvorkommen entdeckt. Um diese nutzen zu können, baute man die Trans-Alaska-Pipeline von Prudhoe Bay über Fairbanks bis nach Valdez an der Pazifikküste, dem nächsten eisfreien Hafen. Von Fairbanks aus wurden die Bauarbeiten koordiniert. Bis hierher konnte das Baumaterial per Eisenbahn oder auf geteerten Straßen transportiert werden. Weiter nördlich gibt es wegen des Permafrosts nur noch ungeteerte Straßen, die viele Monate im Jahr nur schwer passierbar sind.
Der Permafrost machte auch den Pipelinebau sehr aufwändig. Die Pipeline verläuft fast über die Hälfte der Länge auf Stelzen. Das Erdöl, das mit einer Temperatur von 80 Grad gefördert wird, fließt immer noch mit einer Temperatur von 50 Grad durch die Pipeline. Ohne Stelzen würde die Wärme den gefrorenen Untergrund zum Schmelzen bringen. Dadurch könnte die Pipeline versinken und wahrscheinlich beschädigt werden.

Studieren und Arbeiten am Polarkreis

Fairbanks ist heute die zweitgrößte Stadt in Alaska. Wegen der guten Verkehrserschließung haben sich hier viele Firmen der Erdölindustrie angesiedelt. Fairbanks besitzt auch eine Universität. Von Fairbanks aus können die Orte sowie die Nationalparks im Innern Alaskas gut erreicht werden. Deshalb sind heute auch der Handel sowie der Tourismus wichtige Wirtschaftsbereiche.

1 Beschreibe die geographische Lage von Fairbanks (**M4**, Karte S. 228).
2 Vergleiche die Entwicklung der Einwohnerzahl 1910, 1960 und 1990 (**M2**).
3 Erstelle einen Zeitstrahl von der Gründung der Stadt Fairbanks bis heute. Trage für die Entwicklung der Stadt wichtige Ereignisse ein (**M1**, **M2**, **M4**).
4 Erläutere, welche technischen Probleme beim Bau einer Stadt im Permafrostgebiet auftreten (**M3**, **M4**).
5 Leben in einer Stadt in der Polarzone – Traum oder Alptraum? Erörtert dies in der Klasse (**M1**, **M3**, S. 81: **M6**).

M4 *Verlauf der Alaska-Pipeline*

Die Inuit – Leben in der Kälte

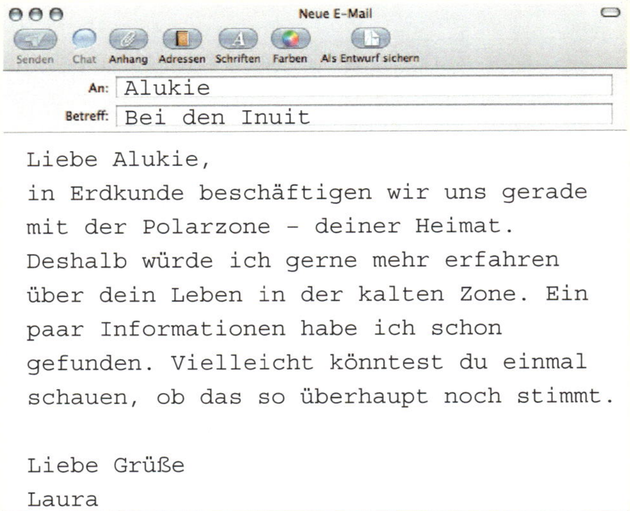
Neue E-Mail
Senden Chat Anhang Adressen Schriften Farben Als Entwurf sichern
An: Alukie
Betreff: Bei den Inuit

Liebe Alukie,
in Erdkunde beschäftigen wir uns gerade mit der Polarzone – deiner Heimat. Deshalb würde ich gerne mehr erfahren über dein Leben in der kalten Zone. Ein paar Informationen habe ich schon gefunden. Vielleicht könntest du einmal schauen, ob das so überhaupt noch stimmt.

Liebe Grüße
Laura

M 1 *E-Mail an die Brieffreundin in Iqaluit (Nunavut)*

Leben der Inuit in der Polarzone

Die Inuit sind vor etwa 3000 Jahren von Sibirien über die Beringstraße nach Alaska eingewandert. Sie wurden früher auch **Eskimos** genannt.
Das Leben der Inuit wird vom Winter bestimmt, der bereits im September beginnt und bis Mitte Juni dauert. Die Männer gehen in dieser Zeit auf die Jagd. Als Transportmittel dient der Hundeschlitten. Schon im Alter von sechs Jahren begleiten die Söhne ihre Väter. Mit Harpunen jagen sie nach Robben, Eisbären, Walrossen, Walen und Karibus. Robben müssen auftauchen, um zu atmen. Deshalb halten sie sich im Eis Atemlöcher frei, vor denen die Jäger auf der Lauer liegen. Für die Zeit der Jagd leben die Inuit in Iglus. In den kurzen Sommern fahren die Inuit mit Kajaks zum Jagen und Fischen.
Die Frauen der Inuit sind für die Verarbeitung der Tiere zuständig. Eine Robbe wird fast vollständig genutzt. Die Inuit ernähren sich hauptsächlich von Fleisch und Speck. Pflanzliche Nahrung essen sie kaum, da in der Polarzone keine Landwirtschaft möglich ist.
Die Menschen können in der Polarregion nur überleben, wenn sie fest zusammenhalten. Die Jagdbeute wird unter allen aufgeteilt und jedes Tier nahezu vollständig genutzt.

M 2 *E-Mail-Anhang von Laura*

M 3 *Lebensräume der Inuit*

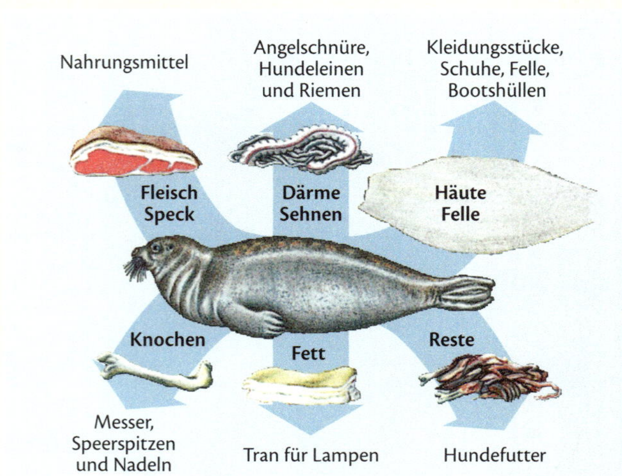

M 4 *Verwertung einer Robbe*

M 5 *Robbenjagd mit der Harpune*

Bei uns in Iqaluit

Meine Familie und ich wohnen in einem kleinen Haus gar nicht weit von unserer Schule. Dort sitze ich gerade am Computer, um dir zu antworten.

Meine Mutter arbeitet bei der Stadtverwaltung und mein Vater stellt ganz tolle Skulpturen her. Einige kann er an die Touristen hier verkaufen. In den Sommermonaten kommen sie immer öfter mit Kreuzfahrtschiffen zu uns. Mein Onkel organisiert für sie Fahrten mit dem Hundeschlitten. Wir benutzen heute einen Motorschlitten (Skidoo) oder im Sommer ein Quad. Wenn wir einen anderen Ort besuchen wollen, nehmen wir das Flugzeug. Fast jeder Ort hier hat einen Flugplatz, aber es gibt kaum Straßen. Auch die Waren für den Supermarkt und alles, was wir sonst so brauchen, wird mit dem Flugzeug gebracht. Mit der Jagd verdienen nur noch wenige Inuit ihr Geld. Seitdem nur noch eine vorgeschriebene Zahl von Tieren getötet werden darf, kann man davon kaum noch leben.

Ich spiele viel mit meinen Freundinnen, aber trotz Computer und Fernseher ist es hier in den langen Wintern oft schrecklich langweilig.

M 6 *Alukie berichtet*

Neue E-Mail

Senden Chat Anhang Adressen Schriften Farben Als Entwurf sichern

An: Laura

Betreff: Leben bei uns in der Polarzone

Liebe Laura,
so wie du das Leben bei uns beschreibst, ist es schon lange nicht mehr. Heute unterscheiden sich unsere Siedlungen kaum von denen in anderen Teilen Kanadas mit Supermärkten, Schulen, festen Häusern mit Heizung und Fernsehern – aber natürlich auch ganz viel Eis und Schnee. Die Erwachsenen haben ganz unterschiedliche Berufe. Ich schicke dir ein paar Fotos und einen kleinen Bericht mit.

Liebe Grüße
Alukie

M 7 *E-Mail von Alukie an Laura*

Ihr könnt

- eine Tabelle anlegen zum Leben der Inuit früher und heute, die Auskunft gibt über die Art des Wohnens, die Kleidung, die Tätigkeiten, die Ernährung und die Fortbewegungsmittel.
- Gruppen bilden und zu je einem Aspekt (Wohnen, Berufe, Fortbewegung, Leben Jugendlicher …) eine Wandzeitung erstellen.
- eine Ausstellung organisieren zum Leben der Inuit mit Fotos, Zeichnungen und Berichten.
- über die spezielle Lebenssituation Jugendlicher in der Polarzone und ihre Probleme diskutieren.

WEBCODE: UE640102-081

M 8 *Frau in traditioneller Kleidung*

M 9 *Unterwegs mit dem Quad*

M 10 *Beim Spielen mit Freundinnen*

Wem gehören die Polargebiete?

M 1 *Kampf um den Nordpol*

check-it
- Rohstoffvorkommen lokalisieren
- Zusammenhang zwischen Erderwärmung, Rohstoffvorkommen und Gebietsansprüchen erläutern
- Rohstoffförderung beurteilen
- Karten auswerten

Rohstoffe unter dem Eis

Neben den bereits bekannten Rohstoffvorkommen in der Arktis werden unter dem Eis weitere große Vorkommen vermutet, vor allem Erdöl und Erdgas. Wenn die globale Erwärmung anhält und das Eis am Nordpol weiter schmilzt, könnte der Abbau dieser Rohstoffe wirtschaftlich interessant werden. Deshalb verhandeln die Staaten rund um das Nordpolarmeer bereits jetzt, um ihre Gebietsansprüche zu sichern.

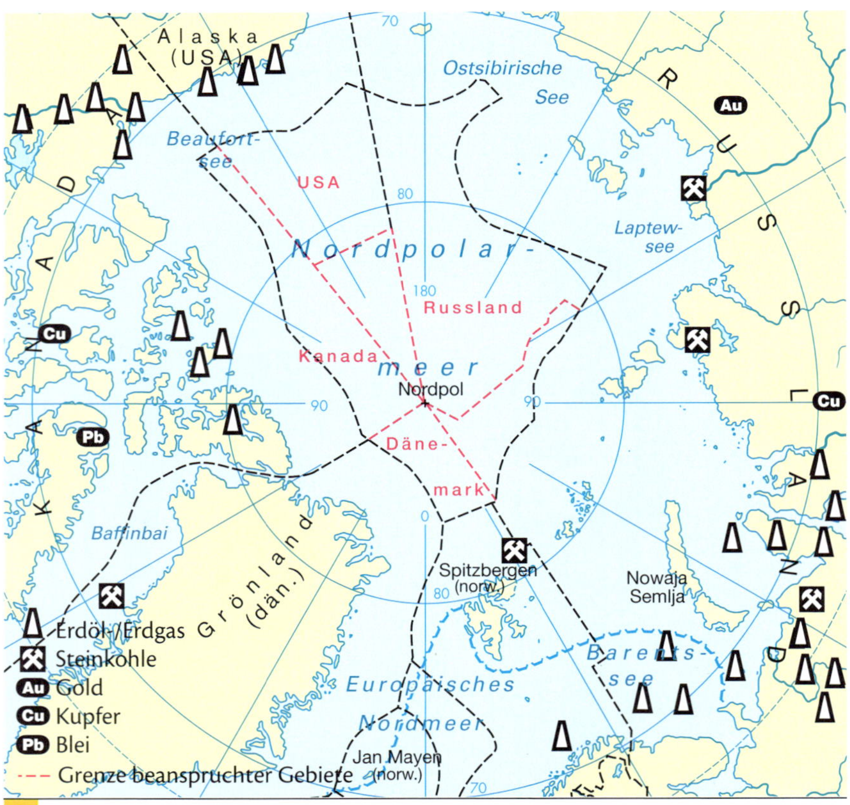

M 2 *Rohstoffvorkommen und Gebietsansprüche in der Arktis*

Schutz für den Südpol – der Antarktisvertrag

Im Gegensatz zur Arktis ist die Antarktis ein eigener Kontinent – jedoch ein Kontinent ohne Bewohner. Deshalb machten auch in der Antarktis verschiedene Staaten Besitzansprüche geltend. Zum Schutz des Naturraums trat deshalb 1961 der Antarktisvertrag in Kraft, der noch eine Laufzeit bis 2041 hat.

Der Antarktisvertrag verbietet jede militärische Nutzung der Antarktis sowie alle Bergbauaktivitäten. Die Antarktis soll ausschließlich für friedliche Forschungen genutzt werden. Heute befindet sich eine Vielzahl von Forschungsstationen verschiedener Staaten in der Antarktis. Sie beschäftigen sich vor allem mit der Klima- und Meeresforschung, denn die Antarktis ist für das Weltklima von großer Bedeutung.

Der Bau und der Betrieb von Forschungsstationen in der Antarktis sind sehr aufwändig und teuer. Das Material sowie die gesamte Versorgung der Forscher müssen in den kurzen antarktischen Sommern per Schiff oder mit dem Flugzeug transportiert werden. In den Wintermonaten hält sich meistens nur eine Notbesatzung in den Stationen auf, um die Forschungsgeräte zu überwachen.

1 Beschreibe die Lage der Rohstoffvorkommen in der Arktis und Antarktis (**M 2, M 5**).

2 Die Polargebiete – nur Eis und Schnee? Erläutere, welches Interesse die angrenzenden Staaten an Arktis und Antarktis haben (**M 2–M 5**).

3 Je mehr das Eis an den Polen schmilzt, desto größer ist das Interesse an den Rohstoffen. Erläutere dies (**M 1, M 3**).

4 Diskutiert über Nutzen und Schwierigkeiten beim Rohstoffabbau in der Arktis. Teilt euch dazu in Gruppen auf, die die Interessen von Bergbaugesellschaften, einheimischen Inuitgruppen, Umweltschützern und Anrainerstaaten vertreten (**M 1–M 3**, S. 74–81).

Ein Interview mit Hilmar Rempel, Erdölgeologe im Referat Energierohstoffe der Bundesanstalt für Geowissenschaften und Rohstoffe (BGR) in Hannover:

Über das arktische Meer liest man derzeit, es gebe dort „gigantische" Rohstoffvorkommen, es sei eine wahre „Goldgrube". Stimmt das?

H. Rempel: Es gibt in der Arktis zwar Felder, wo Ressourcen tatsächlich schon nachgewiesen sind, das meiste wird bisher allerdings bloß vermutet.

25 Prozent der noch zu erwartenden Ölressourcen weltweit sollen in der Arktis liegen, wenn man der Schätzung des Amerikanischen Geologischen Dienstes USGS glaubt. Ist das realistisch?

H. Rempel: Möglich ist es, wobei man in den meisten Gebieten von der Geologie her wahrscheinlich eher Erdgas als Erdöl erwarten könnte. Man muss die Zahl des USGS allerdings relativieren: Deren 25 Prozent entsprechen etwa 20 Milliarden Tonnen. Das sind ungefähr fünf Jahresverbräuche an Erdöl – wenn der Verbrauch gleich bleibt. Mehr nicht.

Für die Nordmeeranrainer ist das anscheinend sicher genug, um sich jetzt schon um die Rechte an den Ressourcen zu streiten.

H. Rempel: Die größeren Rohstoffvorkommen liegen in den Küstenregionen, innerhalb der nationalen Hoheitsgebiete. Dort gibt es keine rechtlichen Unsicherheiten, sondern nur außerhalb, also im Zentrum der arktischen See. Über Gas und Öl in dieser Region weiß man allerdings fast nichts, weil man die Vorkommen unter dem Packeis kaum erkunden kann.

Rentiert es sich überhaupt, unter arktischen Bedingungen Öl und Gas zu fördern?

H. Rempel: Es ist schwierig und teuer.

Ist das technisch denn möglich?

H. Rempel: Ja, so etwas geht inzwischen. Aber es rentiert sich bloß bei hohen Energiepreisen.

Wird die Förderung einfacher, wenn es durch den Klimawandel wärmer wird?

H. Rempel: Ja, aber das wird die Erschließung allenfalls etwas beschleunigen. Ausschlaggebend ist der Preis für die Rohstoffe. Die Kälte in der Polregion bleibt für Technik und Menschen schwierig und darum für beide eine Herausforderung.

(Quelle: ZEIT online 27.5.2008)

M3 *Nutzung arktischer Rohstoffe*

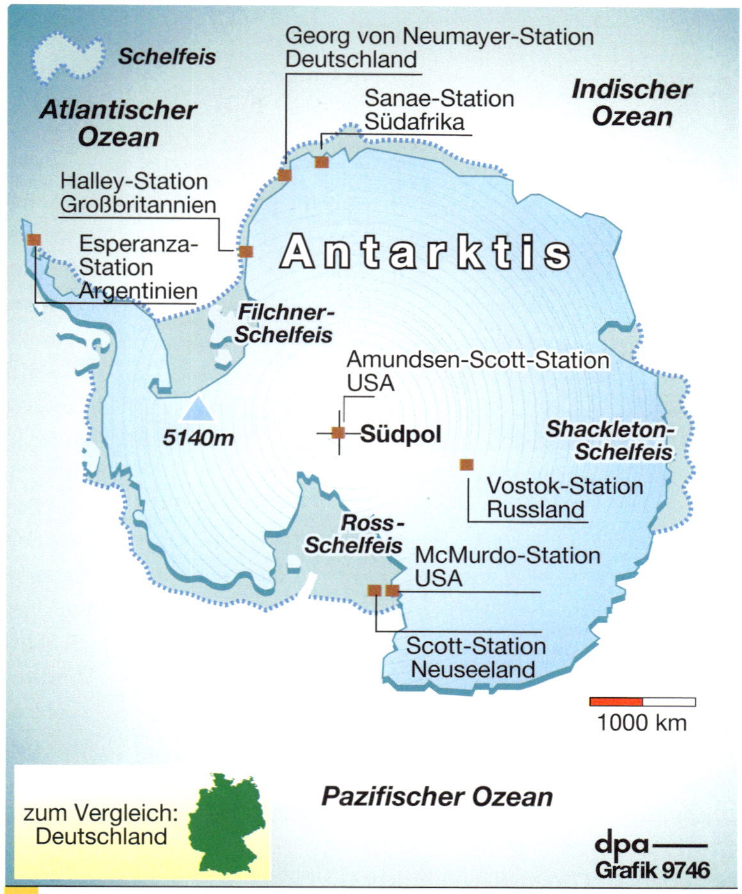

M4 *Ausgewählte Forschungsstationen in der Antarktis*

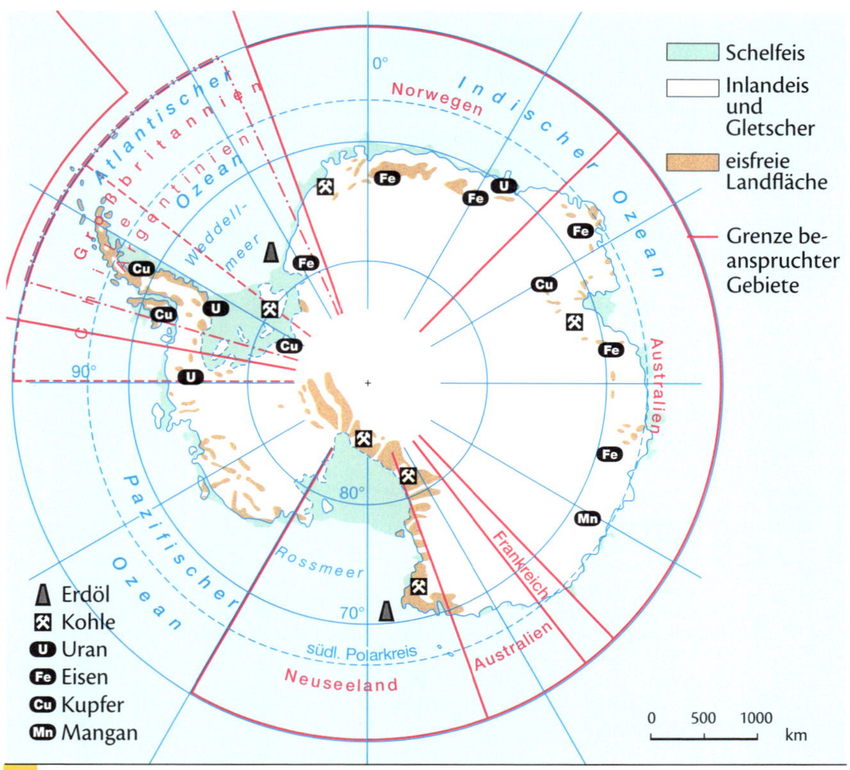

M5 *Bodenschätze in der Antarktis*

Wir erstellen eine Präsentation

M 1 *Präsentation mit Overheadprojektor*

check-it
- Aufbau einer Präsentation kennen
- Präsentation erstellen

Ein Bild sagt mehr als tausend Worte

Im Unterricht wird immer wieder gefordert, dass du Arbeitsergebnisse vortragen sollst – meist in Form eines Referats oder Kurzreferats.

Besonders im Geographieunterricht wird jedes Referat sehr viel anschaulicher, wenn zur Verdeutlichung Bilder, Karten, Diagramme oder Grafiken eingesetzt werden. Einen solchen medienunterstützten Vortrag bezeichnet man als **Präsentation**. Der Einsatz von Medien macht den Vortrag unterhaltsam und abwechslungsreich. Welches Medium am besten geeignet ist, richtet sich nach dem Thema, aber auch nach den technischen Möglichkeiten.

Checkliste zum Erstellen einer Präsentation

1. Schritt: Lege das Thema deiner Präsentation fest. Manchmal ist es sinnvoll, mit der genauen Formulierung des Themas zu warten, bis die Informationsbeschaffung abgeschlossen ist. Eventuell ergibt sich das Thema aus den Materialien.

2. Schritt: Besorge dir Informationen zu deinem Thema zum Beispiel aus Zeitungen und Zeitschriften, Büchern oder aus dem Internet.

Achtung: Wenn du Materialien in deine Präsentation übernimmst, musst du die Quelle angeben.

3. Schritt: Erstelle eine Gliederung deiner Präsentation. Achte dabei darauf, dass sie sinnvoll aufgebaut und der Raum auf einer Karte lokalisiert werden kann. Überlege dir einen Einstieg, der neugierig auf das Thema macht und das Interesse der Zuschauer/Zuhörer weckt.

4. Schritt: Lege fest, welches Präsentationsmedium du einsetzen willst, und stelle sicher, dass die erforderlichen Geräte zur Verfügung stehen.

5. Schritt: Stelle die Präsentation zusammen.
Ordne die Materialien in der richtigen Reihenfolge deinem Vortragstext zu.
Achte darauf, dass Abbildungen gut erkennbar sowie Text und Zahlen in Grafiken und Diagrammen lesbar sind.

6. Schritt: Übe deine Präsentation, denn sie sollte möglichst frei vorgetragen und nicht abgelesen werden. Beachte, dass die Medien deinen Vortrag nur unterstützen sollen. Setze sie sparsam an den Stellen ein, an denen es sinnvoll ist.

7. Schritt: Sorge vor der Präsentation dafür, dass alle Materialien und Medien vorhanden und einsatzbereit sind.

Plakat/Wandzeitung
- Überschrift/Thema
- klare Gliederung und klarer Aufbau
- keine Sätze, nur Schlagworte
- deutliche und große Schrift
- Bilder und Zeichnungen, Farben gezielt einsetzen
- Beim Vortrag nicht verdecken!
- Nicht zum Plakat sprechen!

Für jedes Präsentationsmedium gilt:
- weniger ist oft mehr
- Medium muss bei der Präsentation noch aus der letzten Reihe gut zu sehen sein!

PowerPoint-Präsentation
- große Schrift (mind. 24 pt)
- klare Gliederung
- Farben vorsichtig einsetzen (z. B. kein greller Hintergrund)
- wenige, dafür sinnvolle Effekte (Folienübergang, …)
- Unbedingt vorher proben und mit der Technik vertraut machen!

Präsentationsmedien

Overhead-Projektor
- Schriftgröße mindestens 16 pt
- keine langen Sätze › Stichworte
- große Bilder und Abbildungen
- keine Abbildungen mit niedriger Auflösung
- Folien sortiert einheften
- mit Folie arbeiten (z. B. teilweise abdecken, mit Stift zeigen/markieren/eintragen, …)

Video-Dokumentation
- sinnvoll schneiden, klarer Ablauf
- passende Vertonung (Kommentare, O-Ton, Musik, …)
- Einblendungen (Text, Bilder, …)
- angemessene Länge
- Zusammenspiel von Video-Beamer und Video-Recorder vorher testen

M 2 *Tipps zum Einsatz verschiedener Medien*

M 3 *Titelfolie mit Thema und Karte zur Orientierung*

M 4 *Gliederung der Präsentation*

Tipps zum richtigen Präsentieren

- Schaue in Richtung der Zuschauer/Zuhörer. Achte darauf, dass du nicht nur auf den Bildschirm oder die Präsentationswand schaust.
- Versuche frei zu sprechen und nicht abzulesen. Das gelingt besser, wenn du dir Stichpunkte auf den Merkzettel notierst.
- Unterstütze deine Präsentation durch sinnvolle Gestik und Bewegung. Dadurch wirkt das Vorgetragene lebendiger und interessanter.
- Rede laut, deutlich und nicht zu schnell. Bedenke, dass die Zuhörer deine Präsentation zum ersten Mal hören/sehen und alles verstehen wollen.
- Fasse am Ende die angesprochenen Ergebnisse noch einmal kurz zusammen.
- Gib dem Publikum die Möglichkeit, am Schluss Fragen zu stellen.

1 Erstelle eine Tabelle zu den Präsentationsmedien, in der du die jeweils erforderlichen Geräte/Materialien sowie mögliche Einsatzmöglichkeiten auflistest.

2 Bildet Gruppen und wählt ein Thema zur Polarzone aus. Mögliche Themen könnten sein:
   - Inuit früher und heute
   - Tiere in der Arktis und Antarktis
   - Veränderung des Klimas
   - Erdöl und Erdgas aus der polaren Zone
   - Polarforschung

3 Sammelt Material zu eurem Thema und wählt ein geeignetes Präsentationsmedium aus.

4 Stellt eure Präsentation zusammen und führt sie der Klasse vor.

WEBCODE: UE640102-085

M 5 *Grafiken zur Veranschaulichung*

M 6 *Russische Fahne am Nordpol*

Nutzung der Polarregionen – Chance oder Gefahr?

M 1 *Schifffahrtswege durch die Arktis*

check-it
- mögliche Schifffahrtsrouten durch die Arktis und ihre Bedeutung beschreiben
- Umweltprobleme in der Polarregion erläutern
- Auswirkungen des Polartourismus grafisch darstellen
- Auswirkungen einer verstärkten Nutzung beurteilen

Schifffahrtswege ohne Eis

Im Sommer 2008 sorgte das deutsche Forschungsschiff „Polarstern" für Schlagzeilen, denn es hatte den Nordpol umrundet. Dies war möglich, weil sowohl die Nordwest- als auch die Nordostpassage erstmals gleichzeitig eisfrei waren.

Forscher gehen davon aus, dass bei fortschreitender globaler Erwärmung diese beiden Schifffahrtsrouten in den Sommermonaten immer länger eisfrei und somit befahrbar sein werden. Beide Routen verkürzen den Weg für Handelsschiffe zwischen Europa und Asien gegenüber der üblichen Route durch den Suezkanal erheblich. Deshalb wird die wirtschaftliche Erschließung der Nordwestpassage bereits vorbereitet. In einer Inuit-Siedlung am Nordpolarmeer ist der Bau eines Tiefwasserhafens für Tanker geplant.

Eisfreie Schifffahrtswege in der Arktis wären auch für den Abbau der Bodenschätze von großer Bedeutung. Heute wird das im Nordpolarmeer und in Nordsibirien geförderte Erdöl und Erdgas noch durch Pipelines über die Kontinente zu den nächsten eisfreien Häfen gepumpt.

Reise zu Eisbär und Pinguin

Sowohl in der Arktis als auch in der Antarktis hat der Tourismus in den letzten Jahren stark zugenommen. Die meisten Touristen kommen mit Kreuzfahrtschiffen in die Polarregionen. Die Hauptreisezeit für Polarreisen ist der Sommer. Das ist die Zeit, in der Robben und Vögel sich fortpflanzen, ihre Jungen säugen oder füttern, das Fell oder Gefieder wechseln. In diese Zeit fällt auch die kurze Wachstumsperiode der Pflanzen, sodass die Natur besonders anfällig für Störungen ist.

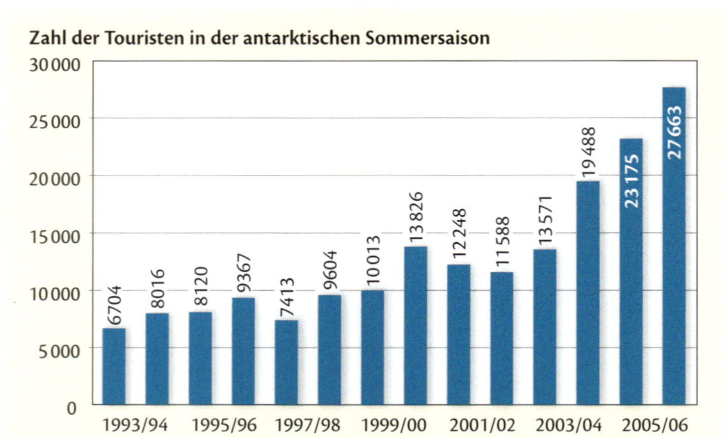

M 2 *Entwicklung der Touristenzahlen in der Antarktis (IAATO 2005)*

M 3 *Touristen und Pinguine*

M 4 *Müllplatz in der Arktis*

In der Arktis können Touristen neben Naturbeobachtungen auch Helikopterausflüge, Campingtouren in die Wildnis sowie Abenteuertouren mit Kanus, Hunde- oder Motorschlitten, Skiern oder Snowboards sowie Mountainbikes unternehmen. Auch Jagden sind möglich. Solche Aktivitäten sind in der Antarktis nicht erlaubt, denn sie ist durch ein Umweltschutzabkommen als Zusatz zum Antarktisvertrag geschützt, das klare Regeln für Besucher enthält. Jeder deutsche Antarktisbesucher – auch Forscher und Wissenschaftler – benötigen eine Erlaubnis des Umweltbundesamts.

Gefahr für die Arktis

Die Polargebiete galten lange als nahezu schadstofffrei. Mit zunehmender Nutzung nehmen jedoch auch die Umweltbelastungen zu, denn die Natur ist besonders anfällig für Störungen. Selbst ein Fußtritt kann die Vegetation der Tundra für Jahre schädigen.
Der Schiffsverkehr allein führt zu einer hohen Belastung der Meere. Schiffsunfälle, bei denen Öl ausläuft, oder auslaufendes Erdöl aus Förderplattformen oder Pipelines verschlimmern die Situation. Meereis behindert den natürlichen Abbau des Öls. Zudem führt die großräumige Bewegung des Eises im Nordpolarmeer dazu, dass es über eine große Fläche verteilt wird.

Müllberge auf dem Eis

Überall dort, wo in den Polargebieten Menschen leben, türmen sich die Müllberge. Das gilt sowohl für die Siedlungen der Inuit in der Arktis als auch für die Forschungsstationen in der Antarktis. In der Kälte der Polargebiete verrotten organische Stoffe kaum oder nur sehr langsam. Zudem ist es in den Permafrostgebieten nicht möglich, Müll zu vergraben. Durch den lagernden Müll gelangen Schadstoffe in den Boden, die Luft und das Meer.

1 Beschreibe den Weg eines Schiffes von Hamburg nach Tokio über die Nordost- und die Nordwestpassage (**M 1**, Globus).
2 Berechne die ungefähre Verkürzung der Reiseroute zwischen Hamburg und Tokio durch die Nordwestpassage im Vergleich zur Route durch den Suezkanal (Globus).
3 Gestalte ein Werbeplakat, mit dem du wahlweise für eine Reise in die Arktis oder Antarktis wirbst. Stellt eure Plakate in der Klasse aus und verleiht einen Preis für die überzeugendste Gestaltung (**M 2**, **M 3**, Webcode).
4 Erstelle ein Strukturdiagramm zu den Auswirkungen des Polartourismus (**M 3–M 5**).
5 Erläutere, mit welchen Umweltproblemen die Polarregionen zu kämpfen haben (**M 4**, **M 5**).
6 Neue Nutzungsmöglichkeiten für die Polarregionen durch Klimawandel – Chance oder Gefahr? Verfasse eine Stellungnahme dazu (**M 1–M 5**).

M 5 *Umweltbelastung durch Schiffe*

Geo-Check: Zusammenhänge in der Polarzone erklären

Sich orientieren

A = Anderer Name für das Südpolpolargebiet
B = Insel in der Arktis, die zu Norwegen gehört
C = Pol, der in der Arktis liegt
D = Halbinsel im Nordosten Kanadas
E = Meeresteil im Süden der Antarktis
F = Land, das einen großen Anteil an der Arktis hat
G = Staat, zu dem Grönland gehört
H = Staat, zu dem die Provinz Nunavut gehört
I = Bundesstaat der USA, der Anteil an der Arktis hat
J = Insel südlich der Antarktischen Halbinsel

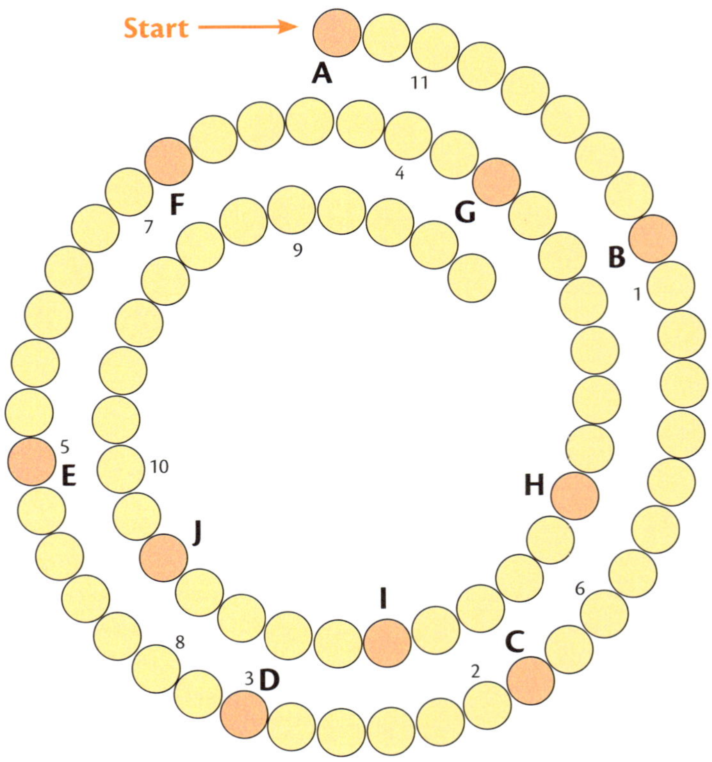

Lösungswort:

1	2	3	4	5	6	7	8	9	10	11

M 1 *Rätselschnecke*

M 2 *Im Zoo*

1 Löse die Rätselschnecke in Pfeilrichtung. Der Endbuchstabe des einen Wortes ist zugleich der Anfangsbuchstabe des nächsten Wortes. Schreibe die gesuchten Begriffe und das Lösungswort in dein Heft (**M 1**).
2 Stelle in einer Tabelle die Gemeinsamkeiten und die Unterschiede von Arktis und Antarktis gegenüber.
3 Zähle die Anrainerstaaten der Arktis auf und benenne die Kontinente, die Anteil an ihr haben.
4 Nenne alle Meere, die ein Kreuzfahrtschiff auf der Fahrt von Hamburg bis zur Antarktischen Halbinsel durchfahren muss (Karte S. 214/215).
5 Erkläre, warum eine Begegnung zwischen Eisbär und Pinguinen in der Natur nicht stattfinden kann (**M 2**).
6 Ordne die Polargebiete Klima- und Vegetationszonen der Erde zu (Karten S. 43).
7 Beschreibe die Verbreitung des Permafrosts auf der Nordhalbkugel.

4 Zusammenhänge in der tropischen Zone erklären

Entdeckungen am Äquator
Das Gebrüll von Affen, kreischende Papageien, unzählige unbekannte Insekten und andere Tiere – die dichten Wälder beiderseits des Äquators bieten viele Eindrücke beim Hören, Fühlen und Sehen. Was unterscheidet diese Wälder von unseren heimischen Laub- und Mischwäldern?

Wissen und verstehen

8 Nenne zu jedem dieser Begriffe mindestens zwei Merkmale (**M 3**).

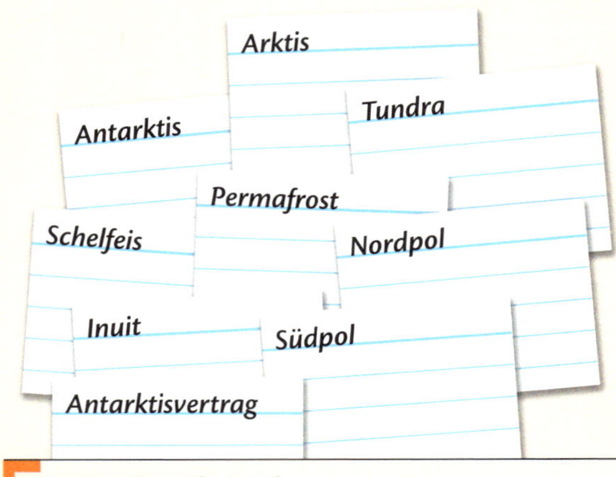

M 3 *Geo-Begriffestapel*

9 Sortiere die Aussagen in richtige und falsche Aussagen. Verbessere die falschen Aussagen und schreibe sie richtig auf:
- Wenn das Eis an den Polen schmelzen würde, könnte man auf dem Nord- und Südpol wandern.
- Die Tundra ist eine baumlose Landschaft.
- In Permafrostgebieten taut der Boden nur im Sommer vollständig auf.
- Mithilfe der Trans-Alaska-Pipeline wird Erdöl vom Pazifik an die Küste des Nordpolarmeeres transportiert.
- Die Arktis und die Antarktis sind sehr rohstoffreich.
- Der Antarktisvertrag regelt die Nutzung dieses Kontinents.
- Deutschland besitzt keine Forschungsstationen in der Antarktis.
- Die Nordwest- und die Nordostpassage sind niemals gleichzeitig eisfrei.
- Organische Stoffe verrotten in den Polargebieten sehr schnell, sodass Müll kein Problem darstellt.
- Eisbären leben in der Antarktis, Pinguine in der Arktis.

Können und anwenden

10 Überprüfe die Abbildung aus einer Präsentation anhand der Tipps zum Präsentieren (**M 4**).

11 Mache Vorschläge, wie du das angegebene Thema (Inuit früher und heute) präsentieren würdest und entwirf eine Gliederung.

M 4 *Computergestützte Präsentation*

M 5 *Neues „Spielzeug" für den Eisbär*

Sich verständigen, beurteilen und handeln

12 Eisbär und Pinguin treffen mehr und mehr auf ihnen bisher unbekannte Gegenstände. Erläutere die Fotos (**M 5**, **M 6**).

13 Erkläre, welche Gefahren für die Tiere und die Natur von den Müllbergen ausgehen (**M 5**, **M 6**).

14 Diskutiert, wie man das Müllproblem in den Polargebieten lösen bzw. verringern könnte.

15 Wer staunt hier mehr? Immer mehr Touristen kommen vor allem mit Kreuzfahrtschiffen in die Arktis und Antarktis. Entwerft in Gruppen eine Werbebroschüre für eine Reise in die Arktis oder Antarktis (**M 7**). Beschreibt den Naturraum, Klima, Vegetation und Tierwelt. Gebt aber auch Hinweise zum rücksichtsvollen Umgang mit der Natur.

M 6 *Müllberge in der Antarktis*

M 7 *Außergewöhnliche Begegnung*

16 Beurteilt die Chancen und Risiken einer Ausweitung der Nutzung von Rohstoffe in den Polargebieten.

17 Erstellt einen Forderungskatalog zum Schutz der Polargebiete.

WEBCODE: UE640102-090

Amazonien / Savannen Afrikas

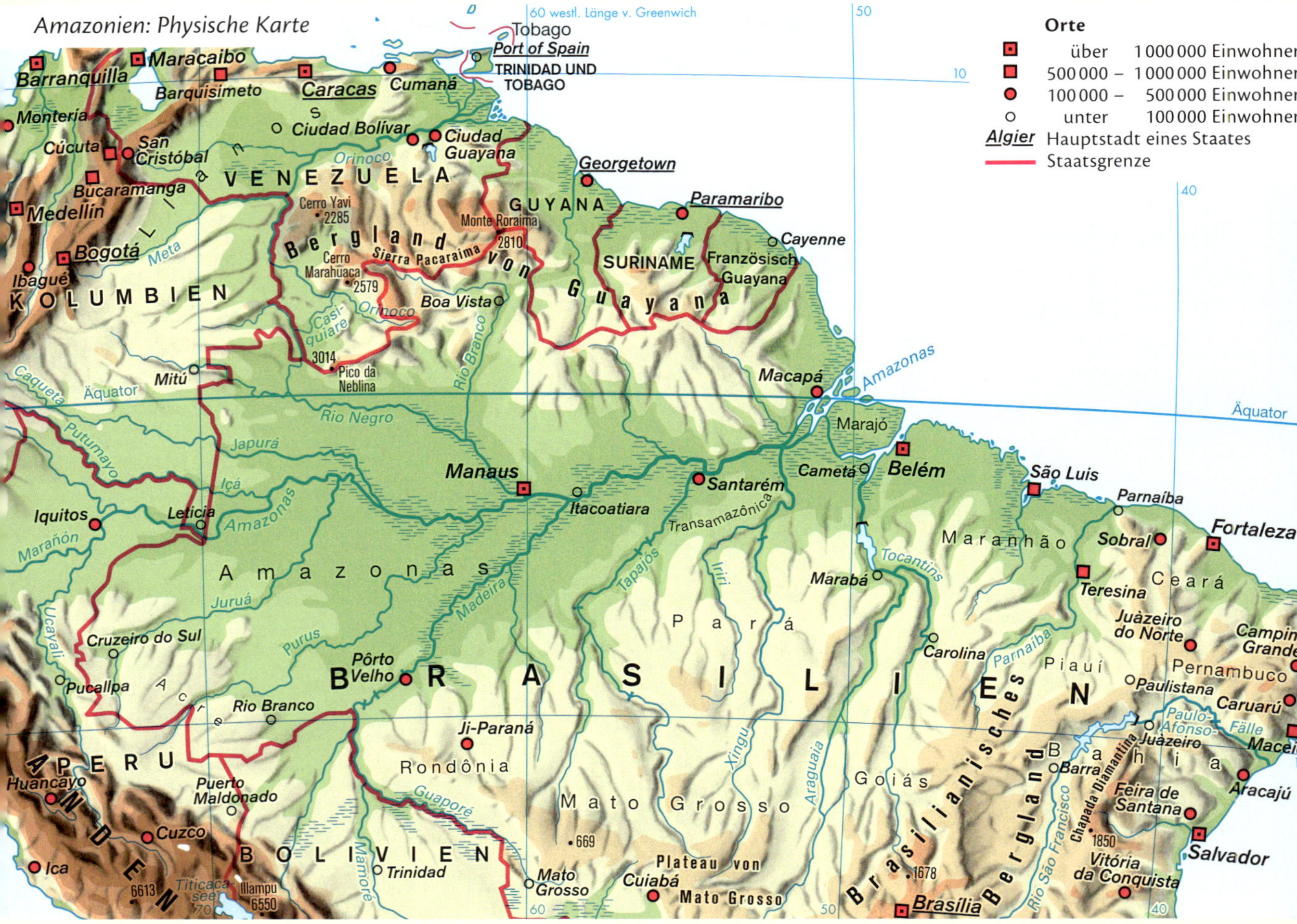

Amazonien: Physische Karte

Savannen Afrikas: Physische Karte

In diesem Kapitel lernst du
- immer- und wechselfeuchte Tropen zu verorten,
- Zusammenhänge zwischen Klima, Vegetation und Nährstoffkreislauf im tropischen Regenwald zu erklären,
- Wanderfeldbau und Plantagenwirtschaft zu erläutern,
- Zusammenhänge zwischen Klima und Vegetation in den Savannen zu erklären
- Regenfeldbau und Viehwirtschaft in der Sahelzone kennen,
- die Entwicklung des Tourismus in Kenia zu erläutern.

Dazu nutzt du
- Blockbilder,
- Klimadiagramme,
- Karten,
- Bilder,
- Tabellen und
- das Internet.

Du beurteilst,
- Gefahren für den tropischen Regenwald und die Savannen,
- Vor- und Nachteile des Tourismus in tropischen Ländern sowie des Ökotourismus.

Im tropischen Regenwald

Im tropischen Regenwald – sehr warm und immer feucht

M 1 *Blick auf den Fluss Manu in Peru*

check-it
- Merkmale des tropischen Regenwaldes kennen
- Unterschied zwischen Tageszeiten- und Jahreszeitenklima erklären
- Zusammenhang zwischen Klima und Wasser erläutern
- Klimadiagramme auswerten und vergleichen

Mit dem Boot fahren wir auf einem Nebenarm des Amazonas durch den Regenwald, denn Straßen gibt es hier nicht. Wir legen an, um in die Tiefe des Regenwaldes einzudringen. In dem dichten Gestrüpp der Pflanzen kommen wir nur langsam vorwärts. Wir wandern durch ein Gewirr von Lianen und schnurgerade gewachsenen Baumstämmen, viele davon kaum dicker als Hochsprungstangen. Nur vereinzelt treffen wir auf gewaltige Stämme mit weit ausladenden Brettwurzeln. Immer mehr verwächst der Pfad, und dann müssen wir auf allen Vieren kriechen, unter einer Schlingpflanze hindurch, über einen Baumstamm hinweg. Äste und Zweige schlagen uns ins Gesicht und überschütten uns mit Ameisen. Die Luft ist schwül.
Wir haben uns schnell an die mittäglichen Wolkenbrüche und die feuchte und schwüle Luft, die auch in der Nacht nur wenig abkühlt, gewöhnt. Am angenehmsten sind die Stunden kurz nach Sonnenaufgang. Nur dann ist die Luft mit etwa 22 °C angenehm kühl und klar, bevor die Hitze des Tages das Thermometer auf über 35 °C im Schatten ansteigen lässt. Affen und Vögel bekommen wir kaum zu Gesicht. Sie halten sich in den Baumkronen hoch über uns auf. Aber vor Schlangen und Insekten müssen wir uns hüten. Vogelspinnen werden unsere täglichen Begleiter und wir lernen, giftige von weniger giftigen Arten zu unterscheiden. An manchen Stellen sind Blutegel, die sich unbemerkt am Körper festsaugen, eine Plage. Aber auch damit lernen wir umzugehen, ebenso wie wir uns an die ständig feuchte und klamme Kleidung gewöhnt haben.
Am schlimmsten ist das ständige Dämmerlicht und erst recht die absolute Dunkelheit während der Nacht, denn kein Licht dringt durch das Kronendach des Waldes und die Wolkenschicht.
(nach: Th. Breitbach, aus einem Reisetagebuch)

M 2 *Eine Trekkingtour im Regenwald*

Klima und Wasserkreislauf im tropischen Regenwald

Das ganze Jahr über fallen am Äquator die Sonnenstrahlen sehr steil bis senkrecht ein. Die intensive Sonneneinstrahlung bewirkt, dass die Erdoberfläche und die darüber liegenden Luftschichten sehr erwärmt werden. Die feuchtwarme Luft steigt auf, kühlt sich mit zunehmender Höhe ab, der in ihr enthaltene Wasserdampf kondensiert und es entstehen große Wolken. Es kommt beinahe täglich zu starken Niederschlägen. Durch die hohen Temperaturen verdunstet Großteil des Regens sofort wieder. Nur ein Viertel des Wassers versickert im Boden und verlässt den Regenwald über die Flüsse. Drei Viertel des Wassers zirkulieren innerhalb des tropischen Regenwaldes. So entsteht im tropischen Regenwald ein zusammenhängender eigener Wasserkreislauf. Die Niederschlagsmengen sind also ganzjährig größer als die Verdunstung. Es herrscht ein sehr feuchtes, humides Klima.

In den immerfeuchten Tropen gibt es keine Jahreszeiten wie bei uns. Der Unterschied zwischen den Durchschnittstemperaturen des kältesten und des wärmsten Monats ist kleiner als der Unterschied zwischen der Tages- und der Nachttemperatur. Deshalb bezeichnet man dieses Klima als **Tageszeitenklima.** Unser Klima ist dagegen ein Jahreszeitenklima, das vom jahreszeitlichen Wechsel der Temperatur gekennzeichnet ist.

WEBCODE: UE640102-095

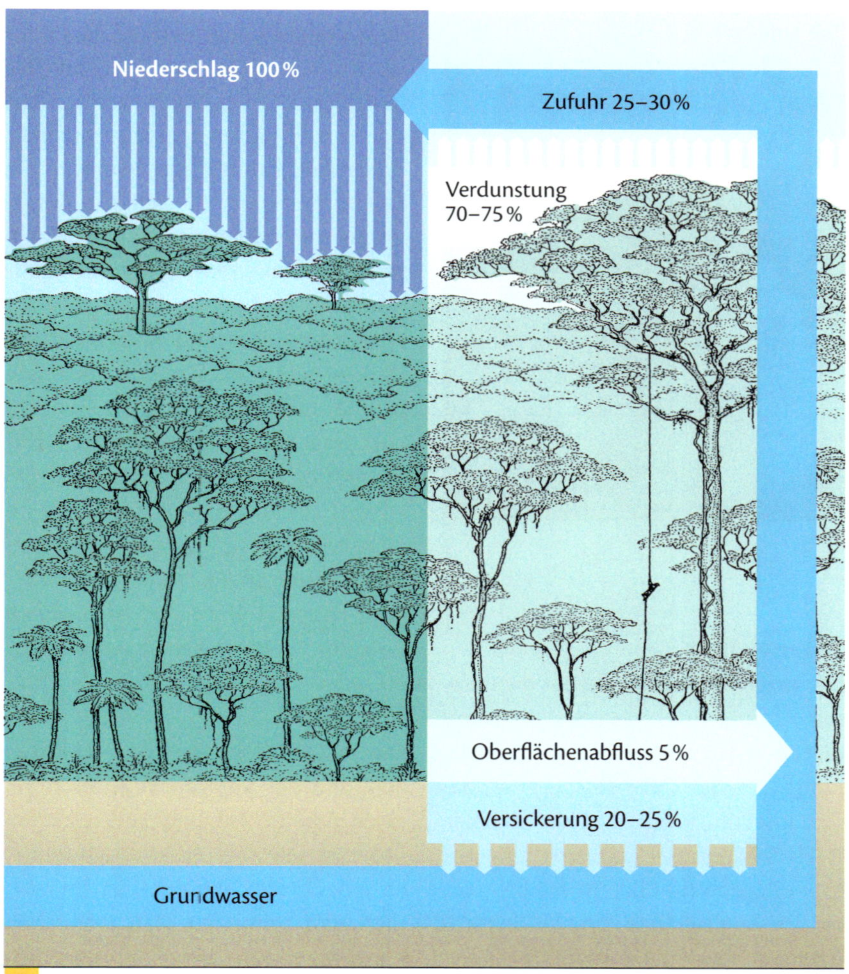

M 5 *Wasserkreislauf im tropischen Regenwald*

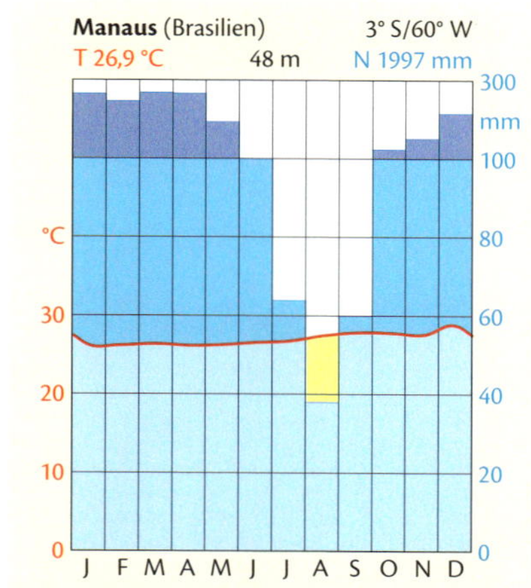

M 3 *Klimadiagramm Manaus*

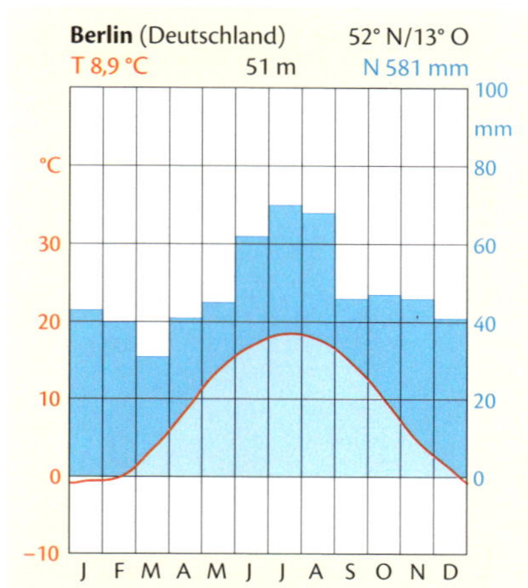

M 4 *Klimadiagramm Berlin*

1 Lege eine Tabelle an, in die du Informationen zum Klima, zu Tieren und Pflanzen im tropischen Regenwald einträgst (**M1–M3**, Blockbild S. 98/99).
2 Erkläre den Unterschied zwischen einem Tageszeiten- und Jahreszeitenklima (**M 3**, Seite 45).
3 Erläutere den Wasserkreislauf im tropischen Regenwald (**M 5**).
4 Werte die Klimadiagramme aus und vergleiche das Klima am Äquator und in Deutschland (**M 3**, **M 4**, Seite 61).
5 Erläutere den Zusammenhang zwischen Klima und Wasser im tropischen Regenwald. Benenne den Mangelfaktor (**M1–M 3**).

Der tropische Regenwald – ein perfektes Recyclingsystem

M 1 *Forscher im Amazonas-Regenwald*

check-it
- Merkmale der Vegetation beschreiben
- den Nährstoffkreislauf erläutern
- Ursachen für Nährstoffarmut der Böden erklären
- schematische Darstellungen auswerten

Artenvielfalt

Der tropische Regenwald hat die meisten Pflanzen und Tiere weltweit und täglich werden neue Arten entdeckt. Rund 90 % der Tiere des Regenwaldes sind Insekten, knapp 97 % davon Käfer. Nach Schätzungen von Forschern gibt es im Regenwald über 10 000 Baumarten. Im Vergleich dazu sind in Deutschland nur etwa 50 Baumarten bekannt. Dabei machen die Bäume nur rund 5 % der gesamten Pflanzenvielfalt der Regenwälder aus. Die anderen 95 % bestehen vor allem aus Farnen, Moosen, Epiphythen, Lianen und Palmen.

Der tropische Regenwald – Stockwerkbau und immergrün

Die Pflanzen im tropischen Regenwald sind dem dauerhaft feuchten und sehr warmen Klima angepasst. Es gibt deshalb keine Ruhezeiten für die Vegetation. Während des ganzen Jahres können Bäume und andere Pflanzen gleichzeitig blühen und Früchte tragen. Der Wald der immerfeuchten Tropen ist immergrün und bildet die Vegetationszone der **tropischen Regenwälder.**

Die Pflanzen befinden sich in einem ständigen Kampf um das Licht. Nur etwa ein Prozent des Sonnenlichts erreicht den Boden.

Der tropische Regenwald hat einen Stockwerkbau. **Urwaldriesen mit Brettwurzeln** überragen das Blätterdach. Darunter wachsen die Baumkronen dicht an dicht und bilden ein Blätterdach. Im Kampf um das Sonnenlicht wachsen die jungen Bäume sehr schnell. Lianen und Baumwürger benutzen die Baumstämme als Kletterhilfe. Aufsitzerpflanzen haben sich auf Astgabeln angesiedelt und reichen mit ihren Luftwurzeln bis auf den Boden.

In den mittleren und unteren Stockwerken wachsen Sträucher, kleinere Bäume und Riesenfarne. Die Strauch- und Krautschicht ist wegen des Lichtmangels oft nur spärlich entwickelt. Ein nahezu undurchdringliches Pflanzendickicht bildet sich dort, wo Licht einfallen kann: an Flussufern, Waldrändern oder Lichtungen, die durch umgestürzte Bäume entstanden sind.

Der Boden

Die ersten Tropenforscher schlossen aufgrund der üppigen Vegetation auf einen sehr fruchtbaren Boden im Regenwald. Der rote eisenhaltige Boden ist jedoch sehr unfruchtbar. Im warmen und immerfeuchten tropischen Klima verwittern Gesteine wesentlich schneller als im gemäßigten Klima Europas.

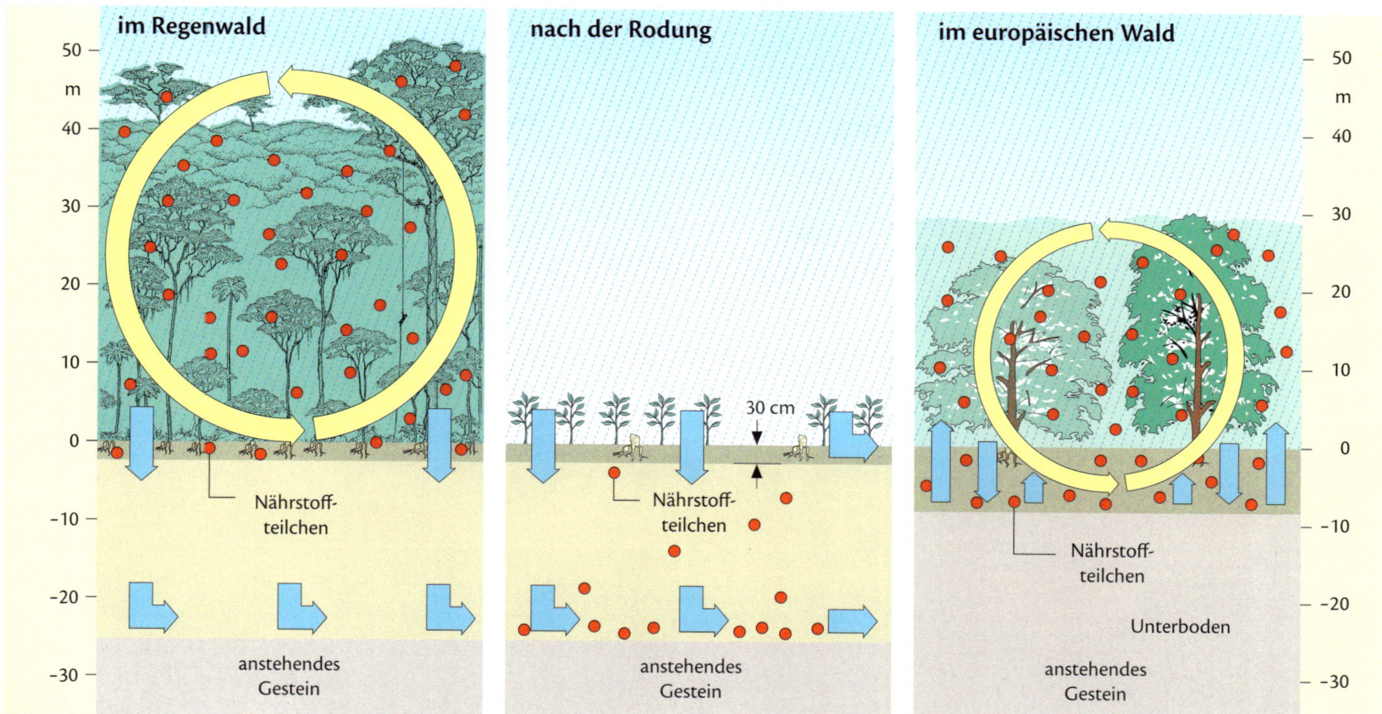

M 2 *Nährstoffkreislauf im tropischen Regenwald, nach dessen Rodung und im europäischen Wald*

Zudem hat sich das Klima am Äquator seit 10 Millionen Jahren kaum verändert. Die Mineralien, die in den Gesteinen vorhanden waren, sind über die Jahrmillionen durch Wasser ausgewaschen worden. Das Wasser hat sie in tiefere Bodenschichten transportiert. Dort können sie aber von den Pflanzenwurzeln nicht erreicht werden.

Der Nährstoffkreislauf

Blätter und Äste, die zu Boden fallen, vermodern schnell in dem feuchtwarmen Klima der Tropen. Die Pflanzenreste werden durch Ameisen und Würmer zerkleinert. Bakterien und Pilze zersetzen das abgestorbene Pflanzenmaterial und lösen die Nährstoffe. Das dichte Wurzelgeflecht, das sich in den oberen Bodenschichten befindet, nimmt die Nährstoffe über die Wurzelpilze auf, sodass ein kurzer Nährstoffkreislauf entsteht. Ein perfektes Recyclingverfahren.

Regenwaldforschung

Bei der Erforschung des Regenwaldes geht es den Wissenschaftlern nicht nur um den enormen Artenreichtum. Die Suche nach neuen Wirkstoffen für Medikamente im Kampf gegen unheilbare Krankheiten ist ein weiteres Ziel. Dazu kommt die Erforschung des Klimawandels: Inwieweit beeinflusst der wachsende Ausstoß von Kohlendioxid in der Atmosphäre das Leben in den Baumkronen? Welche Bedeutung haben die Baumkronen für den Kohlendioxidhaushalt der Erde? Für die Erforschung dieser und weiterer Fragen haben sich Wissenschaftler aus vielen Ländern zusammengeschlossen und errichten Forschungsstationen in den tropischen Regenwäldern.

M 3 *Schnitte durch eine Eiche und einen Teakbaum*

1 Beschreibe den Stockwerkbau im tropischen Regenwald (**M 1**, **M 2**, Blockbild S. 98/99).
2 Vergleiche den Nährstoffkreislauf eines tropischen Regenwaldes mit dem des europäischen Waldes (**M 2**).
3 Erkläre die oft geringe Fruchtbarkeit des Bodens im tropischen Regenwald.
4 Der tropische Regenwald – ein perfektes Recyclingsystem. Erkläre diese Aussage.
5 Recherchiere im Internet über die Regenwald-Forschung und präsentiere deine Ergebnisse in einem Kurzreferat (***Internetrecherche***, ***Kurzreferat halten***).
6 Beschreibe und erkläre die Unterschiede bei den Jahresringen einer Eiche und eines Teakbaums (**M 3**).

WEBCODE: UE640102-097

Aufbau des tropischen Regenwaldes

Der Blue Morpho Schmetterling kann eine Flügelspannweite von 17 cm erreichen. Durch seine blau schillernde Färbung sieht man ihn noch in 1 km Entfernung. Im Regenwald gibt es Millionen von Insektenarten.

Junge Kapuzineraffen spielen im tropischen Regenwald von Costa Rica. Im Gegensatz zu diesen bekannten Gesichtern sind die meisten Tierarten weder benannt, beschrieben oder analysiert.

Der Arakanga ist eine von über 5000 Vogelarten im tropischen Regenwald.

Eine Anakonda – sie kann bis zu 9 Meter lang und 230 Kilogramm schwer werden.

Epiphyten (Aufsitzerpflanzen) auf einem Urwaldbaum in Costa Rica (Atlantik-Bereich)

Brettwurzeln eines Urwaldriesen

Wanderfeldbau zur Selbstversorgung

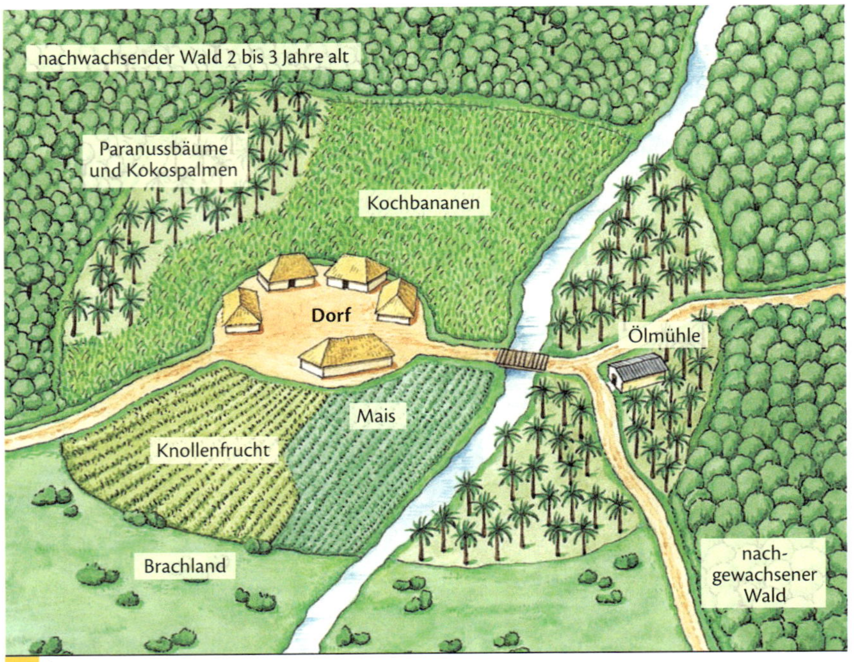

M 1 *Dauerfeldbau*

check-it
- tropische Feldfrüchte kennen
- Wanderfeldbau und Dauerfeldbau erläutern und vergleichen
- Vor- und Nachteile des Wanderfeldbaus beurteilen
- Kartenskizzen auswerten

Wanderfeldbau

Seit Jahrtausenden erschließen die Bauern im tropischen Regenwald ihre kleinen Feldflächen durch **Brandrodung.** Durch die Feuer werden Samen, Wurzelpilze und Bodenlebewesen kaum gestört, da Temperaturen über 50 °C nur bis 2 cm Bodentiefe reichen. Reicht der Ertrag nicht mehr zur Versorgung der Dorfgemeinschaft, verlagern sie sowohl die Felder als auch das Dorf. Diese Wirtschaftsweise heißt **Wanderfeldbau (Shifting Cultivation).** Nur eine begrenzte Anzahl Menschen kann durch Wanderfeldbau ernährt werden (Schätzungen: 10 bis 400 Einwohner/km²).

Wachsende Bevölkerung

Neue Dörfer und hohe Geburtenzahlen ließen die Bevölkerungszahlen in den Ländern der immerfeuchten Tropen ansteigen. Dadurch wurde das Rodungsland knapp. Die Felder konnten nicht mehr so oft gewechselt werden. Die Erträge gingen zurück und die Ernährung der einheimischen Bevölkerung war nicht mehr gesichert. Heute verlegen die Bauern häufig nur die Anbaufelder und die Dörfer bleiben bestehen. Die aufgelassenen Rodungsflächen werden vom tropischen Regenwald zurückerobert. In ihm gibt es viel weniger Pflanzen- und Tierarten als zuvor. Zwar kann man diesen **Sekundärwald** nach Jahren erneut roden, doch dauert es Jahrzehnte, manchmal Jahrhunderte, bis er vom ursprünglichen unberührten Regenwald, dem **Primärwald**, nicht mehr zu unterscheiden ist.

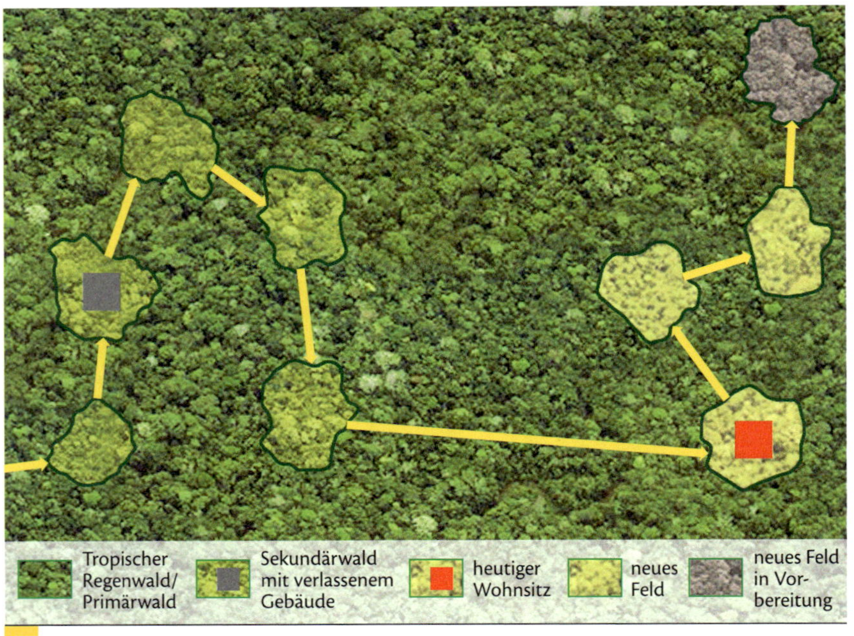

M 2 *Wanderfeldbau*

M 3 *Feldfrüchte*

M4 *Maniokpflanzung auf einer Brandrodungsfläche in Quiandeua/ Brasilien*

Dauerfeldbau

Viele Dorfgemeinschaften sind schon zum **Dauerfeldbau** übergegangen. Sie schlagen kleinere Bäume und Sträucher, verbrennen diese aber nicht. Größere Bäume bleiben als Sonnen- und Regenschutz stehen. Die geschlagenen Zweige werden liegen gelassen und verrotten schnell zu Humus, der den Boden auf natürliche Weise düngt. Durch diese nachhaltige Anbauweise sind die Bauern sesshaft geworden und bestellen ihre Felder ohne Unterbrechung.

1. Erstelle ein Flussdiagramm zum Wanderfeldbau der Kleinbauern im tropischen Regenwald (**M 2–M 6**, ***Flussdiagramm***).
2. Erstelle ein Flussdiagramm zum Dauerfeldbau (**M 1**, **M 3–M 6**).
3. Vergleiche das Leben der Menschen im Dorf beim Wanderfeldbau und beim Dauerfeldbau (**M 1**, **M 2**, **M 5**).
4. Sammle Informationen zu den Feldfrüchten des tropischen Regenwaldes aus Lexika, Fachbüchern oder dem Internet (***Internetrecherche***).
5. Beurteile Vor- und Nachteile des Wanderfeldbaus (**M 2**, **M 4–M 6**).

M5 *Frauen mit Kindern bei der Feldarbeit in Afrika*

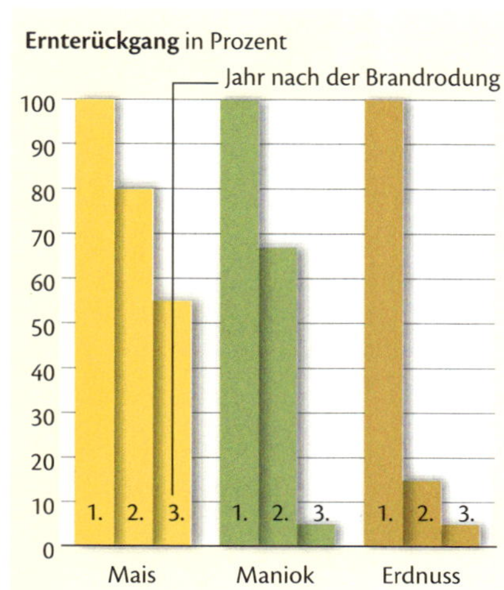

M6 *Erntemengen nach Brandrodung*

Bananen für den Weltmarkt

M 1 *Schädlingsbekämpfung auf einer Bananenplantage*

check-it
- Plantagenwirtschaft am Beispiel der Banane erläutern
- Bananenproduktion erläutern
- Vorteile von fair gehandelten Bananen vergleichen und beurteilen

Steckbrief der Banane

Die Banane ist verwandt mit unseren Gräsern. Ihre Früchte sind die größten Beeren der Welt. Es gibt etwa 100 verschiedene Bananenarten – von der süßen Obstbanane bis zu den Gemüse- und Mehlbananen. Bananenpflanzen benötigen viel Sonne und die gleichmäßige Wärme und Feuchtigkeit der Tropenzone.

Von der Blüte bis zur Erntereife dauert es drei bis vier Monate. Die 150 bis 200 Bananen eines Büschels wiegen 40 Kilogramm. Sie werden „grünreif" geerntet, bevor sie mehlig werden. Nach der Ernte wird die Staude umgeschlagen. Sie vermodert durch die hohe Luftfeuchtigkeit schnell. Die Bananen werden auf Schiffe verladen. Im Zielhafen angekommen, werden sie gelagert und kom-

M 2 *Bananenernte in Ecuador*

M 3 *„Seilbahn" für Bananen*

men vor dem Verkauf zur Nachreife in moderne computergesteuerte Bananenreifereien. Nach vier bis sechs Tagen sind die Bananen für den Verkauf bereit.

Bananenanbau

Die weltweite Bananenproduktion findet vor allem auf **Plantagen** statt. In **Monokultur** werden ausschließlich Bananen produziert. Die Betriebe von 100 bis zu 10 000 Hektar Größe können billiger und besser produzieren als Kleinbetriebe. Teure chemische und biologische Mittel, aber auch technische Neuerungen werden eingesetzt. Das ist bei der Größe der Plantagen und der Monokultur auch notwendig, da sich zum Beispiel Schädlinge sehr schnell vermehren und die ganze Ernte gefährden können. Sobald sich die Früchte bilden, werden sie mit Pflanzenschutzmitteln besprüht und mit Plastikfolie umhüllt. Während der Wachstumszeit werden die Stauden vom Flugzeug aus mit Pflanzenschutzmitteln besprüht.

Die überwiegende Anzahl der geernteten Ware wird nicht für den eigenen Bedarf angebaut. Die meisten Bananen sind **Cash Crops** (cash = Bargeld, crops = Frucht) und gehen in den Export. Den Anbau und die Vermarktung von Bananen steuern weltweit arbeitende Konzerne. Die gesamte Ernte wird ausschließlich an den Konzern geliefert. Die Produktion von Bananen durch Kleinbauern ist zurückgegangen, da sie nicht mit den großen Plantagen konkurrieren können.

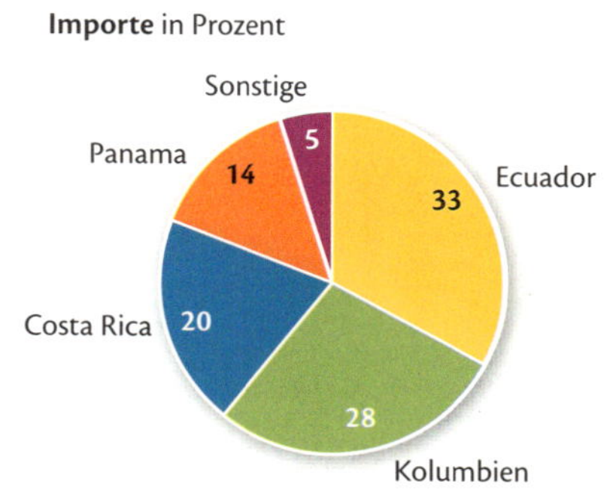

M 4 *Herkunftsländer der von Deutschland importierten Bananen 2006*

Fairtrade

Bei bestimmten Bananenproduzenten wird darauf geachtet, dass die Umweltbelastungen gering sind, die einheimischen Arbeitskräfte gute Arbeitsbedingungen haben und ausreichend Lohn erhalten. Die so produzierten und gehandelten Bananen tragen das Warenzeichen „Fairtrade". Beim Kauf von Bananen sollte man auf diese Kennzeichnung achten, um eine gerechtere Verteilung des Verdienstes an der Banane zu unterstützen. Das bedeutet jedoch, dass wir in den Industrieländern dazu bereit sein müssen, mehr Geld beim Kauf von Bananen auszugeben. Weitere fair gehandelte Produkte sind zum Beispiel Ananas, Kokosnüsse, Cashew-Nüsse, Tee, Kaffee oder Schokolade.

1 Erstelle eine Mindmap zum Thema Plantagenwirtschaft (**M 1**–**M 5**, ***Mindmap erstellen***).
2 Erläutere den Anbau von Bananen auf Plantagen (**M 1**–**M 5**).
3 Vergleiche und beurteile die Vorteile fair gehandelter Bananen (**M 5**).
4 Benenne die Herkunftsländer und den Kontinent der nach Deutschland importierten Bananen (**M 4**, Atlas).

WEBCODE: UE640102-103

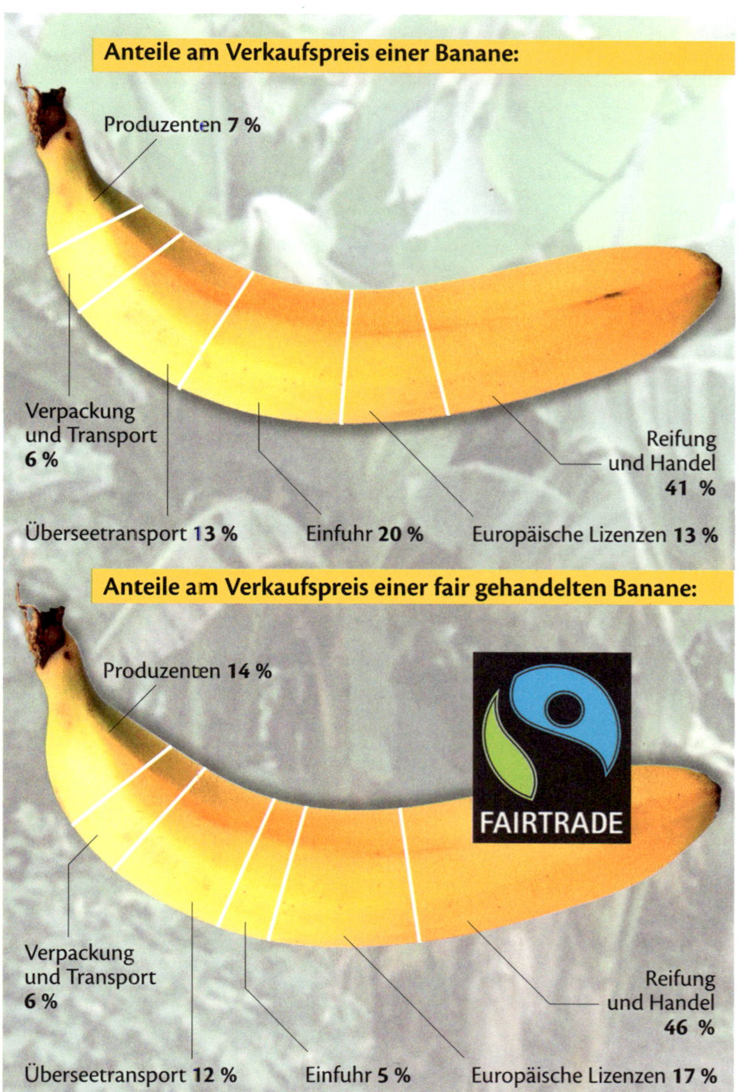

M 5 *Wer verdient wie viel an der Banane? Vergleiche mit fair gehandelten Bananen*

Amazonien – Erschließung des Regenwalds

M 1 *Zusammenfluss des Amazonas und des Rio Negro*

check-it
- Amazonien lokalisieren
- Flusssystem des Amazonas und seiner Nebenflüsse beschreiben
- Bedeutung des Flusssystems kennen
- Erschließung und Besiedlung erläutern

Der Amazonas – größtes Flusssystem der Erde

Amazonien, das Gebiet mit dem größten zusammenhängenden Regenwald der Erde, verdankt seinen Namen dem Amazonas, der es durchfließt. Zusammen mit seinen Nebenflüssen bildet der Amazonas das wasserreichste Flusssystem der Erde. Der Amazonas ist 6516 km lang und zusammen mit seinen mehr als 1000 Nebenflüssen hat er ein Einzugsgebiet von über sieben Millionen Quadratkilometern, was etwa der Größe Australiens entspricht. Der Amazonas ist in seinem Unterlauf bei Santarem zwischen 11 und 18 Kilometer breit (zum Vergleich: Die breiteste Stelle des Bodensees ist 14 Kilometer breit.).

M 2 *Flusssystem des Amazonas*

Die Nebenflüsse

Die Nebenflüsse des Amazonas unterscheiden sich durch ihre Färbung, die sich aus den mitgeführten Mineralstoffen ergibt.

Schwarzwasserflüsse sind sehr nährstoffarm. Sie durchfließen Moore und Sümpfe des Regenwaldes und erhalten so ihre dunkle Farbe.

Weißwasserflüsse haben aufgrund des hohen Gehalts an mineralischen Schwebstoffen ein schmutziglehmfarbenes Aussehen. Bei Hochwasser lagern sie die wertvollen Mineralien aus den Anden am Flussufer ab. Die Uferzonen sind daher bevorzugte Siedlungsgebiete für Kleinbauern.

Klarwasserflüsse entspringen in Bergländern mit sehr widerstandsfähigen Gesteinen und fließen über sandigen oder felsigen Untergrund.

Mit Ozeandampfern in den Regenwald

Der Amazonas mit seinen Nebenflüssen ist die wichtigste Verkehrsader Amazoniens und das größte Wasserstraßennetz der Erde. Viele Orte im tropischen Regenwald sind nur per Schiff zu erreichen, wie auch die Großstadt Iquitos. Bis Manaus können große Überseeschiffe vom Atlantik den Amazonas befahren. Mit Fracht- und Containerschiffen werden die Städte mit allen wichtigen Gütern versorgt und die Rohstoffe Amazoniens abtransportiert. Große Kreuzfahrtschiffe bringen Touristen in den Regenwald.

M 3 *Straßenbau und Erschließung Amazoniens*

M 4 *Siedlung zur Erschließung Amazoniens*

Erschließung Amazoniens

Obwohl bereits im 16. Jahrhundert die ersten Europäer auf der Suche nach Gold das Amazonasbecken durchquerten, kam erst Ende des 19. Jahrhunderts die erste Einwandererwelle nach Amazonien, um Kautschuk zu gewinnen, der in großen Mengen für die Bereifung der Automobile gebraucht wurde. Der brasilianische Regenwald ist die Heimat der Kautschukpflanze, aus deren Stamm man pro Jahr bis zu zwei Liter Kautschuk gewinnen kann. Dazu wird die Rinde in regelmäßigen Abständen angeritzt und der austretende klebrige Saft in Behältern aufgefangen. Im Zuge der Kautschukgewinnung erlebten die Städte Manaus und Belem eine Blütezeit.

Als es nach dem Zweiten Weltkrieg gelang, Gummi chemisch herzustellen, verlor der brasilianische Kautschuk seine Bedeutung. Viele Familien verließen das Amazonastiefland und nur wenige blieben zurück, die neben der Kautschukgewinnung noch etwas Ackerbau betreiben.

Die großräumige Erschließung Amazoniens setzte 1970 mit dem Bau der Transamazonika und drei Nord-Süd-Verbindungen ein. Sie sind Teil eines Fernstraßennetzes von über 21 000 Kilometern zur Erschließung des Regenwaldes abseits der Wasserstraßen. Die Straßen sind jedoch größtenteils nicht geteert und selbst dort, wo sie geteert wurden, zerstören Überschwemmungen immer wieder den Belag. Teile der Straßen sind deshalb immer wieder unbefahrbar oder werden ganz vom Regenwald überwuchert.

Entlang der Straßen wurden ländliche und städtische Siedlungen errichtet und das Land an Familien aus dem Nordosten und Süden Brasiliens verteilt unter dem Motto „Land ohne Menschen für Menschen ohne Land". Bis 1980 sollten fünf Millionen Siedler aus dem Nordosten Brasiliens, wo es immer wieder zu Hungersnöten kam, in Amazonien angesiedelt werden. Heute leben noch etwa 200 000 Menschen entlang der Transamazonika, häufig in bitterer Armut, da die Böden des Regenwaldes nach wenigen Jahren kaum noch landwirtschaftlich genutzt werden können und andere Erwerbsmöglichkeiten fehlen. Große Flächen des tropischen Regenwaldes sind im Zuge der Erschließungsmaßnahmen komplett entwaldet worden.

1 Beschreibe die Lage Amazoniens (**M 2**, Karte S. 71).
2 Gestaltet eine Wandzeitung zum Amazonas und seinen Nebenflüssen: Quellgebiete und Mündung, Farbe der Flüsse, wichtige Städte, Bedeutung und Nutzung (**M 1**, **M 2**, Karte S. 71).
3 Nenne alle Staaten, die der Amazonas und seine Nebenflüsse durchfließen (**M 2**, Karte S. 91).
4 Erläutere die Erschließung und Besiedlung Amazoniens (**M 3**–**M 5**).

WEBCODE: UE640102-105

Amazonien – die Schatzkammer wird geplündert

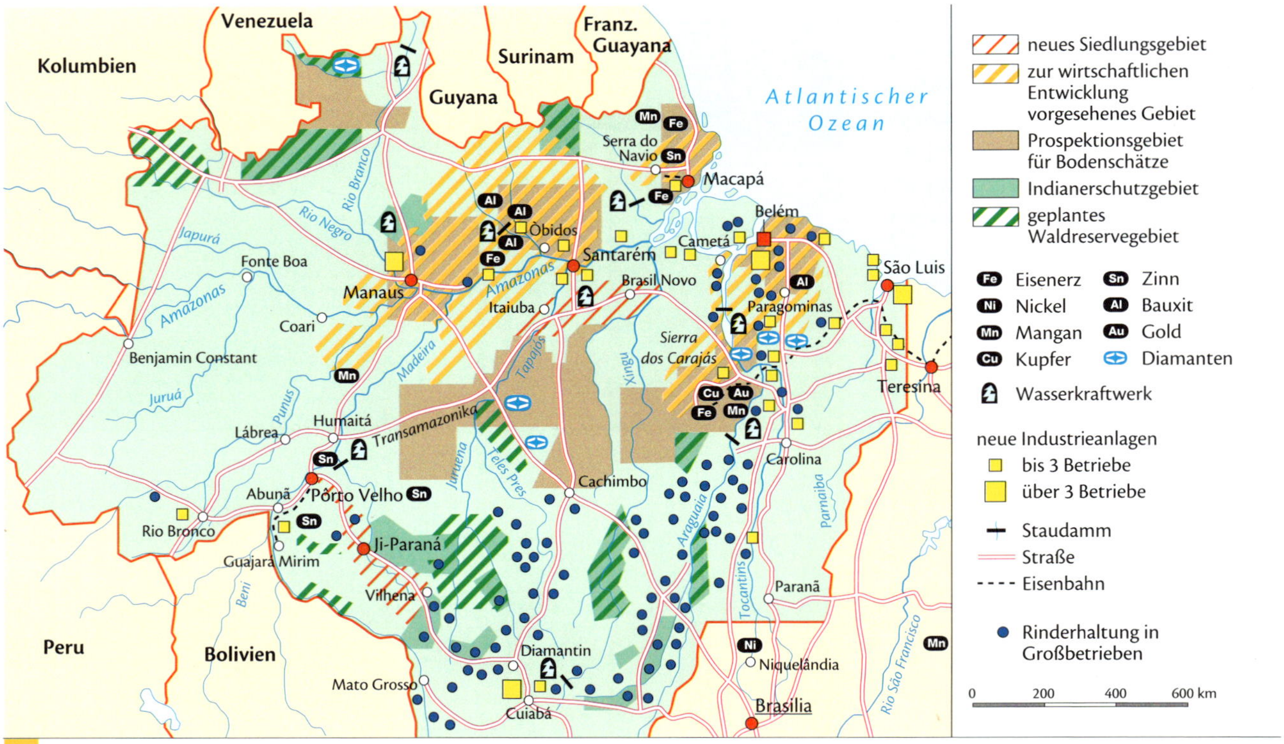

M 1 *Rohstoffvorkommen und Erschließung Amazoniens*

check-it
- Rohstoffvorkommen beschreiben
- Erschließung und Nutzung erläutern
- Auswirkungen der Erschließungsmaßnahmen beurteilen
- Lage der Haupterschließungsgebiete mit der Verbreitung des tropischen Regenwalds vergleichen

Abbau von Bodenschätzen

Amazonien ist reich an Bodenschätzen. Da der brasilianische Staat auf die Einnahmen aus dem Verkauf der Rohstoffe angewiesen ist, werden immer größere Bereiche des tropischen Regenwaldes erschlossen, um die Bodenschätze abbauen zu können. Bauxit, das zur Aluminiumherstellung verwendet wird, und Eisenerz werden im Tagebau gewonnen.

Mit dem Bergbau entstanden Industriebetriebe. Diese müssen mit Strom versorgt werden. Deshalb wurden Flüs-

M 2 *Verbreitungsgebiet des tropischen Regenwalds*

Der Erzbergbau führt zum Abbau ganzer Berge in Amazonien, zu Stauseen, die Tausende von Quadratkilometern intakten Regenwaldes überfluten. Mehr als zehntausend Waldbewohner verloren ihre Existenzgrundlage. Für zwei Indianerstämme war es das Ende. Indirekt führte die Erschließung des Gebietes um Carajas zur Entwaldung eines Gebietes von mehr als 100 000 Quadratkilometern – einer Fläche, die größer ist als Österreich. Die Eisenhütten mit ihrem unersättlichen Appetit auf Holzkohle fressen die Wälder auf.

M 3 *Augenzeugenbericht aus Carajas*

se gestaut und Stauseen angelegt, die den Lebensraum vieler einheimischer Völker überfluteten. Die Stahlindustrie verwendet Holzkohle. Nur ein geringer Teil des benötigten Holzes stammt aus firmeneigenen Plantagen. Der größte Teil wird im tropischen Regenwald geschlagen.

Landwirtschaftliche Nutzung

Auf Rodungsweiden im tropischen Regenwald grasen tausende Rinder. In den letzten Jahren hat sich der Rinderbestand in Amazonien mehr als verdoppelt. Den Weideflächen fielen große Teile des Regenwalds zum Opfer. Zudem hat man große Plantagen angelegt, auf denen Soja als Viehfutter für den Export angebaut wird. Seit in Europa die Fütterung von Kühen und Rindern mit Tiermehl verboten ist, muss als Ersatz Futter aus Sojamehl importiert werden.

1 Lege eine Tabelle an, in die du die Rohstoffe einträgst, die in Amazonien zu finden sind, sowie das Gebiet, in dem sie vorkommen (**M 1**).
2 Erläutere, welche Erschließungsmaßnahmen erforderlich sind, um die Rohstoffe nutzen zu können (**M 1–M 3**).
3 Beschreibe die Lage der Rinderzuchtgebiete und erläutere, welche Nutzungskonflikte entstehen können (**M 1, M 5**).
4 Vergleiche die Lage der Haupterschließungsgebiete mit der Verbreitung des tropischen Regenwaldes (**M 1, M 2**).
5 Beurteile die Auswirkungen der Erschließung für Brasilien, die Menschen in Amazonien und die Natur (**M 1–M 6**).

M 4 *Rodungsflächen für den Sojaanbau im Regenwald*

M 5 *Rinderzucht in Amazonien*

M 6 *Eisenerzabbau im Gebiet Carajas*

Der tropische Regenwald in Gefahr

check-it
- die Ursachen und Folgen des weltweiten Rückgangs der Regenwälder erläutern
- weltweite Bedeutung der Regenwälder beurteilen
- Karikatur auswerten

M 1 *Holzfäller bei der Arbeit*

Plünderer im Regenwald

Alle zwei Sekunden wird Regenwald von der Größe eines Fußballfeldes zerstört – pro Jahr eine Fläche etwa von der Größe Großbritanniens. Insbesondere durch die Art der „Holzernte" wird dem Regenwald Schaden zugefügt. Das Schlagen eines Urwaldriesen zerstört eine große Waldfläche, denn der riesige Baum reißt beim Fallen viele andere Bäume und Sträucher mit. Zum Abtransport der Baumriesen werden Schneisen in den Regenwald geschlagen und Straßen gebaut. Wertvoller Wald wird zusätzlich zerstört.

Nachwachsende Sekundärwälder bestehen meist nur aus minderwertigen Holzarten. Das Tropenholz ist in der Holzindustrie sehr begehrt. Es ist besonders hart, beständig und weist schöne rötliche und dunkelbraune Färbungen auf. Hölzer wie Mahagoni, Teak, Meranti und Palisander finden Verwendung in der Möbelindustrie, beim Bau von Musikinstrumenten, Gartenmöbeln, Fenstern und Booten.

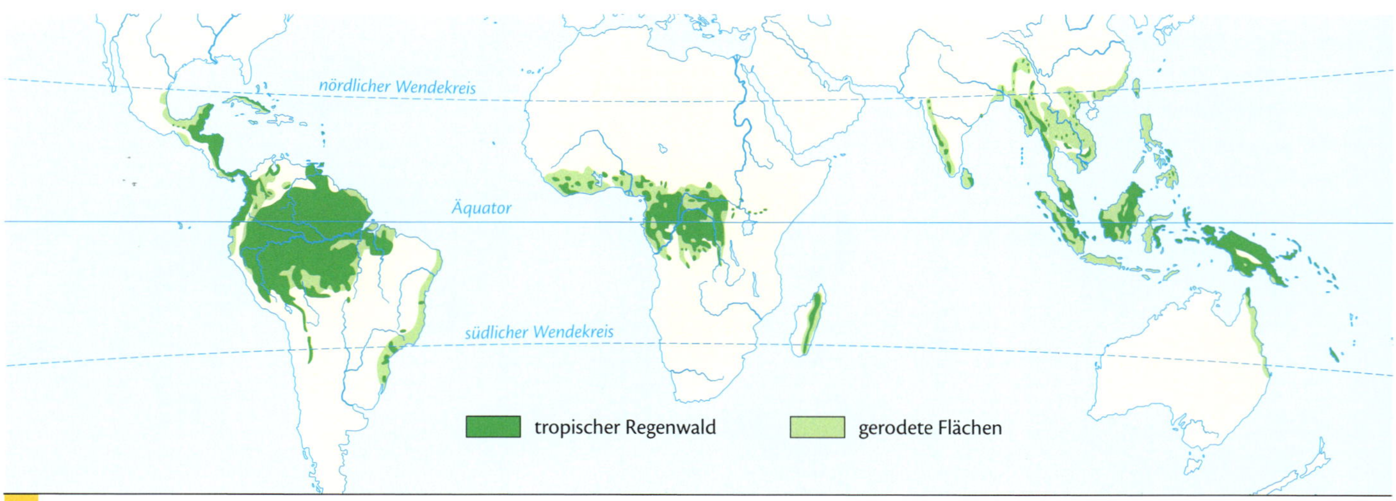

M 2 *Ursprüngliche und heutige Fläche des tropischen Regenwaldes*

M 3 *Gründe und Folgen der Rodung des tropischen Regenwaldes*

Folgen der Regenwaldvernichtung

Die Vernichtung des Regenwaldes hat weit reichende Folgen. Schon das Fällen eines Urwaldriesen beeinträchtigt das Zusammenspiel der Natur im tropischen Regenwald. Die Luftfeuchtigkeit sinkt, die Temperatur steigt. Gerodete Flächen erwärmen sich stärker als bewaldete. Niederschläge werden nicht aufgenommen, sondern fließen sofort ab. Der Grundwasserspiegel sinkt. Da die schützende Pflanzendecke fehlt, wird bei Starkregen der Boden abgespült. Die Kreisläufe von Wasser, Energie und Nährstoffen sind zerstört. Das regionale Klima wird trockener. Der Boden verliert schnell seine Fruchtbarkeit.

Die klimatischen Folgen großflächiger Brandrodung sind lange unterschätzt worden. Beim Verbrennen des Waldes entsteht Kohlendioxid. Dieses Treibhausgas beeinflusst die Sonneneinstrahlung sowie die Wärmeabstrahlung der Erde und damit das Klima weltweit. Durch das Roden wird auch der für die Sauerstoffproduktion der Erde notwendige Wald als „grüne Lunge" immer kleiner.

M 4 *Abholzung im tropischen Regenwald*

1 Diskutiert die Aussagen der Karikatur (**M 1**, ***Karikaturen auswerten***).
2 Erläutere Ursachen für den weltweiten Rückgang der Regenwälder (**M 2–M 3**).
3 Begründe, warum die Vernichtung tropischer Regenwälder auch für die Regenwaldbewohner selbst langfristig von Nachteil ist (**M 1–M 4**).
4 Erstelle eine Mindmap mit Maßnahmen zum Schutz der Regenwälder (**M 1–M 4**, ***Mindmap erstellen***).
5 Erläutere, auf welchen Kontinenten der Erde seit 1990 die größten Regenwaldflächen verloren gegangen sind. Vergleiche mit Brasilien die Werte in **M 3**. (Kartenteil, S. 214/215, 224/225)

Der Regenwald muss geschützt werden – ein Rollenspiel

Ausgangssituation/Spielidee:
Im nordostbrasilianischen Bundesstaat Piauí möchte „Sojabaron" Alessandro Garcia seine Produktion erweitern. Dazu will er neue Regenwaldflächen im Cerrado-Wald roden. Naturschutzorganisationen beklagen die Zerstörung des tropischen Regenwaldes, denn es werden Lebensräume von Tier- und Pflanzenarten vernichtet, die noch nicht auf Wirkstoffe für neue Medikamente erforscht sind. Die Holzwirtschaft möchte die Rodung der Flächen übernehmen und neue Arbeitsplätze für die Bevölkerung schaffen. Die Arbeiter auf der Sojaplantage möchten sichere Arbeitsplätze und unterstützen den Plan ihres Chefs. Einheimische Bauern betreiben Wanderfeldbau im Cerrado-Wald und sehen ihre Existenz bedroht.
Um eine Lösung zu diesem Konflikt zu suchen, hat der Gouverneur von Piauí alle Interessengruppen zu einem „runden Tisch" geladen. Er bittet die Vertreter darum, ihre Positionen darzulegen, und versucht eine Entscheidung oder einen Kompromiss zu finden.

Flagge des brasilianischen Bundeslandes Piauí

M 1 *Piauí/Brasilien*

1. Vorbereitung
- Erläutern des Problems und der Zielstellung.
- Vertraut machen mit dem Spielablauf und den Spielregeln, den Methoden und Materialien.
- Einteilen der Gruppen und Rollenverteilung, Festlegen der Spielzeit und eventuell eines Spielleiters.

2. Durchführung
- **Informationsphase:**
  Vorhandene Materialien werden ausgewertet, eventuell neue Materialien gesammelt und bearbeitet.
- **Meinungs- und Strategiebildung:**
  Diskutieren der Interessen, Argumente und Ziele, Erarbeiten eines Meinungsbildes der Gruppe und einer Strategie für das eigentliche Spiel.
- **Spielphase:**
  Gruppen stellen ihre Argumente und Meinungsbilder unter Leitung des Spielleiters vor.

Die Gruppen bestimmen einen Schüler, der am „Runden Tisch" Platz nimmt. Die Konferenz tagt. Die einzelnen Positionen werden vorgestellt und diskutiert. Offen bleibt, ob es zum Kompromiss kommt oder die Konferenz ohne Ergebnis endet.
Die Pressegruppe beobachtet und dokumentiert die Arbeit der Interessengruppen mit Fotos und einem „Pressebericht".

3. Auswertung
- Reflektieren der Ergebnisse und weitere Umsetzungen prüfen (Poster, Wandzeitung, Fotocollage...).
- Bewerten des Verlaufs des Rollenspiels.

Die Vertreter der Interessengruppen treten aus ihren Rollen heraus. Die Presse gibt einen Gesamteindruck vom Ablauf des Rollenspiels. Alle Schüler können zum Rollenspiel Stellung nehmen.
Die Spielphase des Rollenspiels sollte nicht mehr als 20 Minuten in Anspruch nehmen.

Plantagenbesitzer:
- mehr Produktion und Sicherung der Arbeitsplätze
- möchte mehr Geld verdienen

Forscher:
- die Artenvielfalt im Regenwald muss erhalten werden, um neue Substanzen für Medikamente zum Wohle aller Menschen zu finden

Gouverneur
- eröffnet und leitet die Konferenz
- erteilt das Wort
- lässt abstimmen
- beendet die Konferenz

Bauer:
- Heimat wird zerstört
- traditionelles Leben im Einklang mit der Natur hat Vorrang

Vertreter einer Naturschutzorganisation:
- der Regenwald ist sehr wichtig für alle Menschen auf der Welt – einzelne Interessen dürfen nicht im Vordergrund stehen

Guppenmitglieder sind Zuschauer des Spiels. Die Pressegruppe fotografiert und protokolliert.

Vertreter der Holzindustrie
- mehr Arbeitsplätze für die Bevölkerung
- Vermarktung der Ressourcen, um an die Industrienationen aufzuschließen

Plantagenarbeiter:
- muss seine Familie ernähren
- möchte die Arbeit auf der Plantage nicht verlieren

Savannen – Grasländer der Tropen

M 1 *Affenbrotbaum (Baobab) während der Trockenzeit*

check-it
- Merkmale der Savannen kennen
- Zusammenhänge zwischen Klima und Vegetation erklären
- Klimadiagramme und Blockbilder auswerten

Die wechselfeuchten Savannen

An den immerfeuchten tropischen Regenwald schließt sich beiderseits des Äquators die Zone der Savannen an. Savannen sind weite Grasländer, die mit Bäumen und Sträuchern durchsetzt sind. Die baumdurchsetzten Grasländer sind an das Klima der wechselfeuchten Tropen angepasst. Dieses Klima ist durch den Wechsel von Regenzeiten und Trockenzeiten gekennzeichnet. Dadurch kommt es zum Wechsel von ariden und humiden Monaten. Je weiter ein Gebiet vom Äquator entfernt liegt, desto kürzer ist die Regenzeit und umso länger die Trockenzeit. Die Dauer der Regenzeit bestimmt die Zusammensetzung der Savannenvegetation.

Die Dornsavanne

In der Dornsavanne kommt Gras nur büschelweise vor und wird höchstens 25 Zentimeter hoch. Ganz vereinzelt steht mal ein Baum in der Dornsavanne, der die meiste Zeit des Jahres ohne Blätter ist. Vorherrschend sind Kakteen, die Wasser speichern können, und Dornbüsche, die mit ihren kleinen Blättern kaum Verdunstungsoberfläche bieten. Die Flüsse führen nur während der Regenzeit Wasser.

Die Trockensavanne

In der Trockensavanne kann das Gras bis zu 1,50 m hoch wachsen. Aber auch Bäume kommen vor, die in der Trockenzeit ihre meist kleinen und harten Blätter abwerfen. Ein typischer Baum der Trockensavanne ist die Schirmakazie, die mit ihren langen Pfahlwurzeln auch noch Wasser aus großer Tiefe nutzen kann. Der Affenbrotbaum übersteht die Trockenzeit, weil er in seinem Stamm über Monate Wasser speichern kann.
Auch die Flüsse der Trockensavanne führen nicht ganzjährig Wasser. Dennoch hat sich an den Flussufern ein dichter, ganzjährig grüner Baumstreifen herausgebildet.

Die Feuchtsavanne

Die Feuchtsavanne ist eine parkartige Landschaft mit bis zu drei Meter hohem Gras, dichtem Baumbewuchs und Palmen. Die Bäume erreichen jedoch nicht die gleiche Höhe wie im tropischen Regenwald. Die Bäume sind immergrün, nur einige werfen in der Trockenzeit ihr Laub ab.
Die Flüsse führen ganzjährig Wasser. An ihren Ufern wächst ein dichter Wald mit Pflanzen des tropischen Regenwaldes. Diese so genannten Galeriewälder nutzen das flach liegende Grundwasser in der Flussnähe und sind immergrün.

M 2 *Affenbrotbaum in der Regenzeit*

1 Vergleiche die Blockbilder und die Fotos. Beschreibe die Veränderungen der Vegetation mit zunehmender Entfernung vom Äquator (**M 1**, **M 2**, **M 6 – M 8**, Karte S. 43 unten).
2 Erkläre unterschiedliche Anpassungsformen der Vegetation an die Trockenzeit (**M 1 – M 8**).
3 Stelle die Merkmale der drei Savannentypen in einer Tabelle zusammen: Dauer der Regen- und Trockenzeit, Vegetation, Tiere (**M 3 – M 8**).

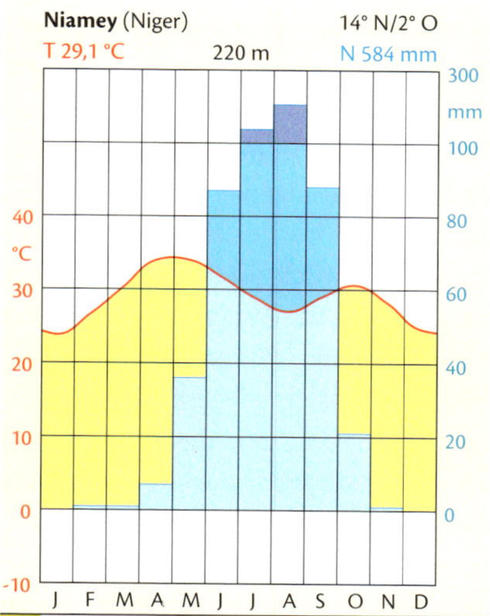

M 3 *Klimadiagramm von Niamey*

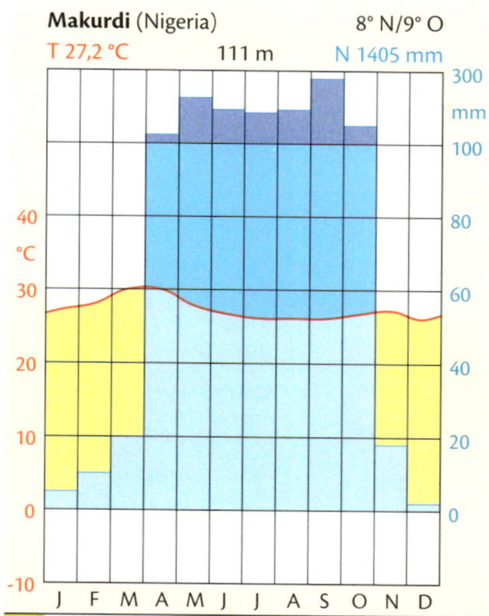

M 4 *Klimadiagramm von Makurdi*

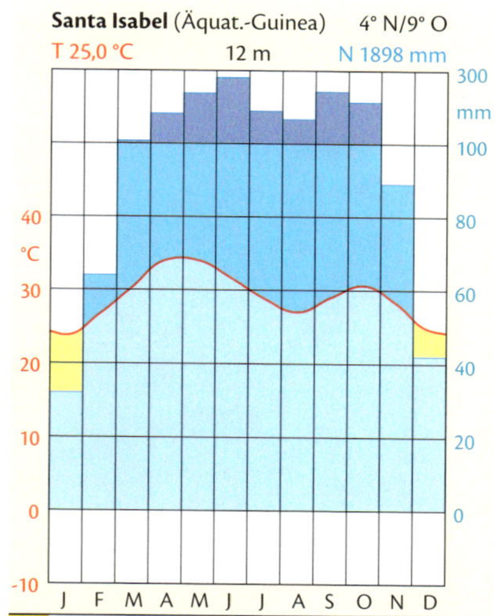

M 5 *Klimadiagramm von Santa Isabel*

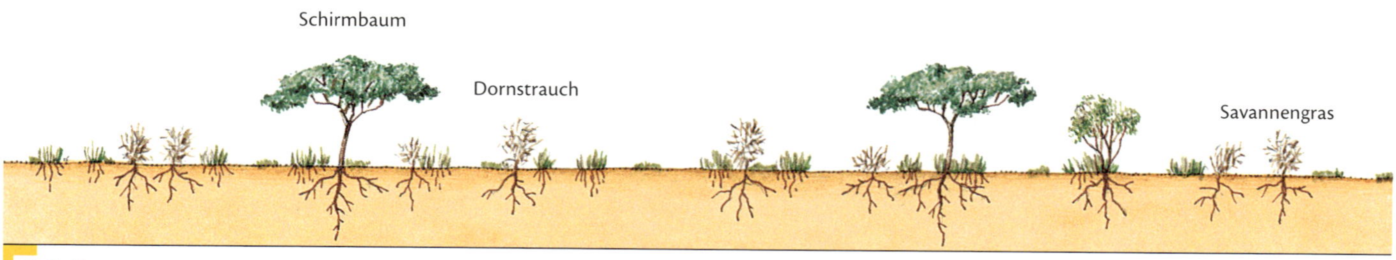

M 6 *Dornsavanne*

M 7 *Trockensavanne*

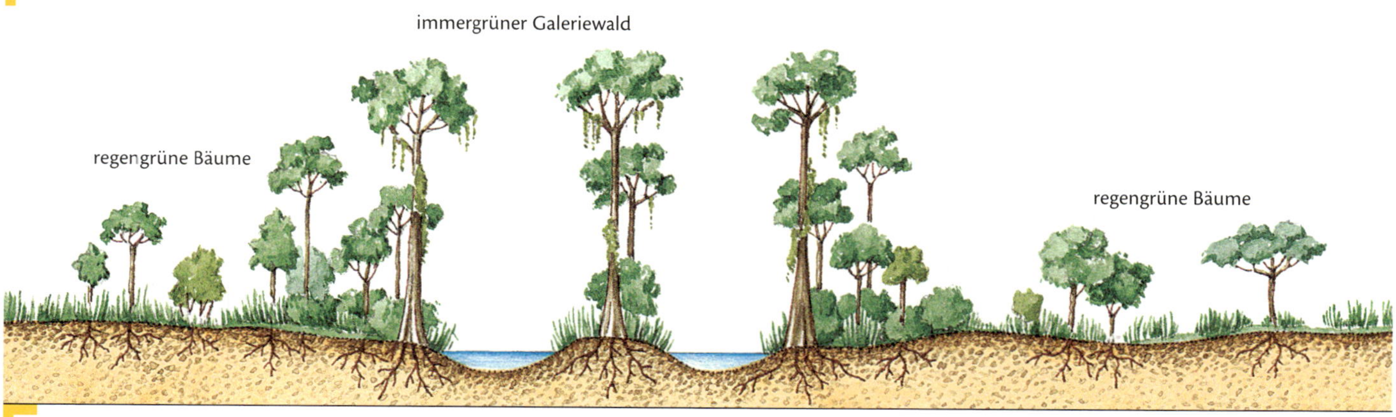

M 8 *Feuchtsavanne*

Nomadische Viehwirtschaft

M 1 *Nomaden in der Dornsavanne*

check-it
- Lebensraum der Nomaden lokalisieren
- Merkmale des Nomadismus erläutern
- Zusammenhänge zwischen den natürlichen Bedingungen und der Wanderung der Nomaden erklären
- Veränderungen des Lebens der Nomaden beurteilen

Wandern, um zu überleben

Für einen ertragreichen Ackerbau reichen die niedrigen Niederschläge und starken Niederschlagsschwankungen in der Dornsavanne häufig nicht mehr aus. Dieser Raum wird seit Jahrhunderten von Völkern genutzt, die von der Viehzucht leben. Da die Tiere die spärliche Vegetation jedoch schnell abgrasen, können sie nie lange an einem Ort verweilen. Der Wechsel von Regen- und Trockenzeit und die Suche nach guten Weideflächen bestimmt das Leben der Nomaden. Sie legen im Laufe eines Jahres mit ihren Herden Hunderte von Kilometern zurück und sind immer auf der Suche nach Wasser und Weiden. Die Nomaden haben keinen festen Wohnsitz, sondern leben in Zelten oder einfachsten Hütten, die nach Bedarf auf- oder abgebaut werden können. Der Hausbau ist Aufgabe der Frauen.

Wandern mit dem Regen

Wenn die Regenzeit beginnt, treiben die Männer ihre Herden in die Dornsavanne. Ist ein Platz abgeweidet, ziehen die Nomaden mit ihren Herden weiter. Die Trockenzeit verbringen sie in Flusstälern oder in der Nähe von Wasserstellen. Dennoch reicht oft das zur Verfügung stehende Gras nicht aus. Viele Tiere magern stark ab oder verenden. Mit dem Einsetzen der Regenzeit beginnt wieder die Wanderung in die Dornsavanne.

Die Nomaden in den Savannen haben vor allem Rinder-, Ziegen- und Schafherden. Deren Milch ist die wichtigste Nahrungsquelle.

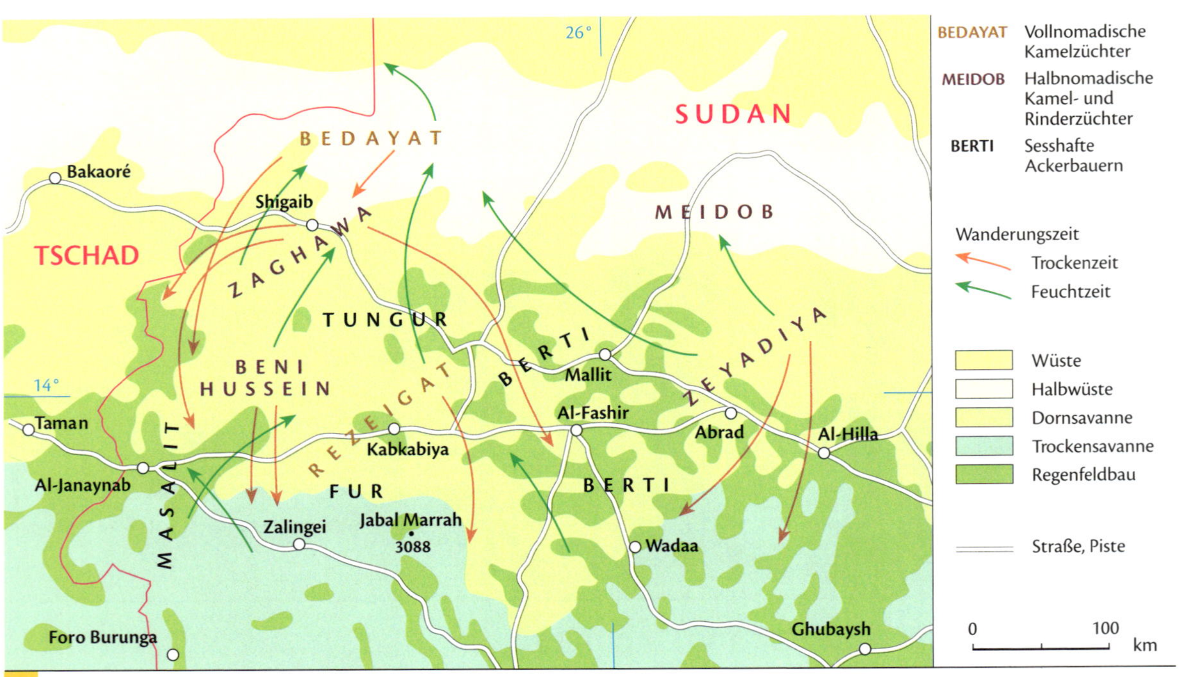

M 2 *Wanderwege der Nomaden im Sudan*

Wandern unerwünscht

Früher konnten die Nomaden ungehindert mit ihren Herden über Grenzen hinweg umherziehen. Heute verbieten immer mehr Staaten den Nomadismus, da sie den unkontrollierten Durchzug durch ihr Land nicht wollen. Stattdessen fordern sie das Sesshaftwerden der Nomaden. Doch die an das freie Umherziehen gewöhnten Menschen können sich oft nur schwer an feste Häuser und den Ackerbau gewöhnen.

Überall dort, wo feste Siedlungen mit Feldern und Zäunen angelegt werden, sind die Nomaden von ihren traditionellen Weidegebieten abgeschnitten. Die Staaten lassen das Land vermessen, um es verkaufen zu können. So entstanden Großfarmen oft ausländischer Unternehmen auf dem angestammten Weideland der Nomaden.

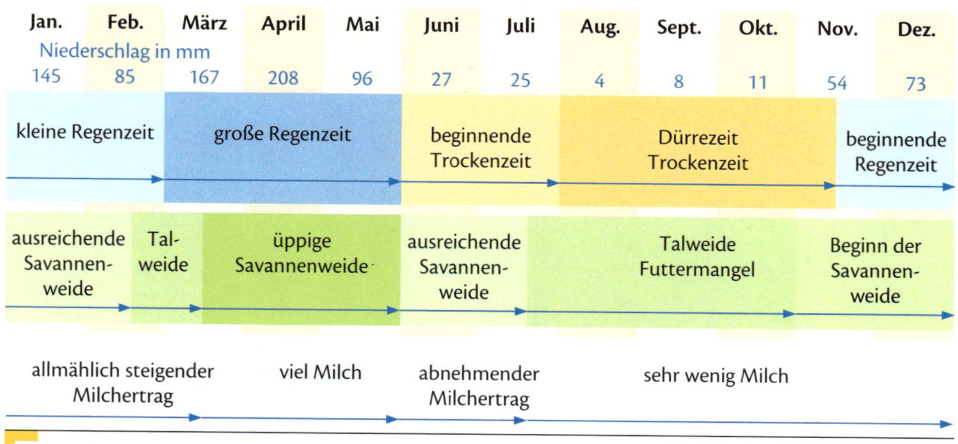

M 3 *Jahresrhythmus der Nomaden*

1 Beschreibe den Lebensraum der Nomaden und benenne die Staaten, die in der Dornsavanne liegen (**M 2**, Karte S. 91).

2 Erläutere die Merkmale des Nomadismus (**M 1**–**M 3**).

3 Erkläre die Wanderwege der Nomaden mithilfe der Klimadiagramme von Niamey und Makurdi (**M 2**, **M 3**, S. 113 **M 3** und **M 4**).

4 Erläutere anhand eines Strukturdiagramms, wodurch der Nomadismus heute erschwert wird (**M 4**, **M 5**).

5 Schreibe eine Reportage über das Leben der Nomaden heute, in der du neue Entwicklungen benennst und die Veränderungen für das Leben der Nomaden beurteilst (**M 4**, **M 5**).

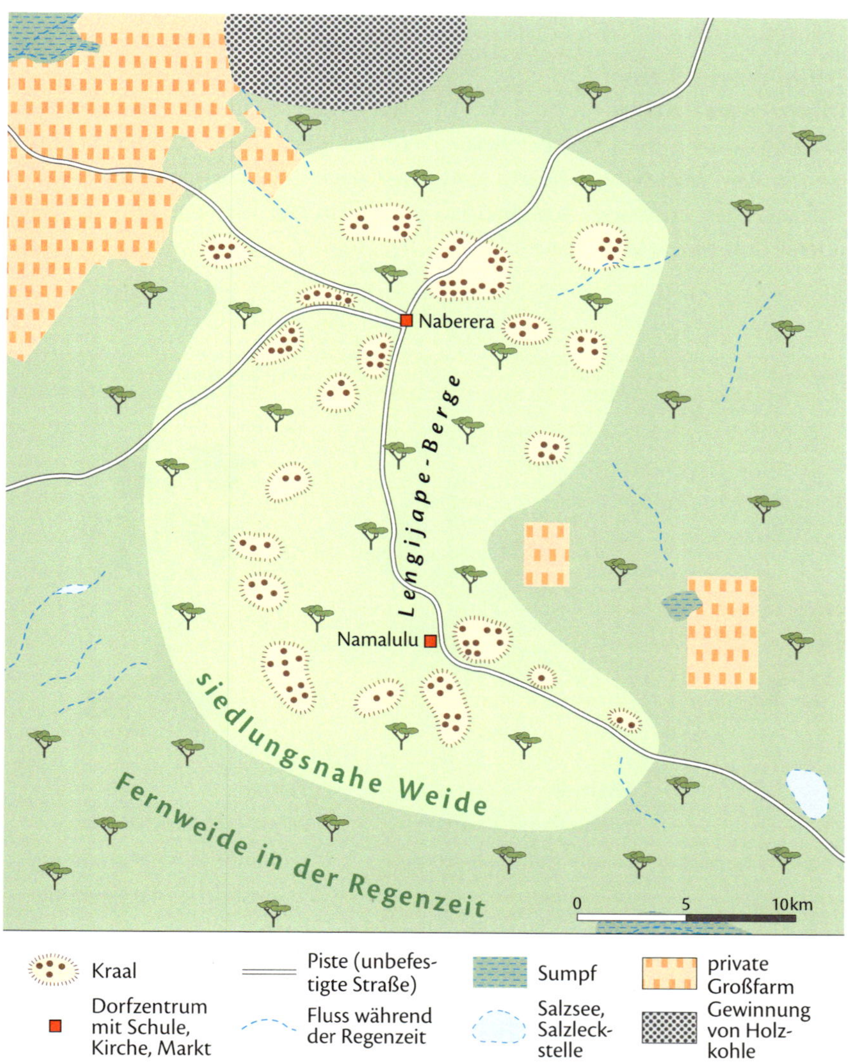

M 4 *Eingriffe in den Lebensraum der Nomaden*

„Heute ist alles anders. Unsere jungen Männer wandern nach Norden, um bei der Wein- und Olivenernte zu helfen. Einige gehen sogar als Gastarbeiter nach Europa, andere arbeiten auf den Ölfeldern. Wer Glück hat, wird Lkw-Fahrer oder Fremdenführer."

M 5 *Ein ehemaliger Nomade berichtet*

Ackerbau im Kampf mit der Trockenheit

M1 *Ackerbau in Mali*

check-it
- natürliche Voraussetzungen für Regenfeldbau beschreiben
- Kulturpflanzen der Savannen benennen
- Anbaubedingungen und -methoden in den Savannen erläutern
- Risiken des Regenfeldbaus beurteilen

Ohne Wasser kein Pflanzenwachstum

In den Savannen muss sich der Ackerbau an den Wechsel von Regen- und Trockenzeiten anpassen. Ackerbau ist überall dort möglich, wo es nicht mehr als siebeneinhalb **aride** Monate gibt und mindestens 250 mm Niederschlag im Jahr fallen. Diese Niederschlagsmengen markieren die **agronomische Trockengrenze**. Werden diese Niederschlagsmengen nicht erreicht, ist nur noch Viehzucht möglich.

Regenfeldbau zur Selbstversorgung

Die Landwirtschaft in den Savannen hat sich den natürlichen Bedingungen angepasst. Die Bauern leben in festen Siedlungen und bestellen ihre Felder ohne Bewässerung. Diese Form des Anbaus nennt man **Regenfeldbau**.

Am Ende der Trockenzeit beginnen die Bauern mit dem Bestellen ihrer Felder. Mit einfachen Hacken lockern sie die oberste Bodenschicht etwa zehn Zentimeter tief auf. Dieser **Hackbau** ist sehr mühsam, da der Boden ausgetrocknet und dadurch sehr hart ist.

Nach den ersten Regenfällen muss schnell gesät werden, damit die Pflanzen die ohnehin geringen Niederschläge voll nutzen können.

Dornsavanne	Trockensavanne		Feuchtsavanne
		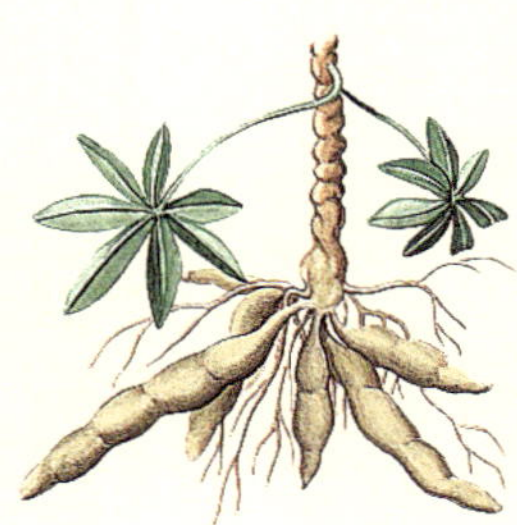	
Hirse anspruchsloses Getreide - ab 180 mm Jahresniederschlag, - sehr gut lagerbar	**Batate** Süßkartoffel - ab zwei bis drei humiden Monaten, - nicht lange lagerbar	**Maniok** mehrjährige Pflanze - ab 1000 mm Niederschlag, - reife Wurzelknollen können bis zu zwei Jahren im Boden bleiben, nach der Ernte nicht lagerbar	**Yams** hoher Nährstoffbedarf - benötigt 11 Monate mit ausreichender Feuchtigkeit, - bei Lagerung Schrumpfungs- und Fäulnisprozesse

M2 *Kulturpflanzen zur Selbstversorgung in der Savanne*

Hirse – das Getreide der Savanne

Hirse ist ein anspruchsloses Getreide, dessen Körner aber einen hohen Nährwert haben. Die Pflanze braucht viel Wärme, aber nur wenig Feuchtigkeit. Deshalb kann Hirse selbst in der Dornsavanne noch angebaut werden. Die Pflanze kann trotz einer kurzen Wachstumszeit bis zu fünf Meter hoch werden.

Die Hirsebauern in der Dorn- und Trockensavanne besitzen meistens nur Felder von maximal drei bis fünf Hektar, die mit allen Familienmitgliedern bestellt werden. Die Feldarbeit ist mühsam, da keine Maschinen vorhanden sind. Es gibt nur eine Ernte pro Jahr gegen Ende der Regenzeit. Von den geringen Erträgen müssen ausreichend Körner als Saatgut für das kommende Jahr zurückgelegt werden.

Der Regenfeldbau ist abhängig von den Niederschlagsmengen. Bleiben die Niederschläge aus oder fallen nicht ausreichend in der Wachstumsperiode der Pflanzen, kommt es zu Ernteverlusten und Hungersnöten.

1 Beschreibe die natürlichen Anbaubedingungen in den Savannen. Lege eine Tabelle an, in die du für die drei Savannentypen jeweils die Durchschnittstemperatur, die Niederschlagsmenge pro Jahr und die Verteilung (aride und humide Monate) einträgst (S. 113, **M 3 – M 5**).
2 Benenne die Kulturpflanzen zur Selbstversorgung der Savannen (**M 2**). Informiere dich in Supermärkten und Bioläden, welche Produkte mit diesen Pflanzen es auch bei uns zu kaufen gibt, und berichte über Nutzungsmöglichkeiten (**M 4**).
3 Erläutere die Anbaubedingungen und -methoden in der Savanne. Erkläre dabei auch die Begriffe „agronomische Trockengrenze" und „Regenfeldbau" (**M 1 – M 5**).
4 Erörtere die Risiken des Regenfeldbaus in den Savannen. Informiere dich dabei auch über aktuelle Hungersnöte in Savannenländern und deren Ursachen.

M 3 *Hirseernte in Mali*

M 4 *Frauen beim Hirsestampfen*

Einjähriger Anbaukalender für zwei Felder

Monat	Temp. (in °C)	Niederschlag (in mm)	Tage mit N	Anbaufeld Hirse		Brachfeld
Januar	21	2	0			
Februar	23	4	1	Hacken		
März	26	24	3			
April	25	93	11	Aussaat	Jäten	
Mai	24	205	16			Weide für Rinder, Schafe, Ziegen
Juni	23	229	17			
Juli	21	318	23	Blüte		
August	21	274	22	Ernte		
September	22	219	21			
Oktober	23	39	11			
November	23	5	1	Hacken		
Dezember	21	2	0			

M 5 *Anbaukalender für Hirse*

Aus Savannen werden Wüsten

M 1 *Viehherde in Mali*

check-it
- Sahelzone lokalisieren
- natürliche Bedingungen der Sahelzone beschreiben
- Ursachen und Folgen der Desertifikation erläutern
- Kausalkette skizzieren

Die Sahelzone

Die am Südrand der Sahara liegende Savanne wird von den dort lebenden Nomaden seit Jahrhunderten als **Sahel** bezeichnet. Dieses Wort kommt aus dem Arabischen und bedeutet Ufer. Nach der Durchquerung der Wüste fanden die Karawanen hier wieder Nahrung und Wasser – sie hatten also das „rettende Ufer“ erreicht. Heute ist dieses „rettende Ufer“ ein gefährdeter Raum geworden, die Sahara rückt nach Süden vor.

Natürliche Ursachen

In der Sahelzone dauert die Trockenzeit fast das ganze Jahr. Der Jahresniederschlag beträgt etwa 200 bis 600 Millimeter, wobei die Niederschlagsmengen nach Süden hin zunehmen. Aber auch an einer Station schwanken die Jahresniederschläge. Dabei kommt es zu Abweichungen von 20 bis 30 Prozent vom langjährigen Durchschnittswert. Diese Schwankungen des Jahresniederschlags in einer Region nennt man **Niederschlagsvariabilität**. Wenn mehrere Jahre hintereinander erheblicher Niederschlagsmangel zu verzeichnen ist, sinkt der Grundwasserspiegel, die Vegetation stirbt ab und die Brunnen versiegen. Es kommt zu **Dürrezeiten**.

Verursachung durch den Menschen

In der Sahelzone müssen immer mehr Menschen ernährt werden. Unter dem Bevölkerungsdruck verlagerten die Hackbauern der südlichen Sahelzone ihre Anbaugebiete immer weiter nach Norden. Dabei vernichteten sie den Baumbestand der Savanne. Aus dem Holz wird Holzkohle hergestellt als Brennmaterial und es wird zum Bau der Wohnhütten verwendet. Außerdem werden Sträucher, Kräuter und Gräser entfernt, um die Felder zu bestellen. Die angebauten Hirsepflanzen schüt-

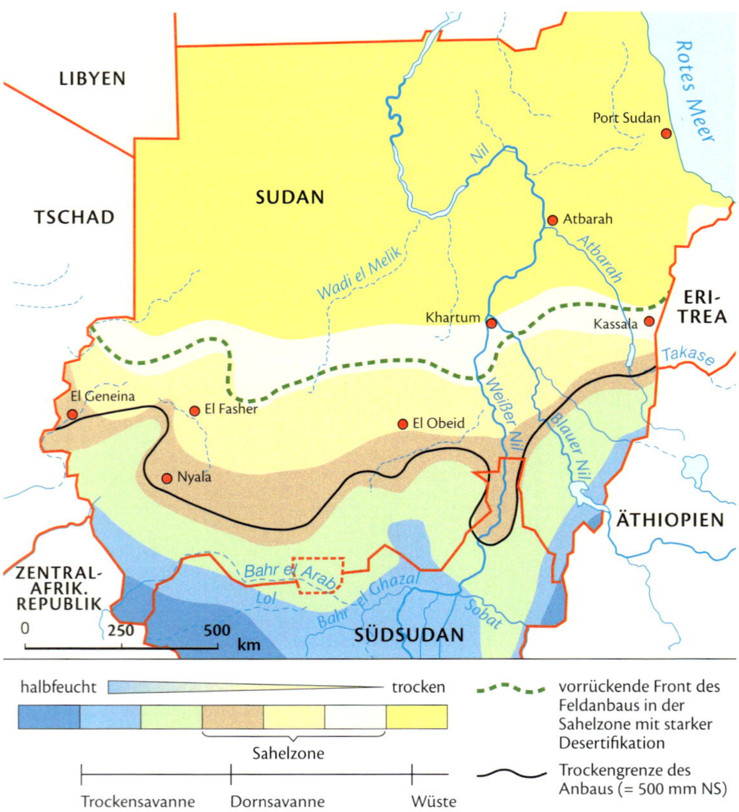

M 2 *Vorrücken des Feldanbaus im Sudan*

Verwendungszweck	Zahl der Bäume
Bau von 2 Wohnhütten pro Familie bei 6 Jahren Haltbarkeit	16
Umzäunung des Wohngrundstücks	40
Umzäunung der Felder	100
Brennholz pro Jahr (1 Baum bzw. Busch pro Woche)	52

M 3 *Nutzung des Holzes*

zen jedoch den Boden nicht so gut gegen den Wind wie die natürliche Vegetation. Es kommt zur Abtragung des Bodens. Diesen Vorgang nennt man **Bodenerosion**.
Durch den nach Norden vorrückenden Ackerbau kam es zu Konflikten mit den Nomaden, die aus ihren angestammten Weidegebieten verdrängt wurden und in nördlicher gelegene Weidegebiete auswichen.
Je weiter die Nomaden nach Norden vorrücken, desto spärlicher wird der Bewuchs. Das Vieh ist nur ungenügend ernährt. Das magere Vieh kann nur zu niedrigen Preisen verkauft werden. Um die Einnahmeverluste auszugleichen, müssen die Nomaden mehr Vieh halten. Dies führt zu einer **Überweidung**: Der kahlgefressene Boden ist ungeschützt durch eine Grasdecke den kurzen, aber heftigen Regengüssen ausgesetzt und wird von Wind und Wasser abgetragen. Auch Tiefbrunnen, die mit Unterstützung von Entwicklungsgeldern finanziert wurden, führten zur Erhöhung des Viehbestands, da an diesen Stellen ausreichend Wasser vorhanden ist. Sie liefern ganzjährig aus 60 bis 70 Metern Tiefe Wasser. In ihrem Umkreis haben Tausende von Tieren die Vegetation niedergetrampelt und kahlgefressen. Das Überleben in der Sahelzone wird immer schwieriger, denn mit jedem Dürrejahr werden weitere Gebiete zur Wüste. Dieser Vorgang wird nach dem englischen Wort für Wüste „desert“ als **Desertifikation** bezeichnet.

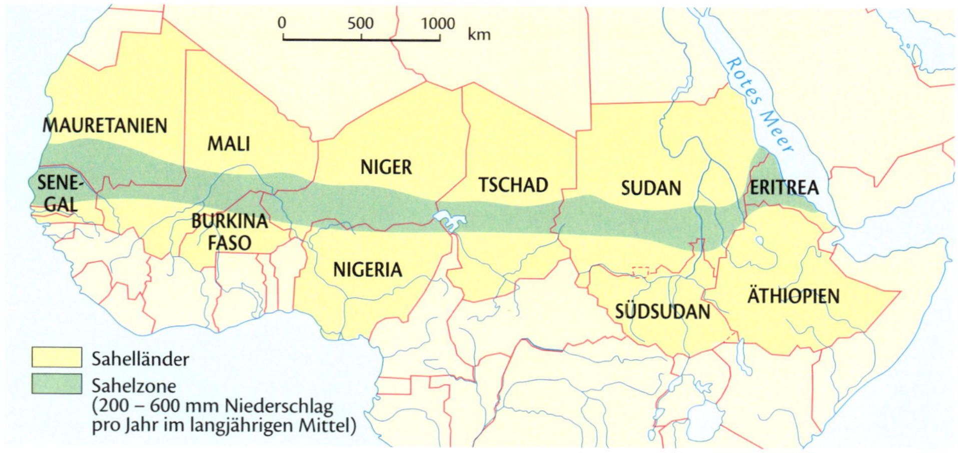

M 4 *Die Sahelländer*

WEBCODE: UE640102-119

	Fläche in Mio. km²	Bevölkerung in Mio. 1969	1970	1980	1990	2000	2010
Burkina Faso	0,27	4,3	5,4	6,8	8,9	11,9	16,2
Mali	1,24	4,1	5,0	6,1	7,7	10,0	15,2
Mauretanien	1,03	0,8	1,3	1,5	1,9	2,6	3,4
Niger	1,27	3,1	4,2	5,8	7,8	11,1	15,9
Senegal	0,20	3,3	4,4	5,9	7,9	10,3	12,5
Sudan	2,50	11,3	14,5	19,6	25,9	33,3	43,2
Tschad	1,29	3,0	3,7	4,6	6,1	8,5	11,5

(nach: United Nations – Populations Division, New York 2010)

M 5 *Bevölkerungsentwicklung im Sahel*

1 Lokalisiere die Sahelzone und benenne die Staaten, die Anteil an ihr haben (**M 4**).
2 Beschreibe die natürlichen Bedingungen für Ackerbau und Viehzucht (**M 1**, **M 2** und **M 6**).
3 Erläutere, wie die Menschen zur Desertifikation in der Sahelzone beigetragen haben (**M 1 – M 3**, **M 5**).
4 Entwickle eine Kausalkette, welche die Ursachen und Folgen der Wüstenausbreitung im Sahel darstellt (**M 1 – M 6**).

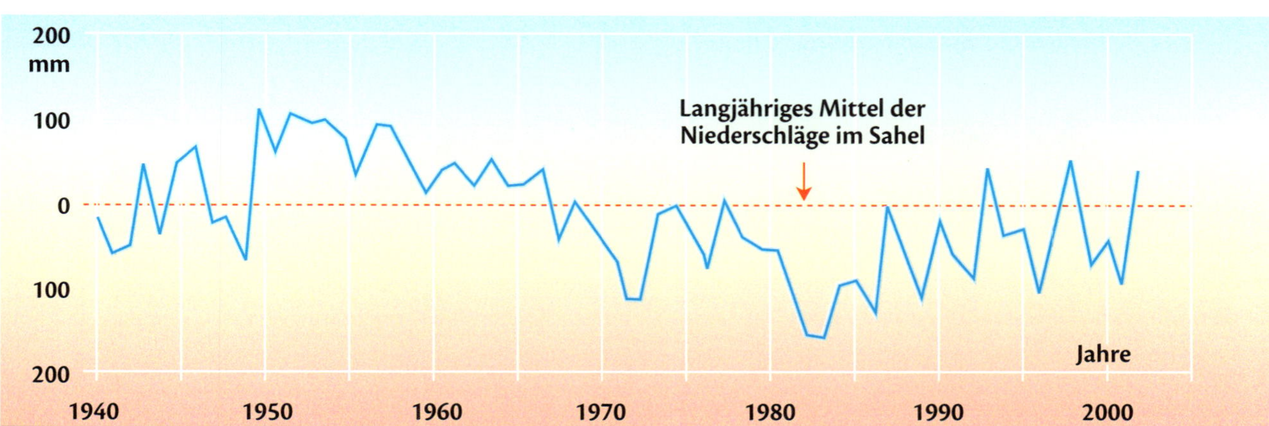

M 6 *Schwankung der Jahresniederschläge in der Sahelzone*

Wir führen eine Internetrecherche durch

check-it

- Schrittfolge für die Beschaffung von Informationen durch Internetrecherche kennen und anwenden
- Informationen zu einem geographischen Thema auswerten und präsentieren

Das Internet – World Wide Web/www

Das Internet kann dir zusätzliche und aktuelle Informationen geben. Sie ergänzen die Inhalte aus dem Schulbuch, aus Nachschlagewerken oder anderen Büchern. Wenn du keine passende Web-Adresse hast, musst du eine Suchmaschine benutzen. Suchmaschinen sind Computer, die auf spezielle Datensammlungen zurückgreifen, auf denen Millionen kurzer Inhaltsangaben von Web-Seiten und deren Adressen gespeichert sind. Meist werden zu viele Einträge angezeigt, sodass du unmöglich alle anschauen kannst. Deshalb solltest du professioneller suchen, indem du Suchbegriffe kombinierst. Einige Suchmaschinen bieten Themenkataloge an, die häufig eine höhere inhaltliche Qualität haben.

Checkliste für eine Internetrecherche

1. Schritt: Starte die Suchmaschine
In das Adressfeld der Internet-Startseite entweder die gewünschte Adresse oder die Suchmaschine eingeben. Die Enter-Taste drücken, um die Suche zu starten.

2. Schritt: Gib einen Suchbegriff ein
Den Suchbegriff einfügen und die Web-Seiten anzeigen. Manchmal ist es sinnvoll, erst nach Oberbegriffen zu suchen, um dann weiter ins Detail zu gehen. Dies ist dann der Fall, wenn ein Begriff auch in anderen Bereichen benutzt wird oder so selten ist, dass eine Suchmaschine ihn nicht findet.

3. Schritt: Wähle die Web-Seite aus
Aus den gefundenen Einträgen einige auswählen. Auf den Seiten finden sich oft Links, die weitere Informationen zum Thema bieten. Dabei wirst du feststellen, dass einige Seiten nicht zu deinem Thema passen. Wenn keine der gefundenen Seiten passt, solltest du zum 2. Schritt zurückkehren und einen anderen Suchbegriff versuchen.

4. Schritt: Speichere die Information oder drucke sie aus
Die wichtigen Informationen werden markiert und entweder sofort ausgedruckt oder auf dem Computer abgespeichert. Manchmal verbergen sich unter einem Link ganze Bücher. Markiere die Seiten oder Absätze, die dir wichtig erscheinen. Gib dem Drucker den Befehl, nur den markierten Text zu drucken.

Denke daran, die genaue Adresse als Quelle zu kopieren, damit dein Lehrer die Fundstelle überprüfen kann.

Durchführen einer Internetrecherche zum Thema „Tourismus in Kenia"

1. Schritt: Starte die Suchmaschine
Gib ins Adressfeld die Suchmaschine www.google.de ein. Drücke die Enter-Taste, um die Suche zu starten.

M 1 *Starten der Suchmaschine*

2. Schritt: Gib einen Suchbegriff ein
Füge in das Such-Feld den Begriff „Tourismus in Kenia" ein und starte die Suchmaschine durch Anklicken der Taste „Google-Suche".

M 2 *Einfügen des Suchbegriffs*

3. Schritt: Wähle die Web-Seite aus
Klicke die Web-Site „ Kenia Tourismus" von www.focus.de an und lies die Seite genau. Entscheide, ob die Information für das Thema wichtig und aktuell ist.

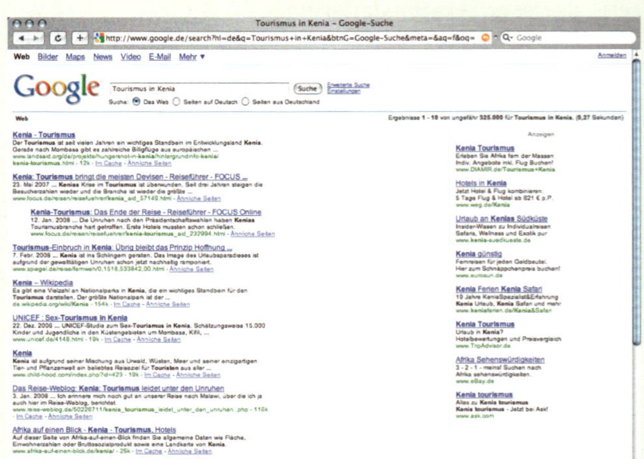

M 3 *Auswählen der Web-Seiten zum Suchbegriff*

4. Schritt: Speichere die gesuchten Informationen oder drucke sie aus
Öffne eine neue Datei. Markiere den gefundenen Artikel und speichere ihn mit der Quellenangabe unter deinem Namen auf dem Computer oder drucke ihn aus.

Anmerkung: Du kannst auch Bilder aufrufen, drucken und speichern. Dazu klickst du bei Google „Bilder" statt „Web" an. Anschließend gehst du die Schritte 2 bis 4.

M 4 *Lesen der Web-Seite und Auswerten von Informationen*

Internationale Suchmaschinen verzeichnen Web-Seiten weltweit. Sie können Inhalte in allen Sprachen und Ländern finden. Deutsche Suchmaschinen suchen nur Web-Seiten aus dem deutschsprachigen Raum. Häufig sind sie für den deutschsprachigen Raum genauer als internationale Suchmaschinen. Metasuchmaschinen können Inhalte in mehreren Suchmaschinen gleichzeitig finden.

Deutsche Suchmaschinen (eine Auswahl):	**Themenkatalog** (eine Auswahl):
www.fireball.de	www.dino-online.de
www.exalead.de/search	www.yahoo.de
www.google.de	www.allesklar.de
Internationale Suchmaschinen (eine Auswahl):	**Metasuchmaschinen** (eine Auswahl):
www.altavista.com	www.metager.de
www.infoseek.com	www.hurra.de
www.hotbot.com	www.metacrawler.de

M 5 *Suchmaschinen*

1 Führe eine Internetrecherche mithilfe der Schritte 1–4 durch und suche Informationen zu verschiedenen touristischen Gebieten (M 1–M 4).
2 Suche mithilfe der Schritte 1–4 die passenden Bilder zu deinem Thema.
3 Fasse die gefundenen Informationen mit eigenen Worten zusammen und gib die Quelle an.
4 Werte deine gesammelten Ergebnisse aus und stelle sie deinen Mitschülern vor.
5 Füge deine Zusammenfassung der Ausarbeitung des Themas an und hefte sie in deine Erdkundemappe.

Tourismus – Chance oder Gefahr für Kenia?

check-it
- Entwicklung des Tourismus in der Welt und Kenia erläutern
- Vor- und Nachteile des Tourismus für Kenia erörtern
- Vorteile des Ökotourismus beurteilen
- Internetrecherche durchführen

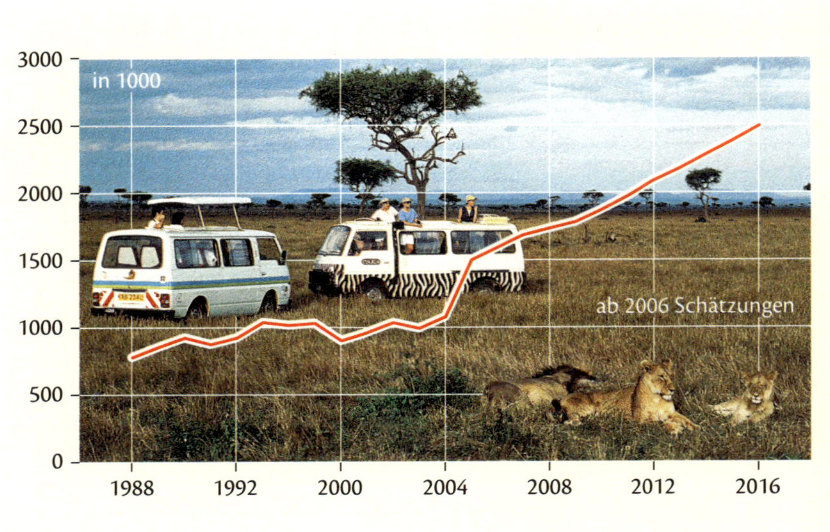

M 1 *Auslandstouristen in Kenia (nach UNWTO 2007)*

Tourismus in Kenia

Kenia gehört seit Jahren zu den beliebten Fernreisezielen in Afrika. Die Touristen schätzen die langen, weißen Sandstrände und die einzigartige Tierwelt in den Nationalparks und Reservaten, die sie durch Safaris kennen lernen können.

Seit der Mitte der 1960er-Jahre nehmen die Touristenzahlen und parallel dazu die Einnahmen aus dem Tourismus zu. Die positive Entwicklung wurde jäh unterbrochen, als Terroristen 1998 und 2002 Anschläge in Kenia verübten. Die Touristen blieben aus und die Deviseneinnahmen gingen um 40 Prozent zurück. Durch verstärkte Sicherheitsmaßnahmen und Werbekampagnen konnte aber das Vertrauen der Touristen zurückgewonnen werden.

Kenia: Tourismus hat zwei Seiten

Wirtschaftlich ist der Tourismus für Kenia von großer Bedeutung. 2006 brachten die Touristen 800 Millionen US-Dollar ins Land und die Tendenz ist steigend. Damit ist der Tourismus der wichtigste Devisenbringer des Landes, von dem rund fünf Millionen Kenianer leben. Der wirtschaftlichen Erfolgsgeschichte stehen die Nachteile, die aus dem Tourismus entstehen, gegenüber. Nur wenige Regionen, wie zum Beispiel die Küste und Städte wie Nairobi und Arusha oder die Nationalparks, profitieren vom Tourismus.

In den Touristengebieten zeigen sich auch negative soziale Auswirkungen: Viele junge Kenianer wollen den Lebensstil der Fremden kopieren und streben den Besitz von Handys, Digitaluhren und Designerkleidung als Statussymbole an. Um Geld zu verdienen, schwänzen sie mitunter die Schule und versuchen für Gefälligkeiten von den Touristen Geld zu bekommen. Dazu verkaufen sie Souvenirs am Strand, bieten sich Touristen als Reiseführer in ihrem nahe gelegenen Heimatdorf an oder sie vermitteln – gegen Gebühr – Bootsfahrten zu den Korallenriffen. Wenn besonders pfiffige Jugendliche mehr Geld von den Touristen „ergattern", als ihr Vater mit seiner Arbeit nach Hause bringt, gibt es Probleme.

Das Umdenken hat begonnen

Kenia gehört weltweit zu den führenden **Ökotourismus-Ländern.** Diese Form von Tourismus findet in kleinen Gemeinden vor allem in den Naturreservaten statt und erfolgt in Zusammenarbeit mit den ansässigen Stämmen. 1999 wurde die „Ecotourism Society of Kenya" gegründet, die den nachhaltigen Tourismus fördern soll.

Ein Beispiel für diese Art von Tourismus ist die *Laikipia eco lodge*, 56 Kilometer nördlich des Mount Kenya, im Land der Massai gelegen. Sie liegt auf einer 16 500 Hektar großen Gemeinschaftsfläche einer Massai-Gemeinde. Die Lodge wird von einem durch die Gemeindemitglieder gewählten Komitee, dem ein „Chairman" vorsteht, geleitet.

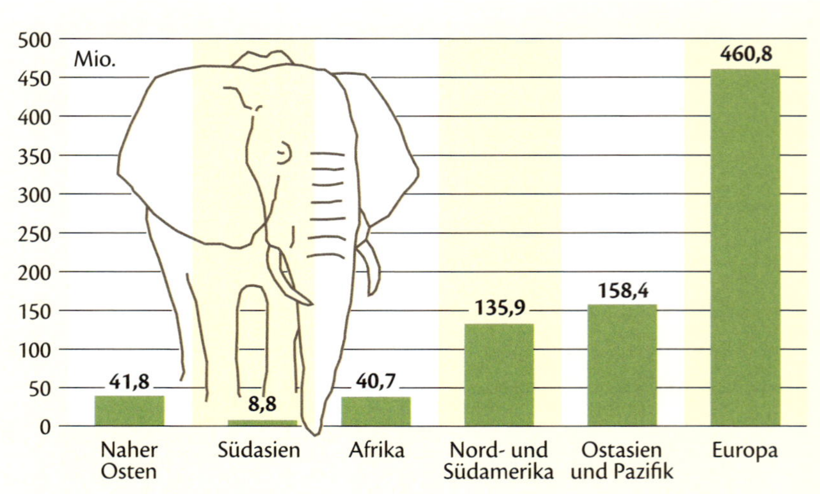

M 2 *Ankünfte von Touristen weltweit 2006 (nach UNWTO 2007)*

Die Anlage wurde von einheimischen Handwerkern errichtet. Die Einrichtung der Zimmer besteht aus natürlichen Materialien der Region. Das Personal stellen ausschließlich Massai-Angehörige. Die Gewinne der Lodge werden nach einem vom Komitee erarbeiteten Schlüssel verteilt und kommen dem Ausbau der Schule und der örtlichen Infrastruktur zugute. Mit dieser zusätzlichen Einnahmequelle sind die Massai nicht mehr ausschließlich auf die Einnahmen aus der Viehzucht angewiesen. Infolgedessen ist die Zahl der Tiere bereits zurückgegangen und die Weideflächen haben sich erholt, was wiederum den Wildtieren zugute kommt.

M 3 *Dreieck „Nachhaltiger Tourismus“*

1. Erläutere die Entwicklung des Tourismus in der Welt und in Kenia (**M 1**, **M 2**).
2. Erkläre, warum Kenia ein beliebtes Urlaubsziel ist (**M 1–M 4**).
3. Beschreibe und bewerte Vorteile des Ökotourismus in Kenia (**M 3**, **M 4**).
4. Beschreibe die Lage der Lodge Laikipia in Kenia (Karte S. 218/219).
5. Führe zur aktuellen Situation des Tourismus in Kenia eine Internetrecherche durch (Seiten 120/121, ***Internetrecherche***).

M 4 *Laikipia eco lodge in Kenia*

Geo-Check: Zusammenhänge in der tropischen Zone erklären

Sich orientieren

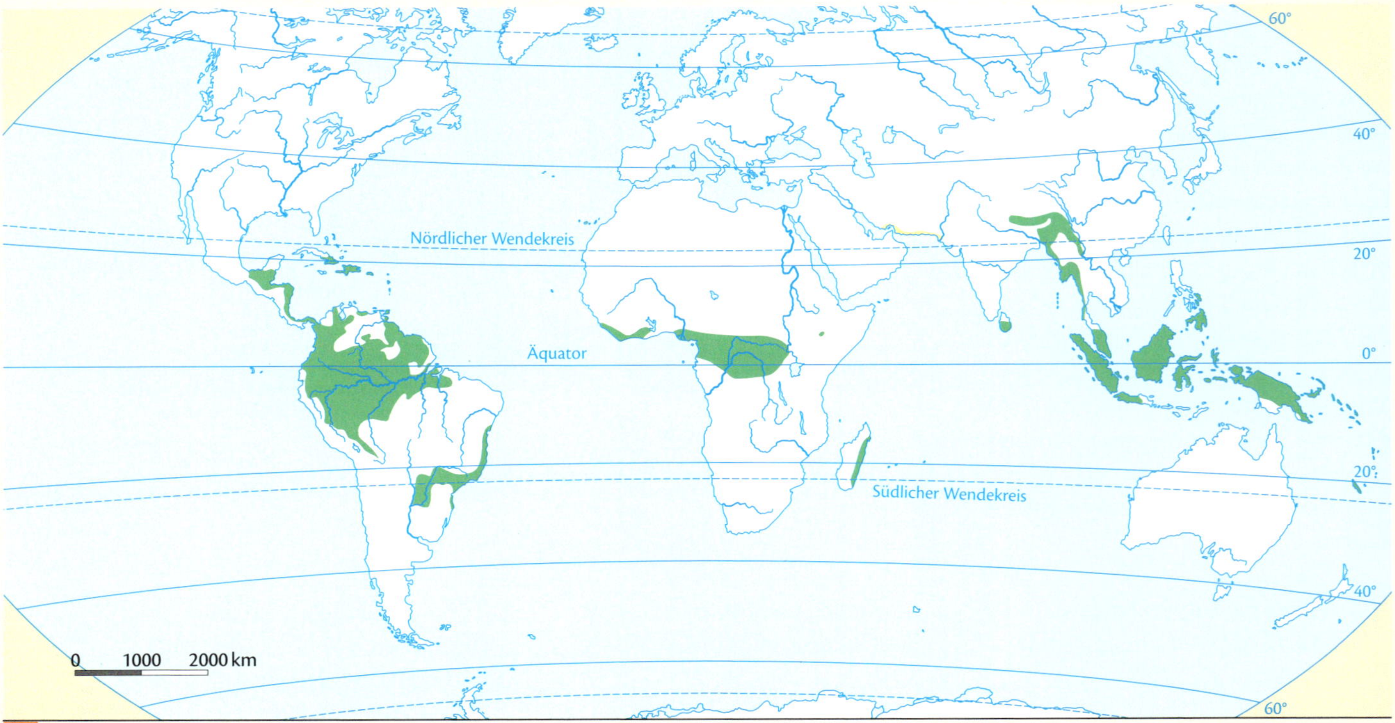

M 1 *Tropischer Regenwald*

1 Benenne die Kontinente und mindestens fünf Länder, die Anteil an den tropischen Regenwäldern haben (**M 1**).

2 Benenne die Kontinente und mindestens fünf Länder, die Anteil an den Savannen haben (**M 2**).

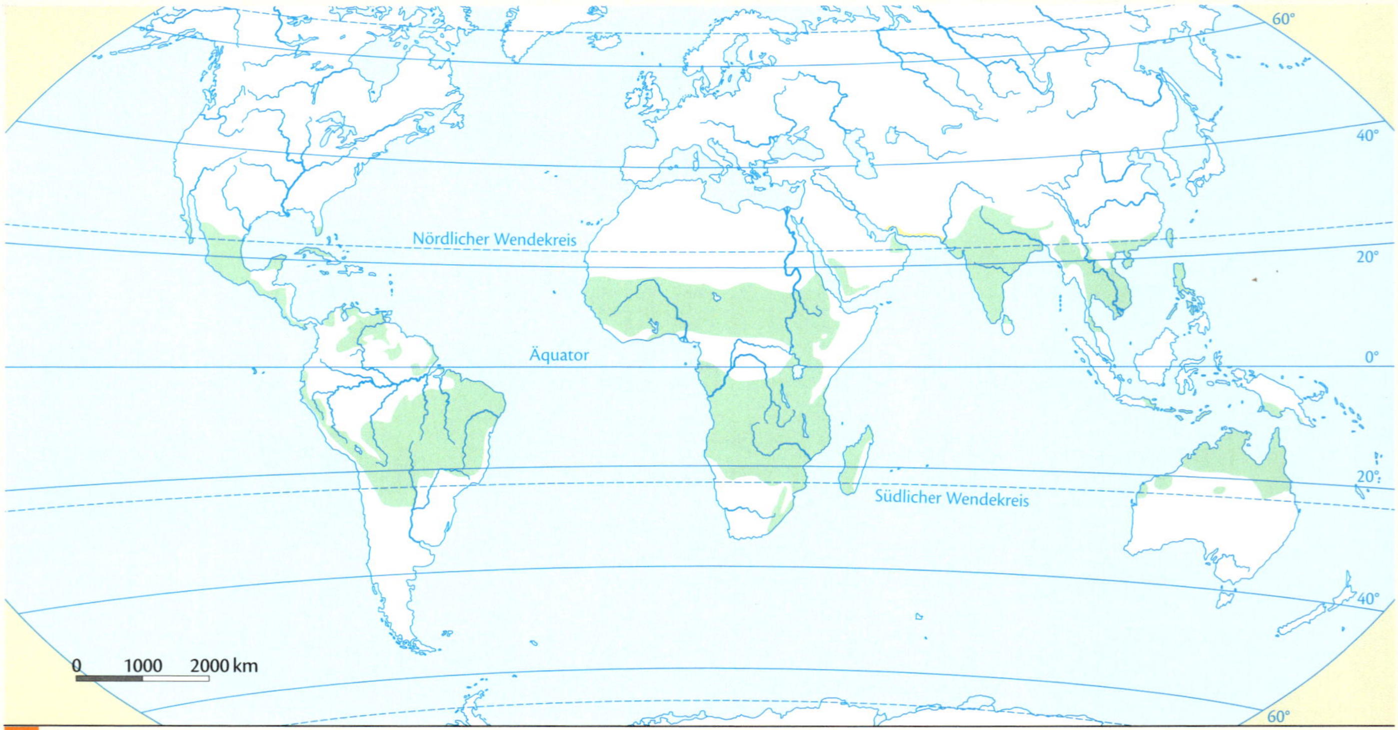

M 2 *Savannen*

5 Merkmale des Orients kennen

Wolkenkratzer in der Wüste – eine Fata Morgana, eine Sinnestäuschung?
Wüsten prägen die Naturlandschaft des Orients. Doch unter dem Wüstensand lagern an mehreren Stellen große Vorkommen eines sehr begehrten Rohstoffes, der vielen Staaten des Orients großen Reichtum gebracht hat. So entstanden moderne Großstädte in der Wüste. Aber auch dort kann man die Merkmale des Orients entdecken.

Wissen und verstehen

Richtig oder falsch?

3 Sortiere die Aussagen in richtige und falsche Aussagen. Verbessere die falschen Aussagen und schreibe diese richtig auf.

- Das Klima im tropischen Regenwald ist immerfeucht und kühl.
- Im Sekundärwald gibt es viel mehr Pflanzen- und Tierarten als zuvor.
- Auf Plantagen werden Bananen in Monokultur angebaut.
- Amazonien ist das größte zusammenhängende Regenwaldgebiet der Erde.
- Bei der Regenwaldvernichtung hat das Fällen eines Urwaldriesen keine weit reichenden Folgen.
- Das Klima in den Savannen ist durch den Wechsel von Regen- und Trockenzeiten gekennzeichnet.
- Die agronomische Trockengrenze liegt bei etwa 250 mm Niederschlag im Jahr.
- Bodenerosion in der Sahelzone lässt sich nicht verhindern.
- Beim Ökotourismus hat die einheimische Bevölkerung ein höheres Einkommen.

4 Ordne jedem dieser Begriffe mindestens zwei Merkmale zu, die ihn erklären und beurteilen (**M 3**).

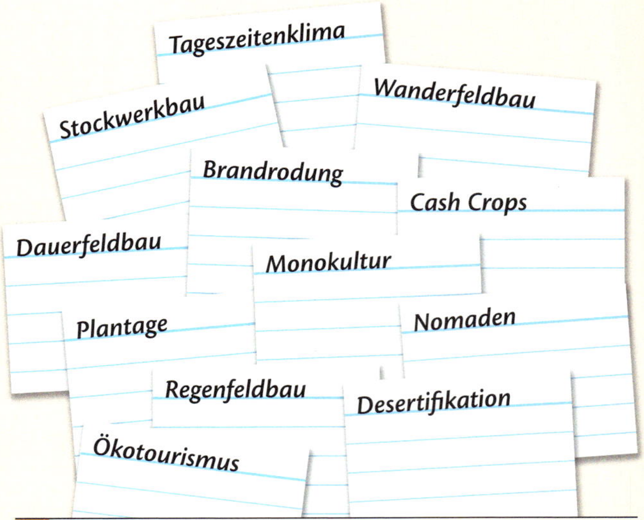

M 3 *Geo-Begriffsstapel*

5 Löse das Regenwaldrätsel (**M 4**). Die Buchstaben in den farbigen Feldern ergeben – von links nach rechts gelesen – das Lösungswort.

1. besonderer Kreislauf im tropischen Regenwald
2. landwirtschaftliche Großbetriebe im tropischen Regenwald
3. Abholzen von Bäumen
4. Suche nach neuen Medikamenten und Arten im Regenwald
5. ausschließlicher Anbau von nur einer Fruchtsorte
6. Wurzeln eines Urwaldbaumes
7. Mensch ohne festen Wohnort in Savannengebieten
8. gerechter Handel
9. Kulturpflanze in den Tropen
10. Gewinnung von Anbauflächen durch Feuer
11. viele Tier- und Pflanzensorten
12. hohe Bäume im tropischen Regenwald

M 4 *Regenwaldrätsel*

Beurteilen und handeln

7 Werte die Karikatur aus (*Karikaturen auswerten*).

M5 *„Schnell wachsen!"*

WEBCODE: UE640102-126

Können und anwenden

8 Führe eine Internetrecherche zum Thema „Leben in der Sahelzone" durch. Wiederhole dazu die Schritte zur Internetrecherche (Seiten 120/121).

Sahel-Zone: Forscher warnen vor Mega-Dürre – SPIEGEL ONLINE – Nachrichten – Wissenschaft

http://www.spiegel.de/wissenschaft/natur/0,1518,619755,00.html

Schlagzeilen | TV-Programm | RSS | Newsletter | Mobil | Dienste | Startseite | Wetter | DER SPIEGEL

SPIEGEL ONLINE WISSENSCHAFT

Suche

NACHRICHTEN | VIDEO | ENGLISH | EINESTAGES | FORUM | SPIEGEL WISSEN | ABO | SHOP

Wissenschaftszug

Home | Politik | Wirtschaft | Panorama | Sport | Kultur | Netzwelt | Wissenschaft | UniSPIEGEL | SchulSPIEGEL | Reise | Auto

Nachrichten > Wissenschaft > Natur

Login Registrierung

18.04.2009 Drucken | Senden | Bookmark | Feedback | Merken

SAHEL-ZONE

Schrift: +

Forscher warnen vor Mega-Dürre

Die Sahel-Zone gilt als Inbegriff der Trockenheit. Hunderttausende Menschen starben in der seit Jahrzehnten niederschlagsarmen Region. Das sei nur ein Vorgeschmack auf künftige Dürren, sagen US-Forscher und warnen: Es könnte alles noch viel schlimmer werden.

Jahrzehntelang gab es in der Sahel-Zone Dürreperioden. In den siebziger und achtziger Jahren führten geringe, teilweise ganz ausbleibende Niederschläge zu Hungersnöten, die Millionen Menschen betrafen. Selbst in guten Jahren liegt der Niederschlag im besonders trockenen Norden der Region bei nur 20 Millimetern pro Jahr. Zum Vergleich: In Hamburg regnet es fast 40-mal so viel. Doch die Situation im Sahel könnte sich noch deutlich verschärfen, warnen US-Forscher in einer am Donnerstag veröffentlichten Studie. Vor allem der Klimawandel könnte einen negativen Einfluss haben, sagen sie.

MEGA-DÜRREN IM SAHEL: BAUMRIESEN, TIEF IM SEE VERSUNKEN

MOST WANTED

Wissenschaft | Alle Ressorts | Videos

1. Familie und Individualität: Wie das Ich entsteht
2. Körperfremde Eindringlinge: Mütter nehmen Zellen ihrer Kinder auf
3. Genforschung: Wie wir neue Software für das Leben schreiben werden
4. Verschwörungstheorien: Obama, Mexiko und die Schweinegrippe
5. Verhaltensforschung: Papageien können tanzen

VIDEOS WISSENSCHAFT

1 | 2 | 3

Grippe: Erste Mensch-zu-Mensch-Ansteckung in Deutschland

WHO schlägt Alarm: Pandemie-Warnstufe erneut verschärft

M6 *Informationen zum Thema „Leben in der Sahelzone"*

Orient – physisch, Wirtschaft und islamische Bevölkerung

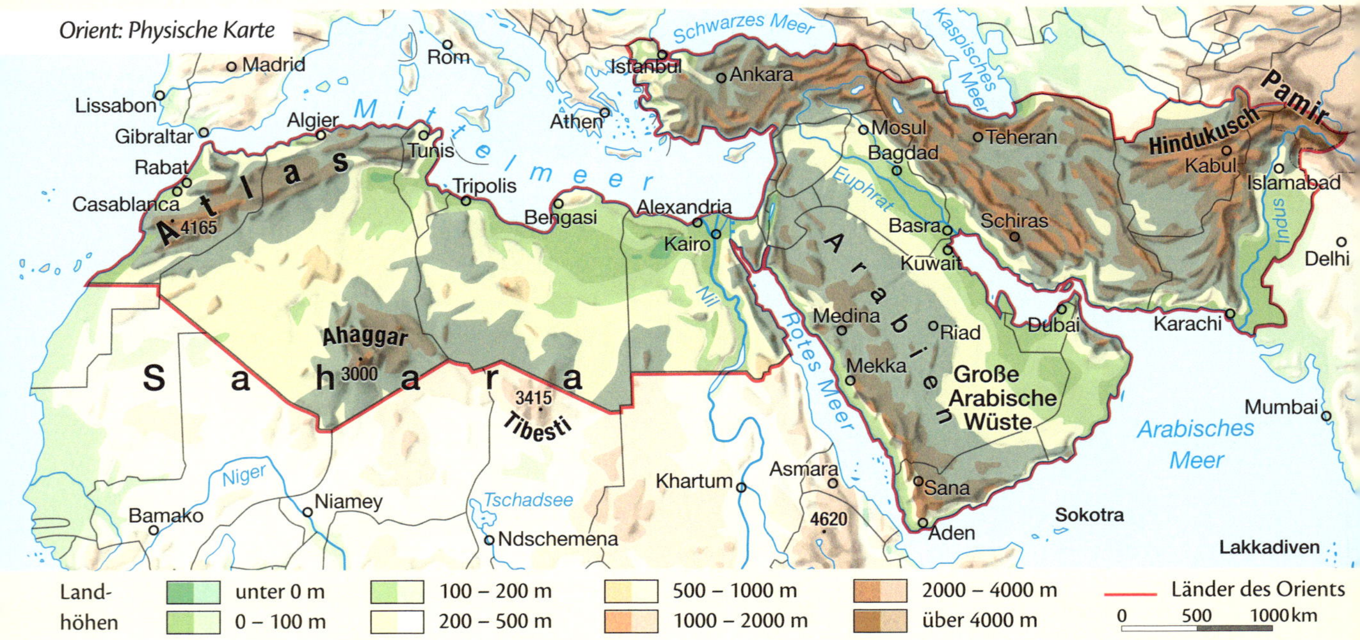

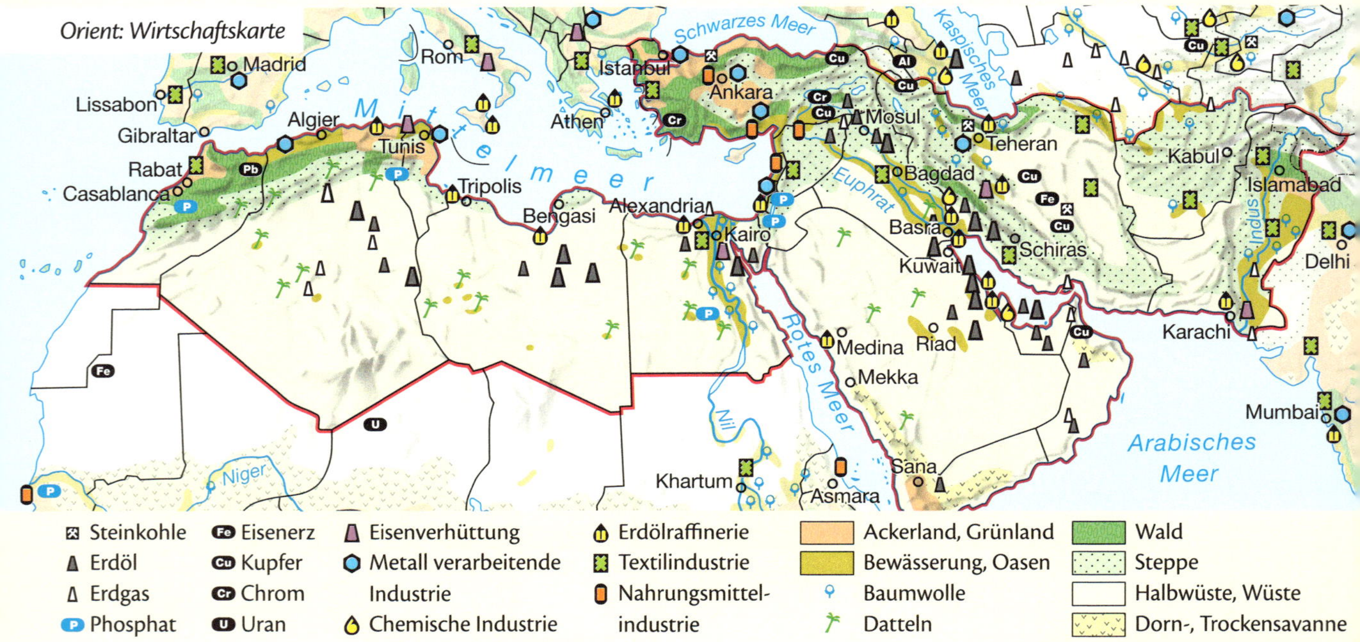

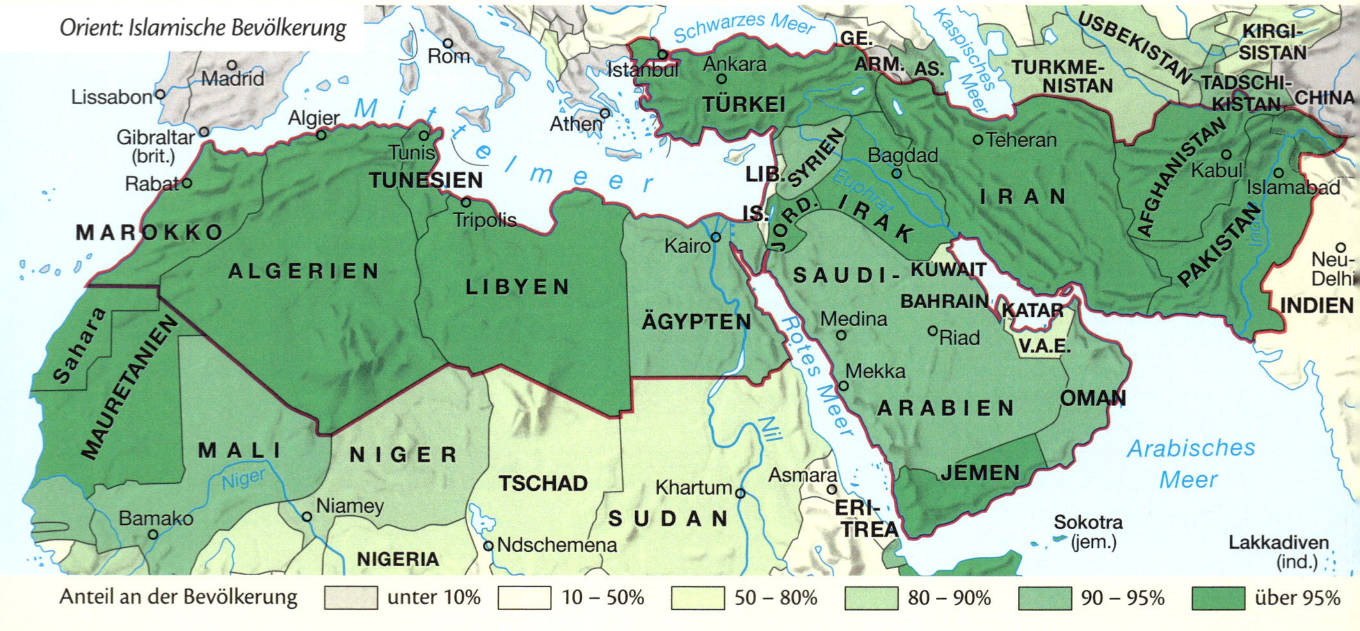

In diesem Kapitel lernst du
- dich im Orient zu orientieren,
- die Prägung des Kulturraums durch den Islam zu erläutern,
- Merkmale der islamisch-orientalischen Stadt zu benennen,
- die Entstehung und Ausbreitung von Wüsten zu erläutern,
- die Bedeutung von Erdöl und Wasser für den Orient erläutern,
- die Brückenfunktion der Türkei zwischen Orient und Okzident zu erläutern.

Dazu nutzt du
- Klimadiagramme,
- Bilder,
- Blockbilder und Profile,
- Satellitenbilder,
- Karten,
- Diagramme.

Du beurteilst,
- wie sich Menschen, Pflanzen und Tiere an die Lebensbedingungen in Trockenräumen anpassen,
- welche Auswirkungen die Erdölförderung hat.

Skyline von Dubai, einem Emirat der Vereinigten Arabischen Emirate

Der Orient – ein karger Lebensraum

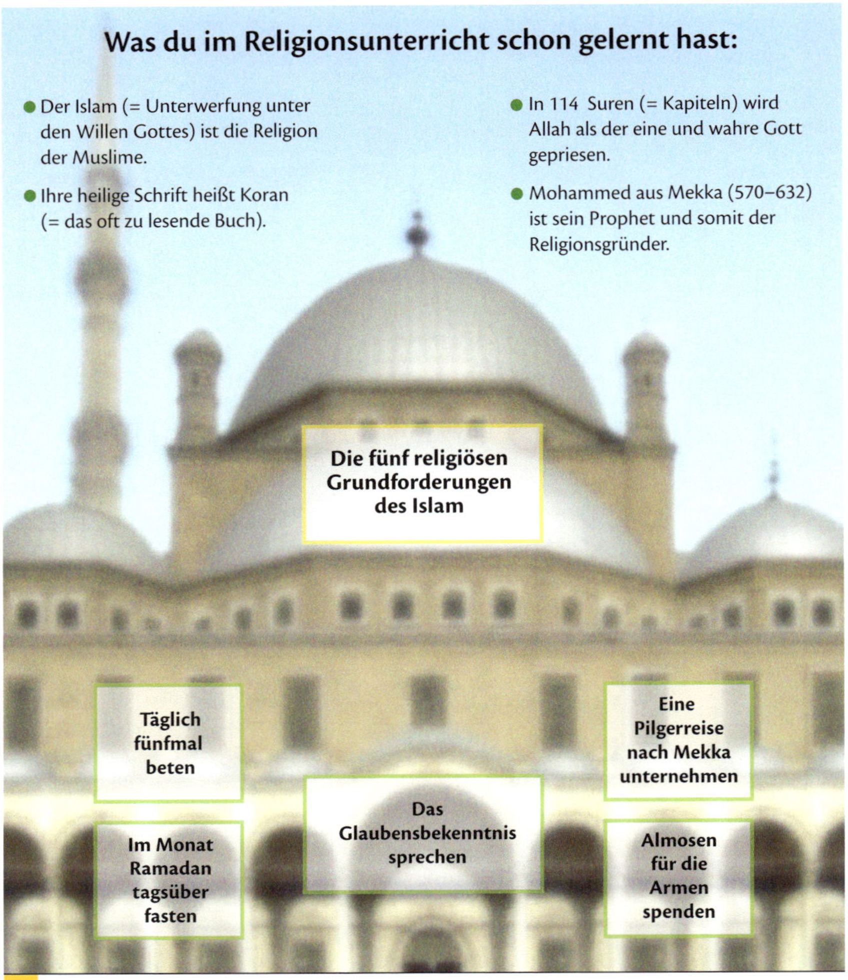

M 1 *Die fünf Säulen des Islam*

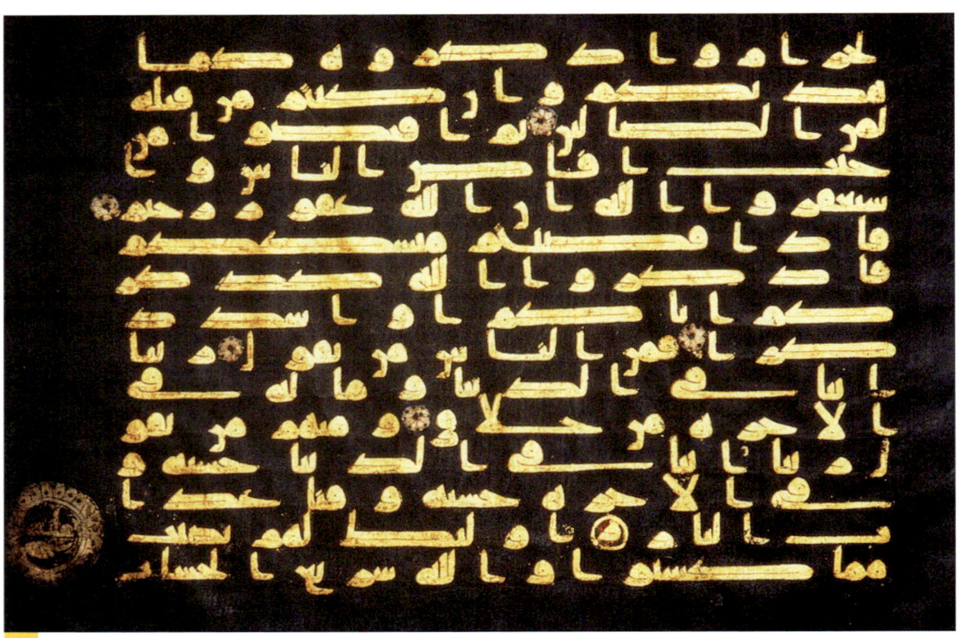

M 2 *Koranhandschrift in Gold aus Tunesien*

check-it
- den Orient räumlich abgrenzen
- Merkmale des Orient kennen
- Prägung des Kulturraums durch den Islam erläutern
- Einfluss des Klimas auf den Lebensraum erklären
- Klimadiagramme auswerten

Der Orient – das Morgenland

Nordafrika und Westasien bilden den Kulturerdteil Orient. Er nimmt eine Fläche von 13,5 Millionen Quadratkilometern ein und ist somit etwa dreimal so groß wie die Europäische Union. Im Orient leben aber nur ungefähr ebenso viele Menschen wie dort.

Die Römer gaben dem Orient bereits vor 1500 Jahren seinen Namen. Sie benannten die Gebiete südöstlich von Europa als Orient (lat.: oriens sol) – das Land der aufgehenden Sonne. Im Gegensatz dazu wurde Europa als Okzident (Abendland) bezeichnet.

Der Islam prägt den Orient

Der Kulturraum Orient entstand seit dem 7. Jahrhundert mit der Ausbreitung der Religion des **Islam**. Von der Arabischen Halbinsel aus, die bereits damals islamisiert war, eroberten die Araber Nordafrika und Teile Südeuropas und führten den Islam als Religion ein. Fast alle Völker in Westasien und Nordafrika wurden Muslime. So heißen die Anhänger des Islam.

Der Kulturraum Orient ist dadurch gekennzeichnet, dass dort etwa 90 Prozent der Bevölkerung der Religion des **Islam** angehören. Menschen dieser Religion leben auch in angrenzenden Staaten des Orients. Eine genaue Grenzziehung ist deshalb schwierig.

Da der Koran, das heilige Buch des Islam, in arabischer Sprache verfasst wurde, verbreiteten sich mit der Religion auch die arabische Sprache und Schrift im gesamten Orient. Die arabische Schrift wird von rechts nach links gelesen.

M 3 *Wüstenlandschaft auf der Arabischen Halbinsel*

Ohne Wasser kein Leben

Der Orient ist ein heißer Trockenraum, der durch Tagestemperaturen von 40 Grad Celsius und mehr, extreme Schwankungen der Temperaturen zwischen Tag und Nacht und sehr geringe Niederschläge geprägt ist.

Der Mangelfaktor Wasser begrenzt den natürlichen Lebensraum von Menschen, Tieren und Pflanzen. Wüsten und Halbwüsten bestimmen deshalb den natürlichen Lebensraum. Landwirtschaft kann nur mit Bewässerung betrieben werden. Bevorzugte Lebensräume der Menschen im Orient waren deshalb immer Gebiete, in denen Wasser zur Verfügung steht: an den Rändern der Gebirge zwischen Marokko und Afghanistan, an den Küsten und in den Tälern der großen Flüsse wie Nil, Euphrat und Tigris, aber auch an Wasservorkommen in den Wüstengebieten.

1 Beschreibe die geographische Lage des Orients (Karten S. 127).
2 Lege eine Tabelle an, in der du die Staaten des Orients und ihre Hauptstädte auflistest (Karten S. 127).
3 Erläutere den Einfluss des Islam auf den Kulturraum Orient (**M 1**, **M 2**).
4 Erkläre den Einfluss des Klimas auf den Naturraum und die Lebensverhältnisse der Menschen im Orient (**M 3–M 5**).

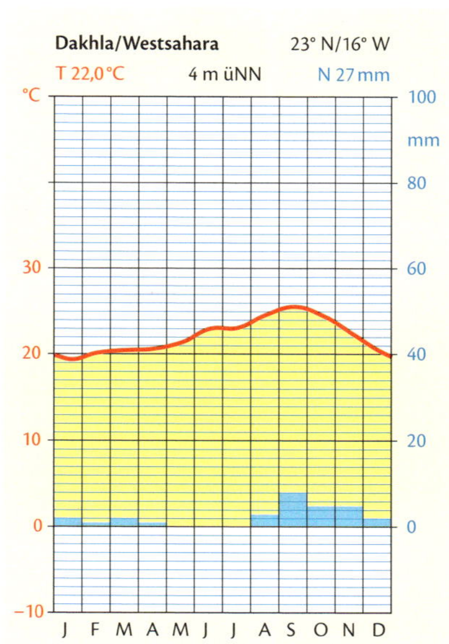

M 4 *Klimadiagramm von Dakhla*

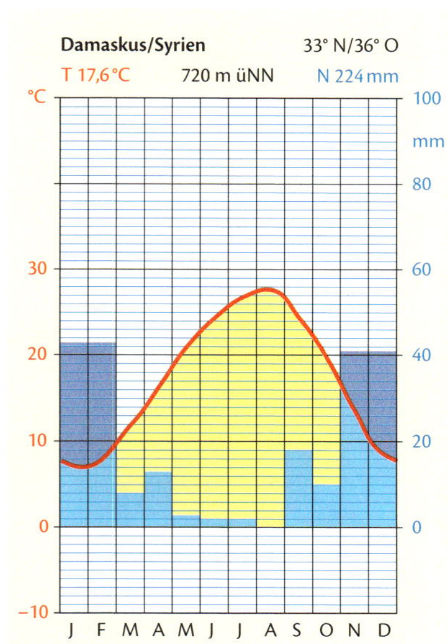

M 5 *Klimadiagramm von Damaskus*

WEBCODE: UE640102-131

Damaskus – eine Stadt im Orient

M 1 *Skyline von Damaskus*

check-it
- Lage von Damaskus beschreiben
- Merkmale einer islamisch-orientalischen Stadt kennen
- islamisch-orientalische Altstadt mit einer bekannten mitteleuropäischen Altstadt vergleichen
- Bild und Stadtplan auswerten und vergleichen

Die Medina – geschäftiges Zentrum

Die Altstadt einer orientalischen Stadt nennt man **Medina**. Der Basar ist das Handels- und Handwerkerviertel der Medina. Dort herrscht bis in den späten Abend geschäftiges Treiben. Die Gassen sind oft überdacht, um die Waren in den offenen Läden vor der Sonne zu schützen. Im Basar ist jede Gasse einer bestimmten Berufsgruppe zugeordnet: Gold- und Silberschmiede arbeiten in einer Gasse, Schuhmacher und Schneider in einer anderen, Lebensmittel kann man wieder in einer anderen Gasse kaufen. Kommt man in die Mitte des Basars, stößt man auf die **Große Moschee**. Sie liegt inmitten der Altstadt und überragt mit ihrer Kuppel und dem Minarett alle anderen Gebäude. Dort treffen sich die gläubigen Moslems zum Gebet. In der Moschee wird auch Koran-Unterricht für Kinder angeboten. Häufig schließen sich an die Moschee andere öffentliche Einrichtungen wie Schulen, Krankenhäuser oder Bäder an. So gilt die Moschee nicht nur als Mittelpunkt des religiösen, sondern auch des gesellschaftlichen Lebens.

M 2 *Schrägluftbild von Damaskus*

Die Wohnviertel – eintönig und abgeschottet

Die Wohnviertel sind sehr genau nach Herkunft und Religionszugehörigkeit getrennt. Die ein- bis zweistöckigen Häuser sind rechtwinklig gebaut und besitzen einen ummauerten Innenhof, der gerade in den heißen Monaten Erfrischung bietet. Alle Häuser sind gleich hoch, sodass niemand seinem Nachbarn Wind „wegnehmen" kann. Außerdem sind die Häuser zur Gasse hin fensterlos, Licht bekommen die Wohnräume von der Innenhofseite. Hier haben manche Familien paradiesische Gärten mit Springbrunnen und Bänken angelegt, wo sich die Bewohner in den Abendstunden treffen. Den Wohlstand einer Familie sieht man nur im Inneren ihres Anwesens. Reichtum nach außen zu zeigen, wird nicht gern gesehen.

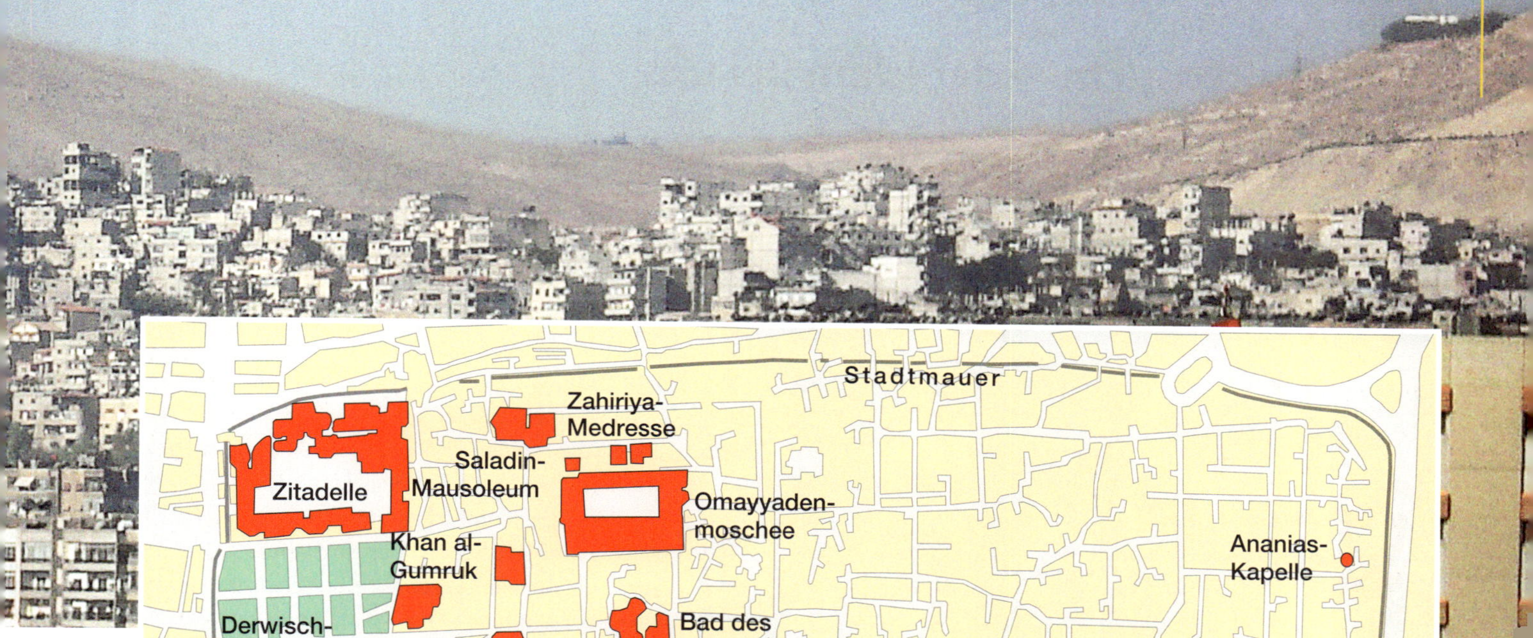

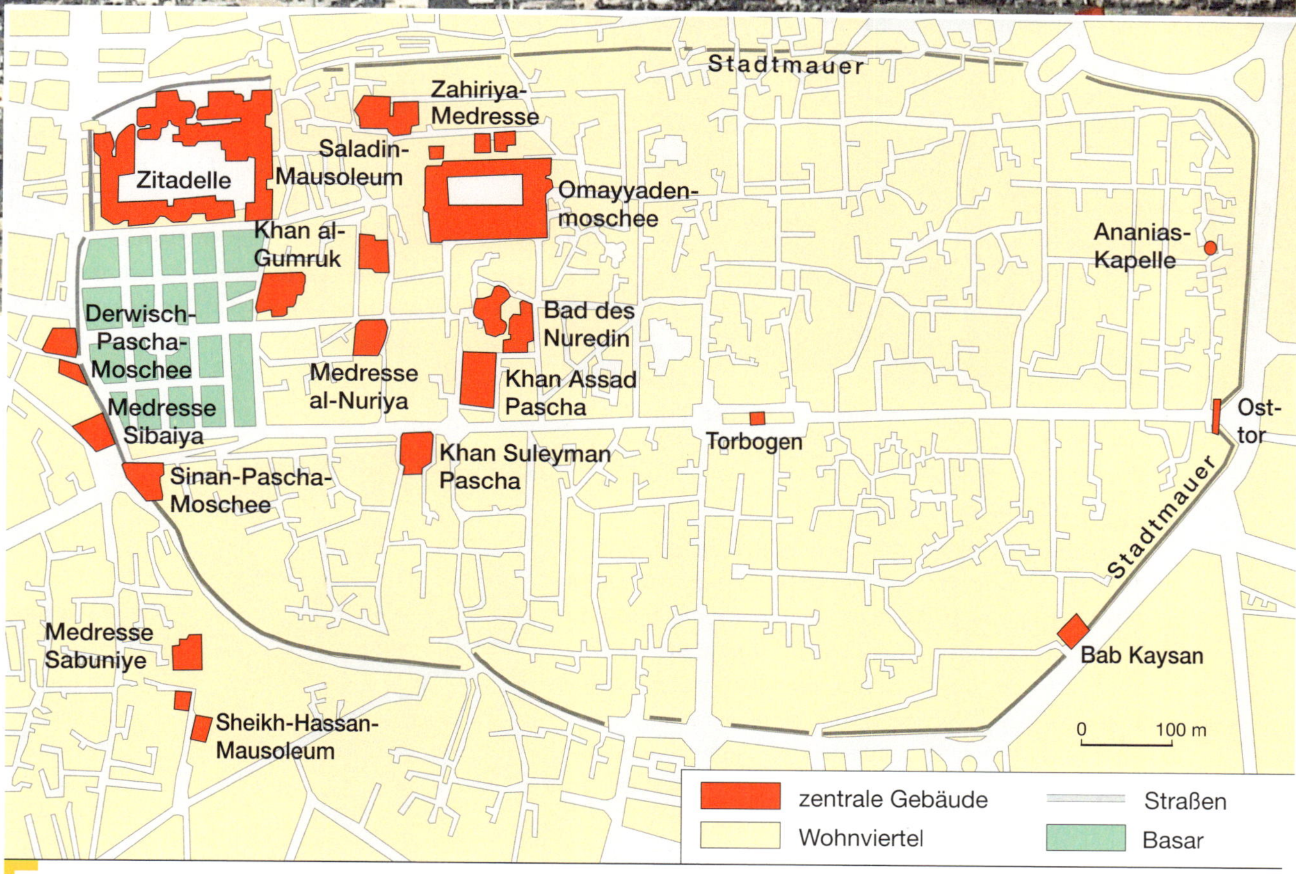

M 3 *Stadtplan der Medina von Damaskus*

1 Lokalisiere die Stadt Damaskus und nenne ihre Lagemerkmale (Karte S. 212).

2 Beschreibe die Merkmale einer islamisch-orientalischen Stadt (**M 1–M 4**).

3 „Der Islam prägt die Medina." Nenne Beispiele, um diese Aussage zu bestätigen (**M 1–M 4**).

4 Auch die klimatischen Gegebenheiten beeinflussen das Stadtbild von Damaskus. Benenne diese (Klimadiagramm **M 5**, S. 131; **M 1**, **M 2** und **M 4**).

5 Vergleiche die Altstadt der islamisch-orientalischen Stadt mit einer dir bekannten deutschen Altstadt.

WEBCODE: UE640102-133

M 4 *Gasse in der Medina*

Spurensuche – der Islam bei uns

M 1 *Muslimische Mitbürgerinnen und Mitbürger in Deutschland*

Die Vorbereitung

Überlegt zunächst gemeinsam, wen ihr befragen könnt, um etwas über den Islam in Deutschland herauszufinden. Diskutiert darüber, wie ihr am besten Expertengruppen bildet. Erstellt in euren Gruppen jeweils einen Fragekatalog, der alle Fragen beinhaltet, die ihr euren Interviewpartnern stellen wollt. Überlegt, welche Medien ihr einsetzen könnt. Denkbar sind zum Beispiel Fotoapparat, Videokamera oder Tonbandgerät. Die Auswahl richtet sich auch danach, was gezeigt und dokumentiert werden soll.

Die Durchführung

Wenn ihr gezielt Personen fotografieren oder mit der Videokamera befragen wollt, so müsst ihr deren Einverständnis einholen. Dazu solltet ihr euch kurz vorstellen und euer Anliegen vortragen. Bedenkt, dass ihr bei euren Befragungen nur Erfolg haben werdet, wenn ihr eure Fragen freundlich stellt.

Tipp: Das perfekte Foto gelingt selten auf Anhieb. Deshalb empfiehlt es sich, immer mehrere Bilder vom gleichen Motiv zu machen, zum Beispiel mit veränderten Einstellungen, anderer Perspektive oder aus einer anderen Entfernung.

Spurensuche in der Nachbarschaft

Der Islam existiert schon längst nicht mehr nur als Religion fern von uns im Orient. Mehr als drei Millionen Muslime leben in Deutschland – und damit auch in unserer Nachbarschaft. Ist man in unseren Städten und Gemeinden unterwegs, kann man daher an einigen Stellen Spuren des Islam finden. Mit dem Fotoapparat und einem Fragebogen könnt ihr auf Spurensuche gehen und eine Reportage erstellen. Ihr könnt auch eure muslimischen Mitschülerinnen und Mitschüler befragen. Ferner besteht die Möglichkeit muslimische Organisationen ausfindig machen, die euch unterstützen können. Hierfür kann das Telefonbuch eine erste Hilfe sein. Erkundigt euch, ob es in eurer Gemeinde eine Moschee gibt, die ihr mit eurer Klasse besichtigen könnt.

Die Präsentation

Bereits vor eurer Spurensuche solltet ihr überlegen, wie die Ergebnisse der Befragung gesammelt und dargestellt werden können. Denkbar ist zum Beispiel ein Plakat mit Fotos, Zeichnungen, Tabelle und Diagrammen. Es ist aber auch möglich, einen Film vorzustellen oder ein Buch zu gestalten. Überlegt euch, ob ihr eure Ergebnisse anderen Klassen oder euren Eltern präsentieren wollt.

Mögliche Hilfestellungen für eure Präsentation findet ihr auch auf den Seiten 84/85.

M 2 *Beim Erstellen eines Fragekatalogs*

M 3 *Ergebnisse präsentieren*

Die Salimya Moschee in Göttingen

- 2006 fertiggestellt
- ist eine der wenigen Moscheen in Deutschland mit Kuppel und Minaretten
- das Freitagsgebet besuchen hunderte von Menschen
- eine Führung durch die Moschee ist nach vorheriger Anmeldung möglich oder am „Tag der offenen Moschee"

von außen ...

... und von innen

Die muslimische Gemeinde bietet sowohl religiöse als auch soziale, kulturelle und sportliche Aktivitäten sowie Bildungsförderung an, zum Beispiel:
- Integrationskurse für Migranten,
- Sprachkurse,
- Betreuung und Beratung der Jugendlichen,
- Freizeitangebote in Form von Sportangeboten.

M 4 *Spurensuche: die Salyma Moschee in Göttingen*

Wüste ist nicht gleich Wüste

M 1 *Fels- und Gesteinswüste (Hamada)*

M 3 *Kieswüste (Serir)*

check-it
- Lage und Ausdehnung der Sahara beschreiben
- klimatische Bedingungen in der Sahara kennen
- Entstehung und Ausdehnung der drei Wüstentypen erläutern
- Blockbild auswerten

Klimatische Bedingungen

Die Sahara ist die größte Wüste der Erde. Sie ist etwa 25-mal größer als Deutschland und 190-mal größer als Niedersachsen. Wüsten breiten sich dort aus, wo die Niederschläge fehlen. Bei weniger als durchschnittlich 250 Millimetern Jahresniederschlag spricht man von einer Wüste. Oft regnet es jahrelang überhaupt nicht. Weil die Verdunstung höher als der Niederschlag ist, spricht man auch von einem trockenen oder **ariden Klima**.

Da es in der Wüste keine Wolkendecke gibt, die vor der starken Sonneneinstrahlung schützt, steigen die Temperaturen oft auf mehr als 50 Grad Celsius an. Felsplatten und Steine werden auf über 70 Grad Celsius aufgeheizt. In der Nacht kühlt die Luft durch die fehlende Wolkendecke stark ab. Gelegentlich sinken die Temperaturen sogar unter den Gefrierpunkt. Besonders in Gebirgen betragen die Temperaturdifferenzen zwischen Tag und Nacht nicht selten mehr als 40 °C.

Gesichter einer Wüste

Die großen Temperaturunterschiede zwischen Tag und Nacht führen zu Spannungen im Gestein und schließlich zur Verwitterung durch Frostsprengung. Tagsüber dehnt das Gestein sich in der Hitze aus. Wenn es sich abends abkühlt,

M 2 *Wüstenarten und ihr Anteil an der Fläche der Sahara*

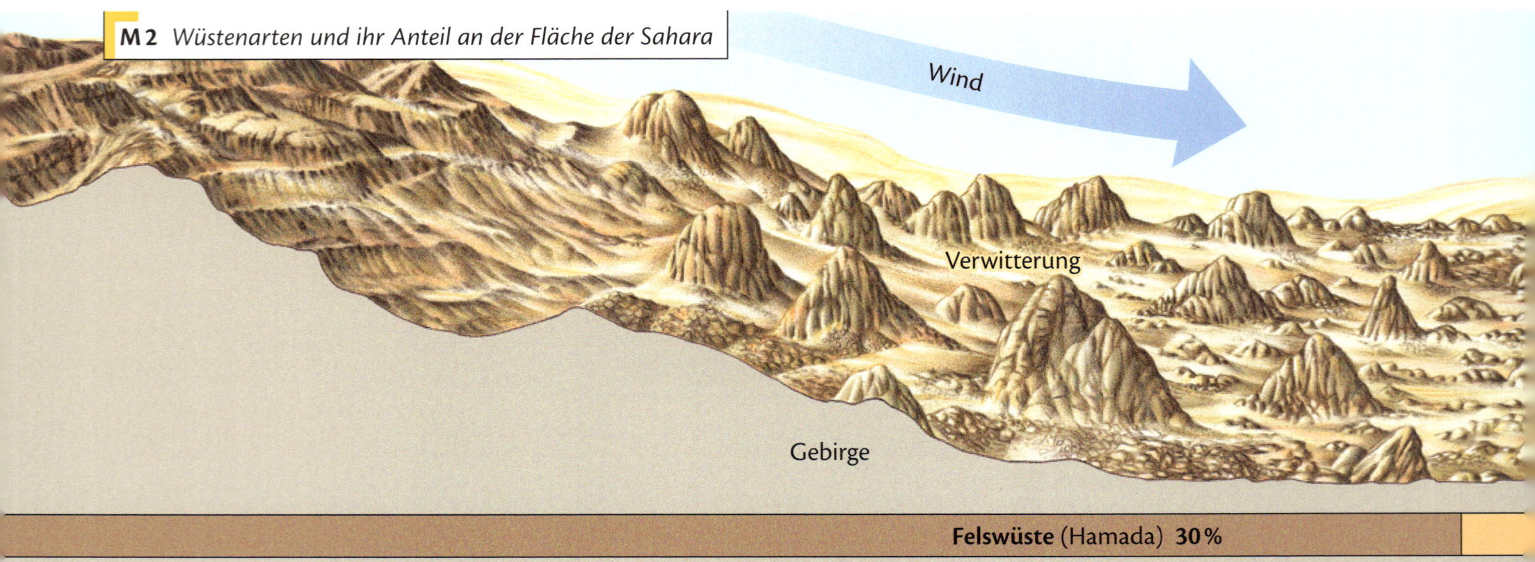

M 4 *Sandwüste (Erg)*

zieht es sich wieder zusammen. Dabei entstehen Risse. Felsplatten zerspringen in scharfkantige Stücke. Manchmal klingt es wie ein Pistolenschuss, wenn ein Stein zerspringt. Auf diese Weise werden die Stein- und Felswüsten der Sahara gebildet. Diese Hamadas sind zum Teil gewaltige Erhebungen mit blankem Fels und groben Gesteinstrümmern. Trotz der extremen Trockenheit kann man dort Spuren von fließendem Wasser erkennen. Es regnet selten in den **Hamadas**, aber wenn, dann stürzen die Wassermassen sintflutartig nieder. Der ausgetrocknete Boden kann die riesigen Regenmengen nicht aufnehmen. In Tälern, die sonst trocken liegen, fließt das Wasser oberflächlich ab. Diese Trockentäler heißen **Wadis**. Nach Regenfällen fließen dort reißende Flüsse. Wehe dem, der jetzt hier sein Zelt aufgeschlagen hat oder mit dem Geländewagen auf dem Weg durch das Wadi zu einer Oase ist. Wenn die Wadis Wasser führen, wird Geröll, Kies und auch Sand abgetragen und auf weiten ebenen Flächen abgelagert. So entstehen die Kieswüsten, die die Araber **Serir** nennen. Der feine Sand wird vom Wind ausgeblasen und als Sandwüste, dem **Erg**, abgelagert. Die Dünen können bis zu 300 Meter hoch werden.

WEBCODE: UE640102-137

1 Nenne die Merkmale des Klimas in der Sahara (**M 4**, S. 131).
2 Miss die Ausdehnung der Sahara von Nord nach Süd und von West nach Ost (Karte S. 127).
3 Erläutere die Entstehung von Hamada, Serir und Erg (**M 1 – M 4**).
4 Ermittle Wadis in der Sahara. Notiere die Gebirge, aus denen sie stammen (***Internetrecherche***).
5 Führe das Experiment Frostsprengung in der Wüste durch (S. 140).
6 Hamada, Serir und Erg sind durch das Wirken exogener Kräfte entstanden. Überprüfe diese Aussage und begründe deine Meinung (**M 2**).

Meister der Anpassung

M 1 *Dromedar*

M 2 *Wüstenfuchs*

M 3 *Eine Schlange vergräbt sich im Sand*

check-it
- typische Pflanzen und Tiere der Wüste kennen
- Anpassung von Pflanzen und Tieren an den Lebensraum erläutern
- Vegetationsprofil auswerten

Tiere der Wüste

Auf den ersten Blick ist in der Wüste kein Tier zu entdecken. Da die sengende Hitze und der glühend heiße Boden tagsüber kaum auszuhalten sind, ziehen sich die meisten Tiere in den spärlichen Schatten der Pflanzen zurück, vergraben sich in den Sand oder suchen eine kühlende Erdhöhle auf. Daher sind die Tiere meist nur frühmorgens, abends oder nachts zu sehen. Viele Tiere kommen lange Zeit ohne Wasser aus oder entnehmen den Pflanzen, die sie fressen, Flüssigkeit. Typische Wüstenbewohner sind Echsen, Schlangen, Käfer und Spinnen. Aber auch Säugetiere wie Springmäuse, Wüstenfüchse, Kamele oder Antilopen kommen vor. Manche von ihnen, wie zum Beispiel der Wüstenfuchs, haben riesige Ohren. Diese dienen zur Abgabe überschüssiger Wärme, um die Überhitzung des Körpers zu verhindern.

Pflanzen der Wüste

Damit Pflanzen gedeihen können, brauchen sie neben dem Boden, in dem sie wurzeln, auch Wasser, Licht und Wärme. In der Wüste gibt es zu viel Sonne und zu wenig Niederschläge. Pflanzen, die in der Wüste wachsen, haben sich dem extremen Klima angepasst. Man unterscheidet ausdauernde und kurzlebige Pflanzen. Die ausdauernden Pflanzen sind immer da. Ihnen reicht oft der nachts gebildete Tau als Wasserquelle. Manche von ihnen schränken ihre Verdunstung durch winzige Blätter oder Dornen ein. Andere speichern das wenige Wasser in ihren Blättern oder im Stamm. Außerdem besitzen manche Pflanzen, wie Dattelpalmen, Pfahlwurzeln, die bis tief in die Grundwasserschichten reichen.

Der Samen der kurzlebigen Pflanzen wartet viele Jahre, um zu neuem Leben erweckt zu werden. Er hält jahrelange Dürre aus. Sobald es nach langer Zeit einmal wieder regnet, keimt er und die Pflanzen sprießen und blühen in kürzester Zeit, um bestäubt zu werden und wieder Samen oder Früchte auszubilden. Die Wüste verwandelt sich in ein einzigartiges Blumenmeer. Nach wenigen Wochen ist dieser Blütenzauber wieder vorbei. Die abgeworfenen Samen überdauern im Boden bis zum nächsten Regen.

1 Beschreibe die natürlichen Lebensbedingungen für Pflanzen und Tiere in der Wüste (**M 4**, S. 131; **M 6**).
2 Erläutere, wie sich die Tiere der Sahara ihrer Umgebung perfekt angepasst haben (**M 1**–**M 3**).
3 Bildet Gruppen und sammelt weitere Informationen über Tiere der Wüste. Erstellt anschließend ein Wandplakat.
4 Erläutere, welche Strategien die Pflanzen entwickelt haben, um trotz der extremen Lebensbedingungen überleben zu können (**M 4**–**M 6**).
5 Führe das Experiment „Wüstenblumen zum Blühen bringen“ durch (S. 141).

M 4 *Blühende Wüste – kurzlebige Blumen nach dem seltenen Regen*

M 5 *Rose von Jericho – während und nach der Trockenzeit*

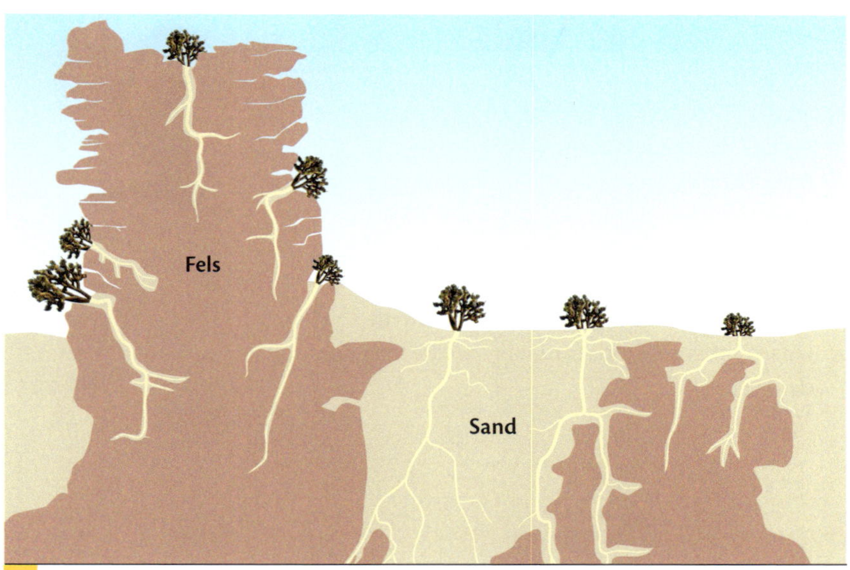

M 6 *Pflanzenwachstum und Wassermangel in der Wüste*

WEBCODE: UE640102-139

Experimente

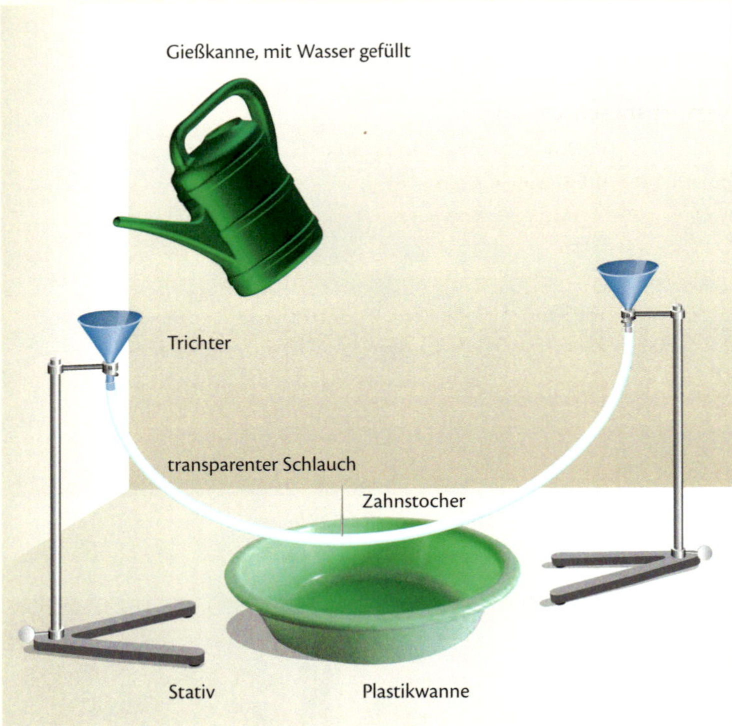

Artesischer Brunnen

Benötigtes Material:
zwei Stative mit Trichterhalterung, zwei Trichter, ein durchsichtiger Schlauch (etwa 80 Zentimeter lang), kleine Gießkanne (mit Wasser gefüllt), Schere, Zahnstocher, große Schüssel

Versuchsbeschreibung:
- Montiert die Trichterhalterungen auf gleicher Höhe an die Stative.
- Setzt die Trichter ein.
- Zieht die Enden des Schlauchs über die Trichterenden.
- Bohrt mit der Spitze der Schere ein kleines Loch in die Mitte des Schlauches.
- Verschließt das Loch mit einem Zahnstocher.
- Füllt Wasser in die Trichter ein.
- Entfernt den Zahnstocher.

1 Beobachtet den Weg des Wassers. Was stellt ihr fest?
2 Erklärt, wie ein artesischer Brunnen funktioniert.

Frostverwitterung in der Wüste

Benötigtes Material:
eine Metallschüssel, drei Sandsteinstücke, Wasser, Wärmelampe, Kühlschrank mit Tiefkühlfach

Versuchsbeschreibung:
- Feuchtet die Sandsteinstücke in der Schüssel mit etwas Wasser gut an.
- Stellt die Schüssel mit den Sandsteinstücken in das Tiefkühlfach.
- Erwärmt die gefrorenen Steine mit einer Wärmelampe, bis das Wasser getaut ist.
- Befeuchtet dann wieder die Steine und stellt sie in das Tiefkühlfach.
- Wiederholt diesen Vorgang mehrmals.

1 Beschreibt die Veränderung der Sandsteine.
2 Übertragt eure Beobachtungen auf die Verwitterung in der Wüste.

Wüstenpflanzen blühen auf

Benötigtes Material:
Rose von Jericho, Schale, Wasser
Versuchsbeschreibung:
Legt eine trockene Rose von Jericho in eine Schale.
Begießt sie mit etwas Wasser.
Lasst sie dann wieder einige Wochen ohne Wasser in der Sonne stehen.

1 Beschreibt die Veränderungen der Pflanze.
2 Übertragt eure Beobachtungen auf die Pflanzen in der Wüste.

Dünen entstehen

Benötigtes Material:
trockener Sand, ein starker Föhn, ein größerer Karton, Streichhölzer, kleine Zweige, Knetmasse
Versuchsbeschreibung:
- Bedeckt den Boden des Kartons mit etwa einem Zentimeter Sand.
- Legt in die Mitte des Kartons kleine Hindernisse, indem ihr in die Knetmasse kleine Zweige und Streichhölzer steckt.
- Blast mit dem Föhn den Sand flach über den Boden in Richtung Hindernis.

1 Beschreibt eure Beobachtungen.
2 Übertragt eure Beobachtungen auf die Versandung der Oasen.

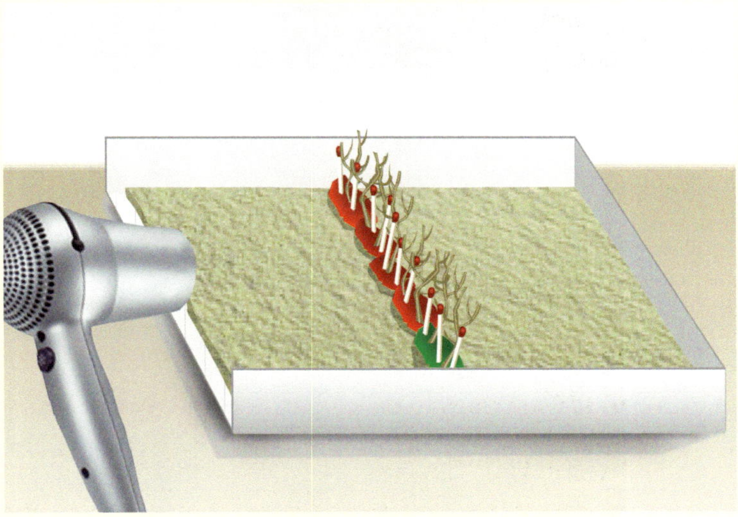

Niederschlagsaufnahme von Böden

Benötigtes Material:
Zwei Glasschalen, trockene und verkrustete Erde, leicht angefeuchtete Erde, kleine Gießkanne
Versuchsbeschreibung:
- Bedeckt den gesamten Schalenboden mit etwa drei Zentimeter dicker verkrusteter Erde.
- Beregnet die verkrustete Erde mit Wasser.
- Kippt die Schale ganz leicht.
- Bedeckt anschließend den anderen Schalenboden mit etwa drei Zentimeter dicker angefeucheter Erde.
- Beregnet die bereits angefeuchtete Erde und kippt die Schale ebenfalls.

1 Beschreibt eure Beobachtungen.
2 Übertragt eure Beobachtungen auf die Niederschlagsaufnahme in Wüsten.

Oasen – grüne Inseln in der Wüste

M 1 *Eine Grundwasseroase*

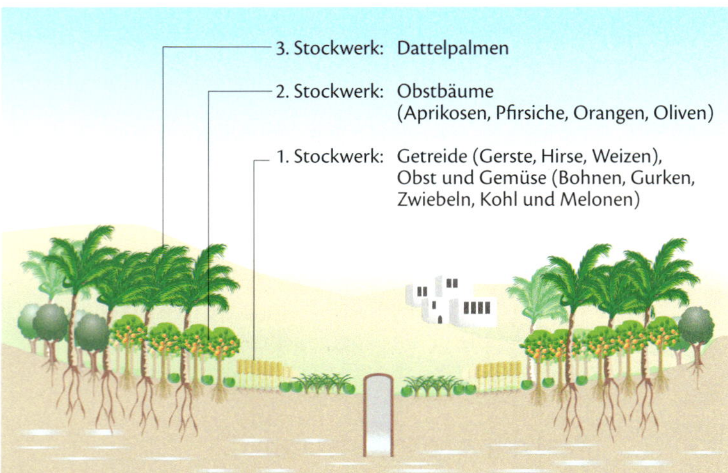

M 2 *Stockwerkbau einer Oase*

check-it
- Oasen lokalisieren
- Oasentypen und ihre Merkmale erläutern
- traditionelle Lebens- und Wirtschaftsform der Oase beschreiben
- Ursachen für veränderte Lebensweisen in heutigen Oasen erörtern
- Experimentieren

Wasser in der Wüste

„Bahr bela ma" – Meer ohne Wasser – so nennen die Araber die Sahara. Doch tausende Oasen liegen wie grüne Inseln inmitten des Wüstenmeeres. Überall dort, wo es Wasser gibt, können sich in der Wüste Menschen ansiedeln und Ackerbau betreiben. Auch Karawanen nutzten die Oasen als Anlaufstationen, um sich mit Wasser und Nahrung für ihre langen Trecks durch die Wüste einzudecken.

Wie kommt das Wasser in die Wüste?

Die meisten Oasen sind **Grundwasseroasen**. Das Wasser der Niederschläge, die vor allem in den Gebirgen am Rand der Sahara fallen, versickert. Wenn es auf eine wasserundurchlässige Schicht trifft, wird es gestaut und fließt oft viele hundert Kilometer unterirdisch in die Sahara hinein. In den Oasen tritt das Wasser in Quellen an die Erdoberfläche oder es wird durch Brunnen gefördert.

Landwirtschaft in der Wüste

In kleinen Kanälen wird das Wasser zur Bewässerung in die Gärten, auf die Felder und in die Dattelpalmhaine geleitet. Die Gärten der traditionellen Oasen werden im **Stockwerkbau** bewirtschaftet, um den Boden und empfindliche Pflanzen vor der Sonne zu schützen. Die Oasenmärkte waren früher wichtige Handelsplätze in der Wüste. Hier versorgten sich die Nomaden mit den Ernteprodukten der Oasenbauern, während diese Kamele, Schafe, Ziegen, Salz und andere Waren von den Nomaden kauften.

Oasen im Wandel

Der technische Fortschritt ist auch an den Oasen der Sahara nicht spurlos vorübergegangen.

In der nördlichen Sahara wurden bei der Ölsuche große Wasservorräte entdeckt. Dies ermöglichte eine Intensivierung und Ausweitung der bewässerten Landwirtschaft. Durch die verbesserte Verkehrsanbindung gelangen viele neue Güter in die Oasenstädte. Die Bewohner sind nicht mehr auf Selbstversorgung und Tauschhandel angewiesen. Damit änderten sich die Ernährungsgewohnheiten. Datteln werden kaum noch zur Selbstversorgung, sondern meist für den Export nach Europa erzeugt. Seitdem es bessere Straßen gibt, kommen auch Touristen. Einige Oasenstädte sind stark gewachsen; die größten haben heute mehr als 100 000 Einwohner.

Andere Oasen, insbesondere im Süden der Sahara, verfallen zunehmend. Immer mehr junge Oasenbewohner haben außerhalb der Oasen eine besser bezahlte Beschäftigung gefunden. Die Oasengärten und -felder können nicht mehr bewirtschaftet werden. Ohne Pflege versanden die Oasen.

1 Beschreibe die typischen Merkmale einer Oase (**M 1**).
2 Ermittle Oasen in der Sahara (Atlaskarte S. 218).
3 Berichte in einem Kurzvortrag, woher die Oasen das Wasser bekommen (**M 1–M 3**).
4 Erläutere anhand eines Strukturdiagramms den Stockwerkbau traditioneller Oasengärten (**M 2**).
5 „Die Dattelpalme muss mit dem Fuß im Wasser und mit dem Kopf in den Flammen stehen" (altes arabisches Sprichwort). Erläutere diese Aussage und erkläre, warum diese Pflanze für den Oasenbauern unentbehrlich ist (**M 4**).
6 Erörtere Ursachen für die veränderte Lebensweise in den heutigen Oasen.
7 Führe das Experiment „Dünen entstehen" durch (S. 141).

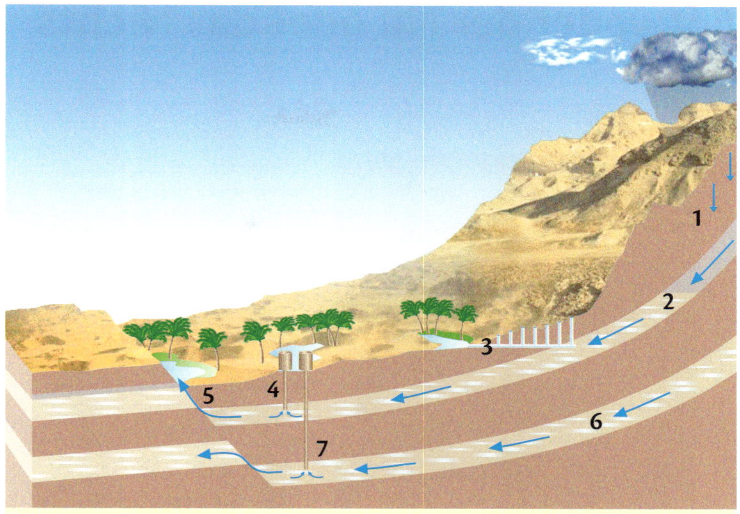

1 wasserundurchlässige Schicht
2 wasserführende Schicht
3 künstliche Kanäle
4 artesischer Brunnen
5 Quelle
6 fossiles Grundwasser
7 Tiefbrunnen

M 3 *Wasser für die Oasen*

WEBCODE: UE640102-143

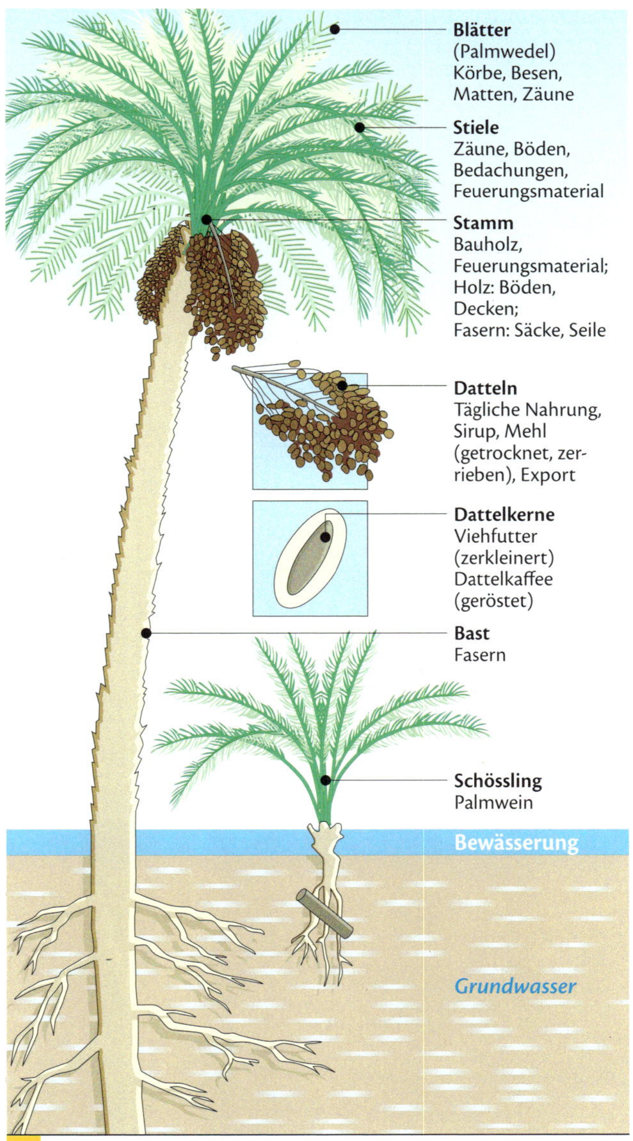

M 4 *Nutzung der Dattelpalme*

Entweder der Nil oder das Nichts

M 1 *Flussoase des Nils im Satellitenbild*

check-it
- Nilverlauf beschreiben
- Begriffe Fremdlingsfluss und Flussoase erläutern
- wirtschaftliche Bedeutung des Nils kennen
- Niltal vor und nach dem Bau des Assuan-Staudamms vergleichen und den Nutzen des Staudamms beurteilen
- Luftbild und thematische Karte auswerten

Wasser aus der Ferne

Entweder der Nil oder das Nichts – so lautet ein altes arabisches Sprichwort. Der Nil ist die Lebensader Ägyptens. In seinem Tal und im Nildelta ist inmitten lebensfeindlicher Wüsten eine der größten Flussoasen der Erde entstanden. Hier leben mehr als 95 Prozent aller Einwohner des Landes. Fast die gesamten Ernteerträge Ägyptens sind von der Bewässerung mit Nilwasser abhängig. Der Nil entspringt in niederschlagsreichen Klimazonen. Er führt so viel Wasser, dass er die mehr als 1500 Kilometer langen Wüstengebiete Ägyptens als Fremdlingsfluss durchfließen kann, ohne auszutrocknen.

Die Niloase in der Vergangenheit

Um die gesamte Flussoase als Anbaufläche nutzen zu können, siedelten die Ägypter abseits des Flusses am Rand zur Wüste. Nach der Regenzeit in den Quellgebieten des Nils führte der Fluss so viel Wasser, dass er über die Ufer trat und einen bis zu mehrere Kilometer breiten Streifen Land bedeckte. Diese Überschwemmung, die in den Monaten Juni bis Oktober stattfand, nennt man Nilschwelle. Wenn das Wasser wieder abfloss oder verdunstete, hinterließ es fruchtbaren, dunklen Flussschlamm, der als Dünger diente. Frühjahr und Frühsommer waren dagegen die Niedrigwasserperioden des Flusses.

Die Wasserführung des Nils in Ägypten schwankte jedoch von Jahr zu Jahr stark, denn sie hing von der Niederschlagsmenge im Quellgebiet ab. Die ägyptischen Bauern verstanden es seit Jahrtausenden, die unterschiedliche Wasserführung auszugleichen. Mithilfe von Schöpfwerken und Kanälen konnten sie ihren Feldern ganzjährig Nilwasser zuführen.

Die Niloase nach dem Bau des Assuan-Staudamms

Die jährliche Schwankung der Wassermengen bedeutete aber auch eine ständige Bedrohung für die Bevölkerung des Niltals. Mal kam es zu verheerenden Überflutungen, mal herrschten Wassermangel und Dürre. Beide Vorgänge gefährdeten die Ernten und damit die Existenz der dort lebenden Bevölkerung. Außerdem stieg mit dem starken Bevölkerungswachstum das Problem der Nahrungsmittelversorgung. Der Bau des Assuan-Staudammes sollte diese Probleme lösen. Der Hochdamm bei Assuan hat einen künstlichen See geschaffen, der zehnmal größer als der Bodensee ist, den Nasserstausee. Durch die ausgeglichene Wasserführung können drei Ernten pro Jahr eingefahren werden. Allerdings muss der fehlende Nilschlamm mit seinen Schwebeteilchen durch Mineraldünger ersetzt werden.

M 2 *Im Niltal*

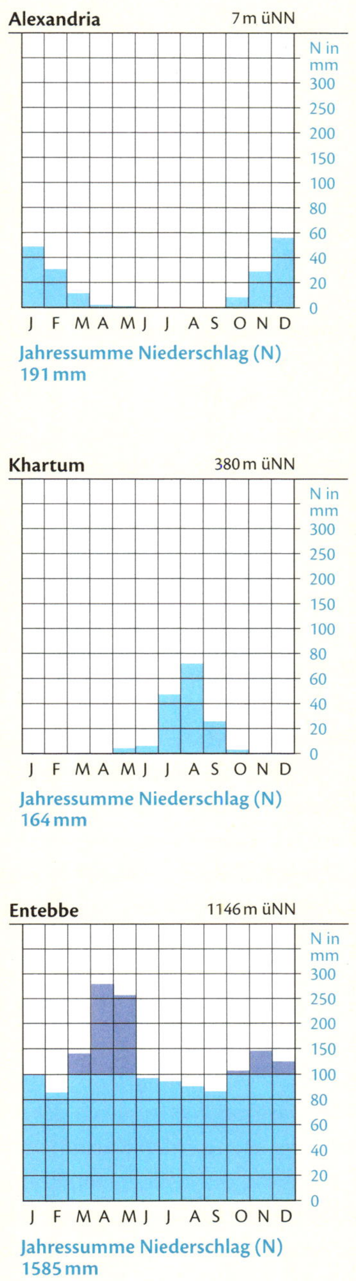

M 3 *Niederschlagsdiagramme von Stationen am Niltal*

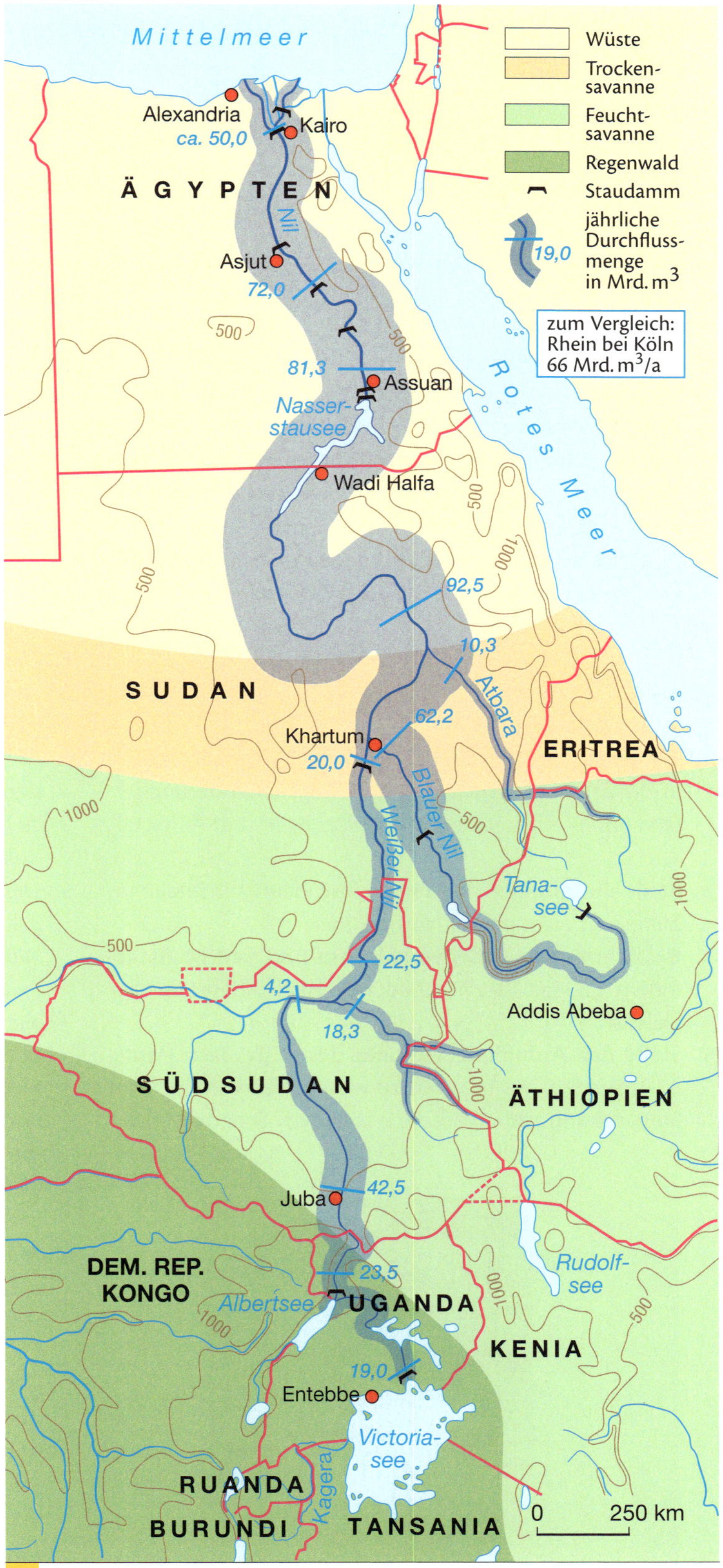

M 4 *Wasserführung des Nils*

1 Beschreibe den Verlauf des Nils. Beachte dabei Quellen, Zuflüsse, Mündung und Vegetationszonen (**M 4**).

2 Erkläre die Begriffe „Fremdlingsfluss“ und „Flussoase“ (**M 1, M 2, M 4**).

3 Werte das Satellitenbild aus und begründe, warum man den Nil „die Lebensader Ägyptens“ nennt (**M 1, M 4**).

4 Die Nilschwelle erreichte Ägypten von Juni bis Oktober. Erkläre das (**M 3**).

5 Stelle die Vor- und Nachteile des Dammbaus bei Assuan in einer Tabelle gegenüber. Beurteile den Nutzen für die Menschen.

Wir werten ein Satellitenbild aus

check-it
- Merkmale eines Satellitenbildes kennen
- Schritte zum Auswerten eines Satellitenbildes kennen und anwenden

Was ist ein Satellitenbild?

Die Satelliten zur Erkundung der Erde sind mit Abtastgeräten (Scannern) ausgerüstet. Diese empfangen auch Strahlen, die der Mensch nicht sehen kann. Dazu gehören die Infrarotstrahlen, die von den Pflanzen reflektiert werden. Die Scanner tasten die Erdoberfläche ab, zeichnen die Strahlen nach ihrer Stärke (Intensität) auf und senden die Signale zur Bodenstation. Hier werden die Signale zu Bildern zusammengesetzt.

Wie geht man bei der Auswertung eines Satellitenbildes vor?

1. **Verorte das Satellitenbild.** Suche in einer Karte die Stelle, die das Satellitenbild zeigt. Wichtige Orientierungshilfen können Städte, Berge, Flussbiegungen und Ähnliches sein.
2. **Stelle die Himmelsrichtungen fest,** denn auf Satellitenbildern ist nicht immer Norden oben.
3. **Bestimme die Größenverhältnisse und den Maßstab,** indem du das Satellitenbild mit einer Atlaskarte vergleichst.
4. **Stelle den Aufnahmezeitpunkt des Bildes fest:** Häufig ist es wichtig, die Tageszeit zu wissen, weil sich mit dem Sonnenstand zum Beispiel die Länge der Schatten verändert. Die Jahreszeit spielt eine Rolle, wenn das Bild ein Gebiet zeigt, in dem die Bäume in der kalten Jahreszeit oder in der Trockenzeit ihr Laub abwerfen.
5. **Beschreibe einzelne Objekte und deren Verteilung,** zum Beispiel Farben, Formen, Schattierungen, Gewässer, Orte und Ähnliches.
6. **Deute den Bildinhalt und versuche dadurch Zusammenhänge zu erkennen,** zum Beispiel zwischen der Lage von Orten und Oberflächenformen, zwischen Klima und Pflanzenwelt.
7. **Nutze weitere Medien zur Beurteilung der Bildinhalte,** zum Beispiel Atlaskarten.

M 1 *Satellitenaufnahme selbstgemacht*

Erläuterung des Beispiels:

1. Es ist die Nilschleife bei Kena wiedergegeben.
2. Das Satellitenbild des Niltales ist genordet.
3. Auf dem Satellitenbild beträgt die Nord-Süd-Erstreckung 120 Kilometer, die West-Ost-Erstreckung 90 Kilometer.
4. Dieses Bild ist am späten Vormittag aufgenommen worden. Die Jahreszeit spielt in diesem Raum, in dem das ganze Jahr über mehrere Ernten eingebracht werden, keine Rolle.
5. Den größten Teil des Bildausschnittes nehmen weiße und gelbliche Flächen ein, die keine Pflanzendecke tragen (= Wüste). Die Wüstenflächen sind durch wasserlose Täler (= Wadis) zerschnitten. Ein breites grün-bräunliches Band zieht sich in einer großen Schleife durch den rechten und oberen Teil des Bildes. Inmitten des Bandes ist als dunkelblaue Linie ein Fluss zu erkennen. Er teilt sich vielfach auf und umschließt Inseln. Die Flussoase ist von vielen Linien durchzogen. Es handelt sich dabei um Straßen und Bewässerungskanäle. Die grüne Fläche wirkt wie gesprenkelt durch rotbraune Flecken (= Siedlungen).
6. Auf dem Bild ist die Flussoase des Nils inmitten der Wüste dargestellt. Mit dem Nilwasser werden Flächen bewässert und damit Ackerbau ermöglicht. Bis zu 16 Kilometer breit ist das bewässerte, fruchtbare Tal, das an der engsten Stelle noch etwa zwei Kilometer misst. In Bewässerungskanälen wird das Nilwasser bis zu den entfernten Feldern geführt. Sehr viel kleinere und größere Siedlungen liegen in der Flussoase.
   Die Wüste selbst ist keine einheitliche, sandige Fläche, sondern es ragen einzelne Gebirgszüge heraus. Diese zwingen den Strom dazu, die Schleife zu ziehen. Die höheren Wüstengebirge sind durch Wadis zerschnitten. Diese Wadis enden oft in weiten Sandflächen.
7. Die Atlaskarte zeigt, dass hier in der Flussoase vorwiegend Zuckerrohr angebaut wird, dass entlang dem Nil eine Eisenbahnlinie und mehrere Straßen verlaufen. Sie benennt auch die größten Städte: Kena und Luxor. Nahe Luxor liegen die antiken Ruinen von Theben. Lexika und Reiseführer enthalten dazu interessante Aussagen.

M2 *Die Nilschleife bei Kena im Satellitenbild*

Wem gehört das Wasser von Euphrat und Tigris?

M 1 *Der Atatürk-Staudamm*

check-it
- Lage Anatoliens und den Verlauf von Euphrat und Tigris beschreiben
- Ziele und Maßnahmen des Südost-Anatolien-Projekts erläutern
- Auswirkungen des Projekts beurteilen
- Satellitenbilder und Karte auswerten
- Internetrecherche durchführen

Kein Wasser – keine Landwirtschaft

Die meisten Staaten im Orient leiden unter Wassermangel. Nur wenige Flüsse führen ganzjährig Wasser. Dazu zählen Euphrat und Tigris. Vom Wasserstand dieser Flüsse hängt die Wasserversorgung Syriens, des Irak und des Südostens der Türkei ab. An den Ufern von Euphrat und Tigris haben sich schon im Altertum Siedlungen gebildet. Doch in Dürrejahren trockneten die Brunnen immer wieder aus und das Wasser reichte nicht zur Bewässerung der Felder.

Das Südost-Anatolien-Projekt

In den 1980er-Jahren startete die Türkei das Südost-Anatolien-Projekt mit dem Ziel, das Wasser von Euphrat und Tigris wirtschaftlich besser zu nutzen. 1992 wurde der größte Staudamm des Projekts, der Atatürk-Damm, eingeweiht. Es ist ein riesiger Stausee entstanden, dessen Wasser zur Bewässerung von Baumwollfeldern, Pistazien- und Mandelbaumplantagen, Erdbeer-, Sojabohnen- und Weizenfeldern genutzt wird. Es können mehr landwirtschaftliche Produkte exportiert und viele Arbeitsplätze geschaffen werden. Das Wasser der Stauseen dient auch der Stromerzeugung. Das Projekt soll bis 2015 fertiggestellt sein.
Unter den Wassermassen der Stauseen wurden zahlreiche jahrtausende alte Siedlungen begraben.

M 2 *Südost-Anatolien-Projekt*

Streit ums Wasser

Das Wasser von Euphrat und Tigris wird auch von Syrien und dem Irak genutzt. Die beiden Staaten sind wegen geringer Niederschläge auf das Flusswasser angewiesen. Dadurch, dass die Türkei die Flüsse staut, fließt deutlich weniger Wasser nach Syrien und in den Irak. Als die Türkei 1990 den Atatürk-Stausee anstaute, verringerte sich die Wassermenge, die in Syrien ankam, zeitweise erheblich. Damit war die gesamte Wasser- und Energieversorgung des Landes gefährdet. Zusätzlich belastet der vermehrte Einsatz von Pflanzenschutzmitteln und Düngemitteln in der türkischen Landwirtschaft das Wasser.
Internationale Abkommen sichern dem Irak und Syrien eine festgelegte Menge Wasser zu. Die Türkei nutzt auch die Möglichkeit, Wasser, das sie nicht selbst benötigt, in die Trockengebiete der Nachbarstaaten zu verkaufen. So könnte die Türkei zu einer Wassermacht im Orient werden.

1 Beschreibe die geographische Lage Anatoliens (Atlaskarte S. 221).
2 Stelle den Verlauf von Euphrat und Tigris in einer Skizze dar. Nenne Quell- und Mündungsgebiete sowie die Staaten, durch die die Flüsse fließen (Atlaskarte S. 221).
3 Erläutere Ziele und Maßnahmen des Südost-Anatolien-Projekts in der Türkei (**M 2**, **M 5**).
4 Vergleiche die Satellitenbilder und erläutere, was sich durch den Bau des Atatürk-Staudamms verändert hat (**M 3**, **M 4**).
5 Der Gemeinderat von Adiyaman tritt zusammen und diskutiert über die Auswirkungen des Südost-Anatolien-Projekts. Bildet Gruppen und führt eine Pro-und-Kontra-Diskussion durch (**M 1–M 5**).
6 Wem gehört das Wasser von Euphrat und Tigris? – Beurteile das Projekt anhand dieser Frage.
7 Informiere dich über Länder mit Wassermangel im Orient und stelle sie der Klasse vor (***Internetrecherche***).

M 3 *Euphrat 1983*

M 4 *Atatürk-Stausee 2002*

Fläche	rund 75 000 Quadratkilometer = etwa neun Prozent der Fläche der Türkei (entspricht etwa der eineinhalbfachen Fläche von Niedersachsen)
Baumaßnahmen	22 Staudämme, 19 Wasserkraftwerke, 630 Kilometer Bewässerungskanäle
Ziele	– Arbeitsplätze für etwa 3,8 Millionen Menschen – 1,7 Millionen Hektar Bewässerungsland – Energieversorgung

M 5 *Südost-Anatolien-Projekt in Zahlen*

Erdöl – das „schwarze Gold" des Orients

M 1 *Erdölförderung in der Libyschen Wüste*

check-it
- Erdöl fördernde Staaten des Orients benennen
- Bedeutung des Erdöls erläutern
- Entstehung von Erdöl beschreiben
- Erdölreserven vergleichen und Folgen für den Orient beurteilen
- Diagramme und Profile auswerten

Abhängigkeit vom „schwarzen Gold"

Es schmiert, es stinkt, es ist nicht annähernd so attraktiv wie Gold und trotzdem ist es ebenso wertvoll. Deshalb nennt man Erdöl auch das „schwarze Gold".

Das „schwarze Gold" ist weltweit begehrt. Besonders die Industriestaaten sind auf Erdöl angewiesen. Sie benötigen fast alle mehr Erdöl, als sie selbst fördern können. Das „schwarze Gold" wird nicht nur als Treibstoff für Fahrzeuge oder als Brennstoff für Heizungen oder zur Stromherstellung verwendet. Alle Kunststoffe haben als Ausgangsstoff Erdöl, wie zum Beispiel Plastikspielzeug und Kunststofffolien. Aber auch für die Herstellung von Autoreifen, Waschmitteln, Medikamenten oder Farben wird Erdöl benötigt.

Land	Förderung (in Mio. t)
Saudi-Arabien	491,7
Russland	491,5
USA	317,8
Iran	212,2
VR China	187,7
Mexiko	177,1
Kanada	157,8
Venezuela	137,0
Ver. Arab. Emirate	133,2
Kuwait	130,7
Norwegen	119,0
Nigeria	114,2
Irak	108,0
Brasilien	91,8
Algerien	86,8
Libyen	85,2

Quelle: Oeldorado 2008

M 2 *Erdölförderung 2007*

Macht und Reichtum durch das „schwarze Gold"

Im Orient gibt es außer Erdöl und Erdgas keine nennenswerten Bodenschätze. Die Staaten des Orients gehörten zu den armen Ländern der Erde, bis Anfang des 20. Jahrhunderts das erste Erdöl am Persischen Golf gefördert wurde. Innerhalb weniger Jahrzehnte wurden die Erdöl fördernden Staaten zu den reichsten Ländern der Erde.

Die Industrieländer sind von den Erdölimporten abhängig. Das verleiht den Erdölförderländern ein großes politisches Gewicht in der Welt. Um ihre Interessen besser durchsetzen zu können, schlossen sich 1960 die wichtigsten Erdöl exportierenden Länder des Orients zur OPEC (Organization of Petroleum Exporting Countries) zusammen. Heute gehören ihr auch Erdöl fördende Staaten aus anderen Regionen an. Die OPEC legt zum Beispiel fest, wie viel Erdöl in einem bestimmten Zeitraum gefördert werden soll, und beeinflusst damit den Preis für Erdöl auf dem Weltmarkt.

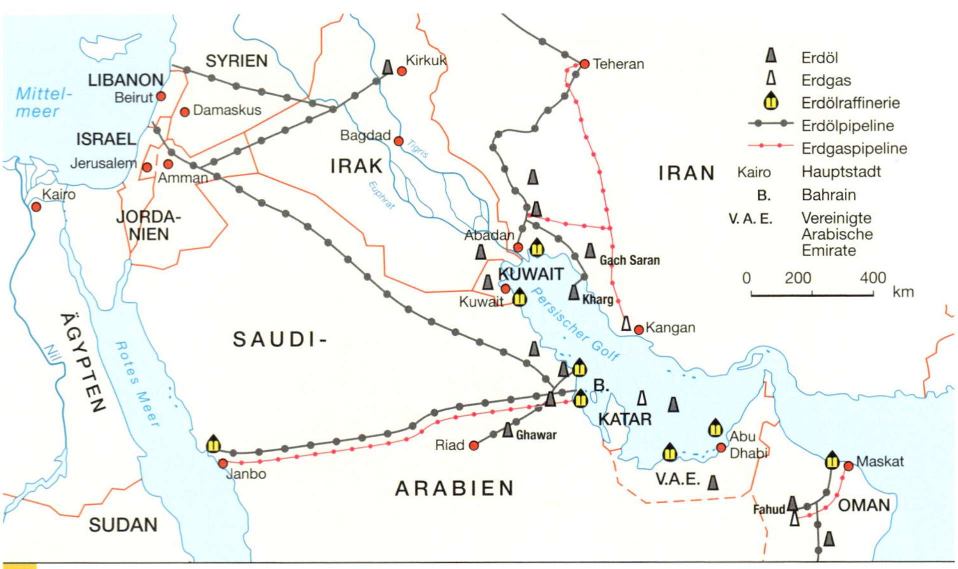

M 3 *Erdölfördergebiete in der Golfregion*

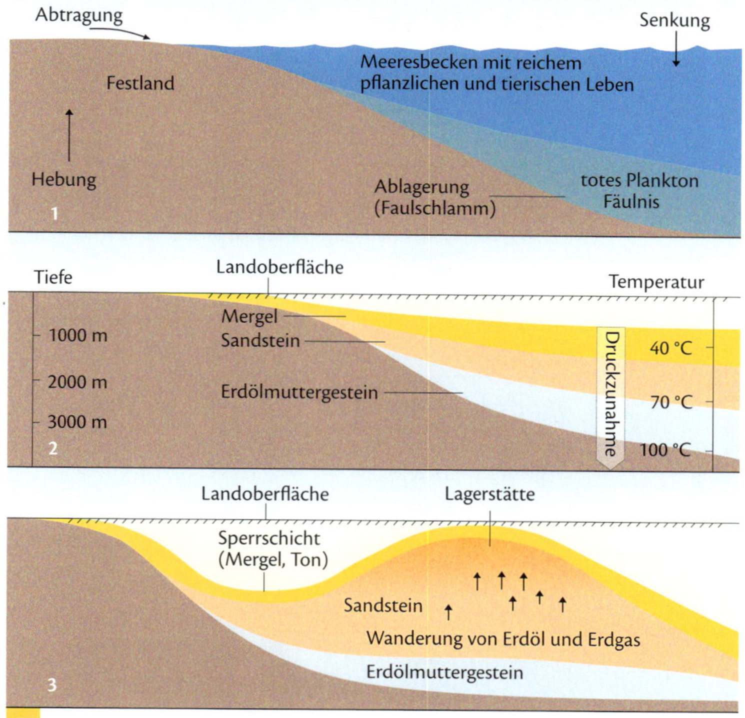

M4 *Entstehung des Erdöls*

Entstehung von Erdöl

Vor Millionen Jahren fielen abgestorbene Meerestiere auf den Meeresgrund. Mit der Zeit wurden sie von Sand, Kies, Mergel und Ton überlagert. Unter Druck und Sauerstoffmangel entstanden aus den abgestorbenen Meerestieren mit der Zeit Erdöl und Erdgas.
Bewegungen der Erdkruste führten zur Aufwölbung und Faltung der Gesteinsschichten. Da Erdöl und Erdgas leichter als Wasser sind, drangen sie in die entstandenen Hohlräume ein und sammelten sich hier zu Erdöl- und Erdgaslagerstätten. Da Erdöl und Erdgas zur gleichen Zeit entstanden sind, kann man sie häufig an gleicher Stelle fördern.
Erdöllagerstätten befinden sich in Tiefen von 1500 bis 6000 Metern. Das macht die Förderung technisch aufwändig und teuer.

Erdöl – wie lange noch?

Erdöl gehört zu den **fossilen** Energieträgern, denn es ist in erdgeschichtlicher Vergangenheit entstanden und nicht erneuerbar. Deshalb werden die Vorräte irgendwann aufgebraucht sein. Es lässt sich jedoch nicht voraussagen, wann dies sein wird. Durch neue technische Verfahren werden immer wieder neue Erdölreserven gefunden und genutzt.
Die Erde wird systematisch nach Erdöl abgesucht. Speziallastwagen mit tonnenschweren Gewichten fahren über das Land. Werden diese Gewichte fallen gelassen, so erzeugen sie künstliche Erdbebenwellen in der Tiefe. Das zurückkommende Echo wird als Signal aufgenommen und lässt Rückschlüsse auf die Tiefe von Schichtfolgen und deren Verlauf zu. So lassen sich Orte ermitteln, an denen die Wahrscheinlichkeit hoch ist, auf Erdöl zu stoßen. Ähnlich funktioniert die Suche nach Erdöl auf dem Meeresboden. Von Schiffen aus werden Luftdruckkanonen im Gleichtakt nach unten gefeuert. Der Widerhall wird von Bordcomputern aufgenommen und ausgewertet. So erhält man Auskunft über die Beschaffenheit des Untergrunds.

1 Liste die Erdöl fördernden Staaten des Orients auf (**M1–M3**, Karte S. 127). Lege dar, wo sich die Erdölförderung im Orient konzentriert.
2 Erläutere, warum Erdöl als das „schwarze Gold" des Orients bezeichnet wird (**M1–M3, M5**).
3 Beschreibe anhand eines Flussdiagramms die Entstehung von Erdöl (**M4**).
4 Erdöl ist nicht erneuerbar. Vergleiche die Erdölreserven im Orient mit denen anderer Regionen und beurteile die Folgen für den Orient (**M5**).
5 Diskutiert in der Klasse, wie verlässlich heutige Aussagen zu Erdölreserven sind.

WEBCODE: UE640102-151

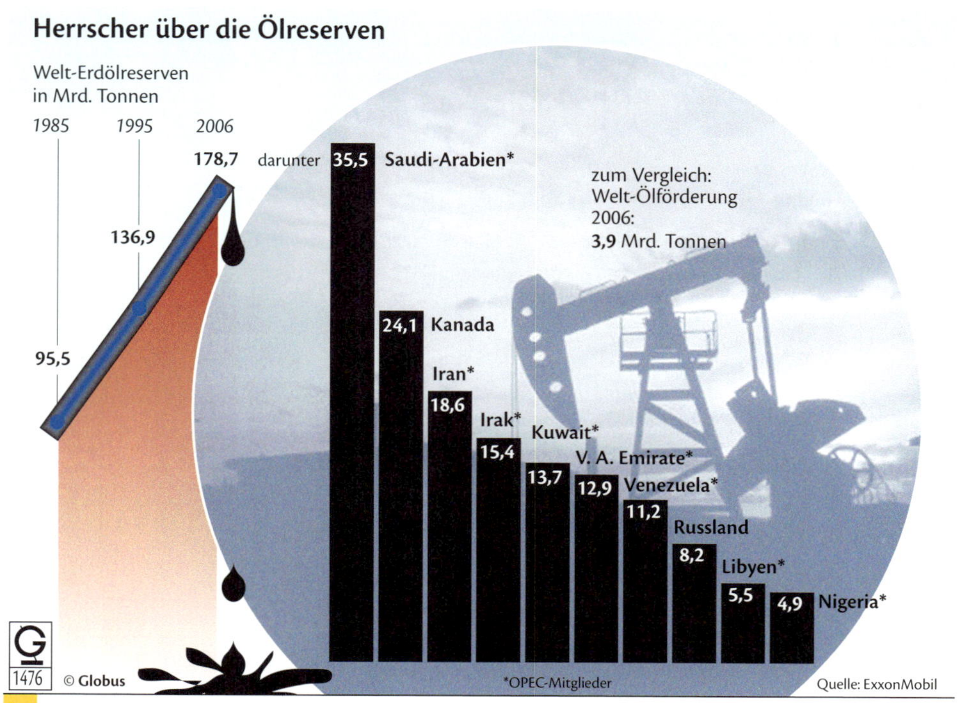

M5 *Welt-Erdölreserven*

Vom Bohrloch zum Verbraucher

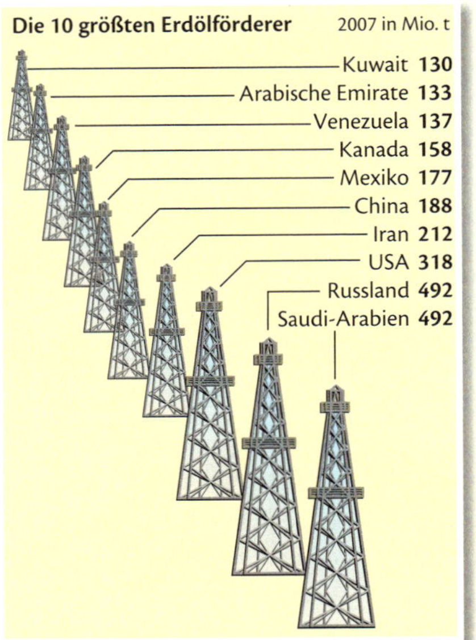

Erdölförderung in Saudi-Arabien

2 Tage

Transport mit Tankwagen zur Tankstelle

6 Tage

Dienst am Kunden: So kommt das Rohöl beim Verbraucher an. Raffiniert und behandelt kann es in Lüneburg getankt werden

30 Tage

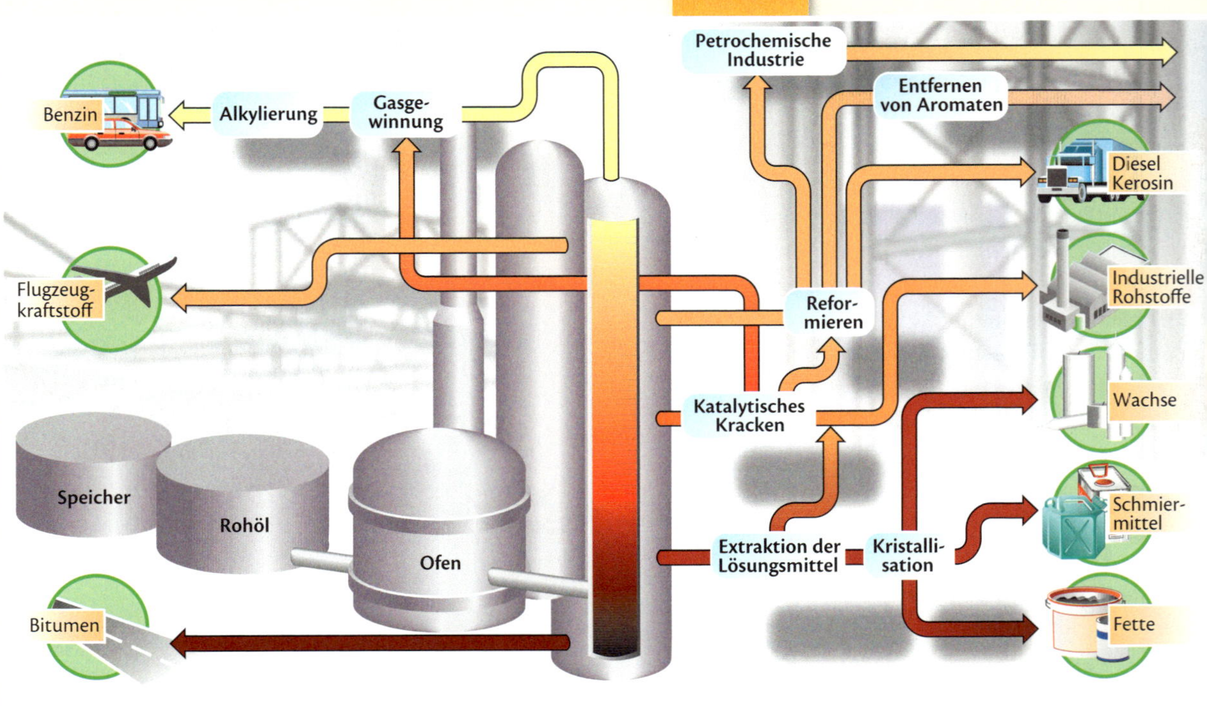

Erdölexporthafen in Ras Tanura (Saudi-Arabien)

2 Tage

Überseetransport per Tanker

31 Tage

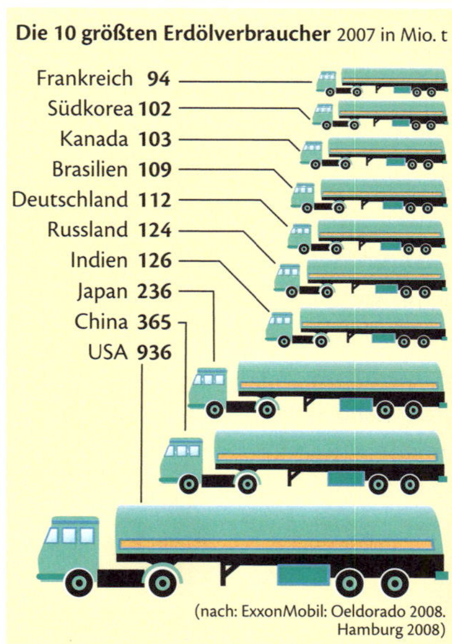

1 Zeige auf einer Weltkarte den Seeweg des Erdöls von Saudi-Arabien bis Wilhelmshaven (Atlaskarte S. 214 und 218).

2 Berichte in einem Kurzreferat über den Weg des Erdöls von Saudi-Arabien bis zur Tankstelle in Lüneburg. Beachte dabei die Dauer des Transports, Transportmittel und -wege sowie die Schritte der Verarbeitung (***Kurzreferat halten***).

8 Tage

Löschen und Lagerung in Wilhelmshaven

12 Tage

Verarbeitung in einer Raffinerie, Transport ins Großlager

Dubai – Reichtum durch Erdöl

check-it
- Erdöl fördernde Staaten am Persischen Golf lokalisieren
- Veränderungen der Gesellschaft durch das Erdöl erläutern
- Bestrebungen, die Abhängigkeit vom Erdöl zu verringern, beschreiben
- Arbeits- und Lebensverhältnisse der Arbeitsmigranten erörtern
- Vor- und Nachteile des Tourismus diskutieren

M 1 *Dubai: Eine Straße im Sand um 1990*

M 2 *Die gleiche Straße im Jahr 2005*

Wolkenkratzer in der Wüste

Bis 1965 war es in dem Emirat Dubai wie überall an der arabischen Küste des Persischen Golfes: ein paar Fischerdörfer am Meer, ein paar Oasen inmitten der Sandwüste. Durch die Wüste im Hinterland zogen Nomaden mit ihren Tieren. Aber dann wurde Erdöl entdeckt, gefördert, in gewaltige Tanker gepumpt und in die reichen Industriestaaten exportiert. Von da an änderte sich in Dubai und in den angrenzenden Staaten alles. Die moderne Stadt Dubai entstand nach westlichem Vorbild. Die Prachtbauten der Banken und Hotels, Bürohochhäuser, Kaufhäuser und Fachgeschäfte übten eine magische Anziehungskraft auf die ländliche Bevölkerung aus. Aus Nomaden wurden sesshafte Bürger.

Schon Anfang der 1970er-Jahre erkannten die Herrscher die Abhängigkeit ihres Landes von Erdöl und Erdgas. Doch die Ölvorkommen des Emirats sind begrenzt. Es wird geschätzt, dass sie zwischen 2015 und 2030 erschöpft sein werden. Daher versucht Dubai bereits seit längerem, vom Erdöl unabhängig zu werden.

Die Wüste wird grün

In Dubai steht das höchste Hotel der Welt, es wurden fünf Golfplätze angelegt, und wem das alles nicht reicht, der kann auf einer 400 m langen Kunstschneepiste Ski fahren. Der Freizeitpark „Wild Wadi“ bietet Surfmöglichkeiten in entsalztem Meerwasser mit künstlichen Wellen sowie eine Wildwasserbahn. Allein in der künstlichen Insellandschaft „The Palm“ entstehen 25 neue Hotels. Gleich neben der Palmeninsel wird „The World“ gebaut. Das sind viele kleine künstliche Inseln in der Form einer Weltkarte. Man muss schon sehr viel Geld besitzen, wenn man sich hier eine Insel leisten möchte. „Deutschland“, das etwas größer als fünf Fußballfelder ist, soll etwa 30 Millionen Euro gekostet haben. Damit Dubai in grüner Pracht erscheint, wurde ausgerechnet Eukalyptus angepflanzt, eine Pflanze, die zwar schnell wächst, aber enorm viel Wasser verbraucht. Zahlreiche Meerwasser-Entsalzungsanlagen wurden gebaut, um den rasch wachsenden Wasserbedarf von Einheimischen und

M 3 *Palm Island*

Touristen zu decken. Die Entsalzung von Meerwasser ist extrem teuer und energieaufwändig. Deshalb wird sich der Stromverbrauch in Dubai von 2005 bis 2011 voraussichtlich verdoppeln.

Das andere Dubai

Von den 1,5 Millionen Einwohnern Dubais sind etwa 85 Prozent der Bevölkerung ausländischer Herkunft. Die eigene Bevölkerung reichte nicht aus, um genügend Arbeitskräfte zu stellen. Während die einheimische Bevölkerung und hoch qualifizierte Arbeitsmigranten aus Europa und Nordamerika in der Regel sehr wohlhabend sind, verfügt die Masse der so genannten Gastarbeiter aus Südasien und Afrika nur über äußerst geringe Einkommen von weniger als 5 US-Dollar pro Arbeitstag. Oftmals müssen sie bei der Einreise ihren Pass abgeben. Sie leben in ärmlichen Verhältnissen und ohne Bürgerrechte am Rand der Stadt und der Gesellschaft.

1 Beschreibe die Lage der Erdöl fördernden Staaten am Persischen Golf (Karte S. 127).
2 Erläutere die Veränderungen, die die Erdölfunde in Dubai bewirkt haben (**M 1–M 3**).
3 Beschreibe die Bemühungen Dubais, für die Zeit nach dem Öl gerüstet zu sein (**M 3, M 5, M 6**).
4 Erstelle ein Strukturdiagramm, das die Entwicklung Dubais von 1965 bis heute darstellt.
5 Erörtere die Arbeits- und Lebensverhältnisse der Migranten, die in Dubai arbeiten (**M 4**).

M 4 *Auch das ist Dubai*

6 Golfplätze, Luxushotels und Skipisten in der Wüste. Diskutiert die Vor- und Nachteile des Tourismus (**M 3, M 5, M 6**).

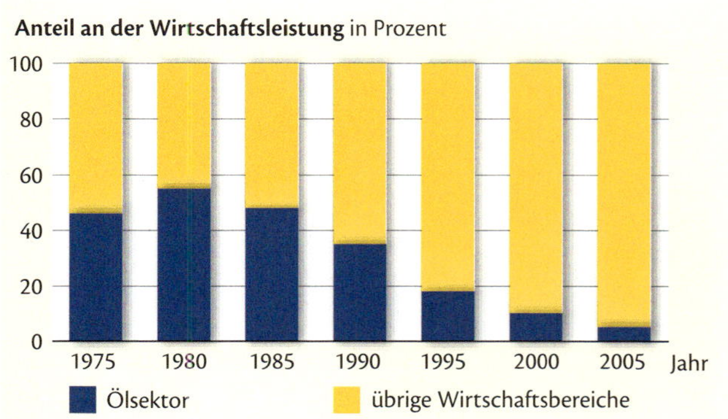

M 5 *Anteil des Ölsektors an der gesamten wirtschaftlichen Leistung Dubais*

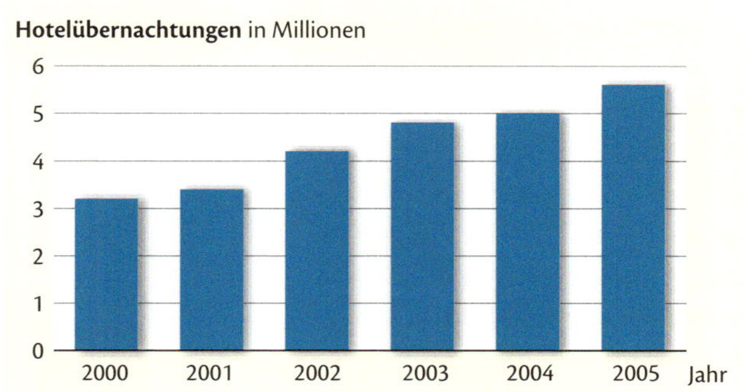

M 6 *Hotelübernachtungen in Dubai (in Millionen)*

Die Türkei – Brücke nach Europa

M 1 *Meerenge des Bosporus – Grenze zwischen Europa und Asien*

M 2 *Brücke über den Bosporus in Istanbul*

Nachdem Mustafa Kemal Pascha, der später den Ehrentitel Atatürk – Vater der Türken – erhielt, 1923 Präsident geworden war, erlebte die Türkei eine Neuorientierung der Gesellschaft, Wirtschaft und Politik. Er rief die Republik aus und wollte die Türkei zu einem fortschrittlichen europäischen Land umwandeln. Er trennte Religion und Staat, sorgte für die Gleichberechtigung von Männern und Frauen und ersetzte die arabische Schrift durch das lateinische Alphabet. Die Gesetzgebung richtete sich nach europäischem Vorbild. Frauen sollten sich nicht mehr verschleiern und Männern verbot er die traditionelle Bekleidung, Pluderhose und Fes.

M 3 *Atatürk – Vater der Türken*

check-it
- Lage der Türkei beschreiben
- Stellung der Türkei zwischen Orient und Okzident erläutern
- Reformen, die Atatürk eingeleitet hat, benennen
- Brückenfunktion der Türkei beurteilen
- Diagramme auswerten

Zwischen Orient und Okzident

Die Türkei liegt überwiegend auf dem Kontinent Asien. Nur etwa drei Prozent der Landfläche westlich von Istanbul gehören zu Europa. Die geographische Grenze bildet der Bosporus, eine Meerenge, die durch Istanbul verläuft. Istanbul ist somit die einzige Stadt der Welt, die auf zwei Kontinenten liegt. So wie in Istanbul Orient und Okzident durch Brücken verbunden sind, so war die Türkei selbst schon immer eine Brücke zwischen Europa und Asien. Bereits im Altertum führten dort viele Handelswege entlang.

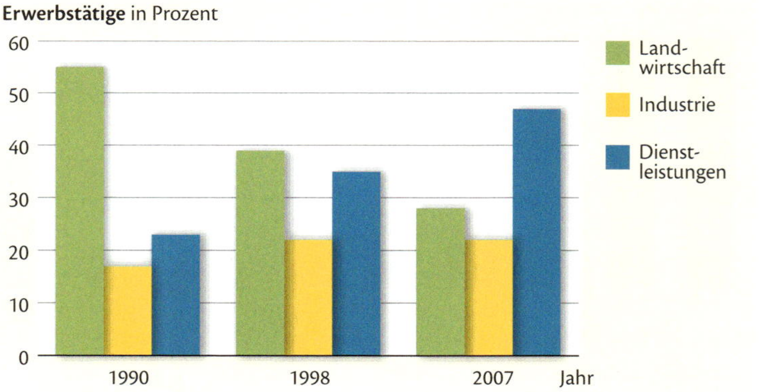

M 4 *Entwicklung der Erwerbstätigen in der Türkei*

Die europäische Türkei

Die Türkei ist eine Republik mit einer demokratischen Verfassung. Staat und Kirche sind getrennt, sodass der Islam keinen direkten Einfluss auf die Gesetzgebung des Staates hat.
In den Großstädten und in der Westtürkei unterscheidet sich die Art des Lebens kaum von der in Europa. Männer und Frauen sind westlich gekleidet. Moderne Bauwerke sehen nicht anders aus als in Paris oder London.
Die Wirtschaft des Landes ist nach Europa hin ausgerichtet und die EU ist ein wichtiger Handelspartner. Türkische Vereine beteiligen sich an europäischen Wettkämpfen wie der Fußball-Europameisterschaft. Die Türkei hat um die Aufnahme in die EU gebeten. Beitrittsverhandlungen laufen seit 2005.

Die orientalische Türkei

In der Türkei sind, wie in den anderen Ländern des Orients, mehr als 90 Prozent der Bevölkerung Muslime. Besonders in den ländlichen Gebieten Zentral- und Ostanatoliens bestimmen die Regeln des Koran das gesellschaftliche Leben. Viele Frauen in diesen Regionen sind verschleiert. Obwohl sie nach türkischen Gesetzen in allen Bereichen gleichberechtigt sind, bestimmt oft noch der Ehemann allein über die Angelegenheiten der Familie. Es besteht zwar Schulpflicht für Jungen und Mädchen, in der Türkei werden jedoch viele Mädchen nicht eingeschult. Die Eltern behalten ihre Töchter zu Hause und verheiraten sie früh.

M 5 *Finanz- und Büroviertel in Istanbul*

M 6 *Dorf in Anatolien*

1 Zeichne eine Skizze der Türkei und kennzeichne den europäischen und den asiatischen Teil in unterschiedlichen Farben. Benenne die Meere und die Nachbarländer (**M 1**; Karte, S. 221).
2 Liste die Reformen auf, die Atatürk eingeleitet hat (**M 2**).
3 Stelle in einer Tabelle europäische und orientalische Merkmale der Türkei gegenüber (**M 4**–**M 7**).
4 Staat und Wirtschaft der Türkei orientieren sich in Richtung Europa. Erläutere diese Aussage (**M 5**, **M 6**).
5 Türkei – eine Brücke zwischen Okzident und Orient. Diskutiert in der Klasse, wie die Türkei dieser Aufgabe gerecht werden kann.

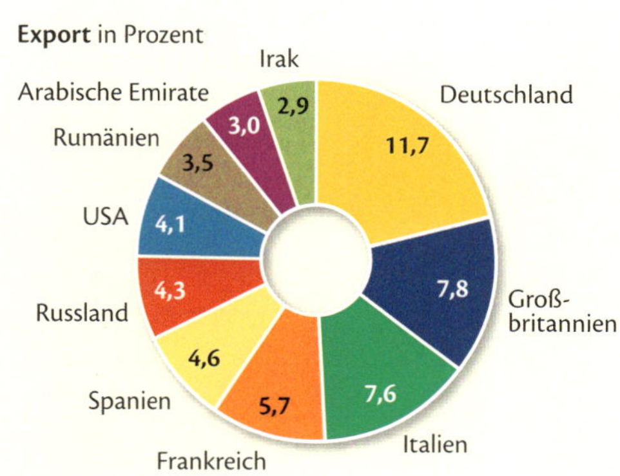

M 7 *Hauptexportländer der Türkei 2007*

Mehr als Strand und Meer – Urlaub in der Türkei

M 1 *Aus einem Reiseprospekt*

check-it
- Reiseziele in der Türkei lokalisieren
- Türkei als Urlaubsland beschreiben
- Entwicklung des Tourismus erläutern
- Vor- und Nachteile des Massentourismus erörtern
- Diagramme auswerten

Sonne, Strand und mehr

Die türkische Regierung fördert den Tourismus, denn er ist eine wichtige Einnahmequelle für das Land. Jahr für Jahr kommen mehr Touristen in die Türkei. Sie genießen die Sonne und das Meer an der türkischen „Riviera" bei Antalya, baden in den Heilquellen von Pamukkale oder unternehmen Bootstouren in der Ägäis.

Die Ausgrabungen antiker Stätten in Troja, Pergamon, Milet und Ephesos begeistern Kulturtouristen.

Die Hotelanlagen an der türkischen Küste unterscheiden sich kaum von denen in anderen Mittelmeerländern. In den Orten merkt der Urlauber jedoch schnell, dass er im Orient ist. Prächtige Moscheen bestimmen das Stadtbild und in den Basaren bieten die Händler ihre Waren an.

Innerhalb weniger Jahrzehnte hat die türkische Mittelmeerküste ihr Gesicht völlig verändert. Hotelanlagen und Freizeiteinrichtungen entstanden, Straßen, Flugplätze und Häfen wurden ausgebaut.

	Anzahl an Touristen (in Mio.)	Tourismuseinnahmen (in Mrd. US-$)
2003	14,0	13,2
2004	17,6	15,9
2005	21,1	18,2
2006	9,8	16,9
2007	23,3	18,5

Quelle: Kultur- und Tourismusministerium der Türkei, Statistisches Amt der Türkei, 2008

M 2 *Touristenzahlen und Einnahmen aus dem Tourismus*

6 Städte vergleichen

M 3 *Silbenrätsel zum Orient*

9 Löse das Silbenrätsel zum Orient (**M 3**).

10 Notiere das Lösungswort – einen anderen Begriff für den Orient – in deinem Heft (**M 3**).

Können und anwenden

11 Werte das Satellitenbild aus (**M 4**).

12 Notiere die gesuchten Begriffe. Die in den Klammern angegebenen Buchstaben ergeben der Reihe nach gelesen das Lösungswort – ein Tier, das sich perfekt an den Lebensraum Wüste angepasst hat (**M 4**).

1) Staat, in dem das meiste Erdöl gefördert wird (4. Buchstabe)
2) Meerenge zwischen Europa und Asien (6. Buchstabe)
3) Gebiet, in dem die Türkei ein großes Staudamm-Projekt durchführt (4. Buchstabe)
4) Meerenge zwischen Afrika und Asien (6. Buchstabe)
5) Meeresbucht, in die Euphrat und Tigris münden (2. Buchstabe)
6) Mündungsgebiet des längsten Flusses der Erde (4. Buchstabe)
7) größte Wüste (2. Buchstabe)
8) zweitgrößte Wüste im Orient (2. Buchstabe)

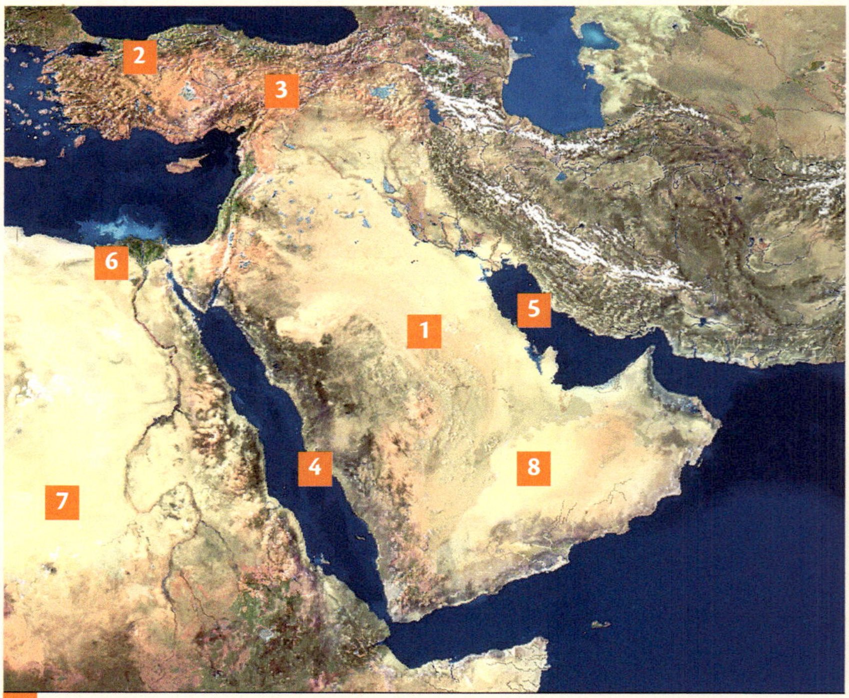

M 4 *Satellitenbild eines Teilbereichs des Orients*

M 5 *Verkehrsschild in der Wüste*

Sich verständigen, beurteilen und handeln

13 Im Orient gibt es besondere Verkehrsschilder. Begründe, warum solche Schilder in der Wüste notwendig geworden sind (**M 5**).

14 Erörtert die veränderte Rolle und Bedeutung des Kamels im Orient. Stellt eure Ergebnisse mit der Überschrift „Die Bedeutung des Kamels früher und heute" in Form einer Collage dar (**M 5** und **M 6**).

15 Beschreibe das Bild (**M 6**). Erläutere dabei auch, welche Rolle das Kamel dort spielt.

16 Teilt euch in Gruppen auf und plant wahlweise eine Urlaubsreise in die Türkei oder nach Dubai mit dem Schwerpunkt „Begegnung mit dem Orient". Informationen zu den Ländern und Urlaubsgebieten findet ihr in Reiseprospekten, Reiseführern oder im Internet. Präsentiert eure Reise der Klasse.

17 Diskutiert in der Klasse, ob sich Ferien am Strand von Dubai wirklich von denen an einem Strand am Mittelmeer zum Beispiel in Spanien unterscheiden.

WEBCODE: UE640102-162

M 6 *Am Strand von Dubai*

Stadtpläne München und Kairo

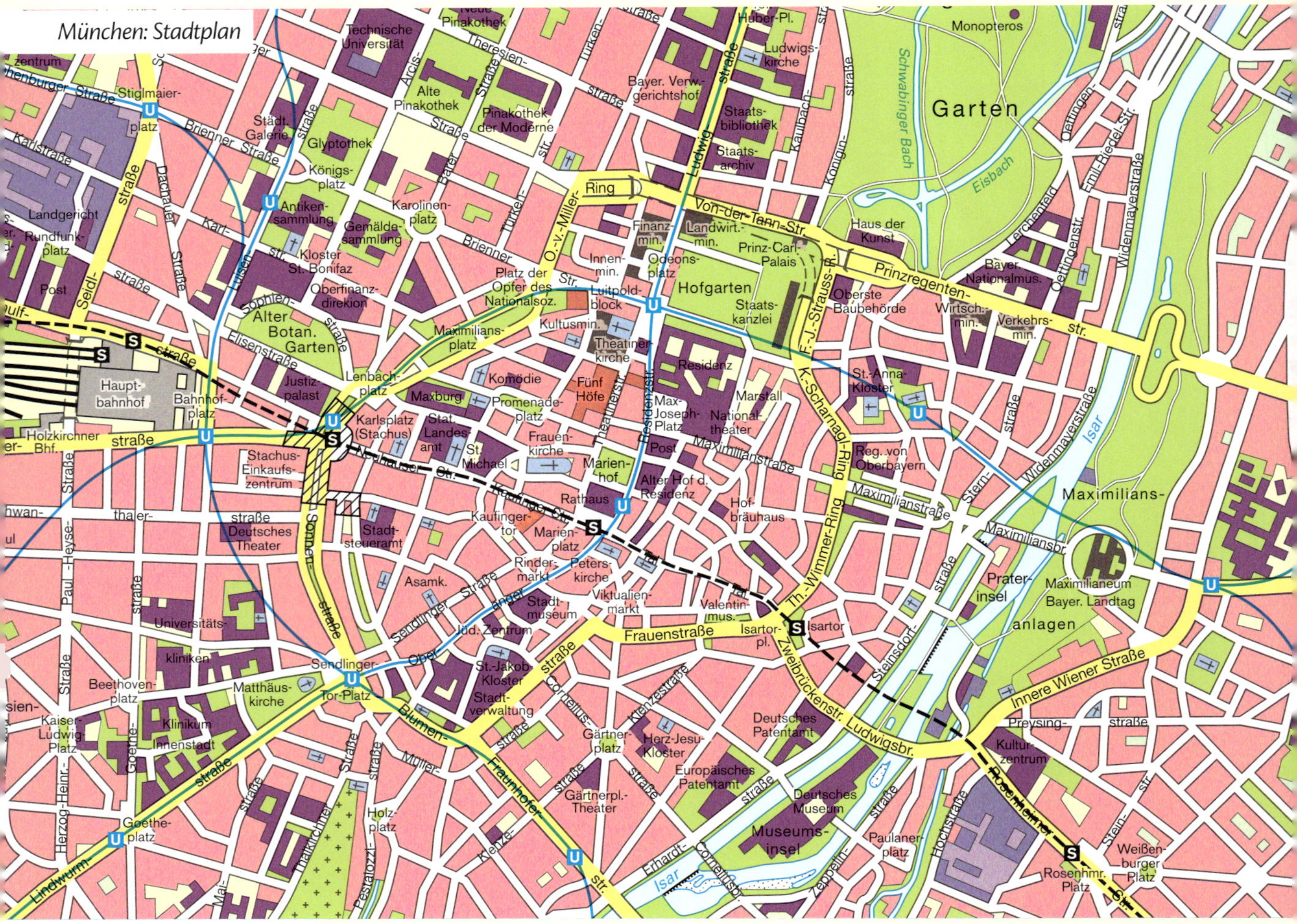

- Gebäude der Staatsregierung
- Bahnhofsgebäude
- Öffentliches Gebäude
- Einkaufspassage
- Unterirdisches Einkaufszentrum
- Kirchliche Einrichtung
- Wohngebiet
- Industrie
- Park, Grünanlage
- Friedhof
- Grünland
- Garten
- Sand
- Unbebaute Fläche
- Fernbahn
- S-Bahn mit Bahnhof
- S-Bahn unterirdisch mit Bahnhof
- U-Bahn mit Bahnhof
- Hauptstraße
- Nebenstraße
- Sonstige Straße
- Weg
- Straßentunnel
- Stauwehr

1 : 20 000 — 1 cm ≙ 200 m (0, 200, 400, 600 m)

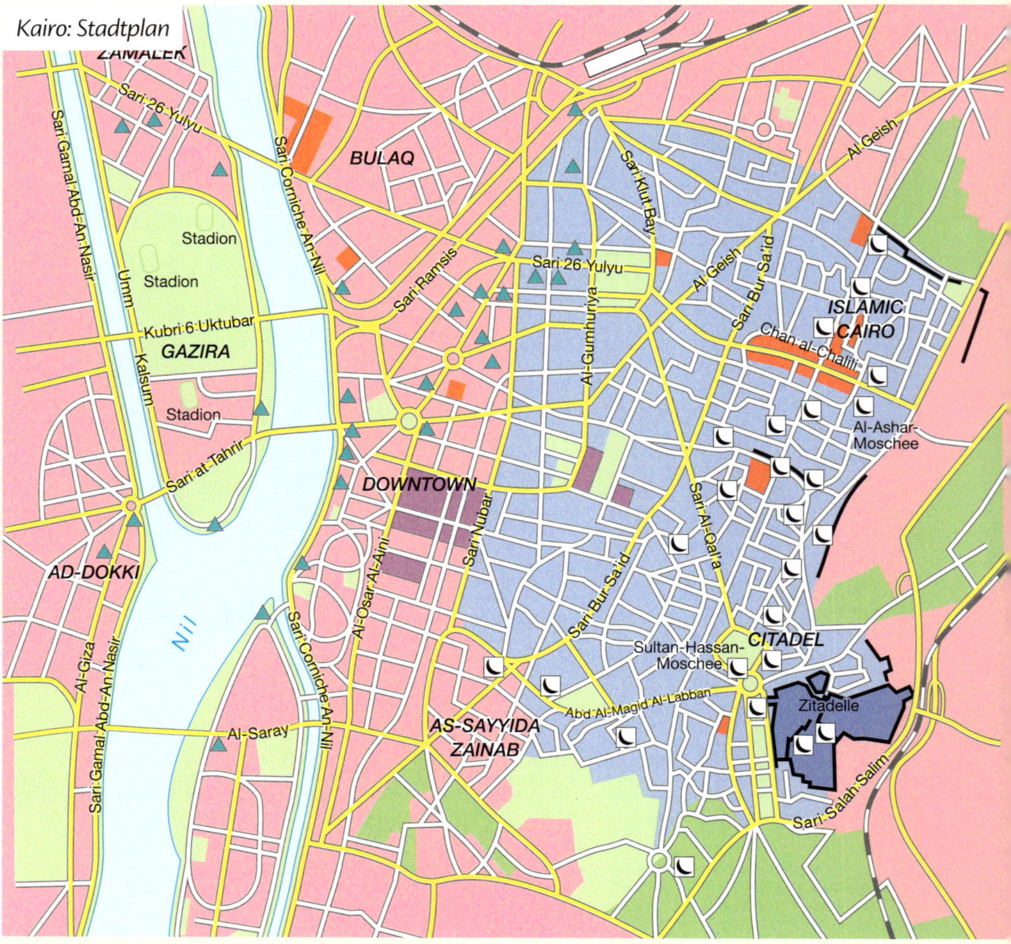

- Hauptstraße
- Nebenstraße
- Eisenbahn mit Bahnhof
- Alte Stadtmauer
- Neue Bebauung
- Altstadt
- Ministerium
- Geschäftszentrum
- Park, Friedhof
- Moschee
- Hotel

0, 250, 500 m

Ein Tourismusmanager berichtet:
Bis zu Beginn der 1980er-Jahre kamen nur wenige Touristen nach Side, die sich für die Ruinen der antiken Stätten interessierten. Damals gab es nur einige kleine Hotels im Ort. In den 1970er-Jahren wurde der Stadtteil Selimiye als Badeort entdeckt. Doch erst durch die gute Unterstützung der Regierung mit günstigen Krediten und Pachtverträgen begann der Tourismus 1983 tatsächlich nach Side zu kommen.
Das Aufblühen des Tourismus konnte aber nicht in Einklang mit der Landwirtschaft gebracht werden. Mehr und mehr Obstgärten mussten den großen Hotels und Restaurants weichen. Heute hat die Landwirtschaft kaum noch Bedeutung. Sie wanderte in die Berge und das Hinterland Sides ab.
Die raschen Veränderungen führten leider auch zu Problemen mit der **Infrastruktur.** Die Umweltverschmutzung ist gestiegen und viele Hotels sind kahle, schmucklose Betonblöcke. Ziel ist es nun, diese Probleme zu lösen und den Qualitätsstandard zu heben.

M 3 *Wie der Tourismus nach Side kam*

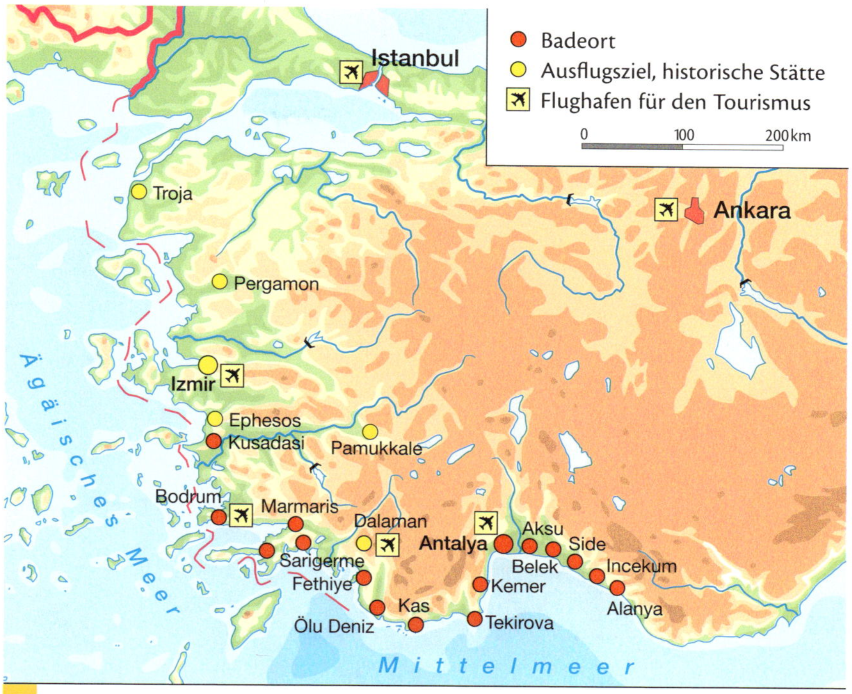

M 4 *Haupttouristenziele in der Türkei*

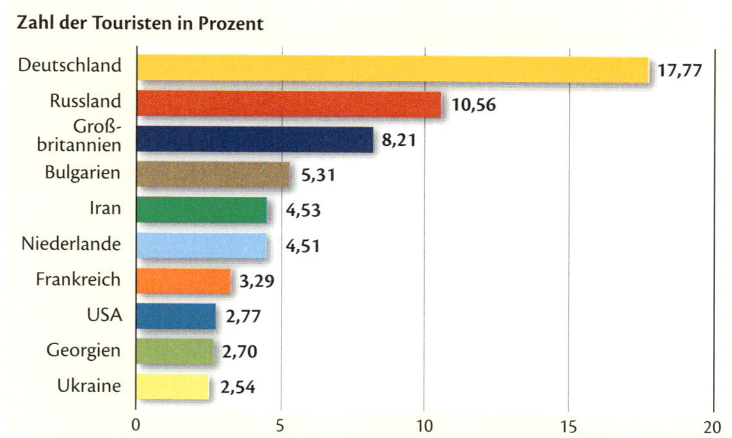

M 5 *Touristen nach Herkunftsland 2007 (in Prozent)*

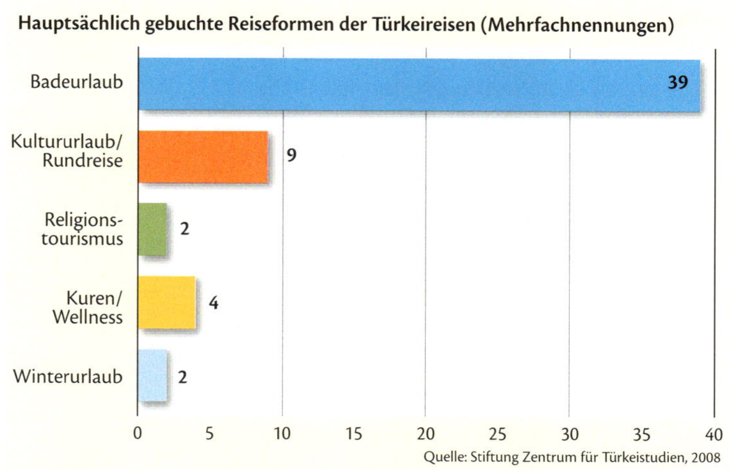

M 6 *Bevorzugte Urlaubsart der Touristen aus Deutschland (Befragung von 50 deutschen Reiseveranstaltern, Mehrfachnennungen)*

1 Beschreibe die Lage der wichtigsten Tourismusgebiete der Türkei (**M 4**, Atlaskarte S. 221).
2 Entwirf einen Urlaubsprospekt für die Türkei, in dem du die touristischen Attraktionen auflistest, sortiert nach Urlaubsarten (**M 1**, **M 6**).
3 Erläutere, wie sich der Tourismus in der Türkei entwickelt hat (**M 2**, **M 3**, **M 5**, **M 6**).
4 Berechne für die angegebenen Jahre, wie viel Geld die Touristen durchschnittlich ausgegeben haben. Vergleiche die Ergebnisse und versuche eine Erklärung (**M 2**).
5 Führt eine Pro-und-Kontra-Diskussion durch: Soll ein weiterer großer Hotelkomplex in Side gebaut werden? Lasst Tourismusmanager, Bürgermeister, Bürger, Landwirte und Umweltschützer zu Wort kommen (**M 3**).

Geo-Check: Merkmale des Orients kennen

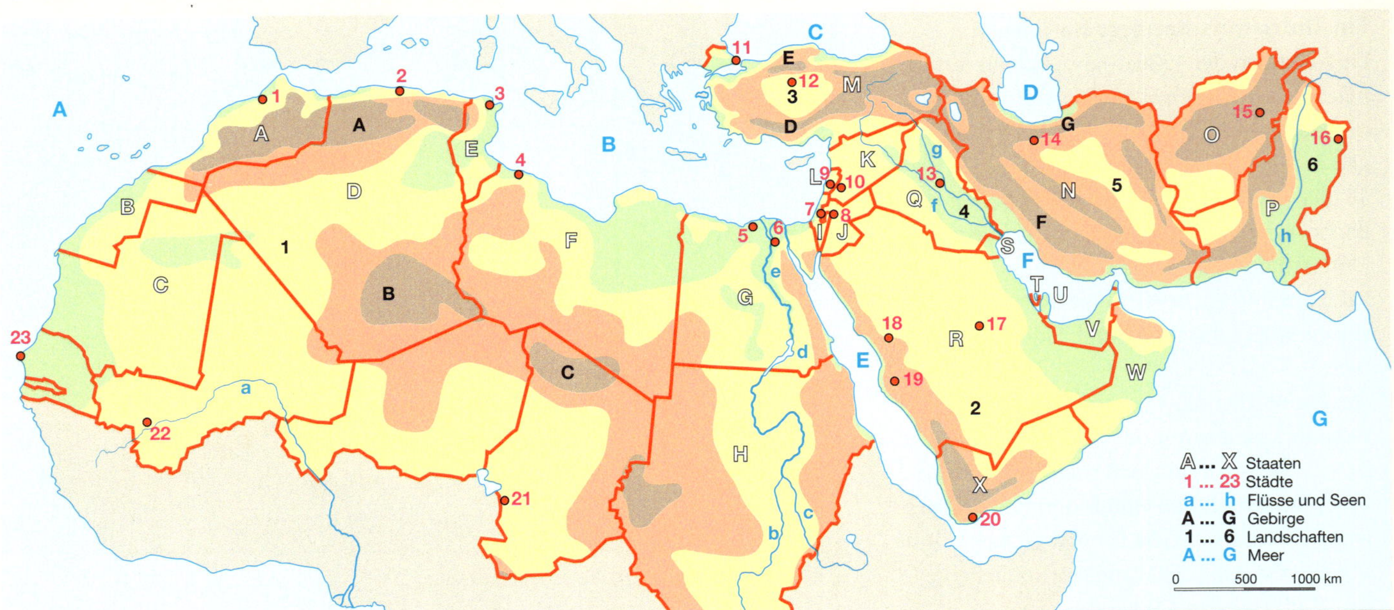

M 1 *Stumme Karte des Orients*

Sich orientieren

1 Gib mithilfe des Gradnetzes die geographische Lage des Orients an (Atlaskarte S. 218).

2 Benenne die Staaten, Flüsse und Seen sowie Meere in der Karte (**M 1**, Karten S. 127 und 218).

3 Nenne die Staaten, in denen mindestens 90 Prozent der Bevölkerung dem Islam angehören (Karten S. 127).

4 Beschreibe die Lage der Gebirge in der Sahara und benenne sie (**M 1**, Karten S. 127 und 218).

5 Liste alle Staaten des Orients auf, die Anteil an der Sahara haben (Karten S. 127 und 218).

6 Nenne zwei Staaten im Orient, deren Staatsgebiet auf zwei Kontinenten liegt (**M 1**, Karten 127).

Wissen und verstehen

7 Sortiere die Aussagen in richtige und falsche Aussagen. Verbessere die falschen Aussagen und schreibe sie richtig auf:

- Bevorzugte Siedlungsgebiete im Orient sind Küsten, Flusstäler und die Ränder der Gebirge.
- Die Wohnviertel der orientalischen Stadt liegen in der Medina, Basar und Moschee außerhalb.
- Die Sahara besteht zum größten Teil aus Sand.
- In den Wüsten trifft man arides Klima an.
- Durch ein Wadi kann man jederzeit gefahrlos reisen.
- Das Fell des Wüstenfuchses gibt überschüssige Wärme ab.
- Oasen bilden sich dort, wo es in der Wüste Wasser gibt.
- Der Nil erhält sein Wasser durch starke Regenfälle in Ägypten.
- Der Atatürk-Damm staut das Wasser des Tigris.
- Erdöl ist der wichtigste Rohstoff des Orients.
- In Dubai ist der Ölsektor noch immer der wichtigste Wirtschaftszweig.
- Der größte Teil der Türkei liegt in Europa.
- Die meisten Türkei-Urlauber kommen aus den USA.

8 Nenne zu jedem dieser Begriffe mindestens zwei Merkmale (**M 2**).

M 2 *Geo-Begriffestapel*

Stadt ist nicht gleich Stadt

Kulturräume prägen das Bild einer Stadt. Städte unterscheiden sich aber auch hinsichtlich ihrer Lage, ihrer Größe und ihrer Entstehungsgeschichte. Während manche Städte über Jahrhunderte gewachsen sind, sind andere am Reißbrett geplant. Diese und weitere Merkmale von Städten lassen sich untersuchen und vergleichen.

In diesem Kapitel lernst du
- Merkmale von Städten in verschiedenen Kulturräumen zu analysieren und zu vergleichen,
- Probleme von gewachsenen Städten zu erläutern,
- Besonderheiten geplanter Städte zu charakterisieren.

Dabei nutzt du
- Karten,
- Stadtmodelle,
- Stadtpläne,
- Satellitenbilder und Bilder.

Du beurteilst,
- die Auswirkungen großen Städtewachstums und
- die Überprägung der kulturräumlichen Besonderheiten.

Links: Manhattan in New York
Rechts: Cusco in Peru mit Blick auf die Kathedrale am Plaza Mayor

Wir lernen an Stationen

Städte vergleichen – Station für Station

Das Kapitel „Städte vergleichen“ ist so aufgebaut, dass ihr euch die Inhalte selbstständig erarbeiten könnt. Es ist möglich, alleine, mit einem Partner oder in einer Gruppe zu arbeiten. Nehmt euch für die Bearbeitung einer Doppelseite etwa eine Schulstunde Zeit. Die Reihenfolge der Bearbeitung ist nicht festgelegt. Ihr solltet alle Stationen bearbeiten.
Erstellt eine Kopie des Laufzettels (Seite 167). Schreibt nicht in das Buch.

Stationsübergreifende Aufgaben

Während ihr die verschiedenen Aufgaben zu jeder Stadt bearbeitet, stellt in einer Tabelle die Antworten zu den folgenden Leitfragen gegenüber:

- Wie alt ist die Stadt?
- Ist sie planmäßig angelegt oder ist sie gewachsen?
- Welche Kultur prägt die Stadt?
- Wo liegt das Stadtzentrum und welche Funktionen hat es?
- Was ist das Besondere oder Ungewöhnliche an der Stadt?
- Welche sozialen Faktoren bestimmen das Stadtbild (Bevölkerungswachstum, „arme“/„reiche“ Stadtviertel)?
- Welche Vor- und Nachteile bietet das Leben in der Stadt den Bewohnern?
- In welchem klimatischen Raum liegt sie?
- Welche natürlichen Grenzen wie Berge, Flüsse, Meere und Wüsten hat die Stadt?
- Welches sind die Hauptprobleme der Stadt (z. B. Trinkwasser, Smog, Bevölkerungsdruck)?

Die Korrektur

Eure Lösungen müsst ihr auf die Richtigkeit hin überprüfen. Hierzu gibt es verschiedene Möglichkeiten, die ihr in der Klasse besprechen könnt.

A. Der Lehrer überprüft eure Lösungen.

B. Es liegen Lösungszettel aus, mit denen ihr eure Ergebnisse selbst vergleichen könnt.

C. Für jede zu bearbeitende Stadt stellt ihr ein Expertenteam zusammen, das die Korrektur der Lösungen aller anderen Schüler übernimmt. Das Expertenteam spricht die Lösungen vorher mit dem Lehrer durch.

Die Präsentation

Am Ende der Bearbeitung und Korrektur empfiehlt es sich, den Verlauf und die Inhalte des Lernens an Stationen in der Klasse zu besprechen und dabei die Ergebnisse zu präsentieren. Hierzu können sich sechs Kleingruppen bilden. Fünf Gruppen stellen jeweils eine Stadt vor, die sechste Gruppe präsentiert den Städtevergleich der stationsübergreifenden Aufgabe.

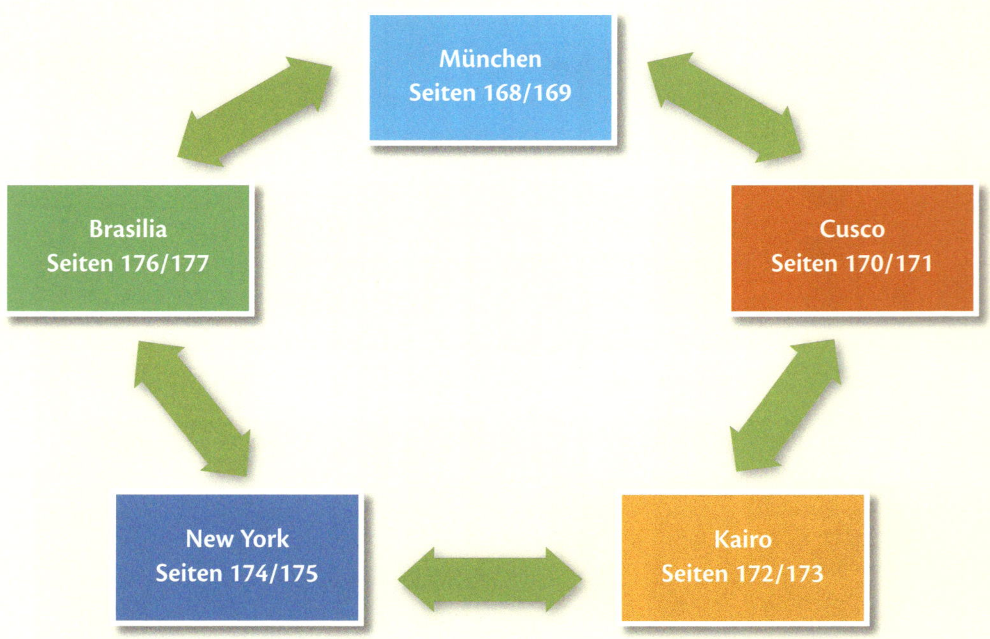

M 1 *Übersicht über die Stationen des Kapitels*

Laufzettel

Name: ______________________________ Klasse: ____________

Nummer der Station	Titel	Gewählte Lernform EA PA GA	Begonnen am	Fertiggestellt und korrigiert am	Bewertung der Schwierigkeit
1	München – eine mitteleuropäische Sadt				□ 👍 □ ✋ □ 👎
2	Cusco – eine lateinamerikanische Stadt				□ 👍 □ ✋ □ 👎
3	Kairo – eine Stadt wächst in die Wüste				□ 👍 □ ✋ □ 👎
4	New York – eine nordamerikanische Großstadt				□ 👍 □ ✋ □ 👎
5	Brasillia – eine Stadt vom Reißbrett				□ 👍 □ ✋ □ 👎

Bitte ausfüllen:
EA Einzelarbeit
PA Partnerarbeit
GA Gruppenarbeit

Bitte ankreuzen:
👍 alles gelöst, alles verstanden
✋ nicht ganz einfach, aber gelöst
👎 nur mit Hilfestellung gelöst

Station 1 München – eine mitteleuropäische Stadt

M 1 *Die Altstadt von München*

check-it
- Lage der Stadt und der Region München beschreiben
- Merkmale einer mitteleuropäischen Stadt benennen
- Entwicklung einer mitteleuropäischen Stadt am Beispiel Münchens erläutern
- Auswirkungen der Suburbanisierung beurteilen
- Strukturmodell auswerten

Die mitteleuropäische Stadt

Mitteleuropäische Städte sind über mehrere Jahrhunderte gewachsen. Deshalb ist der Baustil von verschiedenen Zeiträumen geprägt. Die Altstädte sind meist dicht bebaut. Teilweise verlaufen moderne Ringstraßen dort, wo sich einst die Stadtmauer befand.

In der Altstadt trifft man auf die ältesten Häuser. Sie werden vielerorts im Rahmen der **Altstadtsanierung** aufwändig renoviert, um das historische Stadtbild zu erhalten und dennoch modernen Wohn- und Geschäftsraum zu schaffen.

Die Altstadt – heute City

Vor 850 Jahren wurde München gegründet. Die heutige Innenstadt, auch „City" genannt, ist der alte Stadtkern. Sie wird im Westen und Süden durch ehemalige Stadttore begrenzt und im Norden durch den Altstadtring.

In der City Münchens sind Kaufhäuser und Einzelhandelsgeschäfte sowie andere Dienstleistungseinrichtungen wie Behörden, Büros, Banken und kulturelle Einrichtungen zu finden. Auch das Rathaus liegt in der City. Rund um die Einkaufsstraßen ist die Verkehrsdichte sehr hoch. Das öffentliche Verkehrsnetz der U- und S-Bahnen kreuzt sich unter dem Marien- und dem Karlsplatz.

Neue Stadtteile entstehen

Aufgrund des Bevölkerungswachstums vor allem im 19. und 20. Jahrhundert reichte der Platz innerhalb der alten mittelalterlichen Stadtbegrenzung schon bald nicht mehr aus. Es entstanden neue Wohnviertel zunächst in einem Ring um die Altstadt herum. In diesen neuen

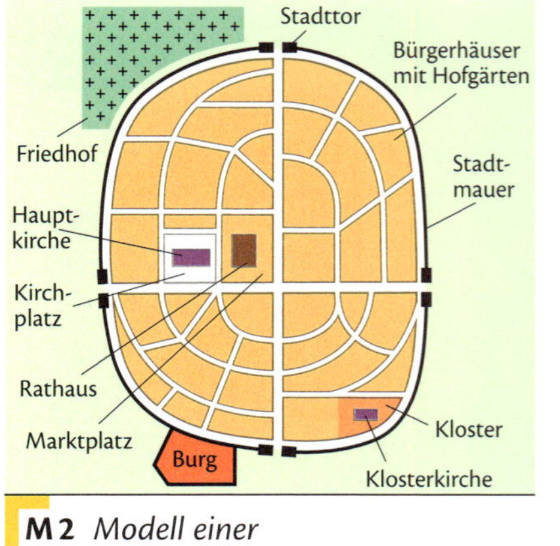

M 2 *Modell einer mitteleuropäischen Altstadt*

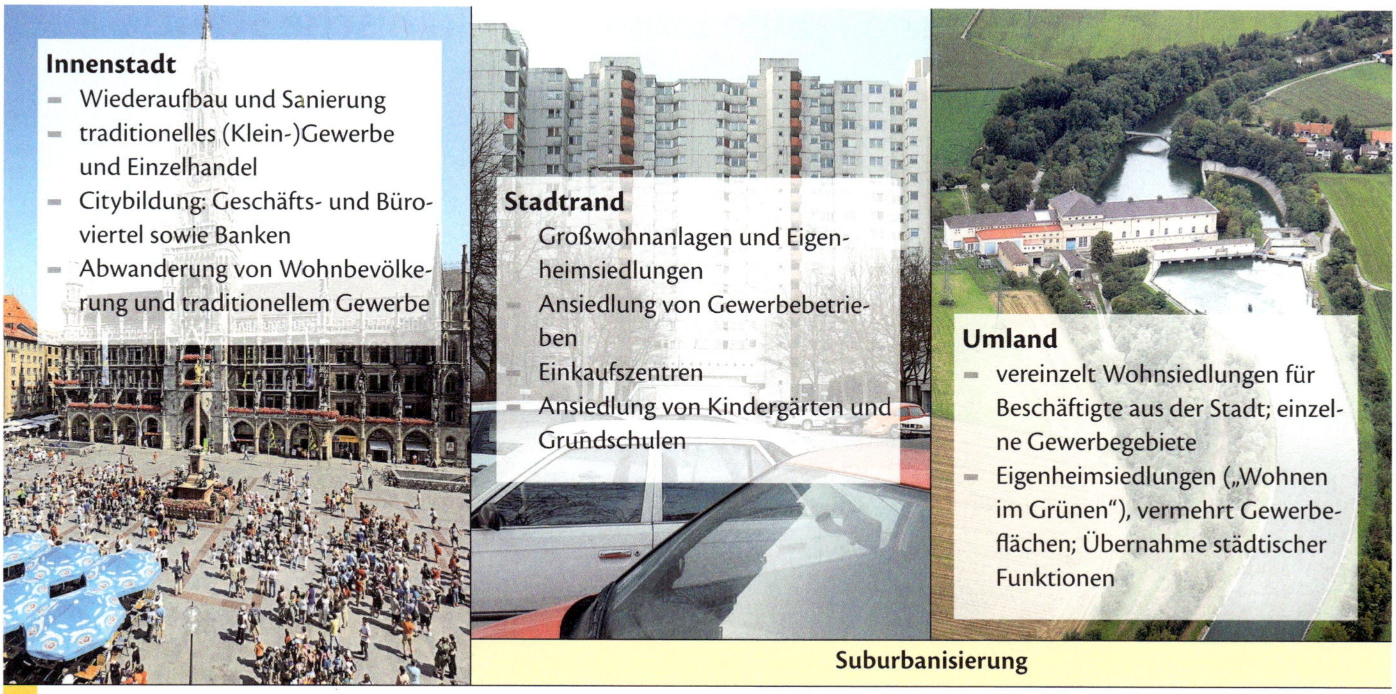

M 3 *Kernstadt, Stadtrand und Umland Münchens*

Stadtvierteln siedelte sich auch Gewerbe an, sodass eigene Stadtzentren entstanden.
Im Zuge der wirtschaftlichen Entwicklung im 20. Jahrhundert wuchs die Bevölkerungszahl Münchens stark. Entlang der Verkehrswege entwickelten sich Industrie- und Gewerbegebiete. Die **Suburbanisierung** setzte ein.

1 Beschreibe die Lage Münchens und der Region (Karte S. 212/213).
2 Zeichne eine Skizze einer mitteleuropäischen Altstadt, in die du die wichtigsten Merkmale einträgst (**M 1**, **M 2**).
3 Benenne die Ringstraßen Münchens, die dem Verlauf der Stadtmauer folgen (Stadtplan S. 163, **M 2**).
4 Erläutere die Entwicklung Münchens von der mittelalterlichen Stadt zur Millionenstadt heute (**M 3**–**M 5**).
5 Erläutere, in welchen Landkreisen das Bevölkerungswachstum heute besonders hoch ist (**M 4**, **M 5**).
6 Erörtere die Auswirkungen der Suburbanisierung aus der Sicht der Einwohner von München und der Umlandgemeinden, von Stadtplanern, Umweltschützern und Industrieunternehmen (**M 3**–**M 5**).

WEBCODE: UE640102-169

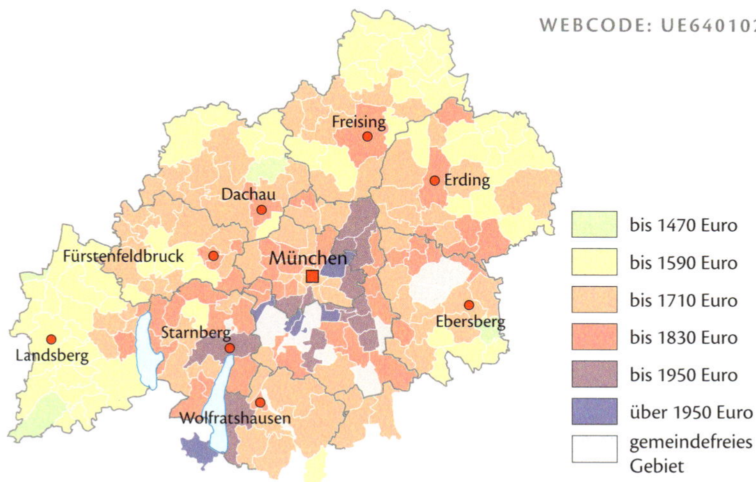

M 4 *Wohn- und Mobilitätskosten für eine Familie mit einem Schulkind*

Bevölkerungszahl 2007			Bevölkerungsentwicklung 1997–2007 in Prozent
Landkreise	Dachau	136 272	+ 9,0
	Ebersberg	126 400	+ 13,1
	Erding	124 876	+ 15,9
	Freising	184 692	+ 13,1
	Fürstenfeldbruck	201 148	+ 6,9
	Landsberg a. Lech	113 311	+ 11,7
	München	315 462	+ 11,0
	Starnberg	129 515	+ 11,0
Regionsumland		1 311 676	+ 10,8
Landeshauptstadt München		1 311 573	+ 5,2

M 5 *Bevölkerungsentwicklung in der Region München*

Station 2 Cusco – eine lateinamerikanische Stadt

M 1 *Der zentrale Platz in Cusco*

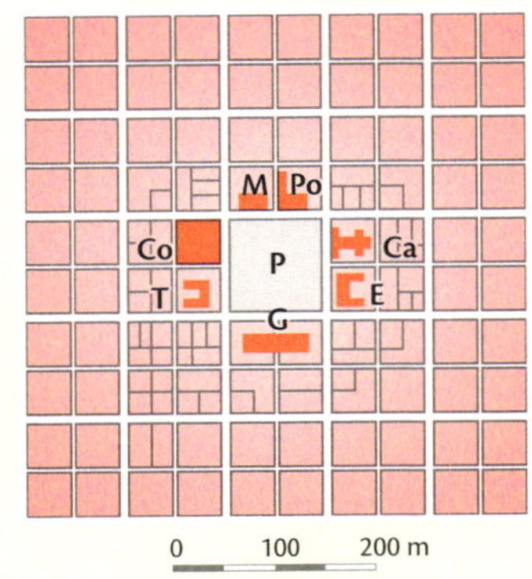

M	**Municipalidad** (Rathaus)
G	**Gobierno** (Regierung)
Po	**Policía** (Polizei)
Ca	**Catedral** (Kathedrale, Kirche)
Co	**Convento** (Kloster)
E	**Escuela** (Schule)
T	**Tribunal** (Gericht)
P	**Plaza** (zentraler Platz)

M 2 *Modell der lateinamerikanischen Altstadt*

check-it
- Lage Cuscos beschreiben
- Merkmale einer lateinamerikanischen Stadt kennen und auf Cusco anwenden
- Auswirkungen der Landflucht erläutern
- Stadtmodelle auswerten

Stadt der Inka – Stadt der Spanier

Schon die Inka, die vor der Eroberung Lateinamerikas durch die Spanier in Peru lebten, bewohnten Städte. Einige dieser Städte hatten bis zu 250 000 Einwohner, doch die meisten heutigen Städte haben ihren Ursprung in der **Kolonialzeit**.

Während der Eroberungsfeldzüge im 16. Jahrhundert zerstörten die Spanier die bestehenden Inka-Siedlungen weitestgehend. Häufig gründeten sie aber an gleicher Stelle eine neue Stadt, da sie es auf die Ausbeutung der Edelmetalle abgesehen hatten, die dort zu finden waren. Auch Cusco gründeten die Spanier an der Stelle, an der sie eine Inka-Stadt zerstört hatten. Viele Gebäude stehen auf Grundmauern aus der Inkazeit.

Die Spanier bauten die Städte in Lateinamerika nach südeuropäischem Vorbild. Im Zentrum entstanden prächtige Kirchen und Paläste um einen zentralen Hauptplatz herum. Von ihm gehen die Straßen ab, in denen die Wohnhäuser der Bürger standen.

Wandel durch Wachstum

Seit der Kolonialzeit ist die Bevölkerung Cuscos stark angewachsen. Die Stadt hat etwa 320 000 Einwohner (2008). Im Hochland der Anden können in der Landwirtschaft nur geringe Erträge erzielt werden. Deshalb erhoffen sich viele Menschen in der Stadt eine Chance, ihre Lebensbedingungen zu verbessern. Sie wandern aus den ländlichen Räumen in die Stadt. Der Ausbau von Eisenbahnlinien in das Landesinnere begünstigte die so genannte **Landflucht**. Entlang der Eisenbahnlinien und Ausfallstraßen siedelten sich Industriebetriebe an. Das hatte zur Folge, dass in unmittelbarer Nähe Arbeitersiedlun-

M 3 *Häuser in Cusco – auf Inka-Mauern gebaut*

gen entstanden. Die wohlhabenderen Familien zogen dagegen in attraktivere Wohnviertel am Stadtrand. Die Gebiete um die Plaza wandelten sich von bevorzugten Wohngebieten zur City. Nach und nach wurde die Struktur der Kolonialzeit überprägt.

Barriadas und Barrios privados

Die große Zahl der in die Stadt ziehenden meist armen Landbevölkerung siedelte sich zunächst in den ehemals bürgerlichen Wohngegenden in der Nähe des Stadtkerns an. Die oft überbelegten Häuser verfielen, die Infrastruktur brach zusammen. Es bildeten sich innerstädtische Elendsviertel (Slums). Die Behörden bauten am Stadtrand immer mehr Siedlungen im sozialen Wohnungsbau, dennoch mussten die meisten Zuwanderer auf selbst gebaute, oft illegale Hüttenviertel ausweichen. In Lateinamerika werde diese Siedlungen als „Barriadas“, „Favelas“ oder „Villas miserias“ bezeichnet.
Die Oberschicht lebt in neu errichteten Wohnbezirken, die durch Zäune oder Mauern von den übrigen Stadtbezirken getrennt sind. Sie sollen die Barrios privados vor Überfällen schützen.

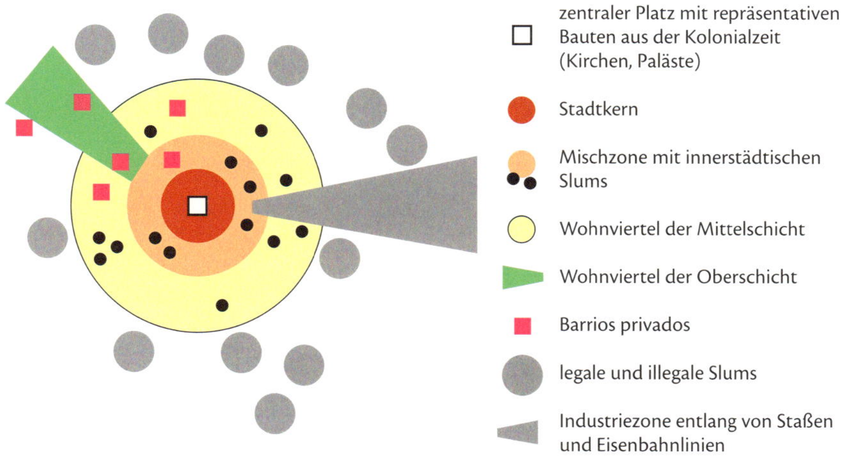

M 4 *Modell einer lateinamerikanischen Stadt*

1 Lokalisiere Cusco und beschreibe die Lage (Karte S. 224/225).
2 Nenne Merkmale einer lateinamerikanischen Stadt und erläutere diese am Beispiel Cusco (**M 1–M 4**).
3 Erläutere mithilfe eines Pfeildiagramms die Entwicklung der Stadt Cusco (**M 4–M 6**).
4 Diskutiert die Auswirkungen der anhaltenden Landflucht auf Cusco und seine Bewohner (**M 4–M 6**).
5 Ermittle wirtschaftliche, soziale, politische und ökologische Probleme, die mit dem Wachstum der Stadt verbunden sind. Fertige dazu eine Tabelle an.

WEBCODE: UE640102-171

M 5 *Barriadas an den Berghängen von Cusco*

M 6 *Barrio privado*

Station 3 Kairo – eine Stadt wächst in die Wüste

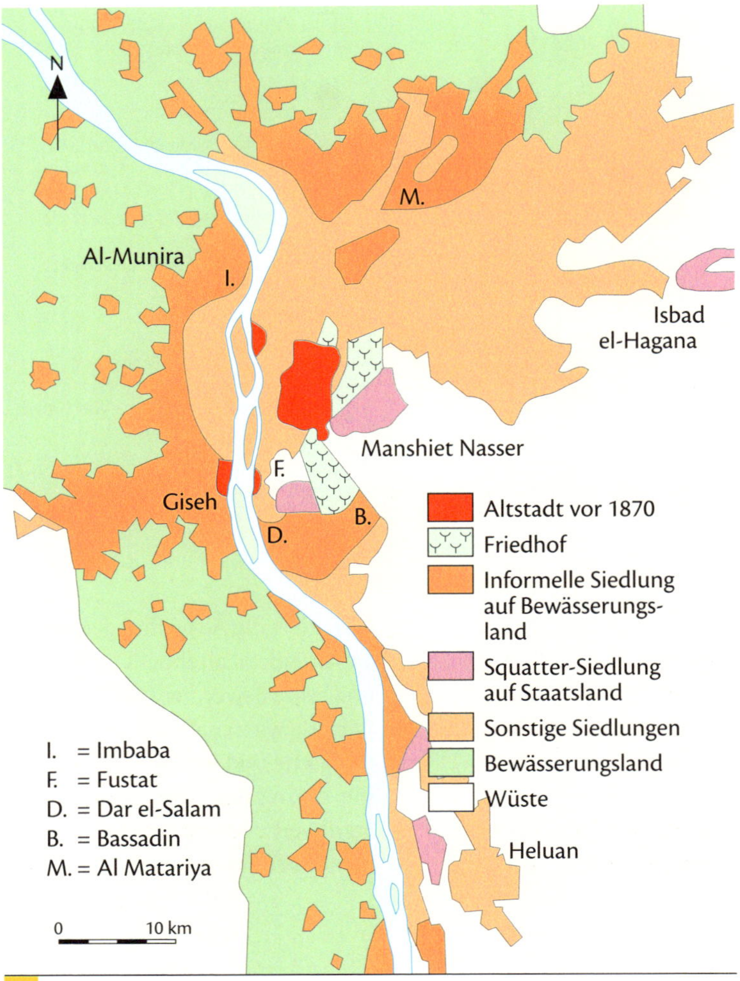

M 1 *Flächennutzung im Großraum Kairo*

M 2 *„Totenstadt" wird zum Wohnviertel*

check-it
- Lage Kairos beschreiben
- Entwicklung Kairos und Probleme des Bevölkerungswachstums erläutern
- Konzept der Entlastungsstädte beurteilen
- Überprägung des orientalischen Stadtbildes bewerten

Raumenge durch Bevölkerungsdruck

96 Prozent der Staatsfläche Ägyptens sind Wüste. Auf den verbleibenden vier Prozent, einem Gebiet ungefähr so groß wie Baden-Württemberg, lebt der Großteil der etwa 75 Millionen Ägypter. Im Nildelta und in einem schmalen Streifen beiderseits des Nils befinden sich alle wichtigen Städte des Landes, die landwirtschaftlich genutzten Flächen, die Industriezentren und die Verkehrswege.

Kairo ist die größte Stadt Afrikas und des gesamten orientalischen Kulturraums. Sie hat etwa 14 bis 18 Millionen Einwohner – so genau weiß das niemand. In Ägypten gibt es keine Meldepflicht. Durch hohe Zuwanderung und durch eine sehr hohe Geburtenrate hat sich die Einwohnerzahl Kairos seit 1960 mehr als verdoppelt. In Kairo wird im Durchschnitt alle 19 Sekunden ein Kind geboren.

Kairo ist auf der einen Seite von Wüste, auf der anderen von Bewässerungsland umgeben und kann sich deshalb kaum ausbreiten. Die Stadt hat eine unvorstellbar hohe Bevölkerungsdichte. Auf einem Quadratkilometer leben bis zu 120 000 Einwohner. Hannover hat eine Bevölkerungsdichte von 2538 Einwohnern pro Quadratkilometer, München von 4238 Einwohnern pro Quadratkilometer.

Ungeregeltes Wachstum

Die Wohnsituation in Kairo verbesserte sich zwar durch staatliche Wohnungsbauprogramme, dennoch herrscht Wohnraummangel. Gerade die ärmere Bevölkerung kann oft die Mietkosten nicht aufbringen. So entstehen illegale Hüttensiedlungen auf dem fruchtbaren

Bewässerungsland oder auf besetztem Staatsland. Aber auch auf Flachdächern mehrstöckiger Hochhäuser und auf Friedhöfen werden Hütten errichtet. In den „Totenstädten“ wurden zuerst die Mausoleen bewohnt, inzwischen haben sie sich zu Stadtteilen mit Anschluss an die Strom- und Wasserversorgung entwickelt. Heute lebt die Hälfte der Einwohner Kairos in Behausungen, die von ihnen selbst gebaut wurden.

Entlastungsstädte im Umland

Das Wachstum der Städte erfolgt auf Kosten kostbaren Ackerlandes. Um diese Entwicklung einzuschränken, versuchte die Regierung einzugreifen. Man wies Entwicklungsachsen in die Wüste hinein aus, an denen neue Siedlungen als Entlastungsstädte geplant wurden. Entlang von Ausfallstraßen in das Umland baute man Städte mit Wohnungen, Industrieansiedlungen, Geschäftsvierteln und anderen wichtigen Einrichtungen. Es ist inzwischen gelungen, viele auch internationale Wirtschaftsunternehmen in den Entlastungsstädten anzusiedeln. Die neuen Wohnungen sind jedoch für die meisten Bewohner Kairos unerschwinglich teuer. So pendeln Tausende täglich von ihren Behausungen in Kairo zu ihren Arbeitsplätzen.

Moderne Großstadt im Orient

Kairo war immer ein wichtiges Handelszentrum, da die Stadt verkehrsgünstig zwischen Südeuropa, dem Orient und Schwarzafrika liegt. Heute haben zahlreiche nationale und internationale Konzerne und Wirtschaftsorganisationen ihren Sitz in Kairo. Ihre Bürogebäude sowie moderne Appartementhäuser wurden nach amerikanischem oder europäischem Vorbild errichtet. Selbst in der Altstadt werden Gebäude abgerissen und durch mehrgeschossige Appartementhäuser ersetzt. Das traditionelle orientalische Stadtbild wurde dadurch verändert.

M 3 *Lage der Entlastungsstädte*

1 Beschreibe die Lage Kairos (Karten S. 218).
2 Die Angaben zur Einwohnerzahl Kairos sind lediglich Schätzungen. Erläutere diese Aussage und überlege, welche Folgen dies hat.
3 Benenne die Probleme, die sich durch das Bevölkerungswachstum ergeben (**M 1**, **M 2**).
4 Fertige eine Mindmap zum Thema „Überbevölkerung in Kairo und ihre Folgen“ an (**M 1**, **M 2**).
5 Beurteile das Konzept der Entlastungsstädte, indem du die Ziele und mögliche Probleme einander gegenüberstellst (**M 3**).
6 Verfasse eine Stellungnahme zum Thema „Kairo – eine orientalische Stadt“ (**M 4**, S. 132/133).

M 4 *Moderner Stadtteil am Nil*

WEBCODE: UE640102-173

Station 4 New York – eine nordamerikanische Großstadt

M 1 *Südspitze von Manhattan/New York*

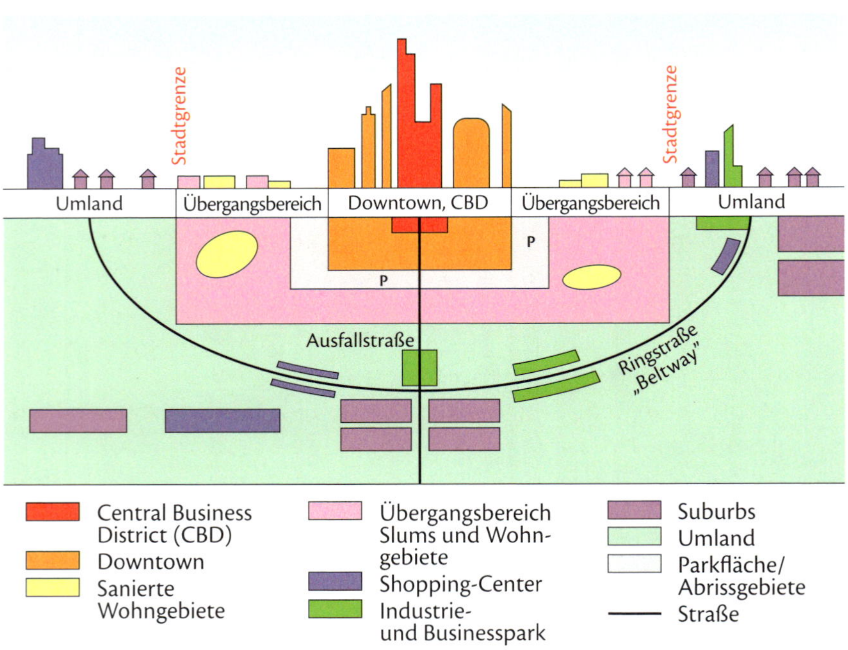

M 2 *Modell der nordamerikanischen Stadt*

check-it
- Lage New Yorks beschreiben
- Gliederung einer nordamerikanischen Großstadt erläutern
- Funktionen einzelner Stadtviertel vergleichen
- Stadtmodell und Bilder auswerten

Straßen im Schachbrettmuster

Wie eine Stadt aus riesigen Bauklötzen – so sieht New York aus der Luft aus. Das Stadtgebiet wurde bei der Landaufteilung und Besiedlung in quadratische Baublöcke unterteilt. In Nord-Süd-Richtung verläuft durch das Stadtzentrum die Main Street. Die parallel zur Main Street verlaufenden Avenues sind durchnummeriert. Alle Straßen in Ost-West-Ausrichtung werden Streets genannt. Auch sie sind nummeriert. Damit man weiß, ob eine Street östlich oder westlich der Main Street zu finden ist, bekommt jede Street genau diesen Zusatz. So könnte eine Adresse mit Hausnummer lauten: 311 West 48th Street New York, USA. Dieses Schachbrettmuster ermöglicht eine schnelle und recht einfache Orientierung in nordamerikanischen Städten.

Downtown – die City

Wolkenkratzer zeigen den Weg in den CBD, den Central Business District. Dieses Geschäftszentrum von New York liegt in der Südhälfte von Manhattan. Nachdem Mitte des 19. Jahrhunderts der Aufzug erfunden wurde, bauten Architekten immer höhere Bauwerke. In den Hochhäusern konzentrieren sich die Büros von Firmen, Banken und Versicherungen. Täglich strömen Tausende von Menschen zu ihren Arbeitsplätzen, was zu erheblichen Verkehrsproblemen führt. Viele Brücken und Tunnels sowie U-Bahnen und Züge verbinden die Wohnviertel in den Vororten mit Manhattan.

China – mitten in New York

Zur Kernstadt von New York gehören auch noch die Stadtviertel Bronx, Brooklyn, Queens und Staten Island. In diesen Stadtvierteln befinden sich sowohl Industriebetriebe als auch Wohnhäuser, die meist schon älter sind. Hier leben die Stadtbewohner, die sich die teureren Mieten in anderen Stadtvierteln nicht leisten können. Dies sind in den USA vor allem die Afroamerikaner sowie die Einwanderer aus Lateinamerika und Asien. Die Bewohner schaffen sich in diesen Stadtvierteln ein Stück ihrer alten Heimat. Innerhalb Manhattans gibt es zum Beispiel „Chinatown“, „Little Italy“, „Harlem“ und „Spanish Harlem“.

Suburbia – Leben im Grünen

Während in den Altbauten der lauten Innenstädte ärmere Bevölkerungsschichten leben, ziehen besser verdienende amerikanische Familien ins Umland. In den Vorstädten, den Suburbs, leben sie meist in Einfamilienhäusern im Grünen. Mit dem Auto können sie ihren Arbeitsplatz und Geschäfte bequem erreichen. Die Vorstädte wachsen immer weiter ins Umland hinaus. Ist die City dann für die täglichen Einkäufe zu weit entfernt, bilden sich in der Nähe dieser Suburbs in verkehrsgünstiger Lage riesige Einkaufszentren, Industrieparks und Bürozentren. Durch die **Suburbanisierung** entstehen mit der Zeit kleine eigenständige Städte im Umland. Die Basis dieser Entwicklung sind niedrige Kraftstoffpreise, die das Pendeln von der Arbeitsstelle zum Wohnort bzw. Einkaufszentrum möglich machen.

M 3 *Chinatown in Manhattan*

M 4 *Suburb bei New York*

1 Beschreibe die Lage New Yorks (**M 1**, Atlaskarten S. 228, 231).
2 Erstelle eine Mindmap zum Thema „Die nordamerikanische Stadt“ (**M 2–M 4**).
3 Begründe, warum man sich in New York nur schwer verlaufen kann.
4 Finde heraus, welche Bevölkerungsgruppen in den im Text genannten Vierteln Manhattans leben (Internet, **M 3**).
5 Erläutere anhand des Modells der nordamerikanischen Stadt, was man unter Suburbanisierung versteht (**M 2**, **M 4**).

WEBCODE: UE640102-175

Station 5 Brasilia – eine Stadt vom Reißbrett

M 1 *Moderne Gebäude prägen das Stadtbild Brasilias: Congresso Nacional*

M 2 *Eine von vielen Satellitenstädten Brasilias: Taguatinga*

check-it
- Lage Brasilias beschreiben und vergleichen
- Merkmale Brasilias als geplante Stadt kennen
- Begriff „Satellitenstadt" erklären
- Satellitenbild und Stadtplan auswerten und vergleichen

Die Idee einer neuen Hauptstadt

Zunächst Salvador und danach Rio de Janeiro – so hießen bis 1960 die Hauptstädte Brasiliens. Doch schon lange gab es den Plan, eine neue Hauptstadt in der unerschlossenen Mitte des riesigen Landes Brasilien zu bauen.

1956 entschied die Regierung, diesen Plan in die Realität umzusetzen. Der Städteplaner Lúcio Costa entwarf eine Stadt auf dem Reißbrett. Dabei entstand das Modell eines Flugzeugs mit der zentralen Achse zwischen dem 218 Meter hohen Fernsehturm und dem Regierungsviertel, wo sich das Cockpit des Flugzeugs befindet. Entlang der 13 Kilometer langen und 250 Meter breiten Hauptachse reihen sich alle öffentlichen Gebäude wie Hotels, Museen, Bibliotheken und Ministerien aneinander. Die Wohngebäude sind in den „Flügeln" oder „Tragflächen" untergebracht. Der Architekt Oscar Niemeyer entwarf zahlreiche öffentliche Gebäude für die „Metropole des Fortschritts", wie Brasilia genannt wurde.

1957 wurde mit dem Bau einer „künstlichen Stadt" begonnen. Teilweise waren über 30 000 Bauarbeiter beschäftigt. Obwohl Brasilia noch im Bau war, wurde die Einweihung als Hauptstadt im April 1960 gefeiert.

Das Flugzeug – von Satellitenstädten umgeben

Das Flugzeug und die angrenzenden Wohnsiedlungen bilden die Kernstadt. Dort leben heute etwa 400 000 Menschen, vor allem Beamte und Angestellte, Diplomaten und Politiker und Gewerbetreibende.

Auf der weiten, fast ebenen Fläche des brasilianischen Hochlandes in 1100 Meter Höhe konnte sich die Stadt gut ausbreiten. Ursprünglich waren fünf **Satellitenstädte** rund um die neue Hauptstadt geplant. Heute sind es 19 Satellitenstädte, die weitestgehend unkontrolliert wachsen.

Die neue Hauptstadt Brasilia wird heute als ein gescheitertes Experiment, das aber dennoch funktioniert, angesehen. Industrielle Unternehmen haben sich kaum angesiedelt. Die meisten Menschen arbeiten im Dienstleistungsgewerbe. Doch sie leben gern in Brasilia, denn die Bevölkerungsdichte ist geringer als in den anderen Millionenstädten des Landes, die Kriminalität geringer, das Hochlandklima angenehm, die Lebensqualität einfach besser.

M 3 *Satellitenbild von Brasilia*

Stadt und Umland	Einwohner
São Paulo	19 226 426
Rio de Janeiro	11 563 302
Belo Horizonte	5 450 084
Porto Alegre	3 896 515
Recife	3 654 534
Salvador da Bahia	3 598 454
Brasilia	3 507 662

M 4 *Einwohnerzahl brasilianischer Städte 2007*

1 Vergleiche Lage und Größe Brasilias mit der der ehemaligen Hauptstadt Rio de Janeiro (Karte S. 224, **M 4**).
2 Begründe, warum Brasilia als „künstliche Stadt" bezeichnet werden kann (**M 3**, **M 5**).
3 Vergleiche das Satellitenbild mit dem Plan von Brasilia (**M 3**, **M 5**). Nenne die Gebäude, die du auf dem Satellitenbild lokalisieren kannst.
4 Erkläre den Begriff „Satellitenstadt". Überlege, welche Vor- und Nachteile das Leben dort hat (**M 2**).
5 Diskutiert folgenden Spruch der Einwohner Brasilias: „Ein Mensch hat Kopf, Körper und Beine. Wir haben Kopf, Körper und Räder."

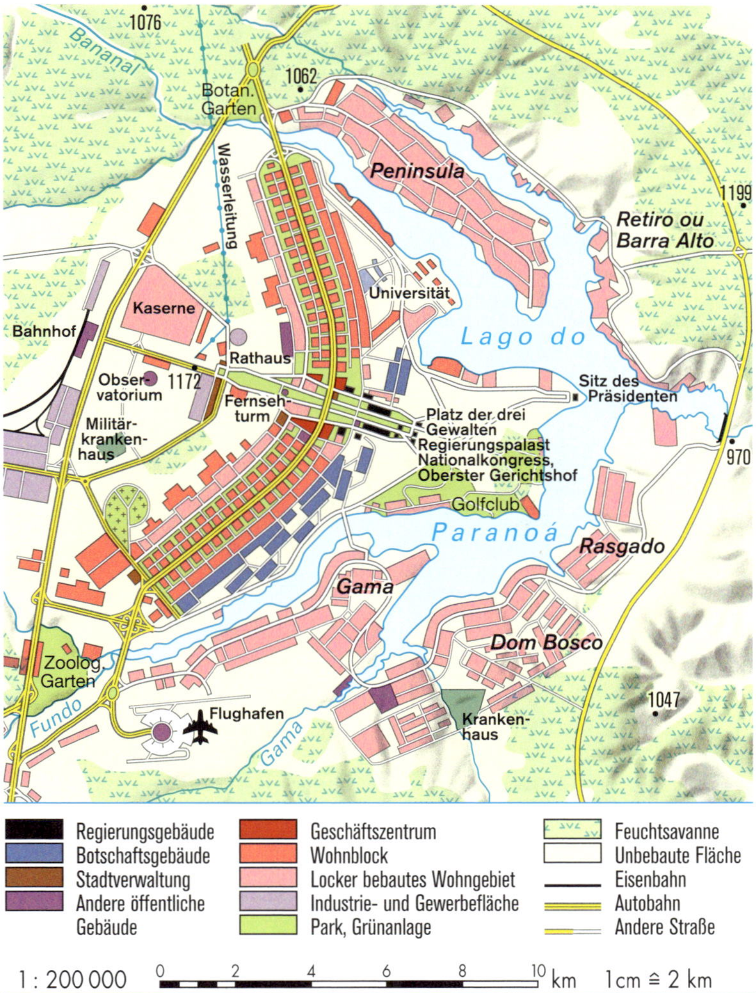

M 5 *Plan der Hauptstadt Brasilia*

Wir orientieren uns auf Verkehrsnetzplänen

check-it

- Verkehrsnetzplan lesen
- U-Bahnhöfe und Verbindungen auf dem Verkehrsnetzplan finden
- Reiserouten planen

Was ist ein Verkehrsnetzplan?

Ein Verkehrsnetzplan ist eine thematische Karte, auf der der Verlauf und die Anbindungen öffentlicher Verkehrsmittel abgebildet sind. Weil er für diese spezielle Anwendung gemacht wurde, fallen viele Angaben weg. Mithilfe eines Verkehrsnetzplanes kannst du dir eine schnelle Orientierung in einer fremden Stadt verschaffen und Entfernungen abschätzen. Er dient vor allem aber zu Planung der Reiseroute von einem Ort zum anderen.

U- und S-Bahnpläne

Der Untergrund- und Schnell-Bahnplan einer Stadt ist häufig zusammengefasst, weil sich beide Verkehrsmittel in unmittelbarer Nähe zueinander befinden. Orte, an denen Verkehrswege unterschiedlicher Art zusammenkommen und ein Verkehrsmittelwechsel zum Beispiel von der U-Bahn in die S-Bahn möglich ist, nennt man Verkehrsknotenpunkt. Häufig wird an diesen Knotenpunkten das Verkehrsnetz durch Buslinien noch verdichtet.

Checkliste zum Lesen von Verkehrsnetzplänen

1. Schritt: Lies die Legende und ermittle die Bedeutung der Farben, der Linien und anderer Symbole. Suche den Nordpfeil; wenn dieser fehlt, ist Norden oben.

2. Schritt: Suche zentrale oder bekannte Orte, wie den Hauptbahnhof, das Rathaus oder Namen von Straßen oder Plätzen.

3. Schritt: Suche deinen momentanen Standort.

4. Schritt: Suche deinen Zielort.

5. Schritt: Lege fest, in welcher Richtung du mit welchem Verkehrsmittel fahren musst.

6. Schritt: Präge dir ein, welche Linien du nutzen und an welchen Verkehrsknotenpunkten du umsteigen musst.

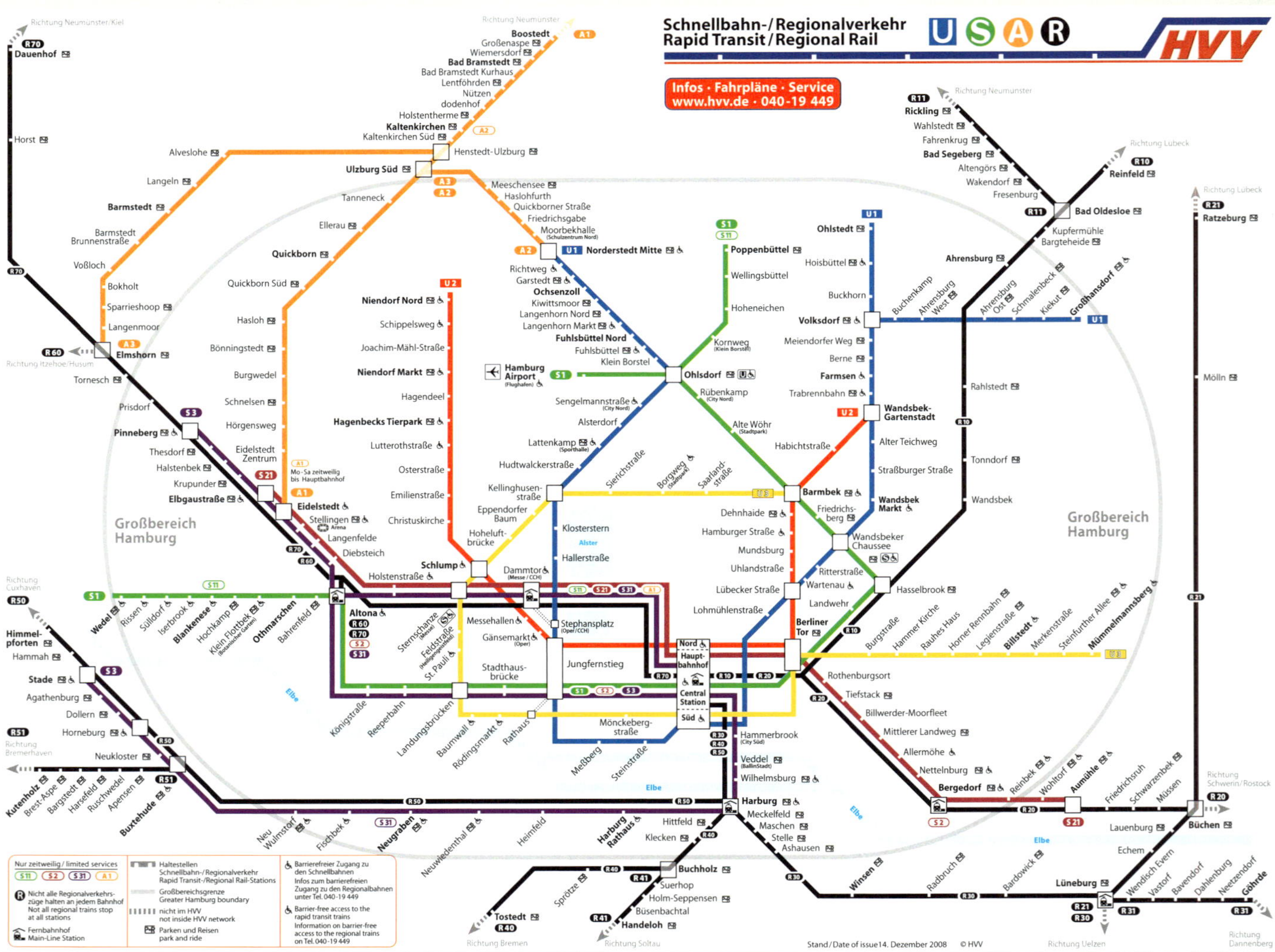

M 1 *Verkehrsnetzplan von Hamburg*

M 2 *Öffentliche Verkehrsmittel in Hamburg*

Beispiel: Vom Hauptbahnhof zum Flughafen

Zum Lesen des Verkehrsnetzplans von Hamburg gehe anhand der Checkliste vor. Schritte 1 und 2 geben dir einen Überblick über das Verkehrsnetz Hamburgs. Suche den Hauptbahnhof, deinen momentanen Standort. Der Hauptbahnhof ist immer ein Verkehrsknotenpunkt. Im Hamburg laufen nahezu alle Linien hier zusammen, er ist also leicht zu finden (Schritt 3). Im 4. Schritt sollst du nun den Flughafen finden. Er ist durch ein Symbol gekennzeichnet und liegt nördlich des Hauptbahnhofes. Die Hauptrichtung deiner Fahrtroute ist also Norden. Präge dir ein, dass du mit der grünen Linie S1 Richtung Hamburg Airport (Endstation) fahren musst. Du musst nicht umsteigen, da die S1 direkt bis Flughafen (Hamburg Airport) fährt.

1 Nenne öffentliche Verkehrsmittel Hamburgs und erläutere Unterschiede (**M 1, M 2**, Internet).
2 Suche den Bahnhof Dammtor auf der Verkehrsnetzkarte (**M 1**). Notiere dir, an welchen S-Bahnen dieser liegt, und finde heraus, wie die Endstationen der jeweiligen S-Bahnlinien heißen.
3 Schreibe alle Bahnhöfe auf, an denen die S3 auf ihrer Fahrt von Pinneberg bis Altona anhält. Unterstreiche die Bahnhöfe, die Verkehrsknotenpunkte sind.
4 Verfolge den Linienverlauf der U1 auf der Verkehrsnetzkarte. Worauf muss ein Fahrgast achten, wenn er vom Hauptbahnhof zur Endstation Großhansdorf fahren möchte?
5 Übertrage die Tabelle in dein Heft und vervollständige die Angaben.

Startpunkt	Endpunkt	Linie	Fahrtrichtung	Anzahl der Bahnhöfe
Niendorf Nord	?	U2	Süden	3
?	Stephansplatz (Oper)	U1	Süd-West	8
Hauptbahnhof	St. Pauli	?	Westen	?
Mönckebergstraße	?	U3	Osten	10
Kaltenkirchen	Eidelstedt	?	?	?

6 Denke dir ein Ratespiel für deine Mitschüler aus. Lege hierzu einen Startpunkt fest, den du bekannt gibst, und sage an, in welche Richtung du wie viele Stationen fährst. Steige auch um! Lass die Mitschüler erraten, wohin du gefahren bist.

Geo-Check: Städte vergleichen

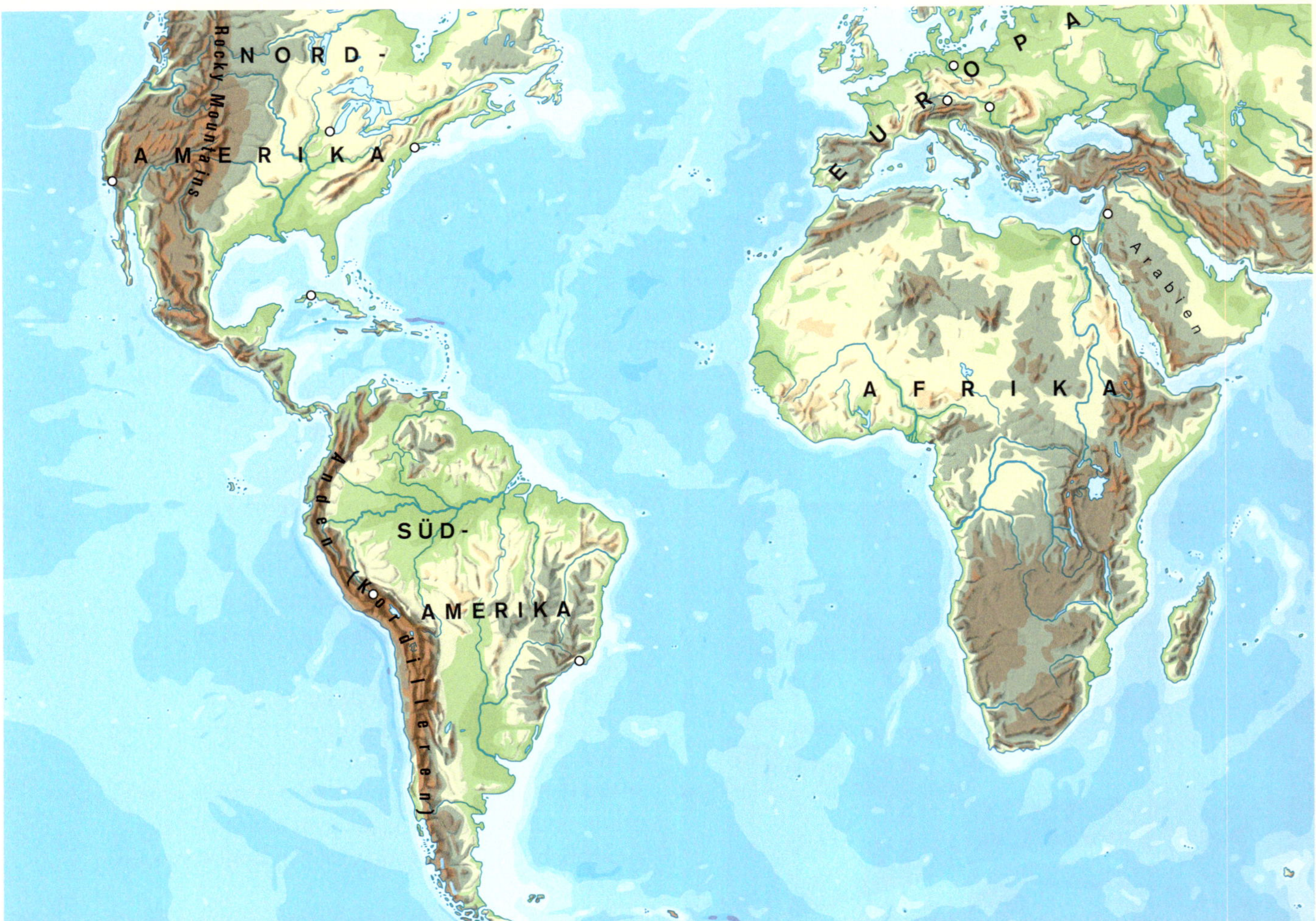

M 1 *Ausschnitt aus einer physischen Weltkarte mit ausgewählten Städten*

Sich orientieren

1 Benenne die in **M 1** eingezeichneten Städte und ordne sie einem Kulturraum zu.

2 Bereite einen Kurzvortrag zu der Entstehung und der Entwicklung von zwei Städten aus der Aufgabe 1 vor. Vergleiche diese miteinander.

Wissen und verstehen

3 Welcher Begriff passt nicht zu den anderen (**M 2**)? Begründe deine Entscheidung. Nenne das Lösungswort, das aus den Buchstaben der richtigen Lösungen gebildet wird.

1) B New York
S Manhattan
F Los Angeles
U San Francisco

2) G Marktplatz
I Kirche
T Basar
N Rathaus

3) V Lima
K Caracas
A Chicago
L Bogota

4) W Karlstor
D Brandenburger Tor
H Isartor
O Sendlinger Tor

5) P lateinamerikanische Stadt
Z mitteleuropäische Stadt
T Satellitenstadt
J orientalische Stadt

M 2 *Eins aus vier*

7 Nutzung der Weltmeere untersuchen und beurteilen

Ungetüme der Meere
Immer mehr Bohrtürme ragen aus dem Wasser, denn das „schwarze Gold“ unter dem Meeresboden sowie andere Rohstoffe aus den Weltmeeren sind sehr begehrt. Doch wie wirkt sich die Förderung der Rohstoffe auf den Lebensraum und die Wetterküche „Meer“ aus? Die Weltmeere bedecken den größten Teil unseres Planeten. Es lohnt sich sie zu entdecken.

4 Ordne jedem dieser Begriffe (M 3) mindestens zwei Merkmale zu.

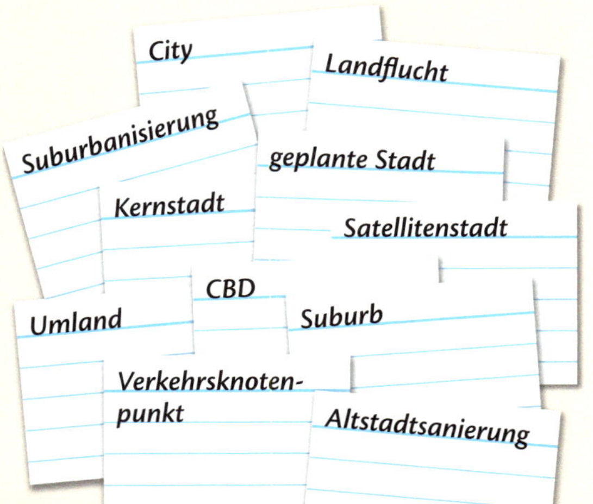

M 3 *Geo-Begriffestapel*

Richtig oder falsch?

5 Sortiere die Aussagen in richtige und falsche. Verbessere die falschen Aussagen und schreibe sie richtig auf.

- Die ärmsten Bevölkerungsgruppen Kairos leben meist in selbst gebauten Behausungen.
- Durch Stadtflucht und hohes Bevölkerungswachstum haben sich Kairo und Cusco stark verändert.
- Durch die niedrigen Grundstückspreise in der Münchner Innenstadt wohnen dort sehr viele Menschen.
- Bronx, Brooklyn, Queens und Staten Island sind Stadtteile Cuscos.
- Verkehrsnetzpläne dienen der Orientierung im Straßenverkehr.
- New York, Brasilia und München sind geplante Städte.
- Der zentrale Platz lateinamerikanischer Städte nennt sich „Plaza de Armas“.

Können und anwenden

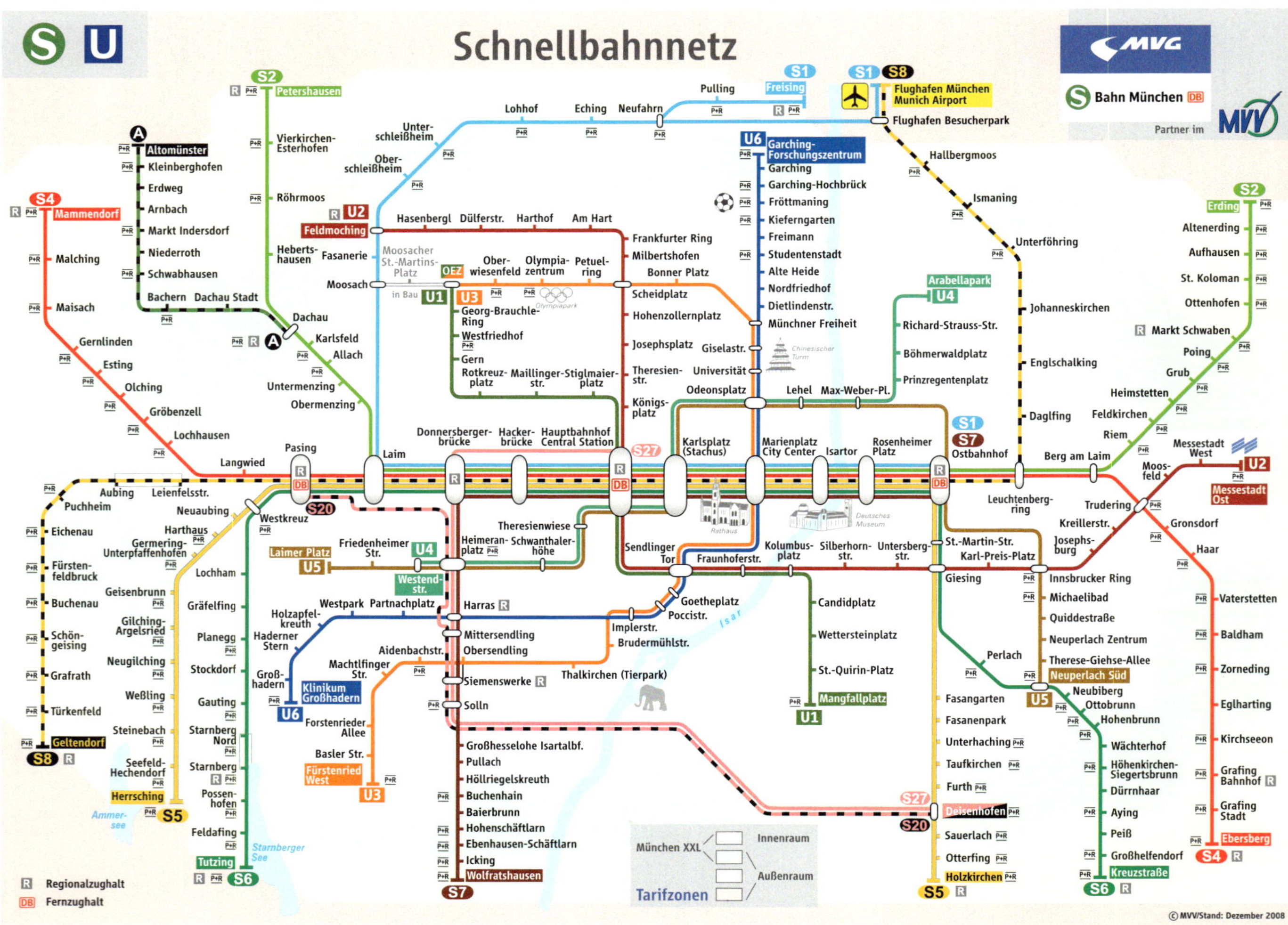

M 4 *Verkehrsnetzplan von München*

6 Nenne die Linien, die sich am Hauptbahnhof kreuzen (**M 4**).

7 Ermittle, wie ein Reisender, ohne umzusteigen, vom Karlsplatz (Stachus) zum Flughafen gelangen kann.

8 Mit welchen U-Bahnlinien kann man den Englischen Garten erreichen, in dem der Chinesische Turm zu finden ist?

9 Ein Tourist möchte vom Deutschen Museum am Isartor zum Tierpark in Thalkirchen fahren. Arbeite eine Route für ihn aus.

10 Zähle nach, wie viele Stationen ein verirrter Fußballfan noch fahren muss, der statt zur Allianz-Arena zum Olympiastadion gefahren ist.

Sich verständigen, beurteilen und handeln

M 5 *Luftaufnahmen von vier Städten*

11 Beschreibe und vergleiche die Bilder in **M 5**.

12 Ordne die folgenden vier Stadtnamen den Bildern zu und begründe deine Entscheidung.
a) Münster, Deutschland
b) Mexico-Stadt, Mexiko
c) San Francisco, USA
d) Safranbolu, Türkei

13 Erläutere Gemeinsamkeiten und Unterschiede zwischen einer mitteleuropäischen, einer orientalischen, einer nord- und einer lateinamerikanischen Stadt (**M 5**).

14 Zeichne die Kartenskizze einer Altstadt in deiner Nähe und vergleiche diese mit der entsprechenden Abbildung in **M5**.

Meeresströmungen und Handelswege

Erde: Meeresströmungen, Nahrungsangebot und Hauptfischfanggebiete

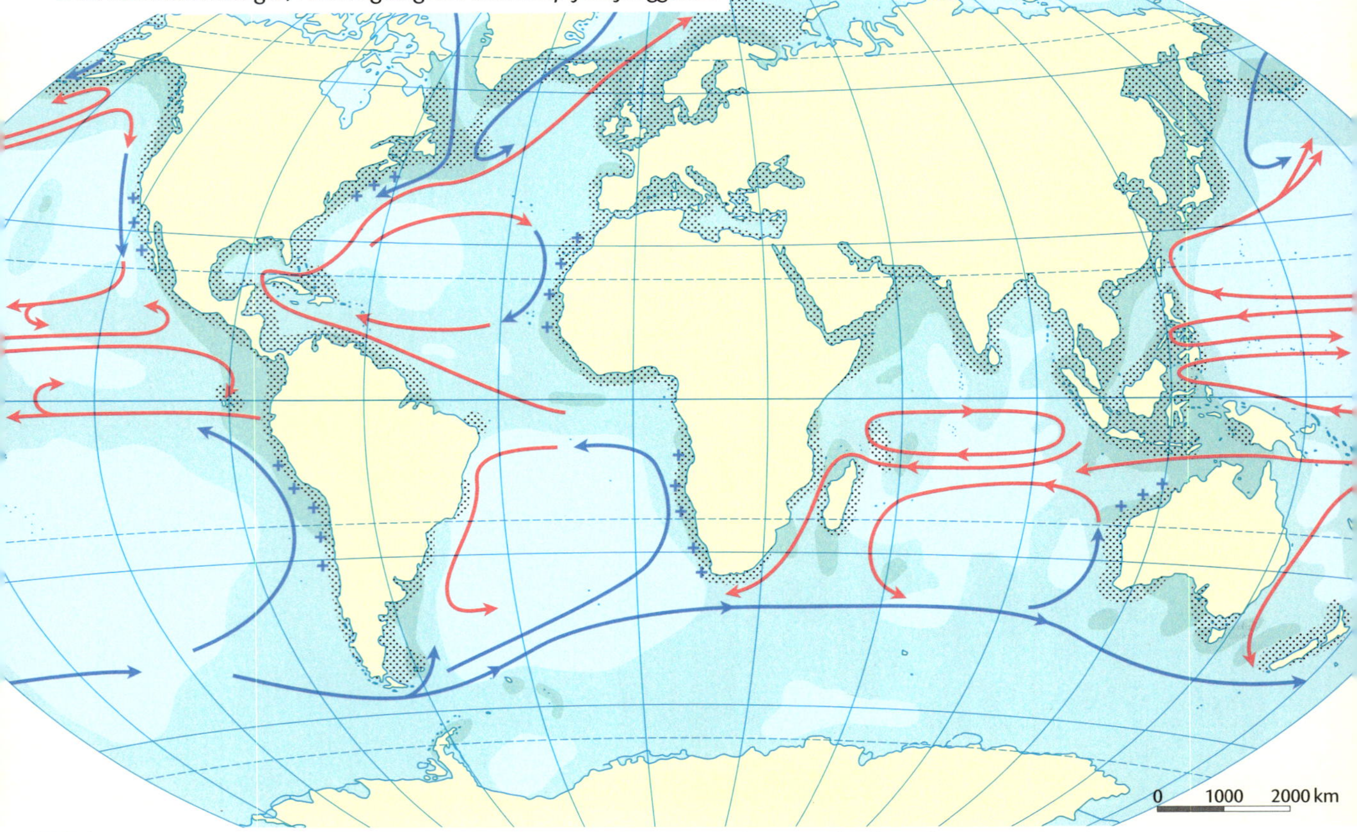

Hauptfischfanggebiete
warmer Strom
kalter Strom
Auftriebswasser
Nahrungsangebot für Fische
hoch bis sehr hoch
gering bis mittel
gering

Erde: Bedeutende Seewege

Routen für sehr große Schiffe und Supertanker
weitere Routen
Dover Meerenge
bedeutender Hafen

In diesem Kapitel lernst du
- das Meer als Nahrungsquelle, Verkehrsraum und Rohstoffquelle kennen,
- den Einfluss des Meeres auf das Klima zu erläutern,
- Methoden der Rohstoffgewinnung zu beschreiben,
- Ursachen und Folgen der Verschmutzung der Meere zu erläutern.

Dabei nutzt du
- Karten,
- Grafiken,
- Tabellen und
- Diagramme.

Du beurteilst,
- die Bedeutung der Meere als Nahrungsquelle und
- die Auswirkungen der Verschmutzung der Meere.

Erdölförderung in der Küstenzone von Tientsin, China

Die Erde – ein blauer Planet

check-it
- Ozeane, Randmeere, Nebenmeere und Mittelmeere lokalisieren
- Merkmale von Ozeanen, Neben-, Rand- und Mittelmeeren benennen
- Gliederung des Meeresbodens kennen

Unsere Erde – ein Planet aus Wasser

Jeden Astronaut beeindruckt bei der Umkreisung der Erde die blaue Farbe unseres Planeten, die durch die Meere hervorgerufen wird. Die Meere nehmen mit einer Ausdehnung von 362 Millionen Quadratkilometern 70,8 Prozent der Erdoberfläche ein. Die riesigen zusammenhängenden Wasserflächen sind durch Festländer in drei Ozeane geteilt. Diese gewaltigen Wassermassen werden durch Meeresströmungen bewegt, die bis in eine Tiefe von 200 Metern reichen.

Der Pazifische Ozean

Der Pazifische Ozean heißt übersetzt „Stiller Ozean". Diesen Namen gab ihm der portugiesische Seefahrer Ferdinand Magellan, der bei seiner Erdumsegelung 1521 zufällig eine ruhige Überfahrt zwischen Asien und Amerika hatte.
Der Pazifik ist der tiefste der drei Ozeane. Er nimmt 35 Prozent der Erdoberfläche ein und hat eine Fläche, die größer ist, als alle Kontinente zusammen. Die kürzeste Linie zwischen der Südspitze Südamerikas und dem Grahamland auf dem antarktischen Kontinent gilt als Grenze zum Atlantik. Die Trennung vom Indischen Ozean ist eine gedachte Linie zwischen Südostasien und Australien.

Der Atlantische Ozean

Der Atlantische Ozean ist der zweitgrößte Ozean. Er entstand durch die Teilung des Urkontinents Pangäa. Mit seinen Nebenmeeren hat der Ozean eine Fläche von rund 106,2 Millionen Quadratkilometern und bedeckt ein Fünftel der Erdoberfläche.

Der Indische Ozean

Der Indische Ozean ist mit 74,9 Millionen Quadratkilometern und einer Fläche von fast 15 Prozent Anteil an der Erdoberfläche der drittgrößte Ozean der Erde.

Das Salz im Wasser

Das Salz hat seinen Ursprung in der Gesteinsverwitterung. Es wird von Regen- und Grundwasser in die Flüsse gespült. Die Flüsse transportieren das im Wasser gelöste Salz in das Meer. Meerwasser besitzt im Durchschnitt einen Salzgehalt von 3,5 Prozent. Verdunstet ein Liter Meerwasser, so bleiben 35 Gramm Salz zurück.
Die Neben- und Binnenmeere haben aufgrund von unterschiedlich starker Verdunstung und anderem Wasserzufluss unterschiedliche Salzgehalte. Beim Verdunsten bleibt das schwere Salz im Meer zurück. So steigt der Salzgehalt langsam an. Eine hohe Wasserzufuhr hingegen verdünnt das Meerwasser. Der Salzgehalt sinkt. Die Ostsee zum Beispiel hat 0,8 Prozent, das Rote Meer 4,1 Prozent und das vom Jordan gespeiste, abflusslose Tote Meer hat einen Salzgehalt von 27 Prozent. Das Salz aller Meere auf der gesamten Erdoberfläche verteilt ergäbe eine Schicht, die 45 Meter dick wäre.

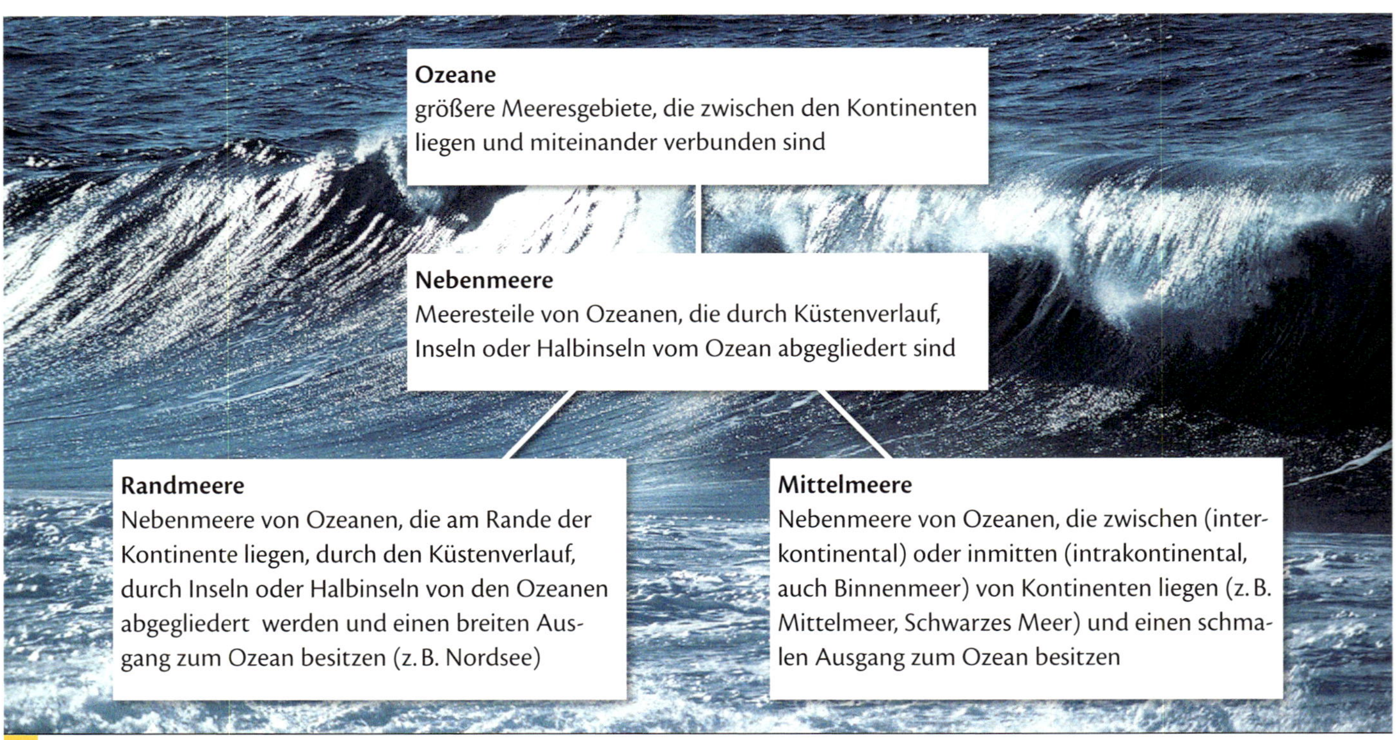

M 1 *Die Gliederung der Weltmeere*

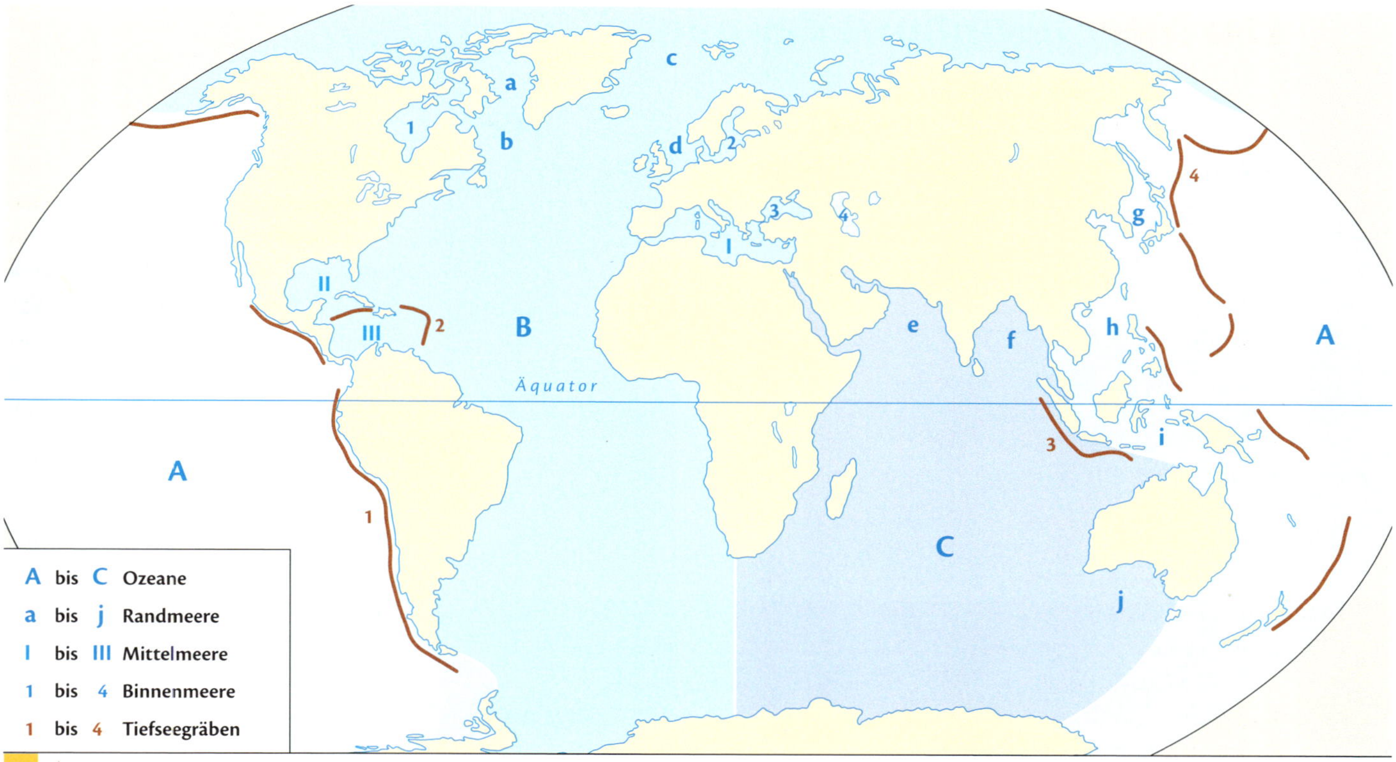

M 2 *Die Weltmeere*

1 Ordne den Zahlen und Buchstaben die Namen der Ozeane und Meere zu (**M 2**).
2 Beschreibe die Lage der drei Ozeane der Erde in der Rangfolge ihrer Größe (**M 2**).
3 Benenne die Merkmale von Ozeanen, Neben-, Rand- und Mittelmeeren (**M 1**).
4 Fertige eine Liste mit Neben-, Rand- und Mittelmeeren an und ordne diese den Ozeanen zu (**M 1**, **M 2**, Karte S. 183).
5 Begründe, warum die Erde als „blauer Planet" bezeichnet wird (**M 2**).
6 Erläutere die Wasser- und Landverteilung der Erde (**M 2**, Globus).
7 Erkläre, warum der Salzgehalt nicht in allen Meeren gleich hoch ist.
8 Beschreibe die Gliederung des Meeresbodens (**M 3**). Recherchiere im Internet über die Entstehung der einzelnen Elemente und trage deine Ergebnisse in einem Kurzreferat vor.

WEBCODE: UE640102-187

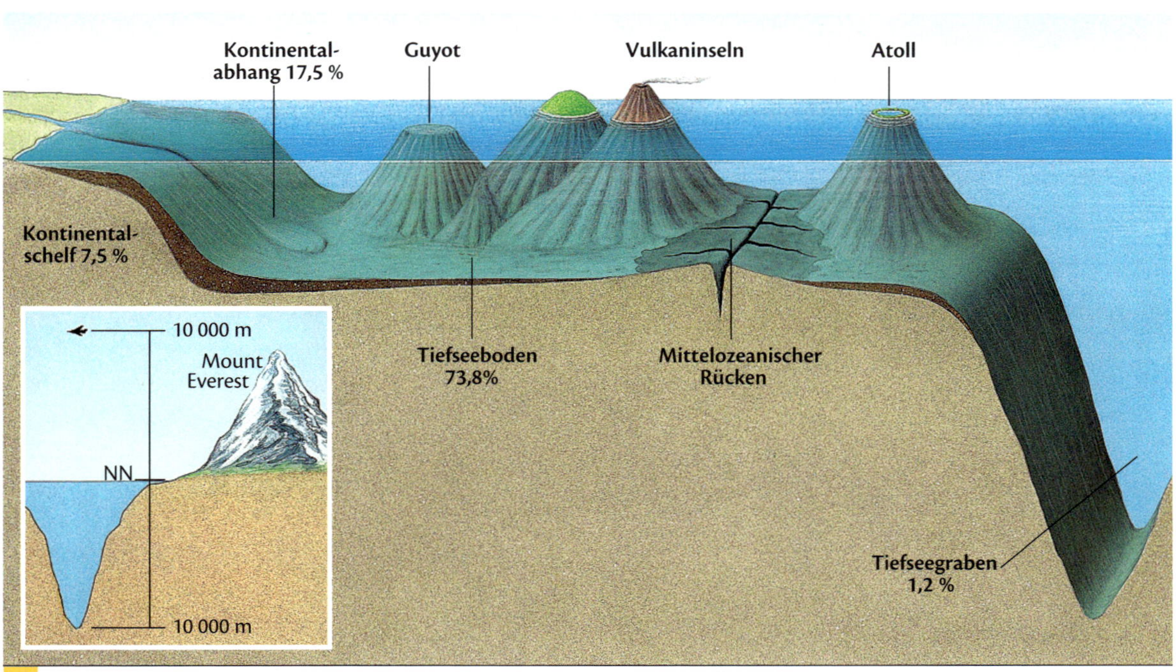

M 3 *Gliederung des Meeresbodens (Meeresfläche= 100 Prozent)*

Das Meer beeinflusst das Klima

M 1 *Wolkenbildung über dem Meer*

check-it

- Einfluss der Weltmeere auf den Wasserhaushalt erklären
- Prozesse des Wasseraustausches erläutern
- Meeresströmungen lokalisieren und den Verlauf beschreiben
- Einfluss von Meeresströmungen erläutern

Warm oder kalt?

Die Temperatur des Meerwassers ist sehr unterschiedlich. Von der Sonne erwärmt dehnt sich Wasser aus. Warmes Wasser steigt auf, kühles Wasser sinkt ab. Hierdurch bilden sich mächtige Strömungen. Auch beständige Winde bewegen das Wasser und lassen Strömungen an der Meeresoberfläche entstehen. Es wird zwischen warmen und kalten Meeresströmungen unterschieden. Eine Strömung ist warm, wenn ihre Temperatur höher ist als der Meeresteil, in den sie hineinfließt. Sie wird als kalt bezeichnet, wenn sie in wärmeres Wasser hineinfließt.

Ozeane erzeugen feuchte Luft

An der gewaltigen Oberfläche der Meere verdunsten große Mengen Wasser. Diese beeinflussen maßgeblich den Wasserhaushalt der Erde. Die Winde transportieren diese verdunsteten Wassermengen in Form von feuchten Luftmassen zum Festland. Das gespeicherte Wasser sorgt dort für Niederschlag. In der gemäßigten Klimazone herrschen Westwinde vor. Daher nehmen die Niederschlagsmengen in Europa und Nordasien mit zunehmender Meeresferne ab. An der Westküste Amerikas verhindern die sich von Norden nach Süden erstreckenden Hochgebirge das Eindringen der feuchten Westwinde in das Landesinnere.

Ozeane speichern Wärme

Wasser ist ein schlechter Wärmeleiter. Es braucht zu seiner Erwärmung große Mengen an Sonnenenergie. Nur langsam wird die Wärme des Oberflächenwassers weitergeleitet und durchmischt sich mit kälterem Wasser aus den tieferen Schichten. Aus diesen Gründen erwärmt sich das Meer in der gemäßigten Klimazone im Sommer nur langsam von etwa 2 °C auf 16 °C. Wegen der gewaltigen Wassermassen werden aber dennoch große Mengen an Sonnenenergie gespeichert. Im Winter gibt das Meer nur allmählich die Wärme an die kühlere Luft ab. In den tropischen Regionen wird das Meerwasser das ganze Jahr über von der Sonne aufgeheizt. So entsteht eine konstante Wassertemperatur während des ganzen Jahres von über 20 °C.

Meeresströmungen transportieren Wärme

Die Meeresströmungen bewegen nicht nur gewaltige Wassermengen, sondern transportieren und verteilen dabei

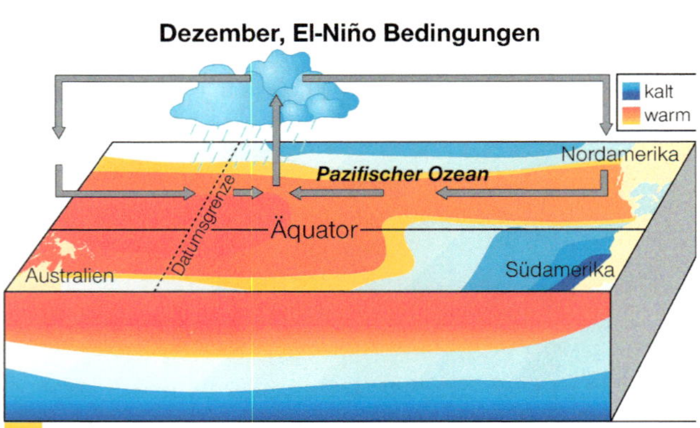

M 2 *Das El-Niño-Phänomen*

El Niño – Das (Christ-)Kind

In manchen Jahren fließt – häufig zur Weihnachtszeit – vor der peruanischen Küste ein warmer Strom aus der Äquatorgegend nach Süden und verdrängt den Humboldtstrom. Diese Veränderung der Meeresströmungen hat große Auswirkungen auf das Klima. Den peruanischen Fischern bringt El Niño schlechte Erträge beim Fischfang, aber heute weiß man, dass die Auswirkungen global sind. So regnet es in West-, Nord- und Südamerika sowie in Ostafrika viel mehr. Überschwemmungen, Stürme und Erdrutsche nehmen zu. In Australien, Indonesien und dem südlichen Afrika dagegen breiten sich ausgedehnte Dürreperioden aus und lassen im Extremfall ganze Ernten vertrocknen.

M 3 *Das „Christkind"*

auch wie eine riesige Klimaanlage kalte und warme Luft rund um den Globus. Sie bewegen warmes Wasser aus den Tropen bis in die gemäßigten Klimazonen und erwärmen dort die Meeresluft. Westwinde tragen diese Meeresluft zum Festland und sorgen dort für einen Klimaausgleich: Im Sommer mildern sie die Temperaturen der heißen Festlandsluft und im Winter erwärmen sie die kalte Festlandsluft. Dieser ausgleichende Einfluss der milden Meeresluft nimmt mit zunehmender Entfernung zum Meer ab.

Einer dieser warmen Meeresströmungen ist der **Golfstrom**. Er bewegt hundertmal so viel Wasser wie alle Flüsse der Erde zusammen und ist 150 Meter tief.

Das Wasser in den Meeren der polaren Klimazone bleibt wegen der geringen Sonneneinstrahlung ebenso kalt wie die darüber liegende Meeresluft. Das Klima des angrenzenden Festlandes ist deshalb im Sommer kühler und die Winterkälte hält länger an. Der **Humboldtstrom** an der Westküste Südamerikas ist eine solche kalte Meeresströmung. Da er aus der Antarktis kommt, ist die Wassertemperatur um etwa 8 °C niedriger als die Wassertemperatur im Ozean auf gleicher geographischer Breite.

1 Erkläre den Einfluss der Weltmeere auf den Wasserhaushalt der Erde (**M 4**).

2 Fertige eine Skizze an, die den Zusammenhang zwischen der Wassertemperatur und der Fließrichtung des Meerwassers darstellt.

3 Beschreibe den Verlauf des Golfstromes sowie des Humboldtstromes (**M 6**, Karte Seite 183).

4 Erläutere den Einfluss des Golf- und des Humboldtstromes auf das Klima der betroffenen Teilräume der Erde. Vergleiche beide Strömungen miteinander (**M 5**, **M 6**).

5 Beschreibe das Phänomen des El Niño und zeige mögliche Folgen für die Fischindustrie auf (**M 2**, **M 3**).

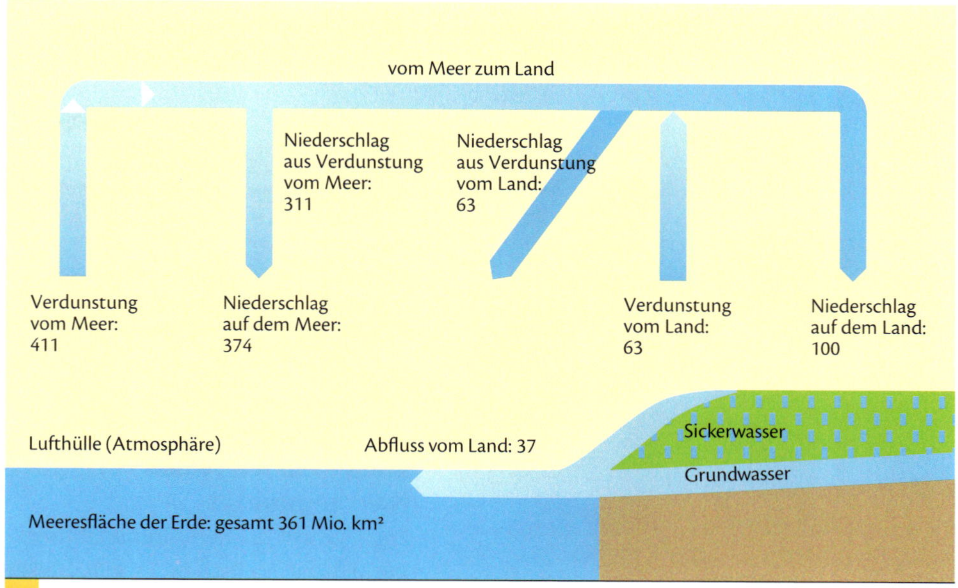

M 4 *Wasserhaushalt der Erde (Angaben in 1000 Kubikkilometern pro Jahr)*

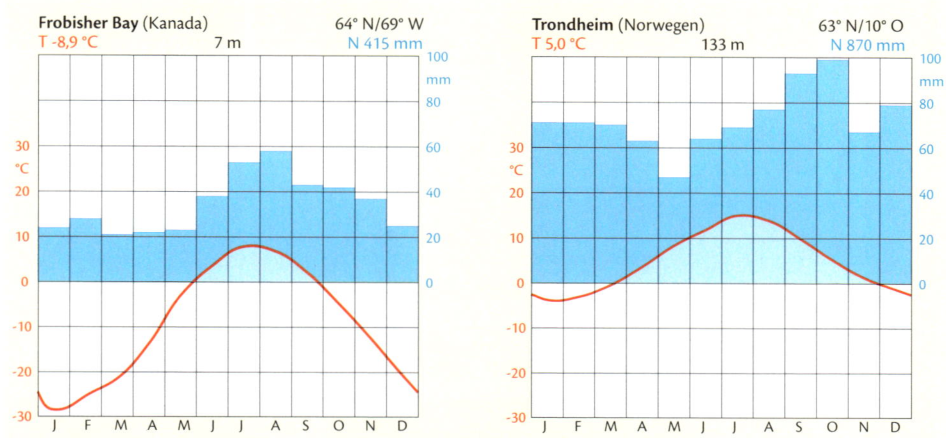

M 5 *Klimadiagramme*

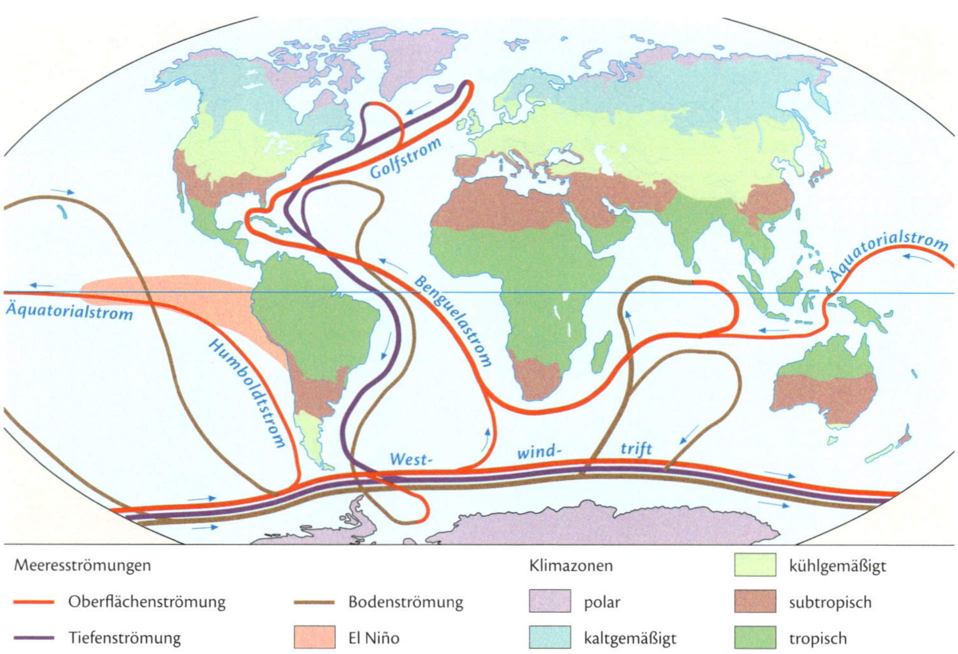

M 6 *Meeresströmungen und Klima*

Das Meer als Nahrungsquelle

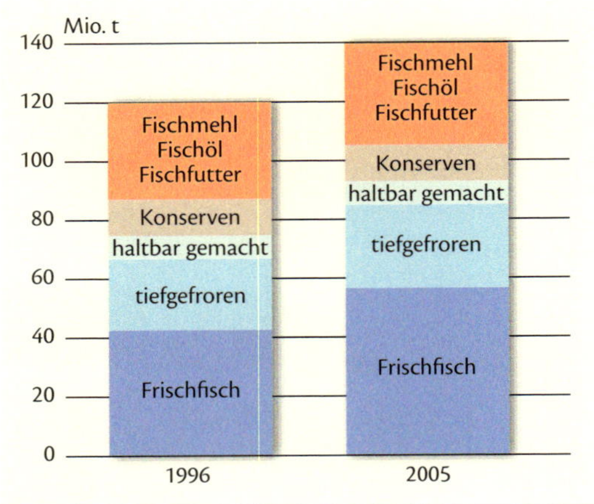

M1 *Verwendung der Fischfänge weltweit*

check-it
- Lage der fischreichen Gebiete beschreiben und Bezug zu den Meeresströmungen herstellen
- moderne Fangmethoden kennen
- Entwicklung von Aquakulturen erläutern
- Maßnahmen gegen Überfischung bewerten

Fisch – ein wertvolles Nahrungsmittel

Fisch gehört zu den Grundnahrungsmitteln der Menschen. Es gibt Völker auf der Erde, zum Beispiel die Japaner, bei denen Fisch täglich auf dem Speiseplan steht. Fisch enthält lebensnotwendige Stoffe wie Eiweiß, Mineralien und Vitamine. Vor allem das Fischeiweiß hat für eine gesunde Ernährung große Bedeutung. Zudem ist das Fleisch des Fisches sehr zart, gut verdaulich und gut bekömmlich. Der Fettgehalt von Fischen ist äußerst unterschiedlich. So enthält Hering im Gegensatz zum Dorsch mehr Fett. Die Fette im Fisch sind wichtig für die Entwicklung der Gehirnfunktion.

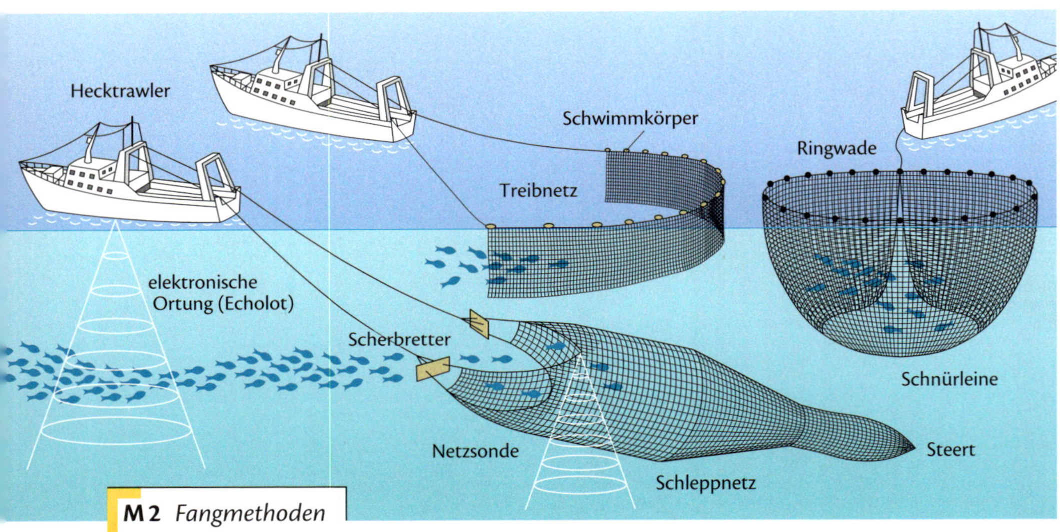

M2 *Fangmethoden*

M3 *Gefangen im Treibnetz*

Der moderne Fischfang

Trawler sind mit modernster Computertechnologie und präzise arbeitenden Navigationsinstrumenten ausgerüstet. Satelliten überprüfen in zwei Minuten eine Fläche nach Fischschwärmen, für die ein Schiff früher elf Jahre benötigt hätte. Sonargeräte peilen die Fischschwärme mit Schallwellen an und orten diese. Schwimmt ein Fischschwarm unter dem Fangschiff, verändert der Kapitän die Fahrtgeschwindigkeit und die Tiefe der riesigen Netze. Die Netze sind zwar computergesteuert, dennoch ist der Beifang – also ungewollt gefangene Fische, die nicht verwertet werden können – sehr groß. Durch das regelrechte „Leerfegen" des Meeres durch die Trawler kommt es zur **Überfischung**.

Auf dem Fangschiff werden die Fische an Fließbändern sofort sortiert und entschuppt, ausgenommen, entgrätet und zu Fischfilet, Konserven oder Fischmehl verarbeitet. Die schwimmenden Fabriken bleiben oft monatelang auf See.

Fischreiche und fischarme Meeresräume

Den Lebewesen der Meere steht bei einer durchschnittlichen Tiefe der Ozeane von 4000 Metern ein etwa dreihundertfach größerer Lebensraum zur Verfügung als den Landlebewesen. Das Meer ist dadurch eine reichhaltige Nahrungsquelle. Weltweit werden 15 Prozent des Bedarfs an tierischem Eiweiß aus dem Meer gedeckt. Aber die Lebensvoraussetzungen der Fische sind nicht in allen Gebieten gleich. Der Fischbestand hängt von der Fruchtbarkeit der Meeresräume ab. Fruchtbar sind nur ungefähr 20 Prozent der Ozeane.

Der Lichteinfall, der Wasserdruck, die Wassertemperatur und das Nahrungsangebot bestimmen den Fischbestand. Bei abnehmendem Lichteinfall und bei zunehmender Tiefe werden die Lebensbedingungen ungünstiger.

M 4 *Aquakultur: Lachsfarm in Norwegen*

Was ist ein fruchtbares Meer?

Friedfische ernähren sich vor allem vom **Plankton**, Raubfische vorwiegend von jungen Friedfischen. Das Oberflächenwasser der Meere wird von Plankton belebt. Die im Wasser schwebenden, sehr kleinen tierischen und pflanzlichen Lebewesen benötigen Licht und Nährsalze. Nährsalze beinhalten besonders die küstennahen Meeresgebiete und die kalten Meere der gemäßigten Zone.

In der gemäßigten Zone durchmischt sich das Wasser regelmäßig bis in eine Tiefe von 1000 Metern, weil die Wassertemperatur zwischen Sommer und Winter schwankt. Dabei gelangen Nährsalze an die Oberfläche. In der tropischen Zone ist die Wassertemperatur konstant und es kommt zu keiner Umschichtung der Nährstoffe. Die Meersalze verbleiben im unteren Meeresbereich.

Maßnahmen gegen die Überfischung

Zwei Drittel aller Fischgründe sind überfischt. Deshalb wird in internationalen Fischereiabkommen bestimmt, welche Fischarten in welchen Mengen gefischt werden dürfen. Zudem wird die Maschenweite der Netze festgelegt. Hundert Fischfangnationen verpflichteten sich zudem, die Fischbestände auch außerhalb ihrer Hoheitsgewässer zu schützen.

Der Rückgang der Fangmengen verhalf den **Fischfarmen** zu großem Aufschwung. Hier wird aus einer reinen Jagd auf offenem Meer eine Züchter- und Farmertätigkeit in eng umgrenzten Gebieten, die Aquakultur genannt wird. Diese gezielten Züchtungsanlagen bringen aber auch Probleme mit sich. Die Zuchtbecken verschmutzen durch Fäkalien und Futterreste. Um Krankheiten entgegenzuwirken, müssen große Mengen Antibiotika gegeben werden, die über den Fisch in der Nahrung des Menschen gelangen.

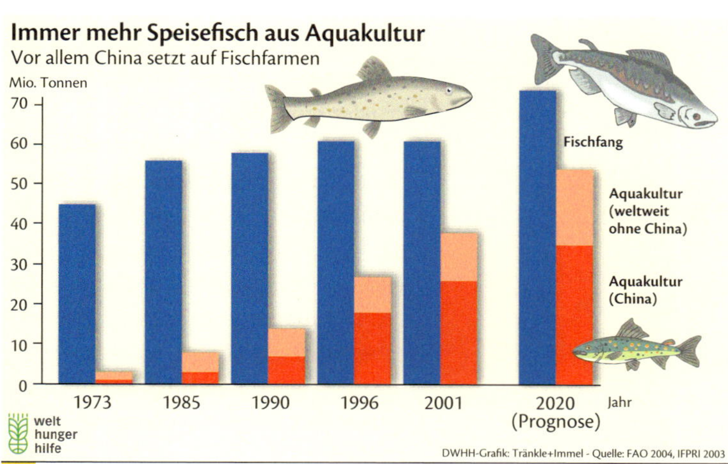

M 5 *Speisefische aus Aquakulturen*

1 Beschreibe die Lage der Hauptfischfanggebiete und erläutere Methoden sowie Probleme des modernen Fischfangs (**M 2**, **M 3**; Karte S. 183).

2 Stelle einen Bezug her zwischen den Hauptfischfanggebieten und den Meeresströmungen (Karte S. 183; siehe auch Seite 188/189).

3 Erkläre, wie es dazu kommt, dass es fischreiche und fischarme Meeresräume gibt.

4 Der Fisch ist ein wichtiges Nahrungsmittel für den Menschen. Begründe diese Aussage (**M 1**, **M 5**).

5 Erläutere die Entwicklung der Aquakulturen (**M 4**, **M 5**).

6 Erstelle eine Übersicht über die Maßnahmen gegen Überfischung. Ergänze Vor- und Nachteile, die sich aus den einzelnen Maßnahmen ergeben, und bewerte diese.

7 Teilt die Klasse in zwei Gruppen. Eine Gruppe stellt die Pro-Argumente aus der Aufgabe 6 vor, die andere Gruppe die Kontra-Argumente. Führt eine Podiumsdiskussion durch und haltet euer Ergebnis zum Beispiel durch einen Protokollanten oder durch eine Videoaufzeichnung fest.

Rohstoffe aus dem Meer

check-it
- Rohstoffvorkommen lokalisieren
- Rohstoffe aus dem Meer kennen
- Zielsetzungen des Seerechts und die Einteilung des Weltmeeres in Wirtschaftszonen erläutern
- Wandzeitung erstellen
- Umweltgefahren bewerten

Vielseitige Rohstoffquelle

Das Weltmeer ist nicht nur der größte Lebensraum unseres Planeten, es ist auch eine bedeutende Nahrungs- und Rohstoffquelle. Rohstoffe befinden sich im Meerwasser sowie auf und unter dem Meeresboden. Im Meerwasser sind zum Beispiel 500 Millionen Tonnen Silber gelöst. Doch man kann das Edelmetall aufgrund seiner feinen Verteilung nicht nutzen. Die Hälfte des Weltbedarfs an Kochsalz wird jedoch schon heute aus dem Meer gewonnen. Auch Brauchwasser erzeugt man in Anlagen zur Meerwasserentsalzung. Dafür wird allerdings viel Energie benötigt.

Eine ständig wachsende Bedeutung gewinnt die Erdöl- und Erdgasförderung vor den Küsten. Nach Schätzungen lagern hier etwa ein Drittel der Welterdöl- und Welterdgasreserven. Auf dem Tiefseeboden befinden sich umfangreiche Vorkommen von Manganknollen und anderen Erzen.

Das „Weiße Gold“ der Tiefsee

In den Tiefen der Ozeane findet sich ein ganz besonderer Schatz: Methanhydrat, besser bekannt als Methaneis beziehungsweise „weißes Gold“. Die brennbare Substanz aus gefrorenem Wasser und Methan wird bereits seit längerem als Energiequelle der Zukunft gehandelt. Sie bildet sich in großen Mengen in den Kontinentalabhängen, wo der Druck hoch genug und die Temperatur niedrig ist. Wissenschaftler schätzen, dass bis zu zwölf Billionen Tonnen Methanhydrat vorhanden sind. Darin ist mehr als doppelt so viel Kohlenstoff gebunden als in allen Erdöl-, Erdgas- und Kohlevorräten der Welt zusammen. Das „weiße Gold“ kommt gewöhnlich in Tiefen von 500 bis 1000 Metern vor, was den Abbau schwierig und teuer macht.

Teurer Tiefseebergbau

Die Förderung von Rohstoffen aus der Tiefsee ist mit enormen Kosten und einem hohen technischen Aufwand verbunden. Aus diesen Gründen wird der Tiefseebergbau hauptsächlich von hochtechnisierten, rohstoffarmen Industriestaaten betrieben, wie zum Beispiel von Japan. Um wirtschaftlich zu arbeiten, muss der Tiefseebergbau große Erzmengen fördern. Sind es zum Beispiel weniger als 5000 Tonnen Manganknollen pro Tag und pro Abbaueinheit, lohnt es sich nicht. Geringe Mengen werden sich erst dann lohnen, wenn die Rohstoffe auf dem Festland noch knapper und damit noch teurer werden.

Aus Sicht des **Umweltschutzes** ist der Tiefseebergbau nicht unproblematisch. So wird zum Beispiel pro 5000 Tonnen Manganknollen mindestens ein Quadratkilometer des Meeresbodens abgebaut. Der Einsatz schwerer Abbaugeräte zerstört die Umwelt.

Im weiten Umfeld der Förderung werden am Boden lebende Organismen, zum Beispiel Schwämme, von dem aufgewirbelten Sand zugedeckt und erstickt. Das biologische Gleichgewicht wird nachhaltig gestört.

Das Seerecht

Viele Jahrhunderte galt der Grundsatz von der „Freiheit der Meere“. Schifffahrt und Fischerei standen allen Staaten der Erde offen.

Seit dem 18. Jahrhundert beanspruchen die Küstenstaaten ein Hoheitsrecht von drei Seemeilen vor ihrer Küste, was 5556 Metern entspricht. Das war die Reichweite einer Kanonenkugel. Die moderne Entwicklung von Fischereiwirtschaft und Meeresbergbau erfordert neue Regelungen. Damit befassen sich Seerechtskonferenzen der UNO.

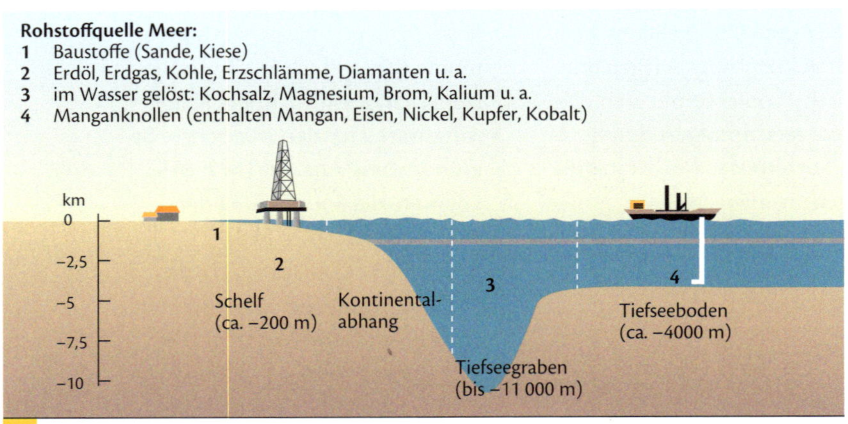

M1 *Lagerstätten im Weltmeer*

Manganknollen sind schalig wie Zwiebeln aufgebaute, schwarze Metallverklebungen. Sie enthalten Mangan, Eisen, Nickel, Kupfer und Kobalt. Die Knollen liegen in 300 bis 6000 Metern Tiefe. Die größten Vorkommen befinden sich im Pazifischen Ozean.

M2 *Manganknollen*

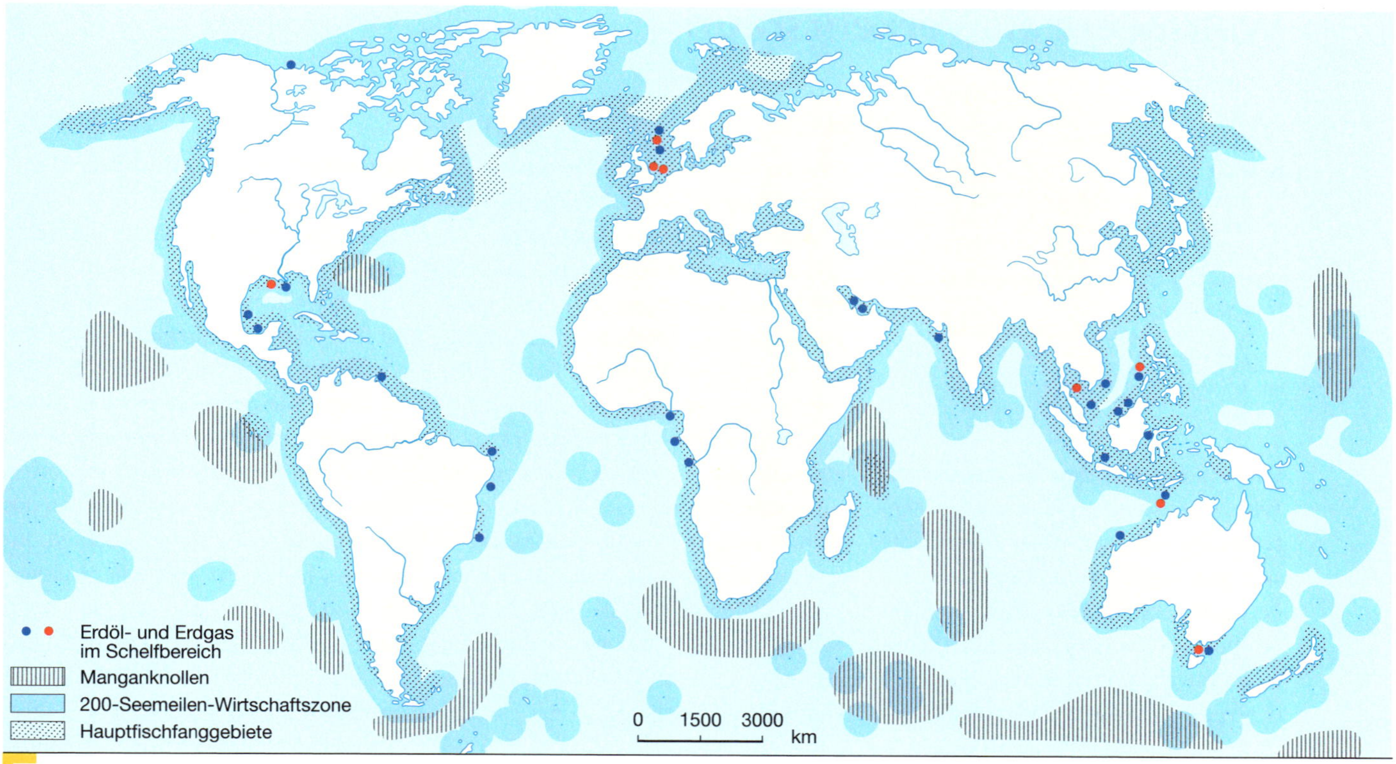

M 3 *Rohstoffvorkommen und Hauptfischfanggebiete im Weltmeer*

1 Erstelle eine Tabelle, in die du die Rohstoffe aus dem Meer sowie je fünf Staaten, vor deren Küste sie zu finden sind, einträgst (**M 1–M 3**).

2 Beschreibe die Abfolge der Lagerstätten der Rohstoffe im Weltmeer (**M 1**).

3 Erläutere die Zielsetzungen des Seerechts sowie die Einteilung des Weltmeeres in Wirtschaftszonen (**M 4**).

4 Fertigt eine Wandzeitung an, die Umweltgefahren durch die Erschließung der Rohstoffe verdeutlicht. Zeitungsartikel, Broschüren von Umweltorganisationen, die Bücherei und das Internet können als Informationsquellen dienen.

5 Fasse Pro- und Kontra-Argumente zur Nutzung der Rohstoffe aus dem Meer zusammen und nimm dazu Stellung.

WEBCODE: UE640102-193

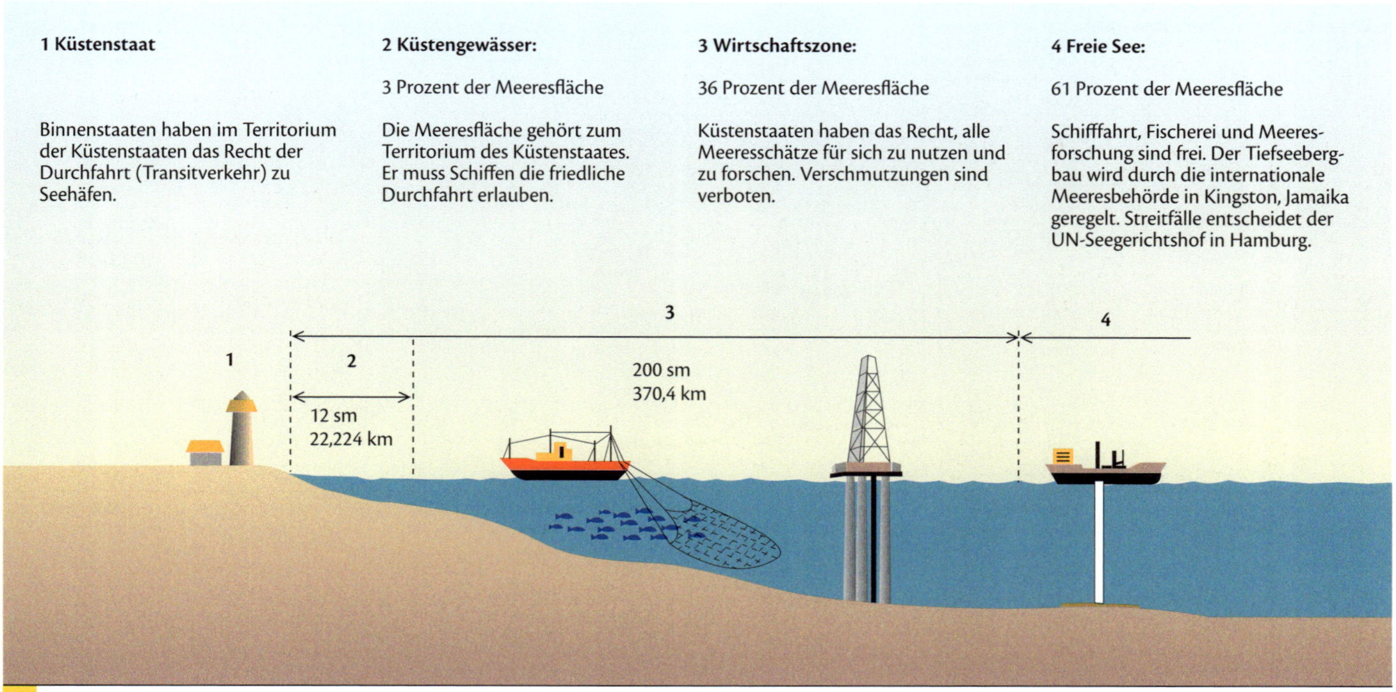

M 4 *Wirtschaftszonen des Weltmeeres*

Weltmeere als Verkehrsraum

check-it
- bedeutende Seewege lokalisieren
- zunehmende Bedeutung der Containerschifffahrt begründen
- große Seekanäle kennen und Gründe für deren Bau erläutern
- Ausbau des Panamakanals bewerten.

Unterwegs auf den Weltmeeren

Seit Jahrtausenden fahren die Menschen zur See. Das Meer entwickelte sich zum weltweiten Verkehrsweg für Personen und Handelsgüter. Handelsschiffe wählen aus wirtschaftlichen Gründen den kürzesten Weg. So bilden sich Seewege zwischen Wirtschaftszentren verschiedener Länder heraus, die oft von hunderten von Schiffen in dichter Reihenfolge befahren werden.

„Nadelöhre" des Seeverkehrs sind vor allem die Meerengen und Seekanäle. Die größten Seekanäle sind der Suezkanal und der Panamakanal. Sie wurden gebaut, um die Seewege zu verkürzen. Moderne Schiffe sind heute technisch gut ausgestattet. Mittels Satelliten und Computern wird der Standort bestimmt und der Kurs überwacht. Echolote messen die Wassertiefe und Radargeräte bilden Eisberge und andere Schiffe bis in 90 Kilometer Entfernung als Lichtpunkte ab. So können Unfälle vermieden werden.

Warenaustausch auf dem Seeweg

Die internationale Containerschifffahrt zählt zu den dynamischsten Wirtschaftszweigen. Der wichtigste Grund für den starken Anstieg der Containerschifffahrt ist die **Globalisierung**. Viele Produkte werden nicht mehr in einem Land gefertigt, sondern werden für verschiedene Arbeitsschritte in unterschiedliche Ländern verschifft. Bis das Endprodukt im Bestimmungsland ankommt, haben die Rohstoffe, Halbfertig- und Fertigprodukte oft eine weite Reise hinter sich. Containerschiffe lassen sich schnell be- und entladen. Sie ermöglichen im Vergleich zu Zügen, Lkws oder Flugzeugen den Transport hoher Gewichte.

90 Prozent der Welthandelsgüter werden heute auf dem Seeweg transportiert. Auch die Tankerflotten – vom Supertanker für Rohöl bis zum Gastanker – gehören zum Rückgrat der weltweiten Produktion. Da die Schiffe immer größer werden, können nur noch Häfen mit einer großen Wassertiefe angefahren werden.

Ein weiteres Problem stellt die zunehmende Piraterie dar. Sie ist eine der größten Gefahren für die internationale Handelsschifffahrt. Insbesondere im

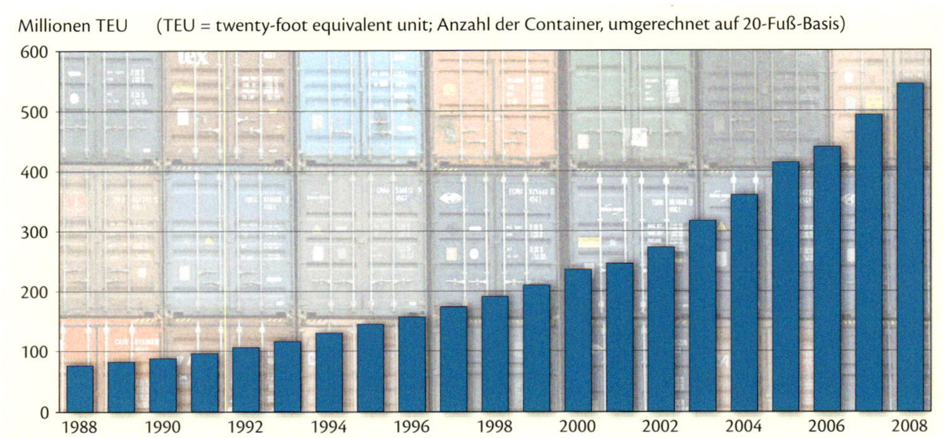

M 1 *Weltcontainerumschlag*

	Panamakanal	Nord-Ostsee-Kanal	Sueskanal
Eröffnungsjahr	1914	1895	1869
Länge in km	81,6	98,7	162,5
Tiefe in m	14,3	10,3	21,0
Anzahl der Schleusen	6	2	–
Kapazität in Schiffen pro Jahr	15 000	40 000	30000
Durchfahrtzeiten in Stunden	24	6–8	15

M 2 *Wichtige Seeschifffahrtskanäle*

Raum West- und Ostafrika oder Südostasien sind Piraten aktiv. In Küstennähe häufen sich jedes Jahr Übergriffe durch teils gut ausgerüstete Banden.

1 Beschreibe das Netz der bedeutenden Seewege und nenne Häfen, die einen Verkehrsknotenpunkt im Seeverkehr darstellen (Karte S. 183, **M 2**).
2 Verfolge die Schifffahrtsroute von Rostock nach Jokohama. Notiere Häfen, Meere, Meerengen und Seekanäle der Route (Karte S. 183, M 2)
3 Begründe, warum der Containerschiffsverkehr eine zunehmend größere Rolle im Weltseehandel spielt (**M 1**, **M 3**, **M 4**).
4 Beschreibe die topographische Lage der drei wichtigen Seekanäle und begründe deren Bedeutung (**M 2**, **M 3**).
5 Eine Seemeile beträgt 1852 Meter. Berechne, um wie viele Kilometer die drei Seerouten durch den Bau der Kanäle verkürzt wurden (**M 2**).
6 Teilt die Klasse in drei Gruppen ein. Jede Gruppe erstellt ein Informationsplakat zu einem der drei wichtigen Seekanäle und stellt diesen der Klasse vor.
7 Seit dem Jahr 2007 wird der Pananakanal ausgebaut. Die geplante Fertigstellung ist 2014/15. Informiert euch über die Ausbaupläne und bewertet diese.
8 Hängt in der Klasse eine Weltkarte auf, auf der ihr Piratenüberfälle auf Schiffe markiert. Benennt die Regionen, die besonders gefährdet sind.

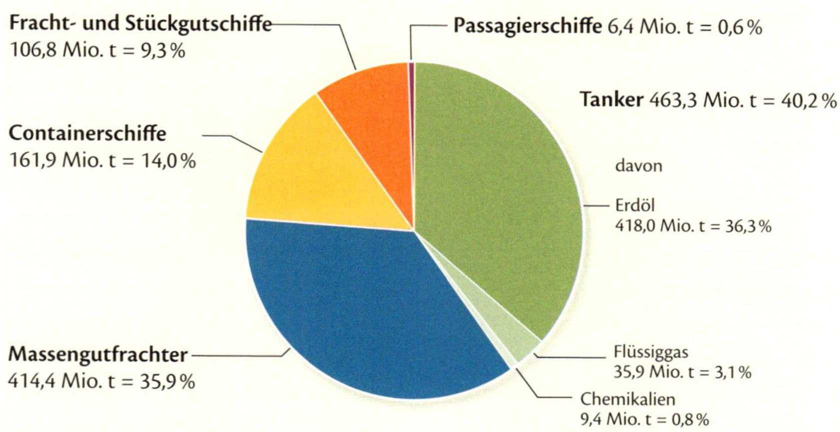

M 3 *Weltseehandel 2009*

Baujahr	Schiffname	Länge (in m)	Breite in (m)	Container-Transportkapazität
1968	Hakone Maru	187,0	26,0	2069
1970	Sydney Express	217,0	30,58	2074
1972	Hamburg Express	287,7	32,3	3010
1981	Frankfurt Express	287,7	32,3	3430
1984	American New York	290,0	32,3	4400
1996	Regina Maersk	318,2	42,8	6000
2003	Axel Maersk	352,1	42,8	8000
2006	Emma Maersk	397,0	56,4	10 000
2008	MSC Daniela	366,0	51,2	10 500

M 4 *Entwicklung der Schiffsgrößen bei Containerschiffen*

Gefährdung der Meere

check-it
- anthropogene und natürliche Ursachen der Gefährdung der Meere kennen
- Folgen der Meeresverschmutzung erläutern
- Vorschläge zur Problemlösung diskutieren

Meeresverschmutzung

Vom Festland aus wird das Meer mit vielen Schadstoffen belastet. Doch auch der Passagierschiffverkehr und der Handelsschiffverkehr tragen stark zur Verunreinigung der Meere bei. Immer größere und schnellere Schiffe befahren die Meere. Dadurch ist auch die Zahl der Schiffsunfälle gestiegen. Eine besondere Gefährdung geht von Unfällen mit Öltankern aus. Ein Großtanker transportiert über 500 000 Tonnen Erdöl. Trotz modernster technischer Ausrüstung benötigt er im Notfall etwa 5 Kilometer Bremsweg. Deshalb kommen in Küstennähe häufiger Unfälle mit Öltankern vor. Das auslaufende Öl verschmutzt den Strand. Tiere und Pflanzen fallen der „Ölpest" zum Opfer. Auf offener See bildet sich ein kilometerweiter Ölteppich. Mit der Zeit verklumpt das Öl und sinkt auf den Meeresboden ab.

Hinzu kommt, dass trotz Verbots viele Tanker ihre leeren Tanks auf offener See mit Meerwasser ausspülen. Ein noch größeres Problem ist die schleichende Verschmutzung aus geborstenen Ölpipelines und von Förderplattformen.

Schutz der Meere

Die Meere sind für das Überleben der Menschen unverzichtbar. Umso wichtiger ist es, dass der Meeresschutz verstärkt wird. Seit 1984 bemühen sich die Nordseeanrainerstaaten darum, die Schadstoffeinleitungen in die Nordsee zu reduzieren. Seit 1985 haben die UN-Meereskonferenzen wiederholt Vorschläge gemacht, wie der Verschmutzung wirksamer begegnet werden kann. Die Seeschifffahrtsorganisation der UNO mit Sitz in London befasst sich mit dem Schutz der Meeresumwelt. Die Hauptziele sind, mehr Sicherheit der Schifffahrt und größere Sauberkeit der Ozeane zu erreichen. So ist es verboten, von Schiffen aus Abfälle ins Meer zu schütten oder die Tanks der Schiffe auf See zu reinigen.
Verschiedene Messprogramme dienen der Erforschung und Überwachung von Meeresverunreinigungen.

Der Pazifik-Müllstrudel
Obwohl **Plastikmüll** weltweit in den Ozeanen zu finden ist, gibt es Meeresbereiche, in denen das Problem besonders schlimm ist. Ein riesiger Strudel aus Plastikteilen schwimmt etwa 1000 Kilometer nördlich von Hawaii. Dort erzeugt ein stabiles Hochdruckgebiet einen gigantischen Meeresstrudel, der sich im Uhrzeigersinn dreht. Wenn der im Meer treibende Müll von der Strömung des Strudels erfasst wird, bleibt er bis zu 16 Jahre in diesem Gebiet. Es bildete sich ein nahezu geschlossener Müllteppich, der mittlerweile die Größe Zentraleuropas erreicht hat. Der Plastikmüll stammt von Schiffsbesatzungen, die ihre Abfälle einfach über Bord werfen. Auch Flüsse spülen große Mengen Plastik in die Ozeane. Die Plastikteile stellen eine große Gefahr für die Meerestiere dar. Durch die Reibung der Wellen zerfällt der Müll zu immer kleineren Teilen, löst sich aber nicht auf.

M 2 *Müllstrudel im Pazifik*

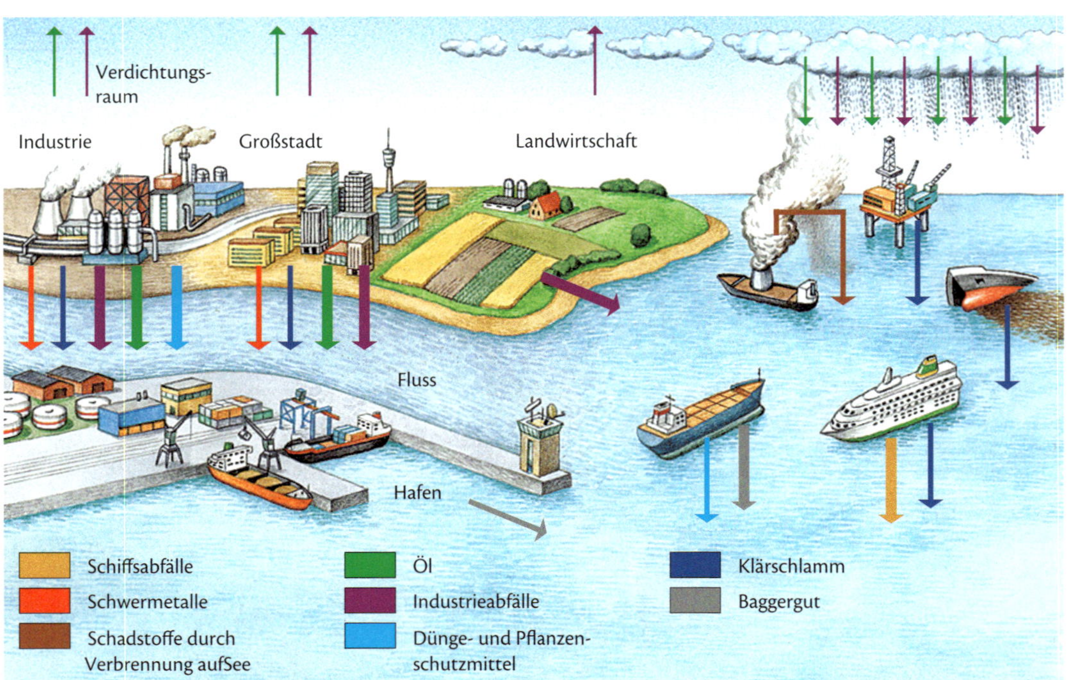

M 1 *Ursachen und Wege der Meeresverschmutzung*

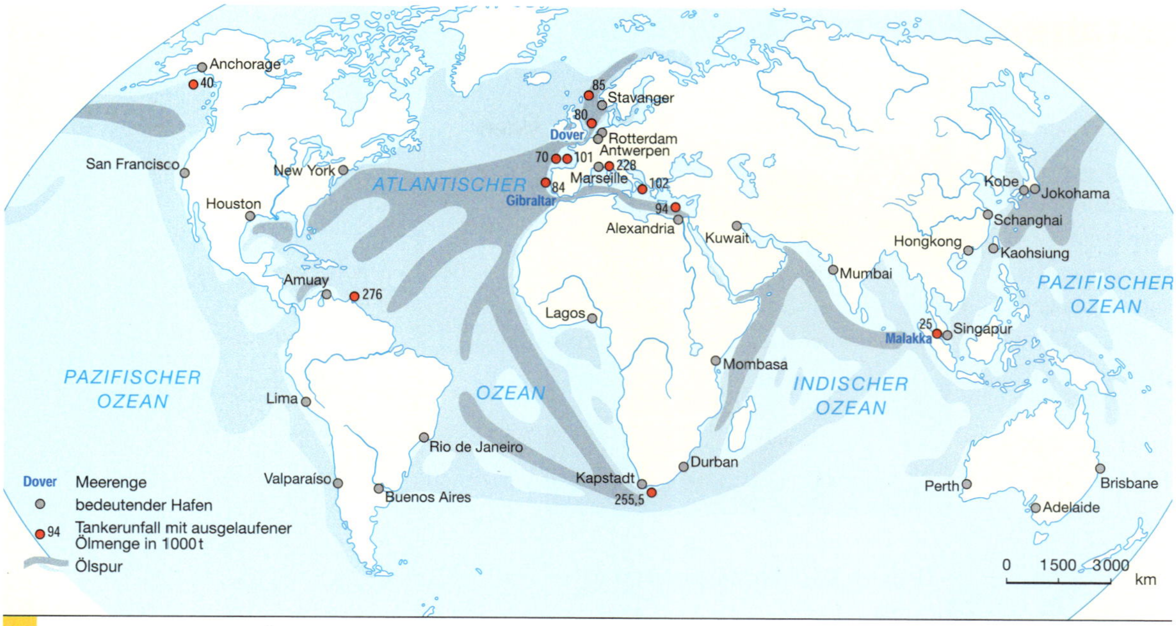

M3 *Tankerunfälle und Ölspuren auf dem Meer*

1 Erläutere die Ursachen der Meeresverschmutzung sowie die Einleitungswege der Schadstoffe (**M1–M4**).

2 Fertige ein Flussdiagramm zur Meeresverschmutzung und den Folgen für die Tier- und Pflanzenwelt, den Fischfang und den Tourismus an.

3 Beschreibe, wie es zu einer Ölpest kommen kann, und nenne Schutzmaßnahmen (**M3–M5**).

4 Benenne Küstenregionen und Häfen, die von Tankerunfällen betroffen waren (**M3**).

5 Sucht aus Zeitungen und dem Internet Artikel über Tankerunglücke heraus und stellt diese auf einer Wandzeitung zusammen. Diskutiert, wie Tankerunfälle verhindert werden könnten.

M4 *Tankerunglück: 50 000 Tonnen Rohöl laufen in das Meer*

WEBCODE: UE640102-197

Absaugen des Öls
Zweckmäßig, bei Sturm aber so gut wie unmöglich.

Schwimmende Barrieren
Zweckmäßig unmittelbar nach einer Havarie. Bei Sturm nutzlos.

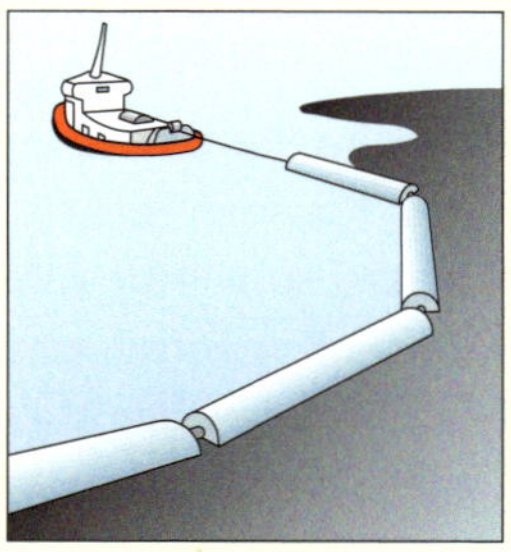

Einsatz von Chemikalien
Ökologisch bedenklich. Zersetzt zwar das Öl, produziert aber zähe, schlammige Rückstände.

Abfackeln des Öls
Bei schlechtem Wetter schwierig. Ökologisch bedenklich: massive Luftverschmutzung, Verbrennungsrückstände verseuchen das Wasser.

M5 *Maßnahmen gegen die Ölpest*

Wir gestalten thematische Weltmeerkarten

Gruppe: Verborgene Welt
- Welche Ozeane gibt es?
- Wo liegen diese?
- Welche anderen „Typen" von Meeren kennt ihr?
- Wie ist die Land-Wasser-Verteilung unseres Planeten?
- Wie gliedert sich der Meeresboden?

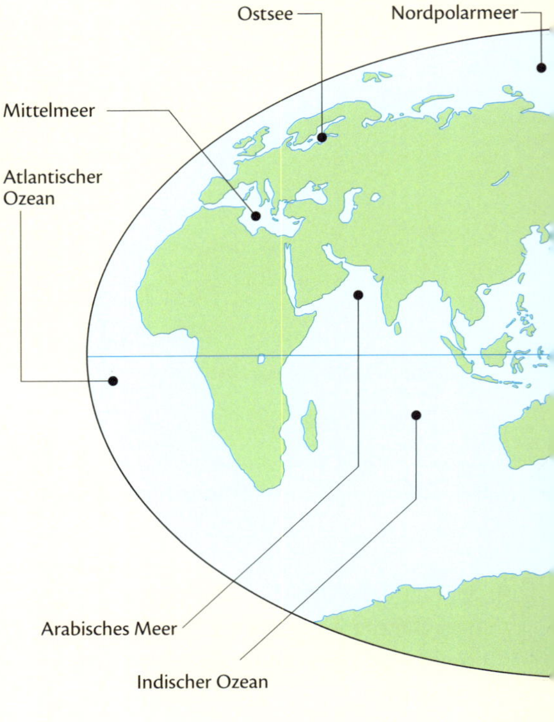

Gruppe: Das Weltmeer macht Klima
- Warum haben Ozeane verschiedene Wassertemperaturen?
- Was sind Strömungen und wie entstehen sie?
- Wie speichert der Ozean Wärme?
- Warum hat der Ozean Einfluss auf das Klima einer Region?
- Wer oder was ist „El Niño"?

- **Gruppe: Fische – zum (Fr)Essen gern**
- Warum gibt es fischreiche und fischarme Meere?
- Kann ein Meer „fruchtbar" sein?
- Warum ist Fisch gesund?
- Wie werden Fische gefangen?
- Wie wird der Überfischung begegnet?
- Was ist eine „Aquakultur"?

M 1 *Gruppenaufteilung und Leitfragen*

Eine Weltmeerkarte basteln

Zunächst zeichnet jede Gruppe eine Weltmeerkarte mithilfe des Tageslichtprojektors auf ein Großplakat. Diese Karte dient als Grundlage für die weitere Gestaltung. Die verschiedenen Gruppen haben jeweils ein anderes Schwerpunktthema. Die Themen beziehen sind auf die Inhalte dieses Kapitels. Zusatzinformationen und Zusatzmaterialien solltet ihr selbst beschaffen.

Themenvorschläge für die Meeresgruppen

Damit jede Doppelseite inhaltlich vertreten ist, könnten die Überschriften eurer thematischen Weltmeerkarten wie folgt lauten:
Gruppe 1 : „Verborgene Welt"
Gruppe 2: „Das Weltmeer macht Klima"
Gruppe 3: „Fische– zum (Fr)Essen gern"
Gruppe 4: „Schätze des Meeres"
Gruppe 5: „Wege über die Wellen"
Gruppe 6: „Das Meer ruft um Hilfe"
Einige Anregungen zu den Inhalten geben euch die Leitfragen in **M 1**.

Gruppenarbeit vorbereiten

Teil eure Klasse in sechs Gruppen ein. Jede Gruppe notiert sich zunächst, welche Inhalte auf ihrer Weltmeerkarte erscheinen sollen. Fertigt eine Übersicht an, welcher Schüler zu welchen Teilbereichen Material beschaffen wird. Macht euch Gedanken über die Gestaltung eurer Karte und verfasst eine Checkliste für benötigtes Material, wie Klebstoff, Schere, Pergamentpapier und so weiter.

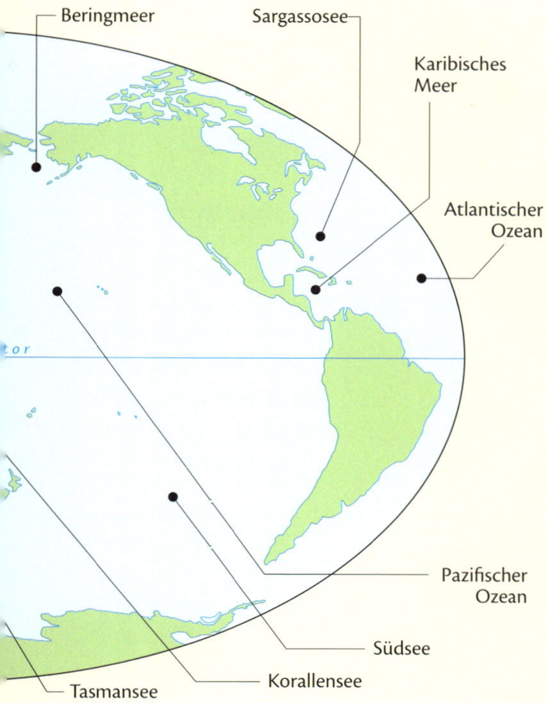

Gruppe: Das Meer ruft um Hilfe
- Welche Arten der Meeresverschmutzung gibt es?
- Welche Auswirkungen auf das Meer haben sie?
- Was ist ein „Müllstrudel"?
- Was sind Maßnahmen für den Schutz der Meere?
- Wer engagiert sich für den Meeresschutz?

Gruppe: Schätze des Meeres
- Wo finden sich maritime Rohstoffe?
- Welche Rohstoffe enthält das Meer?
- Wie werden sie gefördert?
- Welche Gefahren bestehen dabei?
- Was regelt das Seerecht?

Gruppe: Wege über die Wellen
- Warum ist der Verkehrsraum „Meer" so wichtig?
- Was wird über das Meer transportiert?
- Welche Probleme ergeben sich?
- Was sind Seeschifffahrtskanäle?
- Wozu wurden sie gebaut?
- Welche Vor- und Nachteile bringt die Seeschifffahrt mit sich?

Gruppenarbeit durchführen
Beim Verfassen der Texte, vor allem aber bei der Verwendung von Texten, Grafiken und Bildmaterialien aus dem Internet ist es wichtig, dass ihr die Quellen auf deren Richtigkeit hin überprüft. Vergleicht daher verschiedene Quellen miteinander und vermeidet eine einseitige Berichterstattung. Es ist sinnvoll und macht Spaß, einen Zwischenbericht in Form einer Schülerkonferenz zu planen, damit sich die Inhalte der einzelnen Gruppen nicht doppeln und Anregungen, Kritik sowie Material ausgetauscht werden können.

Ergebnisse präsentieren
Jede Gruppe sollte ihre Ergebnisse der Klasse vorstellen. Dieses kann im Rahmen eines Gruppenreferates erfolgen. Es ist auch denkbar, dass jede Gruppe einen „Sprecher" bestimmt oder auslost, der die Inhalte, die Arbeitsweise und die Ergebnisse der Klasse vorträgt. Die erstellten thematischen Weltmeerkarten können in der Schule oder im Klassenraum als Ausstellung präsentiert werden.

Ihr könnt
- über die einzelnen thematischen Weltmeerkarten ein Quiz oder einen Test zusammenstellen und mit der Klasse oder der Parallelklasse durchführen;
- aus den erarbeiteten Ergebnissen ein Ozeanlexikon zusammenstellen;
- einen Experten zu einem Gespräch einladen.

WEBCODE: UE640102-198

Nutzung der Weltmeere untersuchen und beurteilen

Sich orientieren

1 Übertrage die Tabelle beginnend mit dem Schwarzen Meer in dein Heft und ergänze die fehlenden Angaben. Finde drei weitere Beispiele.

Name	Lagebeschreibung	Art des Gewässers			größere Inseln
		Ozean	Randmeer	Mittelmeer	
Nordsee	Europa, Begrenzung: Großbritannien im Westen, nord- und mitteleuropäisches Festland mit Norwegen im Nordosten, Dänemark im Osten sowie Deutschland im Südosten, Niederlande im Süden, Belgien und Frankreich im Südwesten		X		Großbritannien, Shetlandinseln, Orkney, Westfriesische , Ostfriesische und Nordfriesische Inseln
Schwarzes Meer	Eurasien, Begrenzung: östliche innereurasischen Grenze zwischen Kleinasien/dem Kaukasus und Südosteuropa/Osteuropa, angrenzende Staaten: Ukraine, Russland, Georgien, Türkei, Bulgarien, Rumänien			X	?
Mittelmeer	?			X	?

M 1 *Meere im Vergleich*

Wissen und verstehen

2 Ordne jedem dieser Begriffe (**M 2**) mindestens zwei Merkmale zu.

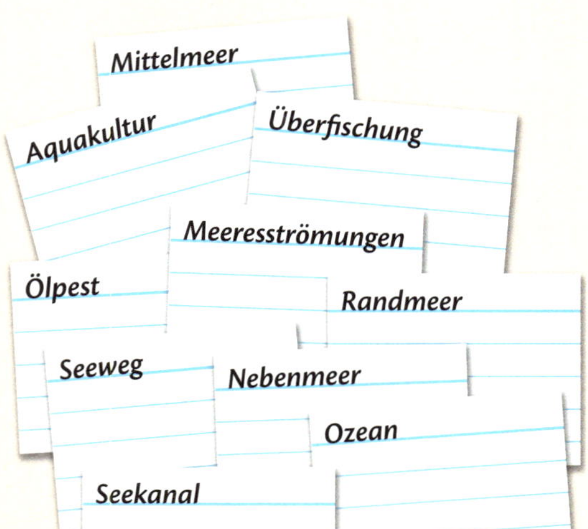

M 2 *Geo-Begriffsstapel*

3 Sortiere die Aussagen in richtige und falsche Aussagen. Verbessere die falschen Aussagen und schreibe sie richtig auf.
- Der Einfluss der Weltmeere auf den Wasserhaushalt der Erde ist minimal.
- Der Golfstrom bewegt hundertmal so viel Wasser, wie alle Flüsse der Erde zusammen.
- Erdöl, Diamanten und Manganknollen sind Rohstoffe, die aus dem Meer gefördert werden können.
- Das Seerecht regelt die Maximalzahl der zu haltenden Fische in Aquakulturen.
- Der Ausbau des Panamakanals ermöglicht die Verkürzung der Weltseehandelswege.
- Der Humboldtstrom ist eine warme Meeresströmung vor der Westküste Südamerikas.
- Speisefische kommen ausschließlich aus Aquakulturen und Fischfarmen.
- Binnenmeere sind große Nebenmeere, die durch eine schmale Meeresenge mit einem Ozean verbunden sind.
- Anthropogene Ursachen für die Meeresverschmutzung sind Ursachen, die auf das menschliche Handeln zurückzuführen sind.

4 Erstelle eine Mindmap zum Thema Weltmeere mit den Begriffen aus Aufgabe 2 und ergänze weitere Schlüsselwörter.

5 Entwickle ein Schaubild zu Fang- und Zuchtmethoden von Fischen.

6 Das Ökosystem Meer setzt sich aus mehreren Teilsystemen zusammen (**M 3**). Zeichne das Schaubild ab, ergänze fehlende Pfeile und ordne die Begriffe den Teilsystemen zu.

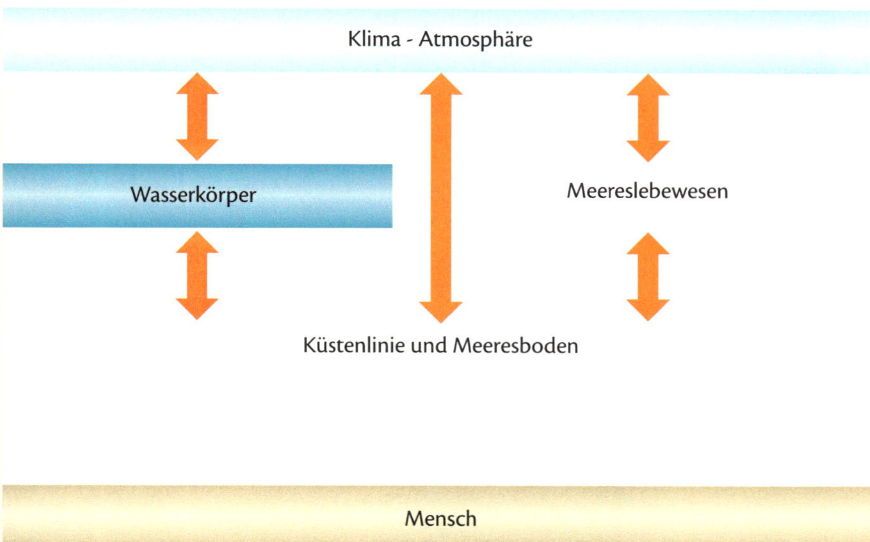

Begriffe:
- Auftriebswasser,
- Fischfang,
- Gesteine,
- Gewinnung von Rohstoffen,
- Gezeiten,
- Meeresströmungen,
- Nutzung als Verkehrsraum,
- Relief,
- Salzgehalt,
- Sedimente,
- Sonneneinstrahlung,
- Temperatur,
- Wind,
- Plankton.

M 3 *Ökosystem Meer*

Sich verständigen, beurteilen und handeln

7 Interpretiere die Karikatur (**M 4**). Wer könnte diese Karikatur veröffentlicht haben?

8 „Angesichts der weltweit rasch wachsenden Nachfrage nach Fisch und Meeresfrüchten gewinnt die Aquakultur immer mehr an Bedeutung." Begründe diese Aussage.

M 4 *Karikatur zur Rettung der Nordsee*

M 5 *Aquakultur*

Arbeitstechniken

Internetrecherche auf Wikipedia mit dem Suchwort „Erdkunde"

Die Arbeit mit Online-Lexika

Um erste Informationen zu einem Thema zu bekommen und eventuell noch ein paar Links zu erhalten, könnt ihr neben den Suchmaschinen auch Online-Lexika verwenden. Hierbei solltet ihr unterscheiden zwischen zwei Arten von Lexika. Zum einen gibt es Lexika, deren Inhalt von einer zahlenmäßig begrenzten Expertengruppe zusammengetragen und geprüft wurde. Diese Experten stehen mit ihrem Namen für die Richtigkeit und Ausgewogenheit (d.h. keine einseitige Darstellung) der Angaben.

Eine andere Art der Online-Lexika sind solche, zu denen jeder etwas beitragen kann. Der Vorteil: Diese Lexika wachsen schnell und enthalten viele aktuelle Begriffe. Es wächst aber auch die Gefahr, dass die Informationen nicht richtig oder nur einseitig dargestellt werden. Zwar überprüfen sich die freiwilligen Schreiber auch untereinander wie beispielsweise bei www.wikipedia.de – ihr findet diese Überprüfung, wenn ihr auf den Reiter „Diskussion" klickt, jedoch gilt gerade hier, dass die Informationen nicht ungeprüft übernommen werden dürfen.

Ein Interview mit einem Experten/ einer Expertin durchführen

Folgende Arbeitsschritte solltet ihr beachten:

1 Beratet in Gruppen darüber, wie und wo man einen Experten finden kann, der zu eurer Fragestellung Auskunft geben könnte.

2 Stellt den Kontakt zu dem Experten durch ein Telefonat oder ein Anschreiben her und vereinbart einen Gesprächstermin.

3 Sammelt Fragen, die ihr dem Experten stellen wollt. Sortiert die Fragen zum Beispiel nach:
- Fragen zur Person
- Fragen zur Ausbildung und der beruflichen Laufbahn des Experten
- Fragen zur täglichen Arbeit des Fachmanns.

4 Einigt euch auf einen Fragesteller und besprecht die technische Ausstattung (Aufnahmegerät) und den Ablauf.

5 Führt das Interview durch.

6 Bedankt euch bei dem Experten für das Gespräch und überlegt zum Schluss, was ihr beim nächsten Interview besser machen könnt.

„Ein Interview mit der Oberbürgermeisterin"

Stummes Schreibgespräch

Für ein stummes Schreibgespräch benötigt ihr folgende Materialien:
Schere, Kreppband, Filz- oder Wachsmalstifte, Wandtapeten (von großen Papierrollen, Resttapeten oder Kartonpapier).
Je nach Gruppengröße werden auf mindestens zwei zusammengestellten Tischen zwei Wandtapeten in der Breite des Tisches aneinandergelegt und mit Kreppband befestigt. Die Stühle werden beiseite gestellt.
Nun wird in großer Schrift auf jede Tapete eine Aufgabe oder eine Frage geschrieben.

Auf ein vereinbartes Zeichen wird für etwa zehn Minuten nicht mehr gesprochen. Ihr könnt euch während dieser Zeit nur noch schriftlich mitteilen.
Bis zu 15 Personen verteilen sich gleichmäßig um die Tischgruppe. Während der ganzen Zeit geht ihr langsam um die Tische und entscheidet selbst, wann, wie viel und wo ihr etwas hinschreiben wollt. Wie in einem normalen Gespräch wird es möglich sein, viel zu schreiben oder erst einmal zu sehen, was die anderen schreiben. Ihr könnt Meinungen und Argumente niederschreiben, Beiträge von anderen kommentieren, sie unterstützen oder ihnen widersprechen. Meinungsäußerungen anderer dürfen aber nicht durchgestrichen oder verändert werden.

Ein Argumentationsposter erstellen

Ein Argumentationsposter ist ein Hilfsmittel, mit dem ihr eine Begründung zu einem bestimmten Thema entwickeln, systematisieren und vortragen könnt. Es sollte möglichst nur kurze Formulierungen oder Stichworte enthalten.

1. Die Aussagen beschreiben die Situation, wie sie **IST**.
2. Die nächste Aussagen beziehen sich darauf, wie die Situation sein **SOLL**.
3. In dem dritten Kasten wird begründet, **WARUM** das Soll notwendig ist.
4. Im vierten Kasten wird eine Forderung formuliert, die ausdrückt, was zu tun ist: **APPELL** an den Einzelnen.

Beispiel: Umweltzonen für die Innenstädte
Ist: zu viele Autos in der Stadt; Luftverschmutzung; Lärmbelastung, Schäden für Umwelt und Menschen
Soll: saubere, gesunde Luft; keine Feinstaubbelastung; Umweltschutz
Warum: Umwelt schützen; Gesundheit erhalten; Lärm vermeiden; Luftqualität verbessern; Feinstaub reduzieren
Appell: zu Fuß gehen; Fahrrad oder Bus fahren; schadstoffarmes Auto kaufen

Eine Exkursion planen und durchführen

Exkursionen zur Erkundung können uns besser als Bücher, Fernsehberichte und Internetartikel hautnahe Informationen über einen bestimmten Raum vermitteln. Vorbereitung, Durchführung und Nachbereitung der Exkursion können aufwändig sein. Folgendes ist bei einer Exkursion zu beachten:

1. **Vorbereitung:**
   - Festlegen des Exkursionszieles
   - Planen der Kosten für Fahrt, Verpflegung, eventuell Übernachtung
   - Benachrichtigung der Eltern
   - Absprachen zur notwendigen Ausrüstung (Regen- und Kälteschutz, festes Schuhwerk, Schreibmaterial, Karten, Kompass, Lupe ...)
   - bilden von Arbeitsgruppen
2. **Durchführung:**
   - gemeinsame Exkursion
   - Gruppenarbeit vor Ort
3. **Nachbereitung:**
   - Auswerten der Ergebnisse
   - Aufbereiten der Ergebnisse (Arbeitsmappen, Poster)
   - Präsentation er Ergebnisse in der Klasse, anderen Klassen oder vor den Eltern
   - Was könnt ihr beim nächsten Mal besser machen?

„Projekt: Wir bestimmen Gesteine"

Projektarbeit vorbereiten und durchführen

Vorbereitung:
1. Themen sammeln
2. Teilnehmer festlegen
3. Zeitplan des Projekts festlegen
4. Arbeitsergebnisse vorstellen

Durchführung:
1. Arbeitsgruppen bilden
2. Material besorgen und sichten
3. Durchführung von Erkundungen, Befragungen usw.
4. Arbeitsergebnisse überprüfen

Vorstellung der Ergebnisse:
Aus den Beiträgen der einzelnen Gruppen muss ein Gesamtergebnis mit aufeinander abgestimmten Beiträgen entstehen. Überlegt, ob und wie ihr eure Ergebnisse in der Schule oder außerhalb vorstellen könnt.
Auswertung der Projektarbeit:
Was hat geklappt? Was hättet ihr besser machen können?

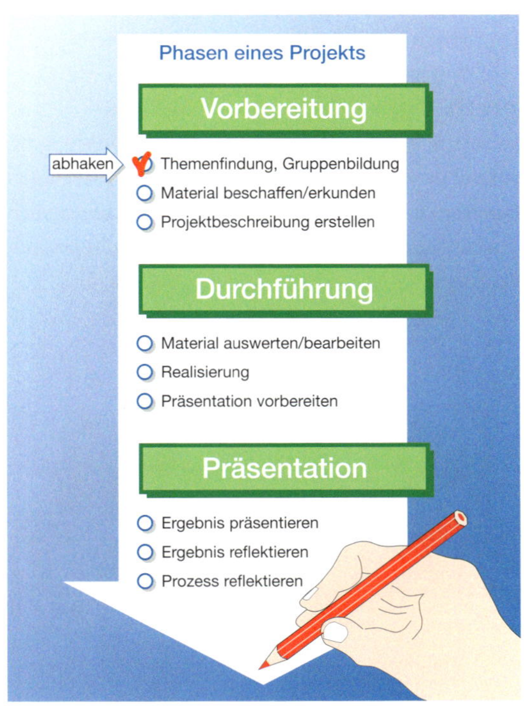

Arbeitsergebnisse in bildlicher Form präsentieren

Bilder und Zeichnungen können einprägsamer als Texte sein.

Dabei gibt es verschiedene Möglichkeiten:

1 **Das Plakat:** Auf einem Plakat könnt ihr zum Beispiel Bilder, Zeitungsschlagzeilen, Tabellen, Fotos und Grafiken befestigen. Auf lange Texte solltet ihr bei einem Plakat weitgehend verzichten. Oft wirkt ein Plakat besser, wenn es nicht rechteckig ist, sondern in einer interessanten Form das Thema wiedergibt.

2 **Die Collage** besteht vorwiegend aus Bildern. Diese sollten sehr aussagekräftig sein, Situationen überspitzen und auf ein Problem hinweisen. Besonders ihre Anordnung kann den Betrachter neugierig machen.

3 **Die (gestaltete) Landkarte** ist so etwas wie ein Plakat in Form eines Landes oder Kontinents. Sie bietet sich als Präsentationsform an, wenn das Thema sich auf ein Land oder einen Erdteil bezieht.

4 **Die Ausstellung** richtet sich meist an die gesamte Schule, manchmal auch an Eltern und Mitbürger. In der Vorbereitung sind folgende Fragen zu klären:
- Wo ist ein geeigneter Ort (Flur, Pausenhalle, Aula)?
- Wen könnte das Thema interessieren?
- Woher bekommen wir Pin- und Stellwände sowie Schaukästen?
- Wie wollen wir das Thema präsentieren?
- Wie soll die Ausstellung angekündigt werden (Aushänge, Schüler- oder Lokalzeitung)?
- Wie erhalten wir eine Rückmeldung zu unserer Ausstellung (Buch für Eintragungen, Fragebögen)?

Streitgespräch

Das Thema, wozu es unterschiedliche Standpunkte gibt, wird an die Tafel geschrieben. Die Mitglieder der jeweiligen „Partei" versuchen die Argumente der Gegenseite zu entkräften. Dabei werden auch „Beweismittel" wie Karten, Texte, Bilder etc. einbezogen.

Im Verlauf der Diskussion dürfen sich auch die Zuhörer einmischen. Im Schlusswort fasst jede Seite noch einmal ihre Argumente zusammen. Danach kann eine Abstimmung in der Klasse stattfinden, welche Gruppe ihre Position am überzeugendsten vertreten hat.

Texte erarbeiten

Wenn ihr für die Bearbeitung eines Themas viele Artikel aus Zeitungen gesammelt, Bücher ausgeliehen und im Internet recherchiert habt, müsst ihr nun die Texte lesen und nach Wichtigkeit für euer Thema einschätzen.

Dabei könnt ihr so vorgehen:

1 **Text überfliegen:**
Schaut dabei im Text nach Absätzen und Zwischenüberschriften, die euch Hinweise auf den Inhalt geben.

2 **Text bewerten**:
Ist der Text für eure Arbeit wichtig?

3 **Text genau lesen**:
Unterstreicht – wenn möglich – wichtige Begriffe. Notiert euch auf Zetteln wichtige Sätze und Informationen.

4 **Zusammenfassen**:
Stellt nun aus euren Notizen einen Text mit eigenen Worten zusammen.

Ein Länderprofil erstellen

Folgende Schritte solltet ihr beachten:

1 **Thema festlegen:**
Welches Land soll untersucht werden? Was ist an diesem Land besonders interessant?

2 **Informationen sammeln:**
Aktuelle Informationen findet ihr in jährlich neu erscheinenden Jahrbüchern (Almanachen), zum Beispiel Fischer Weltalmanach, Hardenberg Länderlexikon.
Daneben könnt ihr euch im Internet bei den jeweiligen Botschaften der Länder und Tourismuszentralen informieren. Ferner gibt es Länderberichte beim Statistischen Bundesamt.

3 **Informationen ordnen:**
Erstellt eine Gliederung eures Länderprofils. Achtet auf eine übersichtliche Gliederung und Darstellung. Ein Länderprofil in Tabellenform ist übersichtlicher als eines in Textform.
Achtet darauf, dass ihr bei Zahlenangaben das Jahr nennt, aus dem die Zahlen stammen. Vergesst nicht anzugeben, woher ihr eure Informationen habt.

Lexikon

Absorption: die Aufnahme von Strahlung oder Energie.

äolisch: Material wird vom Wind abgetragen → *Erosion*, oder abgelagert → *Sedimentation*.

Äquator: (lat.) Kreis um die Erdkugel, der an allen Punkten gleichen Abstand zu den Polen hat. Er teilt die Erde in Nord- und Südhalbkugel und hat eine Länge von rund 40 000 km.

arid: (lat. = trocken) In einem ariden Gebiet fallen weniger Niederschläge, als Wasser verdunsten könnte. Das kann sich auf Monate oder das Jahr (arides Klima) beziehen. Die Temperaturkurve liegt über den Niederschlagssäulen.

Atmosphäre: (griech.) nennt man die Lufthülle, die unsere Erde umgibt. Sie besteht aus Stickstoff (ca. 78 %) und Sauerstoff (ca. 21 %) sowie Spurengasen, Staub und Wasser.

Asthenosphäre: (griech.) Teil des Erdmantels, der in einer Tiefe von 100 km unterhalb der → *Lithosphäre* beginnt, circa 300 km hinabreicht und eine geringe Materialfestigkeit besitz. Dadurch driften die starren Lithosphäre-Platten auf ihr.

Barriadas: (peru.) → *Slum*.

Barrios privados: abgegrenztes, meist durch Sicherheitsmaßnahmen geschütztes Privatgelände in Großstädten.

Bodenerosion: ein Vorgang, bei dem lockere Teile der Erdoberfläche durch Wasser fortgespült oder Wind weggeweht werden. Dadurch werden ganze Regionen unfruchtbar. Durch → *Überweidung* und Abholzung z. B. → *Brandrodung* kann dieser Prozess verstärkt werden.

Brandrodung: Abbrennen von Wald, Busch- oder Grasland, damit es als Ackerland genutzt werden kann. Die Brandrodung ist hauptsächlich in den Tropen verbreitet.

Cash Crop: (engl.) für den Verkauf auf Lokalmärkten oder dem Weltmarkt angebaute landwirtschaftliche Produkte. Gegensatz zu Produkten für den Eigenbedarf.

CBD – Central Business District: (engl.) Geschäftsviertel in der Innenstadt, mit vielen Arbeitsplätze, guten Verkehrs- und Einkaufsmöglichkeiten sowie hohen Mieten.

City: (engl.) Innenstadt von Großstädten mit dem Geschäftsviertel → *CBD*.

Datumsgrenze: Grenzlinie, die am 180. Meridian entlangführt. Beim Überschreiten in östlicher Richtung muss man zweimal dasselbe Datum schreiben, in westlicher Richtung einen Tag auslassen.

Dauerfeldbau: Bei ganzjährigem Pflanzenwachstum in den immerfeuchten Tropen und Subtropen ist eine durchgehende Nutzung mit mehreren Ernten im Jahr möglich.

Desertifikation: Ausbreitung der Wüste in angrenzende Gebiete; häufig Folge zu starker Nutzung der Savanne und Steppe durch Feldbau und Weidewirtschaft → *Überweidung*.

Düne: Sandhügel, der vom Wind angeweht worden ist.

Einstrahlungswinkel: Winkel, unter dem die von der Sonne ausgesendeten Lichtstrahlen auf die Erdoberfläche treffen.

Endmoräne: wallartige Aufschüttungen von Gesteinsmaterial am Ende eines Gletschers. → *glaziale Serie*

endogene (erdinnere) Kräfte: Kräfte, die vom Erdinneren her auf die Erdoberfläche und die darunter liegenden Schichten (Erdkruste) einwirken. Sie werden z. B. durch Erdbeben oder Vulkanismus wirksam.

Erdrevolution: der Umlauf der Erde um die Sonne in 365 Tagen, 5 Stunden, 48 Minuten und 46 Sekunden, also in einem Erdenjahr. Er erfolgt von Westen über Süden nach Osten in einer elliptischen Bahn.

Erdrotation: die Drehung der Erde von Westen nach Osten um die eigene Achse in 24 Stunden. Dadurch entstehen Tag und Nacht.

Erg: bezeichnet eine Sandwüste.

Erosion: abtragende Tätigkeit des Wassers oder des Windes.

Eskimo: (auch Inuit) ethnische Gruppe mit gleicher Sprache und Kultur, deren Siedlungsgebiete in den arktischen Regionen liegen z. B. Grönland und Sibirien.

exogene (erdäußere) Kräfte: sind solche, die von außen auf die Erdoberfläche einwirken, z. B. fließendes Wasser, Wind, Eis oder Temperaturunterschiede, und Vorgänge wie → *Verwitterung*, → *Erosion* und → *Sedimentation* bedingen.

Favelas: (brasil.) → *Slum*.

Fairtrade: (engl.) Bezeichnung für eine faire Handelsweise, welche die Lebens- und Arbeitsbedingungen der Produzentenfamilien in Entwicklungsländern verbessern will.

Fischfarmen: (Aquakultur) wirtschaftliche Nutzung der Meere und Gewässer durch die kontrollierte und industrielle Züchtung von Fischen und Meerestieren.

Flachküste: Landfläche, die zum Meer hin sanft geneigt ist. Die Brandung läuft am flachen Ufer aus und bildet durch Sandanschwemmung einen flachen Strand.

Flussaue: ein Lebensraum entlang eines Flusses, der geprägt ist durch ständige Wechsel zwischen Hoch- und Niedrigwasser sowie eine große Artenvielfalt.

fluviatil: Material wird von Flüssen ausgearbeitet → *Erosion*, fortgetragen und abgelagert → *Sedimentation*.

Glaziale Überformung/Serie: (lat. glacies = Eis) Abfolge von Oberflächenformen, die durch das → Inlandeis und Schmelzwässer während des Eiszeitalters (→ *Kaltzeit*) entstanden sind: Grundmoräne, Endmoräne, Sander und Urstromtal.

Globalisierung: Neue Technologien im Kommunikations-, Informations- und Transportwesen sowie neue Organisationsformen der Produktion führen zur Entstehung weltweiter Märkte für Waren, Kapital und Dienstleistungen.

Golfstrom: warme Meeresströmung, die, vom Golf von Mexiko kommend, den Atlantischen Ozean quert und bis an die Küsten West- und Nordeuropas führt. Der Golfstrom beeinflusst (mildert) das west- und nordeuropäische Klima.

Grundmoräne: im Gletscher mitgeführtes Material (Sand, Geröll, Felsblöcke = Findlinge), welches beim Schmelzen abgelagert wurde. → *glaziale Serie*

Hamada: bezeichnet eine Fels- oder Steinwüste.

Hochdruckgebiet: Luftmasse mit einem Luftteilchenüberschuss an der Erdoberfläche und somit höherem Luftdruck. Aus dem Hochdruckgebiet fließen die Luftteilchen seitlich zum Tiefdruckgebiet ab.

Humboldtstrom: kühle Meeresströmung vor der Westküste Südamerikas, die durch die ablandigen Südostpassate in Gang gehalten wird. Der Nährstoffgehalt des Humboldtstroms bedingt einen großen Fischreichtum.
humid: (lat. = feucht, nass) feuchte Gebiete oder Jahreszeiten, in denen mehr Niederschlag fällt als verdunstet und so eine hohe Luftfeuchtigkeit vorherrscht.
Infrastruktur: für die wirtschaftliche Entwicklung eines Gebietes und das Zusammenleben der Menschen notwendige Einrichtungen: z. B. Verkehrswege, Schulen, Krankenhäuser.
Inlandeis: mehrere tausend Meter dicke Eismasse, die große Teile der Landfläche bedeckt.
Kaltzeiten: Zeiträume, in denen die Mitteltemperatur der Erde unter der aktuellen (etwa +15°C) lag und kühles bis kaltes Klima herrschte. Man unterscheidet sie von Eiszeiten, die zusätzlich durch die Ausdehnung der Eismassen gekennzeichnet sind. Warm- und Kaltzeiten treten im Wechsel auf.
Klarwasserfluss: ein Fluss der Tropen, mit sehr wenigen Schwebstoffen (organische und mineralische Teilchen).
Kolonialzeit: Epoche zu Beginn des 15. Jahrhunderts, als europäische Staaten → *Kolonien* eroberten.
Kolonie: auswärtiger, meist außerhalb Europas gelegener Landbesitz eines Staates (Mutterland). Das Territorium ist sowohl politisch als auch wirtschaftlich vom Mutterland abhängig und wurde oft ausgebeutet (Menschen, Rohstoffe).
Konvektionsströme: bezeichnet Bewegungen in der unteren und oberen Erdkruste, die zu Krustenbewegungen und Gebirgsbildung führen. Sie werden durch Wärmeströme aus dem Erdinneren verursacht und bleiben durch Abkühlung an der Erdoberfläche sowie andauernder Wärmezufuhr aus dem Erdinneren in Gang.
Landflucht: Wanderung bzw. Verlagerung des Wohnsitzes von Personen aus ländlichen in städtische Ballungsräume.
Lithosphäre: (griech.) Gesteinshülle/Erdschale aus festem Gestein bis 100 km Tiefe. Sie umfasst die Erdkruste und den äußersten Teil vom oberen Erdmantel.
Magma: Gesteinsschmelze aus tief unter der Erdoberfläche liegenden Bereichen; das glutflüssige Gesteinsmaterial breitet sich bei Vulkanausbrüchen als Lava an der Erdoberfläche aus und erkaltet dort zu Gestein.
Main street: (engl.) Haupt-Geschäftsstraße in der → *City*
Manganknollen: Rohstoff aus der Tiefsee.
Marine Überformung: durch das Meer entstandene Veränderung an der Erdoberfläche bzw. die Wirkung des Meeres auf die → *Sedimentation*.
Medina: (arab.) Altstadt arabischer, meist nordafrikanischer Städte.
Meridian: Halbkreis im Gradnetz der Erde, welcher vom Nord- zum Südpol verläuft. Es gibt 360 Meridiane.
Mischkultur: gleichzeitiger Anbau verschiedener Nutzpflanzenarten auf einer Fläche, z. B. wechselnde Reihen von Möhren und Zwiebeln oder Gemüse zwischen Obstbäumen.
Monokultur: (lat. *mono* = eins) Feldbau, bei dem eine Nutzpflanze auf großen Flächen über viele Jahre angebaut wird.
Niederschlagsvariabilität: bezeichnet das Schwanken der Niederschlagsmengen von Jahr zu Jahr, welches die landwirtschaftliche Produktion beeinträchtigt.
Nildelta: ein Flussdelta. Diese sind durch die → *Sedimentation* von Material vor einer Flussmündung in das Meer und einen dreiecksähnlichen Grundriss gekennzeichnet.
Nomade: Viehhalter, der mit der Herde von Naturweide zu Naturweide zieht, da die Futtergrundlage infolge der Trockenheit nicht für eine Dauernutzung ausreicht.
Ökotourismus: (nachhaltiger T.) soll dazu beitragen, eine touristische Entwicklung im Einklang mit den Belangen des Natur- und → *Umweltschutzes* zu fördern.
Ölpest: Verschmutzung der Ozeane und Küsten durch Rohöl, welches meist durch Tankerunfälle ins Meer gelangt. Der Lebensraum Meer wird zerstört und es kommt zum Massensterben der Seevögel und Fische.
OPEC: (engl. *Organization of Petroleum Exporting Countries*) Vereinigung der ölexportierenden Länder mit Sitz in Wien. Die Mitglieder verfügen über den Großteil der weltweiten Erdölvorkommen und beeinflussen stark den Ölmarkt.
Ortszeit: direkt vom Sonnenstand an einem Ort bestimmte Zeit. Sie ist für alle Orte auf dem selben Meridian gleich.
Pangäa: Urkontinent vor cirka 135 Millionen Jahren, in dem alle Landmassen der Erde vereint waren.
Permafrostboden: (Dauerfrostboden) ständig gefrorener Boden, der höchstens an der Oberfläche auftaut.
Pipeline: Leitung zur Beförderung von Gas oder Öl über weite Entfernungen.
Plankton: pflanzliche und tierische Meereslebewesen ohne Eigenbeweglichkeit; Nahrungsgrundlage vieler Fische.
Plantage: landwirtschaftlicher Großbetrieb in den Tropen mit einseitiger Ausrichtung (→ *Monokultur*) zum Erzeugen von Produkten für den Weltmarkt (z. B. Kaffee).
Polarkreis: Breitenkreis in 66,5° nördlicher bzw. südlicher Breite. An den Polarkreisen ist zu den Zeiten der Sonnenwende 24 Stunden lang Tag oder Nacht.
Primärwald: ursprünglicher, vom Menschen unbeeinflusster Wald mit seiner natürlichen Vegetation. Häufig nur noch in borealen Nadel- oder tropischer Regenwäldern zu finden.
Reflexion: das Zurückwerfen von Strahlung oder Energie. Gegenteil von → *Absorption*.
Sahel(-zone): Übergangszone von der Wüste Sahara zur Trockensavanne in Nordafrika; Vegetationsform: Dornsavanne.
Sander: durch Schmelzwasser aus dem Gletscher ausgespültes Material (Ton, Sand, Kies), welches vor der → *Endmoräne* abgelagert wurde. → *glaziale Serie*
Satellitenstadt: städtische Ansiedlung am Rande einer Großstadt, die meist von dieser abhängig ist und bestimmte Funktionen, z. B. als Schlafstadt, erfüllt.
Schichtvulkan: durch Anhäufung vulkanischen Lockermaterials (Asche) und Lava gebildeter kegelförmiger Vulkan.
Schildvulkan: flacher Vulkan mit geringer Hangneigung, der durch das Ausfließen dünnflüssiger Lava entsteht.
Schelfeis: große Eisplatte, die auf dem Meer schwimmt und mit einem Gletscher an Land fest verbunden ist. Am Rande des Schelfeises brechen Eisberge ab.
Schwarzwasserfluss: nährstoff- und sedimentarmer Fluss der Tropen, der durch gelöste Säuren eine braune Farbe hat.
Sea-floor-spreading: (Meeresbodenspreizung) tektonischer Prozess, bei dem durch aufsteigendes Magma ozeanische

Platten auseinandergedrückt werden; neuer Meeresboden, Tiefseegräben und der mittelozeanische Rücken entstehen.

Sedimentation: Ablagerung von festen Stoffen, z. B. Sand an einem Flussdelta.

Seismograph: Gerät zur Messung und Aufzeichnung der Stärke von Erdbeben.

Seiten- oder Breitenerosion: seitliche Abtragung von Material an den Rändern von Flüssen, die das Flussbett verbreitert und zum Abbrechen der Uferböschung führen kann.

Sekundärwald: nach Rodung oder Brandrodung nachwachsender Wald, weniger artenreich als der → *Primärwald*.

Serir: bezeichnet eine Geröll- oder Kieswüste.

Slum: (engl.) Bezeichnung für ein heruntergekommenes Wohn- oder Elendsviertel. In Entwicklungsländern meist durch Barackensiedlungen am Rande oder innerhalb einer großen Stadt gebildet → *Barriadas, Favelas*.

Steilküste: Zum Meer schroff abfallende Küstenform, die dem unmittelbaren Angriff der Brandung ausgesetzt ist.

Stockwerkbau: Aufbau von verschiedenen Pflanzen; in einer Oase drei Stockwerke (Gemüse und Getreide, Obstbäume, Dattelpalmen), im tropischen Regenwald vier Stockwerke (Bodenschicht, Strauchschicht und junge Bäume, ausgewachsene Bäume, Urwaldriesen)

Subduktionszone: Gebiet der Erdkruste, in der eine → *Lithosphärenplatte* unter eine andere absinkt. Bei diesen Vorgängen wird → *Magma* in den Erdmantel eingeschmolzen.

Suburbanisierung: Verlagerung von Standorten des Wohnens und Arbeitens aus der Innenstadt in das Umland.

Suburbs: (engl.) Vororte oder Vorstädte

Tageszeitenklima: In den Tropen sind die täglichen Schwankungen der Temperatur größer als die Jahresschwankung. Es gibt daher weder Sommer noch Winter.

Tropischer Regenwald: Immergrüner Wald der Tropen, der charakterisiert wird durch üppiges Wachstum, Artenreichtum und ausgeprägten → *Stockwerkbau*. Reichliche, über das ganze Jahr gleichmäßig verteilte Niederschläge (2000–4000 mm im Jahr) und gleichbleibend hohe Temperaturen (im Mittel um 25 °C) kennzeichnen das Klima.

Tiefdruckgebiet: Luftmasse mit Mangel an Teilchen in der Lufthülle und geringerem Luftdruck. In das Tiefdruckgebiet der Nordhalbkugel fließen Moleküle entgegengesetzt zum Uhrzeigersinn vom → *Hochdruckgebiet* hinein.

Tiefenerosion: Abtragung von Material im Flussbett. Das abzutragende Material und die Fließgeschwindigkeit des Wassers beeinflussen, wie stark ein Tal vertieft wird.

Transport: geologischer Prozess zwischen Abtragung (→ *Erosion*) und Ablagerung (→ *Sedimentation*) von unverfestigtem Gesteinsmaterial, z. B. Löss.

Trawler: Schiffstyp, bei dem zum Fischfang Schleppnetze eingesetzt werden.

Tropenholz: wächst im tropischen Regenwald und wird dort abgeschlagen, z. B. Mahagoni und Teak. Bei der Rodung wird häufig auch der umliegende Regenwald zerstört.

Tundra: baumlose Vegetationszone der Subpolargebiete mit Moosen, Flechten, Grasfluren und Zwergsträuchern. Die Sommer sind kurz und kühl (6–10 °C), die Winter lang und kalt (unter –8 °C) mit einer Schneedecke bis zu 300 Tagen im Jahr. Charakteristisch ist der → *Permafrostboden*.

Überfischung: zu starke wirtschaftliche Nutzung der Meere durch übermäßigen Fischfang. Da die natürliche Vermehrung dies nicht ausgleichen kann, kommt es zur Verminderung des Fischbestandes und zum Aussterben von Arten.

Überweidung: Übernutzung von Weideland durch zu großen Viehbestand. Die Tiere fressen mehr Futter als nachwachsen kann und zertreten die Grasnarbe, wodurch es zu → *Bodenerosion* und → *Desertifikation* kommen kann.

Umweltschutz: alle Maßnahmen zur Erhaltung und Sicherung der Umwelt als natürlichen Lebensraum. Aktionen dafür werden in den Bereichen Abfallvermeidung, Artenvielfalt, Energie, Gewässer- und Klimaschutz durchgeführt.

UNO: (engl. *United Nations Organization*) Die Vereinten Nationen sind eine Vereinigung fast aller Staaten der Erde mit den Zielen: Erhaltung des Weltfriedens und der internationalen Sicherheit sowie Schutz der Menschenrechte.

Urstromtäler: flache, breite Täler im nordeuropäischen Tiefland, die parallel zu den Gletschern der Eiszeiten verliefen und in die das Schmelzwasser floss. → *glaziale Serie*

Urbanisierungsprozess: Ausbreitung und Verdichtung städtischer Siedlungs- und Lebensformen. Merkmale von Urbanität sind: a) räumliche Trennung von Wohnen, Versorgen, Arbeiten und Erholen, b) starke berufliche Spezialisierung, c) starke Wanderungen (Migration).

Verwitterung: Zerkleinerung und Zersetzung festen Gesteins zu lockerem Material (Gesteinsschutt, Minerale), die durch physikalische, chemische und biologische Prozesse hervorgerufen wird.

Villas miserias: (argent.) → *Slum*

Wadi: (arab.) Bezeichnung für ein Flusstal ohne Wasserführung in den Wüsten Nordafrikas und Westasiens. Nach Niederschlägen kann es wieder Wasser führen.

Wanderfeldbau: (engl. *Shifting Cultivation*) Verlegung der Anbauflächen und Siedlungen in tropischen Gebieten bei nachlassender Fruchtbarkeit der Böden. Neue Anbauflächen werden meist durch → *Brandrodung* gewonnen.

Warmzeiten: (Interglazial) längerfristiger wärmerer Klimaabschnitt zwischen zwei → *Kaltzeiten*, mit einer globalen Durchschnittstemperatur von etwa +15°C.

Weißwasserfluss: nährstoff- und sedimentreicher Fluss der Tropen, der durch Schwebstoffe eine lehmige Farbe erhält. Im Gegensatz zum → *Schwarzwasserfluss* bietet er gute Lebensbedingungen sowie eine üppige Tier- und Pflanzenwelt.

Wendekreis: die beiden Breitenkreise, über denen die Sonne einmal im Jahr zum Zeitpunkt der Sommersonnenwende senkrecht steht, bevor sie wieder in Richtung → *Äquator* wandert. Die Wendekreise liegen bei 23°27' nördlicher und südlicher Breite.

Zeitzone: Zone mit gleicher Zeit, die sich jeweils über 15° geographische Länge erstreckt. Es gibt 24 Zeitzonen.

Quellenverzeichnis

akg-images, Berlin: 130 M2;
AP/Smithsonian Institution, Frankfurt: 182 M5 o. l.;
argum: 169 M3.2 (© Christian Lohsten), 182 M5 o. r. (© Mark Edwards),
Aurich, Frankfurt: 64 M1.3,

V. Binder, Berlin: 31 M3.2,
Dieter Blümner, Ratingen: 62/63 M1.3,
Dr. Ambros Brucker, Gräfelfing: 171 M5;

CCC, Pfaffenhofen: 108 M1 (Haitzinger), 126 M5 (ALEX), 146 M1 (Liebermann), 201 M4 (Haitzinger),
Comstock Images/Jupiterimages: 72/73;
Corbis, Düsseldorf: 3 r. (© Don Hammond/Design Pics), 5 l. (© Alan Schein Photography), 79 M4 (© Momatink-Eastcott), 81 M8 (© Charles & Josette Lenars, Wh. 89 M4 Mitte 2), 81 M9 (© Peter Guttmann, Wh 89 M4 u. 3), 81 M10 (© Robert van der Hilst), 86 M3 (© Wolfgang Kaehler), 87 M4 (© Ashley Cooper), 89 M4 u. 2 (© Alison Wright), 89 M4 u. 4 (© Staffan Widskand), 90 M5 (© Steven Kazlowski), 90 M6 (© Paul A. Souders), 90 M7 (© Frans Lanting), 98 o. l. (© Darrel Gulin), 98 o. r. (© Wolfgang Kaehler), 98 u. l. (© Frans Lanting), 98 u. r. (Sigma/© Collart Herve), 98/99 Hintergrund (© Frans Lanting), 104 M1 (© Kazuyoshi Nomachi); 105 M4 (© Collart Herve), 107 M5 (© Joao Luiz Bulcao), 107 M6 (© Stephanie Maze), 114 M1 (© Atlantide Phototravel), 116 M1 (© Karen Kasmauski), 117 M4 (© David Shuterland), 128/129 (© Jose Fuste Raga), 131 M3 (© Jon Arnold/JAI), 132 M2 (© Ed Kashi), 133 M4 (© Carmen Redondo), 138 M2 (© Frans Lanting/zefa), 148 M1 (© Ed Kashi), 152 o. (© Larry Lee Photography), 157 M5 (© Lynsey Addario), 157 M6 (© Chris Hellier), 161 M4 (© Tom Van Sant), 162 M5 (© Gavin Hellier), 162 M6 (© Grand Tour), 170 M3 (© Kelly-Mooney Photography), 172 M2 ((c) Charles & Josette Lenars), 174 M1 (© David Jay Zimmermann), 176 M2 (© Gregg Newton), 201 M5 (© Paul A. Souders),

Das Fotoarchiv, Essen: 134 M1 o. r. (Benja Weller), 134 M1 u. r. (Yavuz Arslan),
Deutsche BP AG: 152 M. r., 153 u. l., 199 M.,
DLR Deutsche Forschungsanstalt für Luft- und Raumfahrt: 144 M1, © Deutsche Welthungerhilfe, Bonn: 191 M5;
V. Döring, Hohen Neuendorf: 203 o. r.;
Dubai Municipality: 154 M1;

Eichler, Heidelberg: 62/63 M1.7;

F1 ONLINE/Prisma: 142 M1;
Foto & Wort Steenmans, Mönchengladbach: 175 M4,
Wolfgang Fregien, Laatzen: 136 M3, 137 M4,

GEO-Zentrum an der KTB, Windischeschenbach: 11 M3,
Getty Images/© Ethan Miller/AFP: 56 M1,
Google 2009: 177 M3,

Hamburger Verkehrsverbund GmbH, Hamburg: 178 M1, 179 M2,
J.-B. Haversath, Gießen: 31 M3.3+4,
Helmut Hohmann, Berlin: 64 M1.2,

Fouad N. Ibrahim, Bayreuth: 62/63 M1.6;
IFA Bilderteam, Ottobrunn: 153 o. r.;

Uwe Jansen, Klein Nordende: 136 M1,

Rainer Kiedrowski, Ratingen: 37 M4; © Matthias Klum, Uppsala: 92/93;

Achim Lewandowski, Wien: 99 u. l.;
Lob + Koelle GbR, Straßlach-Dingharting: 26 M1;
LOOK-Foto/Konrad Wothe: 75 M3,
Luftbild Krug, Heidelberg: 33 M3; © John Marshall: 14/15 M1,

Mauritius Images: 188 M1 (© Ligges),
Ellen Michaelis, Rostock: 37 M5,
Münchner Verkehrs- und Tarifverbund GmbH (MVV), München: 181 M4;

NASA: 18 M1, 44/45, 58 M1, 149 M3, 149 M4, 156 M1, 198 M1 o.,
National Geographic: Titelfoto (© Bill Curtsinger), 94 M1 (© Bill Curtsinger), 154 M2 (© Maggie Steber, 155 M4 (© Maggie Stever),
Natura 2000 Medienservice GmbH/Silvestris Online: 62/63 M1.1,
NWO, Wilhelmshaven: 153 u. r.,

OKAPIA KG, Frankfurt: 78 M1,

Picture-Alliance/Bildagentur Huber/R. Schmid: 169 M3.1, 173 M4,
Picture-Alliance/chromorange: 24 M1, 100 M3 o., 170 M1 (© Ulrich Bohnacker),
Picture-Alliance/dpa: 3 l. (epa afp Sashi Shimbun), 11 M2, 20 M2 (AFP), 75 M4 (Susanne Mayr), 85 M6 (© epa-Bildfunk/NTV-TV-Grab), 155 M3 (© Nakheel/Paul Macleod), 197 M4 (© ANSA-Foto),
Picture-Alliance/dpa-Bildarchiv: 134 M1 l. (© Andreas Altwein): 156 M2 (© Mehmet Biber),
Picture-Alliance/dpa/© dpa: 57 M3, 164, 195 M4 o. (© Ingo Wagner),
Picture-Alliance/dpa/© dpa-Bildarchiv: 38 M2, 62/63 M1.5, 64 M1.1, 105 M3,
Picture-Alliance/dpa/© dpa-Bilderdienste: 188 M2,
Picture-Alliance/dpa/© dpa-Fotoreport: 4 r., 5 r., 19 M5, 52 M1 (epa Lehtikuva Wennstrom), 88 M2, 199 o. (© epa efe Navy),
Picture-Alliance/dpa/© dpa-Report: 8/9, 14 M2, 102 M2, 107 M4, 109 M4, 118 M1, 154 M1 (Hintergrund, Wh 95 M4), 169 M3.3 (© Peter Knefel), 184/185, 191 M4 (© Hinrich Bäsemann),
Picture-Alliance/dpa/© dpaweb: 22 M1, 199 u. (fm),
Picture-Alliance/dpa Grafik/© dpa Infografik: 86 M1,
Picture-Alliance/dpa Grafik/© Globus Infografik: 23 M3, 23 M4, 83 M4, 85 M3,
Picture-Alliance/Globus Infografik/© Globus Infografik: 85 M5, 151 M5,
Picture-Alliance/HB-Verlag: 31 M3.1,
Picture-Alliance/van Kashinsky/© dpa-Report: 102 M3,
Picture-Alliance/KPA/Bruno Schug: 18 M3,
Picture-Alliance/maxppp/Oliver Corsan: 175 M3,

Picture-Alliance/NHPA/photoshot: 20 M4, 76 M1, 89 M4 u. 1, 138 M1 (© Mike Lane), 138 M3 (© Martin Harvey),
Picture-Alliance/OKAPIA KG: 38 M3, 80 M5 (© Helfried Weyer, Wh 89 M4 Mitte 4), 89 M4 Mitte 3 (© Helfried Weyer), 96 M1 (© Eric A. Sodes), 112 M1 (© Sohns), 139 M4 (© Fred Bruemmer),
Picture-Alliance/picture-alliance: 112 M2 (© Norbert Guthier), 139 M5 l. + r. (© bifab),
Picture-Alliance/united-archives/mcphoto: 85 M3 - M6 (Balken, Wh 89 M4 o.),
Picture-Alliance/ZB/© Matthias Toedt: 150 M1,
Picture-Alliance/ZB/© dpa-Report: 101 M5, 117 M3, 168 M1 (© Euroluftbild.de), 176 M1 (© Ralf Hirschberger),
Picture-Alliance/ZB/© ZB-Fotoreport: 32 M1,
www.project-photos.de: 102 M1, 186 M1,

Edgar Reinert, Reutlingen: 16, 202 o. r.,

Joel Sartore/joelsartore.com: 101 M4,
Bildagentur Schapowalow, Hamburg: 171 M6;
Schüttler, Bielefeld: 62/63 M1.4;
Thomas Schulz, Berlin: 84 M1,
SPIEGEL-Verlag, Hamburg: 23 M5;
Stadt Münster, Vermessungs- und Katasteramt: 182 M5 u. l.;
M. Störr, Usedom: 192 M2;
Superbild: 4 l. (© Bach), 59 M3 (© Superstock), 122 M1 (© MAP), 182 M5 u. r. (© SOL Soli Dreckmann),

Michael Tessmer, Hamburg: 202 u. r.;
© Jan Tomaschoff: 82 M1,
Transglobe Agency, Hamburg: 123 M4;
Türkisch Islamische Gemeinde zu Göttingen e. V.: 135 M4;

Verlagsarchiv: 10 M1, 62/63 M1.2, 100 M3 M. + u., 144 M2, 158 M1, 198 M1 M., 198 M1 u., 200 M1,
Voigt & Kranz Unternehmensgesellschaft, Ostseebad Prerow: 55 M4;

Wikimedia/GNU Free Documentation License: 33 M4,
Wikipedia/GNU-Lizenz: 13 M3, 99 u. r.,
Wikipedia/gemeinfrei: 110 o. r.,
Peter Wirtz, Dormagen: 134 M3;

Thomas Zimmermann, Bad Rappenau: 134 M2,
Reinhard Zuta: 132/133 M1;

Kartengrundlagen

Topographische Karten

S. 35 M2: Rasterdaten Topographische Karte DTK 25, Blatt 4122 Holzminden. Wiedergabe und vervielfältigung mit Genehmigung des LNG Landesvermessung + Geobasisinformation Niedersachsen, Hannover.

S. 42 M6: Zusammensetzung aus der Topographischen Karte 1:50 000, Blatt L4514 Soest und Blatt L 4714 Arnsberg. Wiedergabe und Vervielfältigung mit Genehmigung des Landesvermessungsamtes Nordrhein-Westfalen, Bonn.

Sachregister

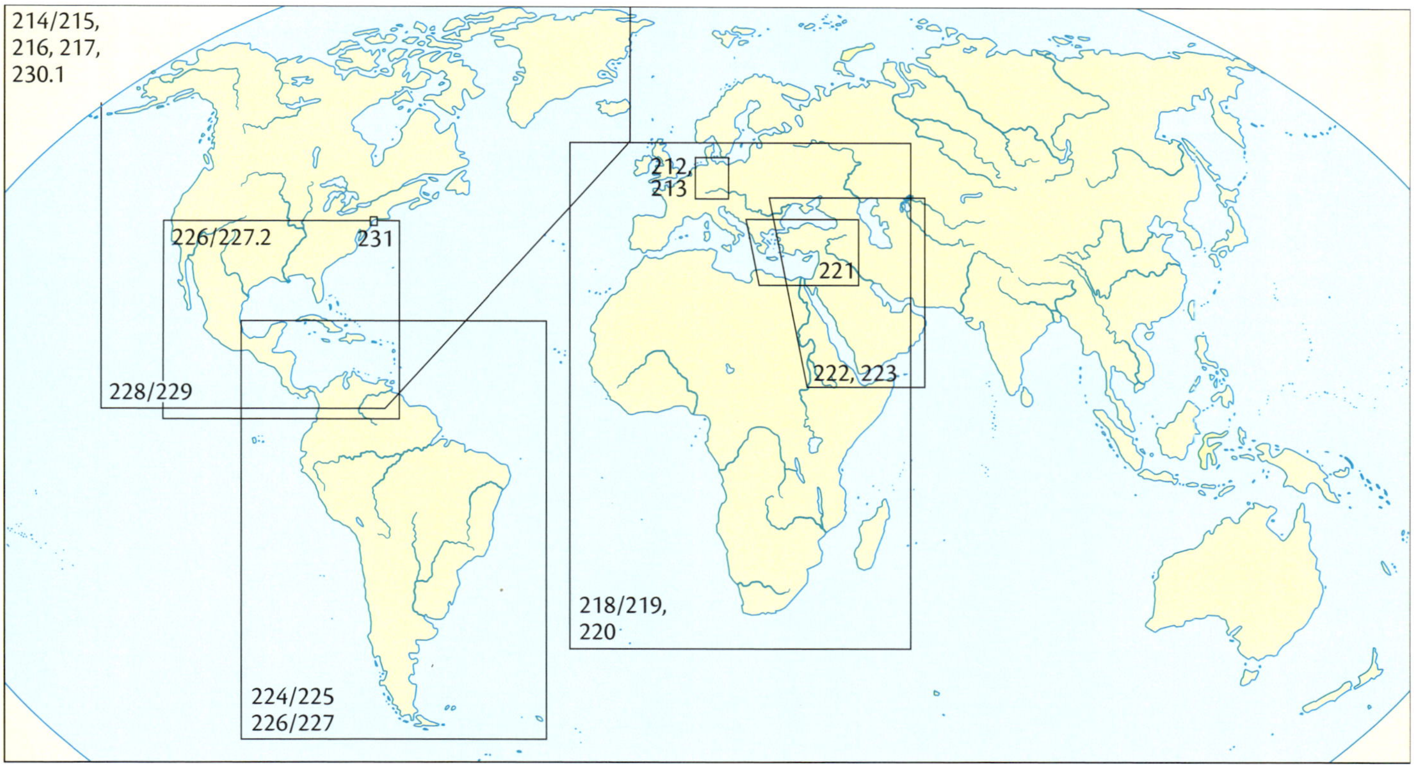
214/215,
216, 217,
230.1
212,
213
226/227.2
231
221
228/229
222, 223
218/219,
220
224/225
226/227

© Cornelsen

1 : 3 300 000 0 50 100 150 200 km 1cm ≙ 33 km

1 : 3 300 000 0 50 100 150 200 km 1cm ≙ 33 km

© Cornelsen

① Oberflächengestalt der Erde

© Cornelsen

polarmeer
Spitzbergen
Franz-Josef-Land
Sewernaja Semlja
Neusibirische Inseln
Nowaja Semlja
Nordkap
Taimyr
Nördlicher Polarkreis
Werchojansker Gebirge
3147
Kolymagebirge
Lena
Jenissei
Narodnaja 1894
Ob
Sibirien
Beringmeer
Kamtschatka
Ochotskisches Meer
Aleuten
7822
Aleutengraben
EUROPA
Ural
Jekaterinburg
Nowosibirsk
Stanowoigebirge
Jablonowy-gebirge
Amur
Sachalin
Moskau
Wolga
Irtysch
Altai
ASIEN
Kurilen-Kamtschatka-Graben
10542
Nordwest-pazifisches Becken
Nordost-pazifisches Becken
Donau
Schwarzes Meer
Kaukasus
Kaspisches Meer
Tiefland von Turan
Tienschan
7439 Pik Pobedy
Gobi
Mandschurei
Peking
Japanisches Meer
Honschu
Tokio
1962
Athen
Teheran
Pamir
8611
Kuenlun
Bagdad
Euphrat
Hindukusch
Himalaya
Tibet
Brahmaputra
Hwangho
Jangtsekiang
Schanghai
Ostchinesisches Meer
10340
Boningraben
Kairo
Arabien
Indus
Delhi
8848 Mount Everest
Nil
Rotes Meer
Vorderindien
Kolkata
Hinterindien
Hongkong
Nördlicher Wendekreis
Arabisches Meer
Mumbai
Golf von Bengalen
Mekong
Philippinen
Philippinenbecken
Marianen
Marianengraben
PAZIFISCHER OZEAN
Manila
Bangkok
4620
Aden
Kap Guardafui
Chennai
Südchinesisches Meer
10540
11022
Marshall-inseln
Zentral-pazifisches Becken
Addis Abeba
Arabisches Becken
Ceylon
Philippinengraben
Mikronesien
Karolinen
AFRIKA
Arabisch-Indischer Rücken
Sumatra
Singapur
Borneo
5520
Kongo
Somalibecken
Äquator
Melanesisches Becken
Gilbert-inseln
Kongobecken
Victoriasee
5895 Kilimandscharo
Seychellen
Zentral-indisches Becken
Indischer Rücken
Sundainseln
Melanesien
Kinshasa
Daressalam
INDISCHER OZEAN
Java
5030
Neuguinea
7440
9140
Salomoninseln
Ellice-inseln
Komoren
Sundagraben
7455
Arafurasee
Sambesi
6335
Korallenbecken
Korallensee
Madagaskar
Straße von Mosambik
Maskarenen
Mauritius
Zentralindischer Rücken
Nordwestaustralisches Becken
Neue Hebriden
Fidschi-inseln
Kalahari
Madagaskar-becken 6400
Östlicher Rücken
Neukaledonien
Tongagraben
Johannesburg
Drakensberge
Mosambikbecken
870
AUSTRALIEN
1515
Südlicher Wendekreis
2067
Westaustralisches Becken
Kap Agulhas
Südwest-indisches Becken
Westlicher Indischer Rücken
1980
Perth
Kermadec-inseln
10047
Große Australische Bucht
Mount Kosciusko 2230
Sydney
Murray
770
Agulhasbecken
940
Südaustralisches Becken
Tasmanien
Auckland
Kermadecgraben
Tasmansee
Indischer Rücken
Kerguelen
Indisch-Antarktischer Rücken
4755
Südkap
Neuseeland
Becken
969
Kerguelenrücken
6972
6089
Macquarie-inseln
Auckland-inseln
Östlicher Indisch-Antarktischer Rücken
Indisch-Antarktisches Becken
485
Südpolarbecken
6250
Südpazifisches
2300
ANTARKTIS

Erde: Temperaturen

① Mittlere Januartemperaturen

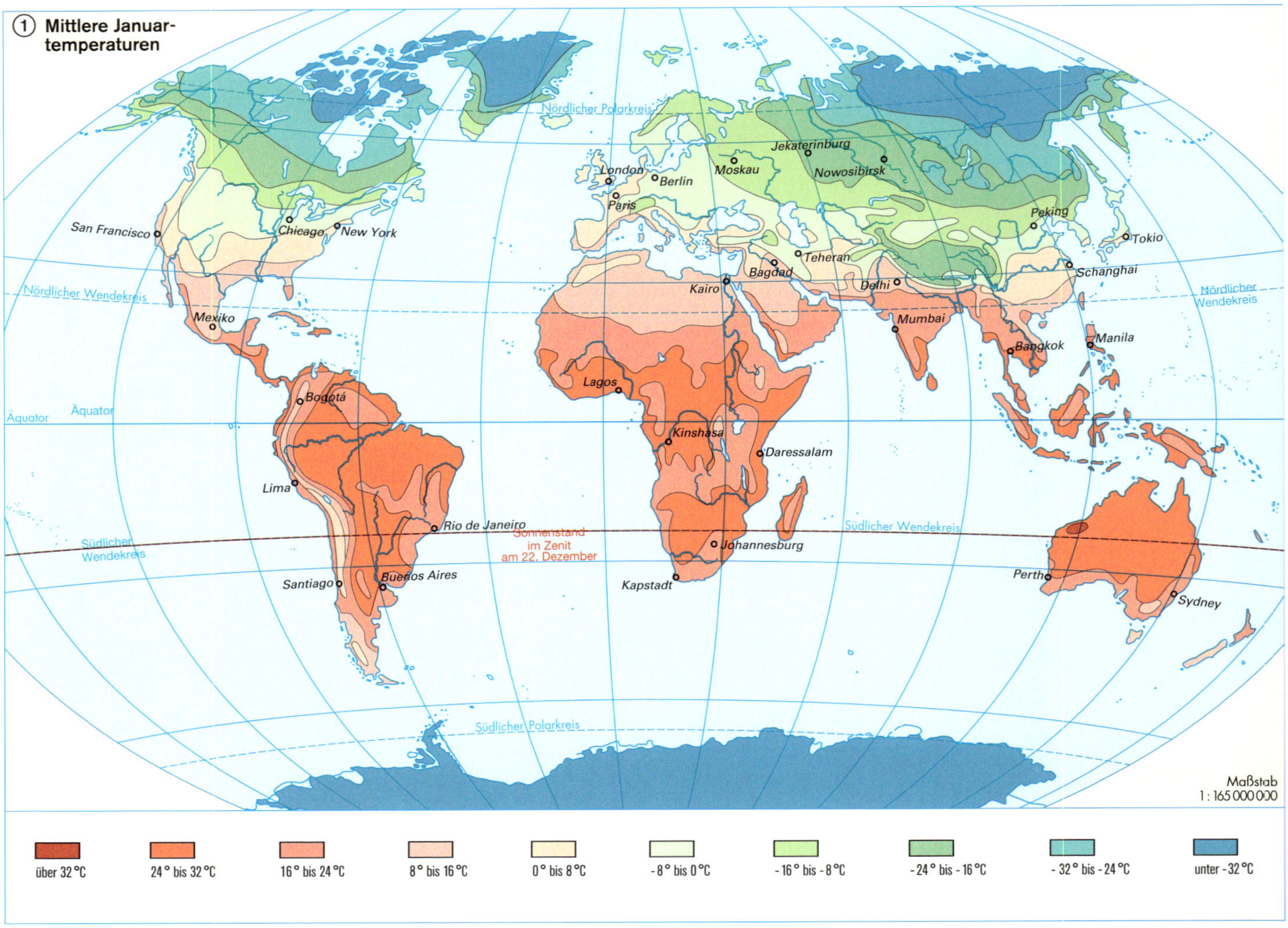

② Mittlere Julitemperaturen

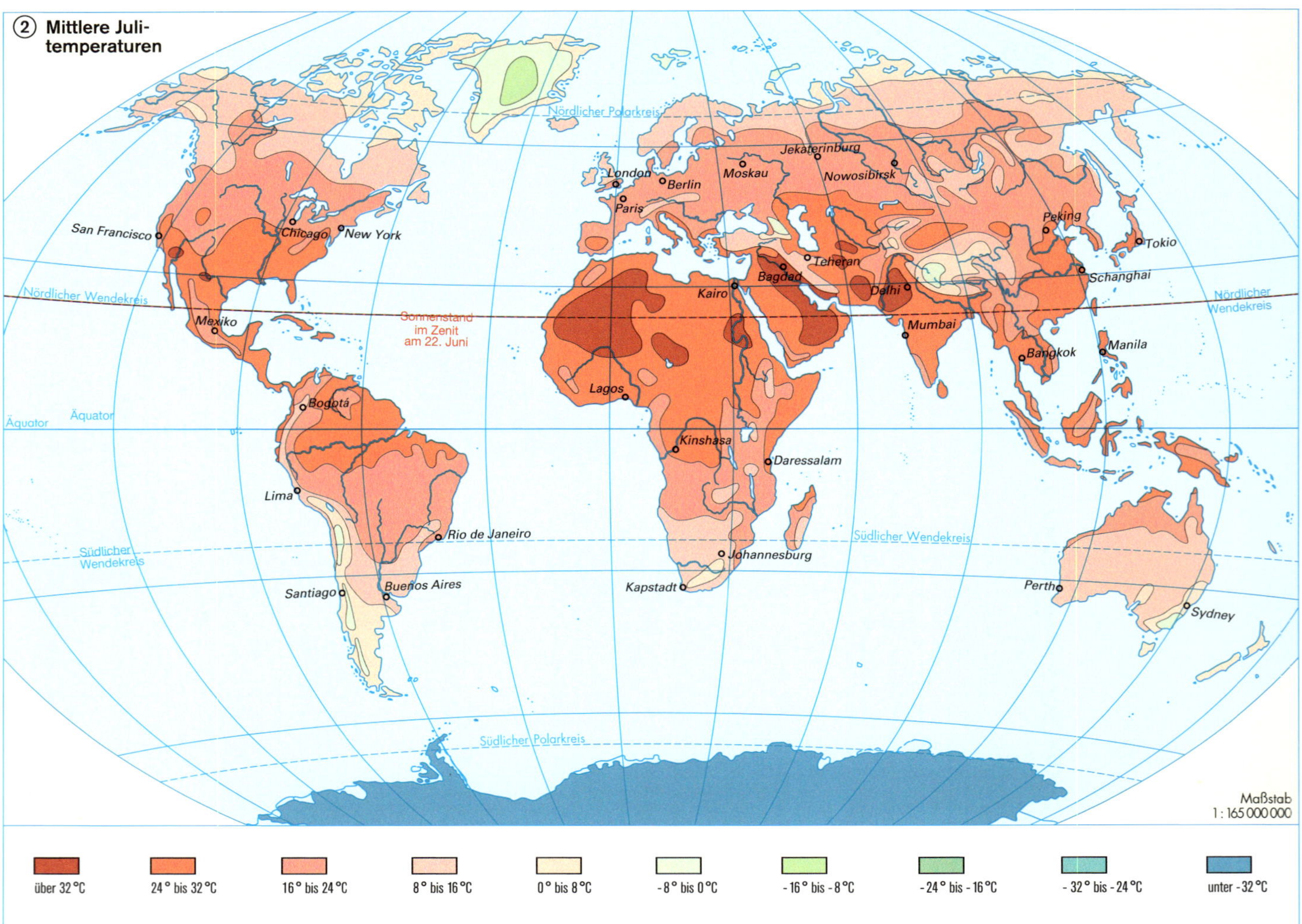

© Cornelsen

① Jahresniederschläge

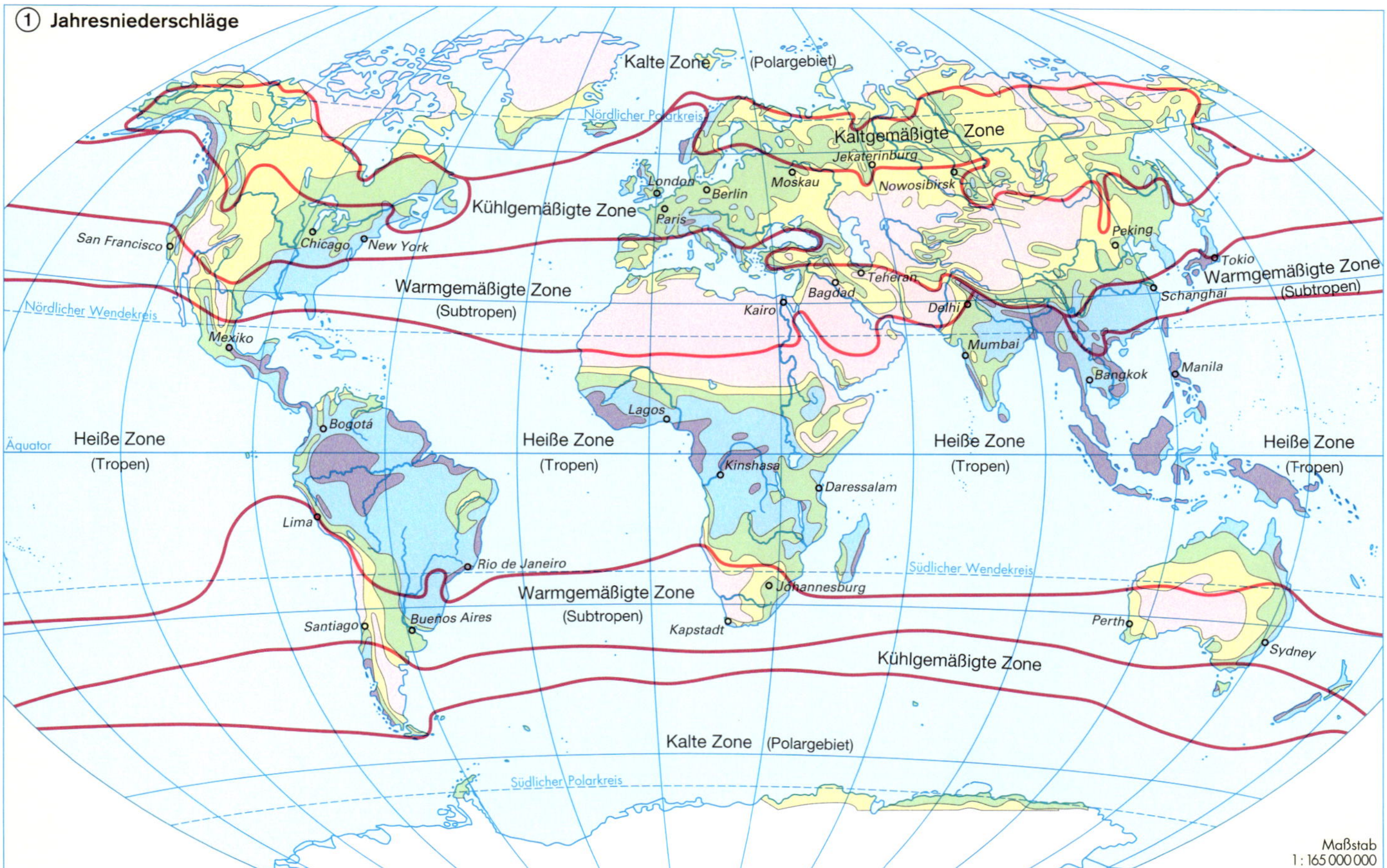

Jahresniederschläge

- unter 250 mm
- 250 – 500 mm
- 500 – 1000 mm
- 1000 – 2000 mm
- über 2000 mm
- Grenze der Klimazonen nach Troll/Paffen

② Jahreszeitliche Verteilung der Niederschläge

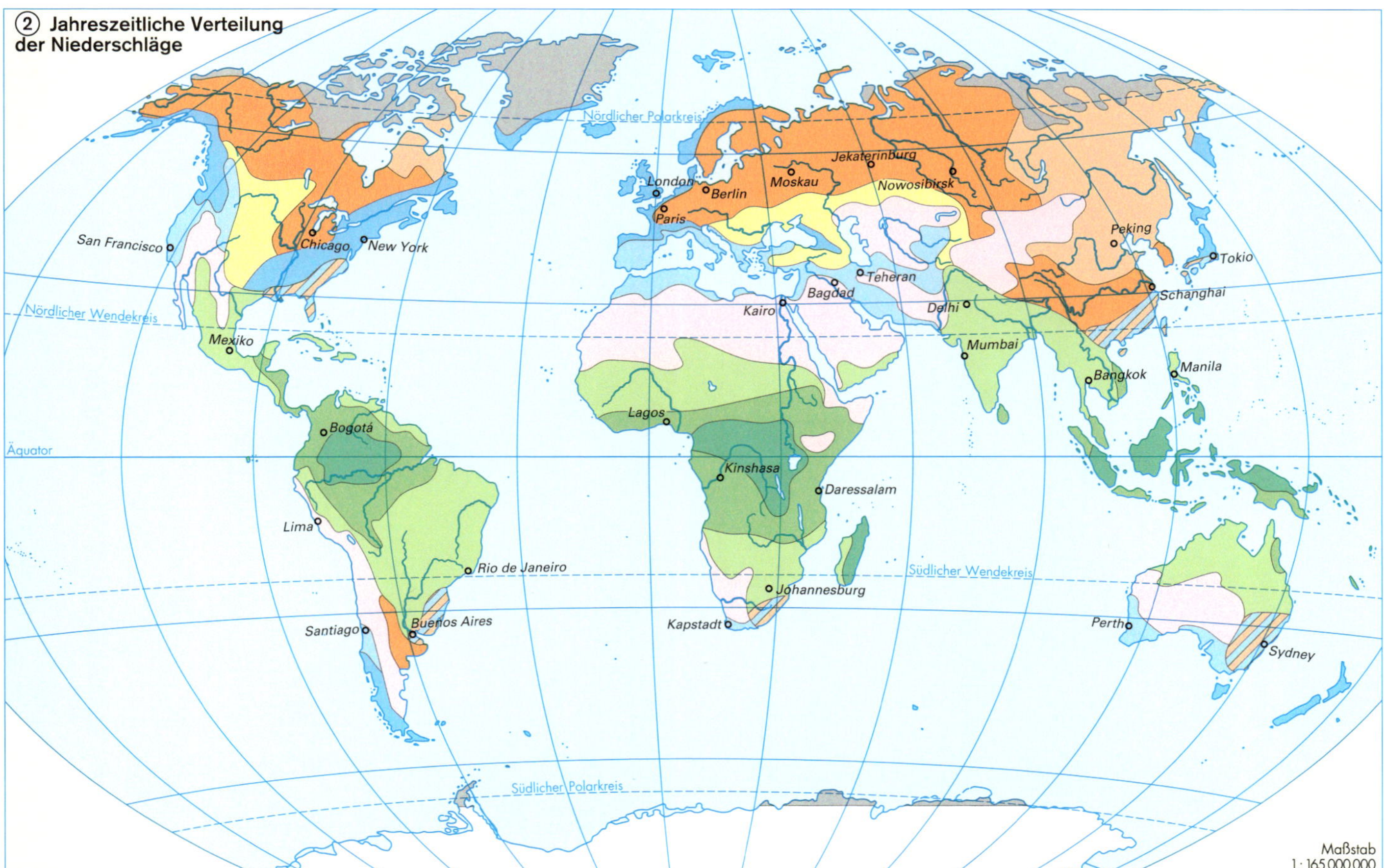

Niederschlagsverteilung

- Ganzjährige Niederschläge in den Tropen mit geringen Schwankungen
- Doppelte Regenzeit in den Tropen
- Einfache Regenzeit in den Tropen oder jahreszeitlich bedingte Niederschläge (z. B. Monsun)
- Ganzjährige Niederschläge mit Sommermaximum
- Ganzjährige Niederschläge mit Herbst- und Wintermaximum
- Niederschläge vorherrschend im Frühjahr
- Niederschläge vorherrschend im Sommer
- Niederschläge vorherrschend im Herbst und Winter

Niederschlagsarme Gebiete (< 200 mm/Jahr)

- in den Subtropen und in der Gemäßigten Zone
- in den Polargebieten

© Cornelsen

RUSSLAND
KASACHSTAN
USBEKISTAN
TURKMENISTAN
Kaspisches Meer
Schwarzes Meer
Persischer Golf
Rotes Meer
Mittelmeer
Nordsee
Ostsee
ATLANTISCHER OZEAN
Westeuropäisches Becken
Nordatlantischer Rücken
Golf von Aden
Moskau
Kiew
Minsk
Warschau
Berlin
Paris
London
Dublin
Madrid
Lissabon
Rom
Wien
Prag
Budapest
Bukarest
Sofia
Athen
Belgrad
Istanbul
Ankara
Kairo
Tripolis
Tunis
Algier
Rabat
Bagdad
Teheran
Damaskus
Beirut
Amman
Kuwait
Riad
Sana
Khartum
Asmara
Niamey
Bamako
Dakar
Nuakschott
Ndschamena
TÜRKEI
IRAN
IRAK
SYRIEN
SAUDI-ARABIEN
ÄGYPTEN
LIBYEN
ALGERIEN
MAROKKO
TUNESIEN
TSCHAD
SUDAN
NIGER
MALI
MAURETANIEN
SENEGAL
JEMEN
POLEN
UKRAINE
FRANKREICH
SPANIEN
PORTUGAL
ITALIEN
DEUTSCHLAND
GROSS-BRITANNIEN
IRLAND
SCHWEDEN
NORWEGEN
GRIECHENLAND
RUMÄNIEN
Libysche Wüste
Arabische Wüste
Nubische Wüste
Syrische Wüste
Tibesti
Ahaggar
Air
Ténéré
Hoher Atlas
Pyrenäen
Alpen
Apenninen
Kaukasus
Kanarische Inseln (span.)
Madeira (port.)
Sahara

© Cornelsen

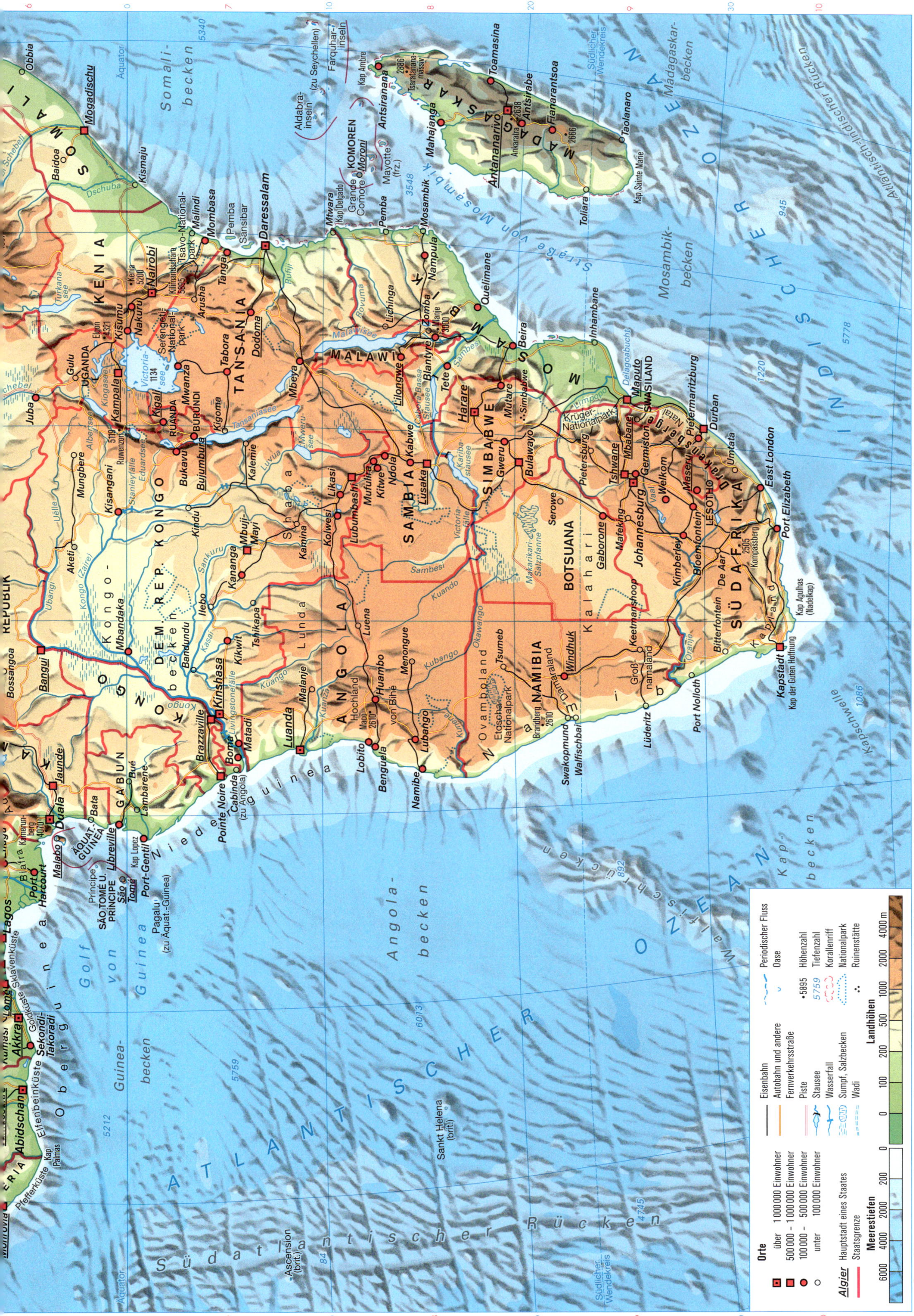

ATLANTISCHER OZEAN
INDISCHER OZEAN
Golf von Guinea
Guinea-becken
Angola-becken
Kap-becken
Kapschwelle
Walfischrücken
Südatlantischer Rücken
Atlantisch-Indischer Rücken
Somali-becken
Mosambik-becken
Madagaskar-becken
Straße von Mosambik
Kongo-becken
Kalahari
Oberguinea
Niederguinea
Äquator
Südlicher Wendekreis
Sankt Helena (brit.)
Ascension (brit.)
Pagalu (zu Äquat.-Guinea)
SÃO TOMÉ U. PRÍNCIPE
Príncipe
São Tomé
ÄQUAT.-GUINEA
Malabo
Bata
GABUN
Libreville
Port-Gentil
Kap Lopez
Lambaréné
Bué
KONGO
Brazzaville
Pointe Noire
Cabinda (zu Angola)
DEM. REP. KONGO
Kinshasa
Matadi
Boma
Mbandaka
Kisangani
Bukavu
Kindu
Kananga
Mbuji-Mayi
Lubumbashi
Kolwezi
Likasi
Bandundu
Ilebo
Tshikapa
Kikwit
Kalemie
Kamina
Aketi
Mungbere
ANGOLA
Luanda
Lobito
Benguela
Huambo
Lubango
Namibe
Malanje
Luena
Menongue
Hochland von Bihé
NAMIBIA
Windhuk
Swakopmund
Walfischbai
Lüderitz
Keetmanshoop
Tsumeb
Etoscha-Nationalpark
Ovamboland
Damaraland
Groß-namaland
BOTSUANA
Gaborone
Serowe
Makarikari-Salzpfanne
SÜDAFRIKA
Kapstadt
Kap der Guten Hoffnung
Kap Agulhas (Nadelkap)
Port Elizabeth
East London
Durban
Pietermaritzburg
Bloemfontein
Kimberley
Johannesburg
Tshwane
Germiston
Welkom
Mafeking
Pietersburg
Port Nolloth
Bitterfontein
De Aar
Umtata
LESOTHO
Maseru
SWASILAND
Mbabane
Drakensberge
Kruger-Nationalpark
Karru
SAMBIA
Lusaka
Kitwe
Ndola
Kabwe
Mufulira
Victoria-fälle
Karibastausee
SIMBABWE
Harare
Bulawayo
Gweru
Mutare
MOSAMBIK
Maputo
Beira
Quelimane
Nampula
Tete
Inhambane
Lichinga
Mosambik
Pemba
Delagoabucht
MALAWI
Lilongwe
Blantyre
Zomba
Malawisee
TANSANIA
Daressalam
Dodoma
Tabora
Mwanza
Kigoma
Mbeya
Tanga
Arusha
Sansibar
Pemba
Mtwara
Kilimandscharo 5895
Serengeti-National-park
Tanganjikasee
Mweru-see
Victoria-see
KENIA
Nairobi
Mombasa
Malindi
Nakuru
Kisumu
Kenia 5200
Elgon 4321
Turkana-see
Tsavo-Nationalpark
UGANDA
Kampala
Gulu
Juba
Ruwenzori 5119
RUANDA
Kigali
BURUNDI
Bujumbura
SOMALIA
Mogadischu
Kismaju
Baidoa
Obbia
Dschuba
KOMOREN
Moroni
Grande Comore
Mayotte (frz.)
Aldabra-inseln (zu Seychellen)
Farquhar-inseln
MADAGASKAR
Antananarivo
Toamasina
Mahajanga
Antsiranana
Fianarantsoa
Antsirabe
Toliara
Taolanaro
Kap Ambre
Kap Sainte Marie
Tsaratanana-massiv 2886
Ankaratra 2638
2666
Kamerun
Duala
Jaunde
Bangui
Bossangoa
Lagos
Port Harcourt
Lomé
Akkra
Sekondi-Takoradi
Abidschan
Kap Palmas
Pfefferküste
Elfenbeinküste
Goldküste
Sklavenküste
Kongo (Zaire)
Ubangi
Uelle
Kasai
Sankuru
Lualaba
Kuango
Kuanza
Kunene
Okawango
Kubango
Kuando
Sambesi
Limpopo
Vaal
Oranje
Rovuma
Rufiji
Tsiafajavona
Orte
über 1 000 000 Einwohner
500 000 – 1 000 000 Einwohner
100 000 – 500 000 Einwohner
unter 100 000 Einwohner
Algier Hauptstadt eines Staates
Staatsgrenze
Eisenbahn
Autobahn und andere Fernverkehrsstraße
Piste
Stausee
Wasserfall
Sumpf, Salzbecken
Wadi
Periodischer Fluss
Oase
•5895 Höhenzahl
5759 Tiefenzahl
Korallenriff
Nationalpark
Ruinenstätte
Meerestiefen
6000 4000 2000 200
Landhöhen
0 100 200 500 1000 2000 4000 m
westl. 0 östl. Länge v. Greenwich
1 : 27 500 000
0 250 500 750 1000 1250 1500 km
1 cm ≙ 275 km

Afrika: Temperaturen und Niederschläge

① Temperaturen im Januar

② Temperaturen im Juli

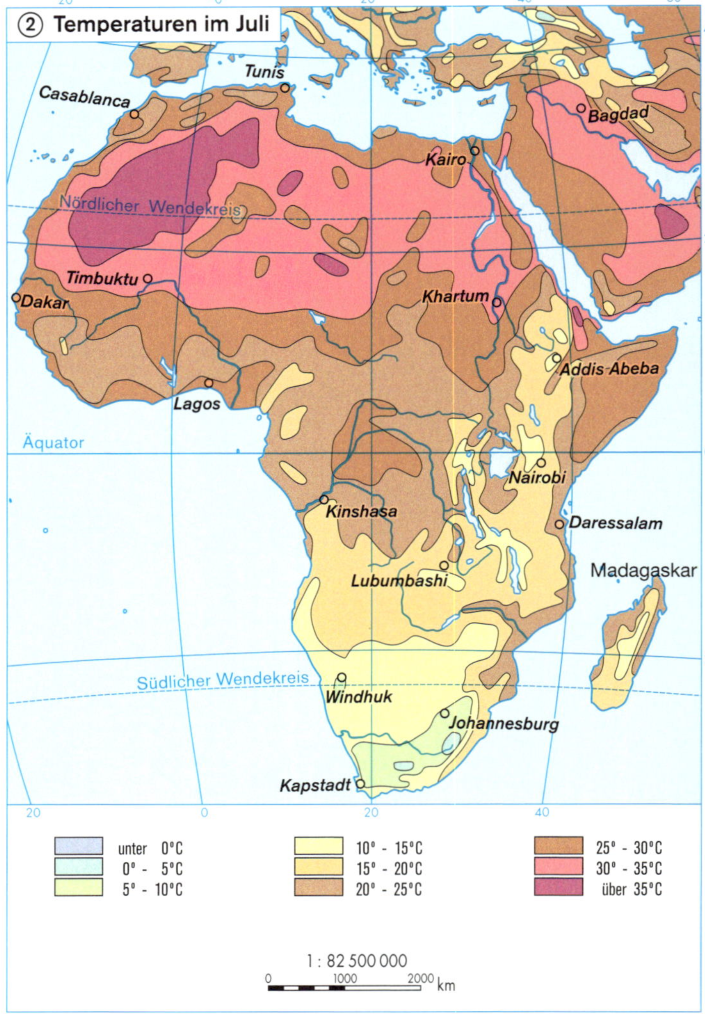

③ Niederschläge Dezember–Februar

④ Niederschläge Juni–August

Orte
über 1 000 000 Einwohner
500 000 - 1 000 000 Einwohner
100 000 - 500 000 Einwohner
50 000 - 100 000 Einwohner
unter 50 000 Einwohner
Ankara Hauptstadt eines Staates
Staatsgrenze
Demarkationslinie
Eisenbahn
Fährverbindung
Autobahn und andere Fernverkehrsstraße
Kanal
Stausee
Periodischer Fluss
Periodischer See
Gletscher
3916 Höhenzahl
2136 Tiefenzahl
Ruinenstätte
Meerestiefen
4000 2000 200 0
Landhöhen
unter 0 0 100 200 500 1000 2000 3000 4000 m
1 : 8 250 000
1cm ≙ 82,5 km
0 50 100 150 200 250 300 350 400 450 500 km
östl. Länge von Greenwich
Schwarzes Meer
Mittelmeer
Ägäisches Meer
Marmarameer
Ionisches Meer
Kaukasus
Pontisches Gebirge
Anatolien
Taurus
Mesopotamien
Kurdistan
Syrische Wüste
Nildelta
Kykladen
Südliche Sporaden
Nördliche Sporaden
Kreta
Rhodos
ZYPERN
Nikosia
Limassol
Famagusta
RUSSLAND
GEORGIEN
ARMENIEN
ASERBAIDSCHAN
IRAN
IRAK
SYRIEN
LIBANON
ISRAEL
JORDANIEN
ÄGYPTEN
LIBYEN
GRIECHENLAND
BULGARIEN
RUMÄNIEN
SERBIEN
KOSOVO
MAZEDONIEN
ALBANIEN
MONTENEGRO
Ankara
Istanbul
Izmir
Bursa
Adana
Konya
Kayseri
Sivas
Trabzon
Samsun
Erzurum
Van
Diyarbakir
Gaziantep
Antalya
Mersin
Eskişehir
Malatya
Elâzığ
Bagdad
Mosul
Halab
Damaskus
Beirut
Amman
Jerusalem
Tel Aviv-Jaffa
Alexandria
Athen (Athína)
Sofia (Sofija)
Tiflis (Tbilissi)
Eriwan
Bosporus
Dardanellen
Euphrat
Tigris
Tuz Gölü
Vansee
Atatürk-Stausee
Suez-Kanal
Nil

© Cornelsen

© Cornelsen

1 : 16 500 000 0 100 200 300 400 500 600 700 800 900 1000 km 1cm ≙ 165 km

Fels- und Eisregion	Obst- und Weinbau	**Bergbau**	**Industrie**
Wald	Bewässerungskulturen und Oasen	Steinkohle	Eisenverhüttung, Stahlherstellung
Hartlaubgewächse der Subtropen und Macchie	Zitrusfrüchte / Tee	Erdöl	Gießerei, Walzwerk, Stahlbau
Steppe	Baumwolle / Reis	Erdgas	Buntmetallverhüttung
Halbwüste und Wüste	Dattelpalmen / Kaffee	Eisenerz	Aluminiumherstellung
Trockensavanne	Periodischer Fluss, Wadi	Chrom	Metall verarbeitende Industrie
Ackerland mit vorwiegend Getreideanbau	Salzbecken, Salzsumpf	Kupfer	Maschinenindustrie
	Fischereihafen	Bauxit	Schiffbau
	Fremdenverkehrsort	Phosphat	Elektroindustrie

Chemische Industrie	**Orte**
Erdölraffinerie	über 1 000 000 Einwohner
Textilindustrie	500 000 – 1 000 000 Einwohner
Nahrungsmittelindustrie	100 000 – 500 000 Einwohner
Wasserkraftwerk	unter 100 000 Einwohner
Wärmekraftwerk	
Kernkraftwerk	Staatsgrenze
Erdölpipeline	Eisenbahn
Erdgaspipeline	Fernverkehrsstraße

© Cornelsen

35 östl. Länge v. Greenwich

1 : 16 500 000 — 0 100 200 300 400 500 600 700 800 900 1000 km — 1 cm ≙ 165 km

Kunz] 27.07.07

① Physische Karte
Äquator
Südlicher Wendekreis
KOLUMBIEN
VENEZUELA
GUYANA
SURINAME
Französisch Guyana
ECUADOR
PERU
BOLIVIEN
BRASILIEN
PARAGUAY
PANAMA
COSTA RICA
NICARAGUA
HONDURAS
EL SALVADOR
GUATEMALA
BELIZE
KUBA
JAMAIKA
HAITI
DOMINIKANISCHE REPUBLIK
TRINIDAD UND TOBAGO
Bogotá
Caracas
Quito
Lima
La Paz
Sucre
Brasília
Rio de Janeiro
São Paulo
Salvador
Recife
Fortaleza
Belém
Manaus
Santarém
Georgetown
Paramaribo
Cayenne
Asunción
Medellín
Cali
Guayaquil
Cuenca
Iquitos
Arequipa
Cusco
Trujillo
Callao
Panamá
Managua
San José
Kingston
Port-au-Prince
Santo Domingo
San Juan
Maracaibo
Barranquilla
Cartagena
Amazonas
Rio Negro
Madeira
Xingu
Tocantins
Rio São Francisco
Paraná
Orinoco
Bergland von Guyana
Mato Grosso
Pantanal
Karibisches Meer
Kleine Antillen
Große Antillen
Nordatlantischer Rücken
Guayanabecken
Guayanaschwelle
Kap-Verde-Becken
Kap-Verde-Schwelle
Perubecken
Nazcarücken
Kokosschwelle
Carnegieschwelle
Galápagosinseln (ecuad.)
Fernando de Noronha (bras.)
Sankt Paul (bras.)
Trindade (bras.)
Martin Vaz (bras.)
San Félix (chil.)
San Ambrosio (chil.)
Panamericana
Transamazônica

© Cornelsen

② Temperaturen im Januar

③ Temperaturen im Juli

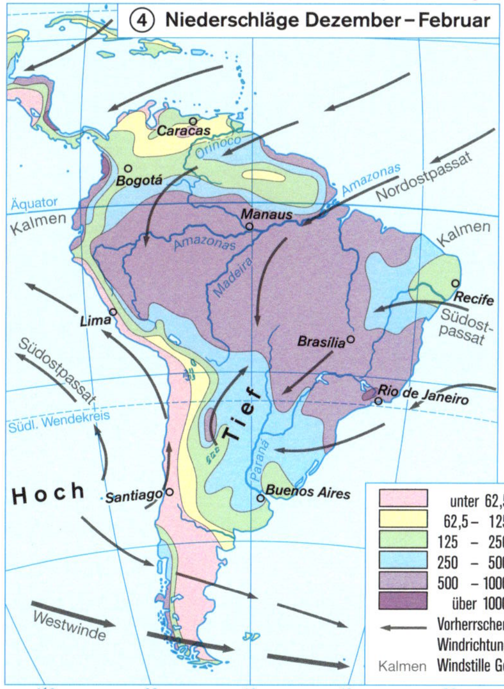

④ Niederschläge Dezember – Februar

⑤ Niederschläge Juni – August

1 : 99 000 000 0 1000 2000 3000 4000 5000 km 1cm ≙ 990 km

① Wirtschaftskarte
ATLANTISCHER OZEAN
PAZIFISCHER
Karibisches Meer
Äquator
Südlicher Wendekreis
40 westl. Länge v. Greenwich
Kuba
Hispaniola
Jamaika
Puerto Rico
Trinidad
Barbados
Martinique
Guadeloupe
Aruba
Curaçao
Galápagos-inseln
Panamakanal
Guayana
Llanos
Selvas
Llanos de Mamoré
Chaco
Recife
Natal
Fortaleza
Maceió
Aracajú
Salvador
Ilhéus
Caravelas
Vitória
Rio de Janeiro
Santos
São Paulo
Curitiba
Blumenau
Belo Horizonte
Ouro Preto
Volta Redonda
Ribeirão Preto
Londrina
Brasília
Goiânia
Niquelândia
Teresina
Parnaíba
São Luís
Belém
Paragominas
Tucuruí
Marabá
Serra Pelada
Serra dos Carajás
Altamira
Santarém
Curuá-Una
Macapá
Serra do Navio
Cayenne
Paramaribo
Georgetown
Manaus
Balbina
Boa Vista
Porto Velho
Ji-Paraná
Rio Branco
Cuiabá
Corumbá
Urucum
Asunción
Itaipú
Corrientes
Salta
Jujuy
Tucumán
Embarcación
Cochabamba
Santa Cruz
Oruro
Potosí
Tupiza
La Paz
Chuquicamata
Tocopilla
Antofagasta
El Salvador
Potrerillos
Arica
Iquique
Ilo
Toquepala
Arequipa
Puno
Cuzco
Marcona
Lima
Callao
La Oroya
Cerro de Pasco
Pucallpa
Iquitos
Trujillo
Chimbote
Chiclayo
Bayóvar
Talara
Piura
Guayaquil
Cuenca
Quito
La Libertad
Esmeraldas
Tumaco
Pasto
Cali
Medellín
Bogotá
Paz del Río
Bucaramanga
Cartagena
Barranquilla
Santa Marta
Maracaibo
Amuay
Mérida
Valencia
Caracas
El Tigre
Cerro Bolívar
Ciudad Guayana
Colón
Panamá
San José
Managua
Tegucigalpa
San Salvador
Guatemala
Mérida
Camagüey
Moa
Kingston
Port-au-Prince
Santo Domingo
San Juan
Saint Croix
Amazonas
Rio Negro
Orinoco
Rio São Francisco
Tocantins
Araguaia
Xingu
Tapajós
Madeira
Purus
Juruá
Japurá
Putumayo
Paraguay
Paraná
Titicaca-see
Mamoré
Guaporé
Rio Bermejo

© Cornelsen

② Mittelamerika: Politische Gliederung

③ Politische Gliederung

④ Landschaftszonen

① Physische Karte

© Cornelsen

Golf von Mexiko
Mexikanisches Becken
Golf von Campeche
Karibisches Meer
Kolumbienbecken
Venezuelabecken
Große Antillen
Kleine Antillen
Bahamas
Kuba
Hispaniola
Florida
Mexiko
Westliche Sierra Madre
Östliche Sierra Madre
Südliche Sierra Madre
Halbinsel Yucatán
Mittelamerikanischer Graben
Ostpazifischer Rücken
Kalifornischer Graben
Golf von Kalifornien
Golf von Tehuantepec
Golf von Panamá
Straße von Yucatán
Kaimangraben
Puerto-Rico-Graben
Pazifischer Ozean
Mexiko
Guatemala
Belize
Honduras
El Salvador
Nicaragua
Costa Rica
Panamá
Kolumbien
Venezuela
Haiti
Dominikanische Republik
Jamaika
Puerto Rico (zu USA)
Havanna
Nassau
Santo Domingo
Port-au-Prince
Kingston
San Juan
Caracas
Bogotá
Managua
Tegucigalpa
San Salvador
Guatemala
Belmopan
San José
Panamá
Houston
New Orleans
San Antonio
Austin
Monterrey
Guadalajara
Puebla
Veracruz
Mérida
Acapulco
Medellín
Maracaibo
Barranquilla
Cartagena
Orte
über 1 000 000 Einwohner
500 000 - 1 000 000 Einwohner
100 000 - 500 000 Einwohner
unter 100 000 Einwohner
Ottawa Hauptstadt eines Staates
Eisenbahn
Autobahn und andere Fernverkehrsstraße
Wasserfall
Stausee
Sumpf
Korallenriff
Gletscher
3954 Höhenzahl
4376 Tiefenzahl
Ruinenstätte
Staatsgrenze
Meerestiefen
Landhöhen
1 : 27 500 000
1 cm ≙ 275 km

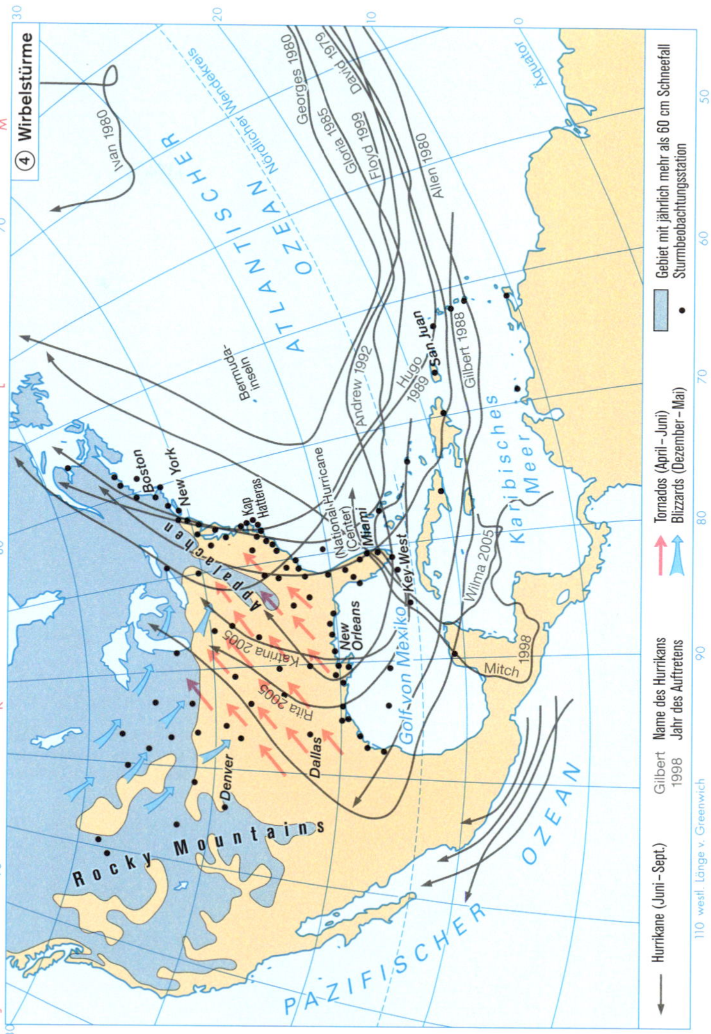
④ Wirbelstürme
Atlantischer Ozean
Pazifischer Ozean
Karibisches Meer
Golf von Mexiko
Rocky Mountains
Appalachen
Nördlicher Wendekreis
Bermuda-Inseln
Boston
New York
Kap Hatteras
Miami
Key West
New Orleans
Dallas
Denver
San Juan
(National Hurricane Center)
Allen 1980
Andrew 1992
Hugo 1989
Gilbert 1988
Georges 1998
David 1979
Gloria 1985
Floyd 1999
Ivan 1980
Katrina 2005
Rita 2005
Wilma 2005
Mitch 1998
Hurrikane (Juni–Sept.)
Gilbert 1998 Name des Hurrikans Jahr des Auftretens
Tornados (April–Juni)
Blizzards (Dezember–Mai)
Gebiet mit jährlich mehr als 60 cm Schneefall
Sturmbeobachtungsstation
1 : 66 000 000
1 cm ≙ 660 km

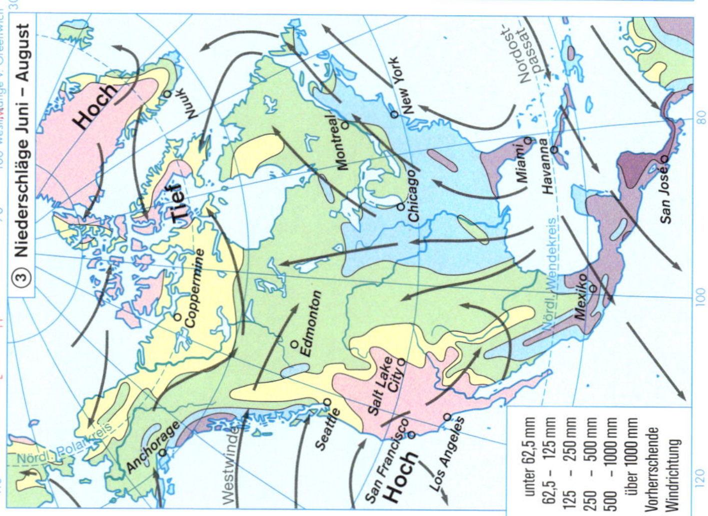
③ Niederschläge Juni – August
Hoch
Tief
Nuuk
Coppermine
Edmonton
Anchorage
Seattle
Salt Lake City
San Francisco
Los Angeles
Montreal
Chicago
New York
Miami
Havanna
Mexiko
San José
Westwinde
Nordostpassat
Nördl. Polarkreis
Nördl. Wendekreis
unter 62,5 mm
62,5 - 125 mm
125 - 250 mm
250 - 500 mm
500 - 1000 mm
über 1000 mm
Vorherrschende Windrichtung
1 : 99 000 000
1 cm ≙ 990 km

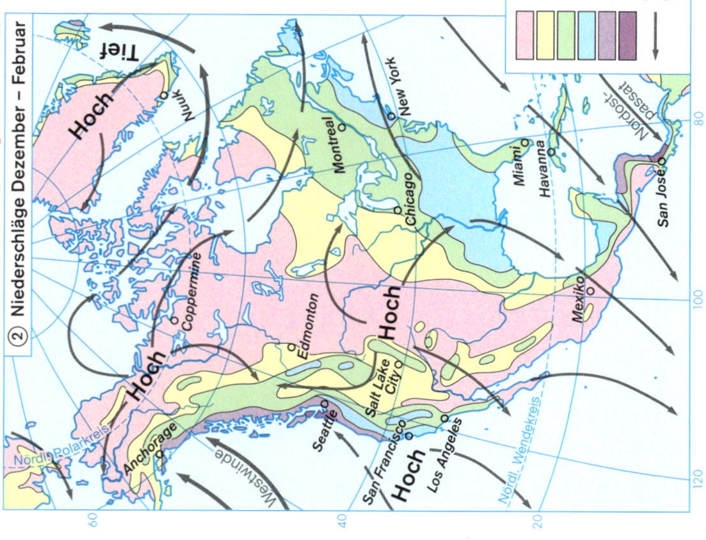
② Niederschläge Dezember – Februar
Hoch
Tief
Nuuk
Coppermine
Edmonton
Anchorage
Seattle
Salt Lake City
San Francisco
Los Angeles
Montreal
Chicago
New York
Miami
Havanna
Mexiko
San José
Westwinde
Nordostpassat
Nördl. Polarkreis
Nördl. Wendekreis

① Plattentektonik, Erdbeben und Vulkane

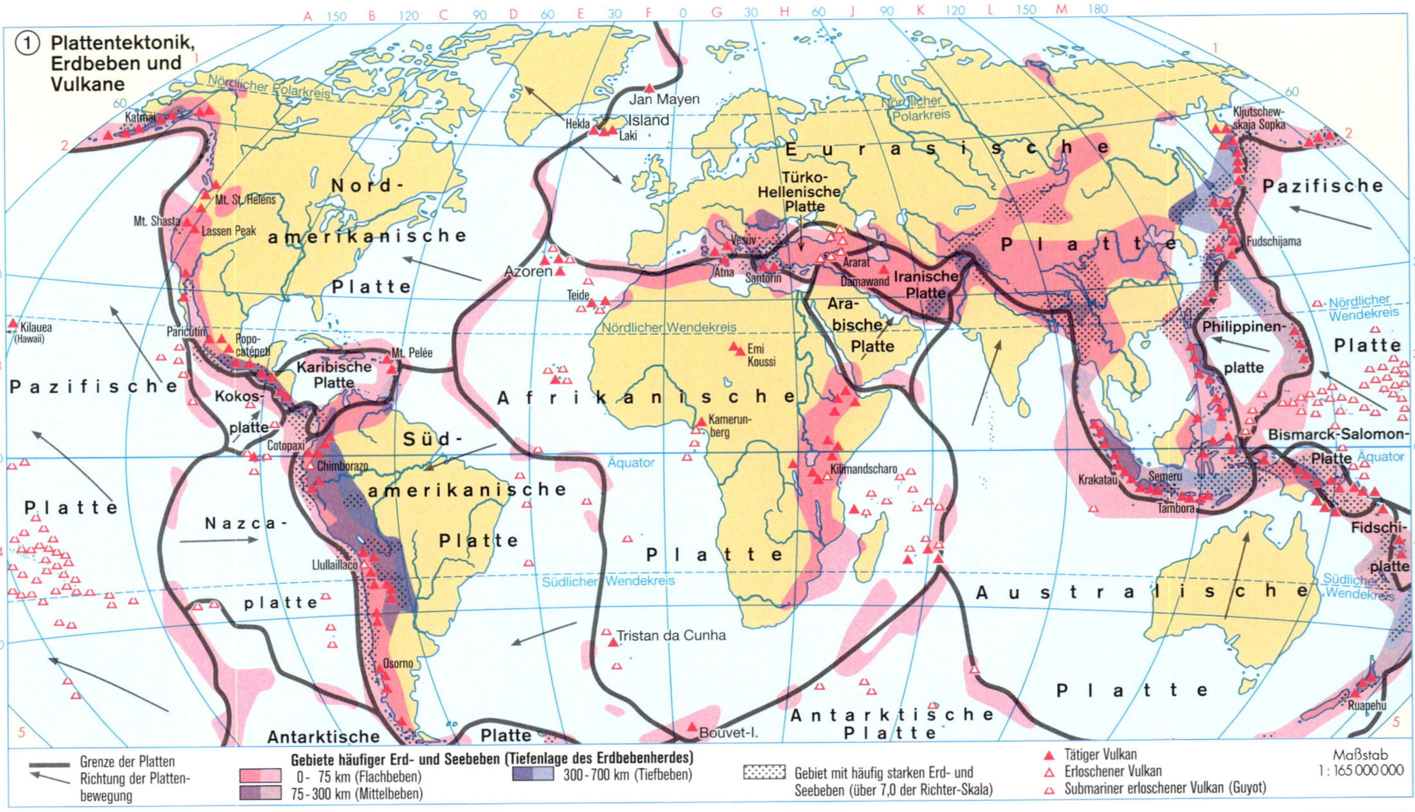

② Erdbebengefährdung im Raum San Francisco

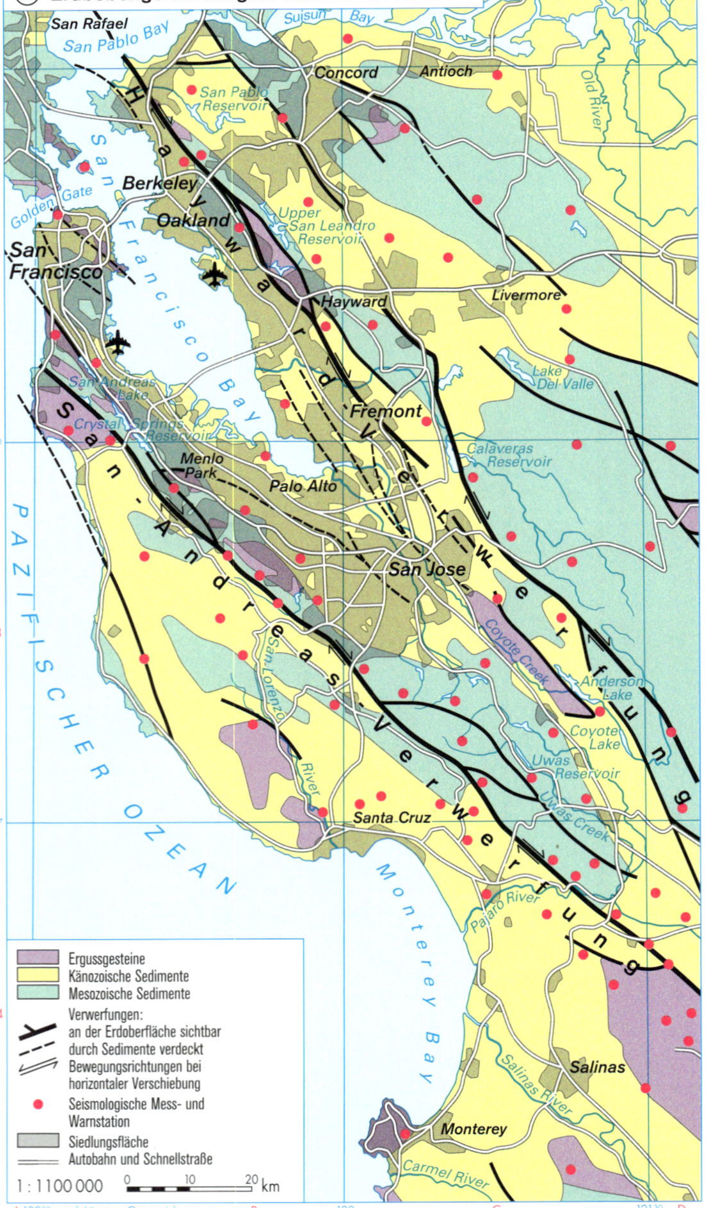

③ Entstehung des Atlantiks und Kontinentalverschiebung

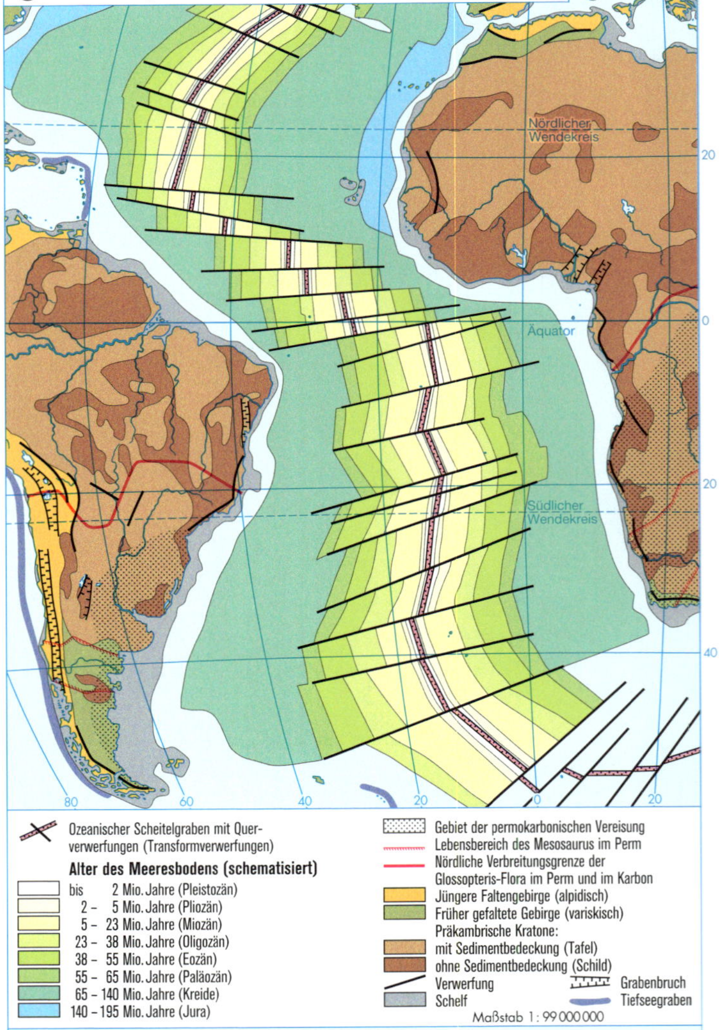

④ Profil durch den Atlantik (schematisiert)

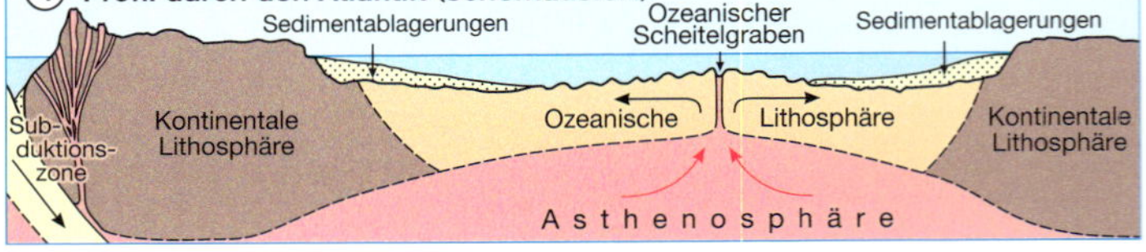

© Cornelsen

74 westl. Länge von Greenwich
West Side
Metropolitan Opera
Lincoln Center
Fordham University
Central Park
East Side
Bundesstaat New Jersey
Bundesstaat New York
Lincoln Tunnel
West Side Highway
Carnegie Hall
Roosevelt University
Roosevelt Island
Queensboro Bridge
J. K. Javits New York Convention Center
Theater District
Rockefeller Center
Times Square
Bus Terminal
Grand Central Terminal
Chrysler Building
General Post Office
Pennsylvania Station
Empire State Building
UN-Gebäude
Queens Midtown Tunnel
Long Island City Station
Madison Square
Bellevue Hospital
Manhattan
Hudson River
East River
Greenwich Village
Union Square
Washington Square
New York University
PATH Tube
Holland Tunnel
Tompkins Square
East Houston Street
Delancey Street
Canal Street
China-town
Civic Center
City Hall
Pace University
East Broadway
East River Park
Williamsburg Bridge
Battery Park City
World Trade Center Memorial Site
Lower Manhattan
Financial District
Wall Street
Battery Park
Brooklyn-Battery Tunnel
Franklin D. Roosevelt Drive (Elevated Highway)
Brooklyn Bridge
Manhattan Bridge
Wallabout Bay
Brooklyn
Mc Carren Park
McGuinness Boulevard
Vernon
Bedford Avenue
Broadway
Queens
Öffentliches Gebäude
Banken und Versicherungen
Verwaltungs- und Bürogebäude
Geschäftszentrum
Kulturelle Einrichtung
Krankenhaus
Wohngebiet
Industrie- und Gewerbefläche
Park, Grünanlage
Eisenbahn
Bahnhof
Eisenbahntunnel
Autobahn
Schnellstraße
Hauptverkehrsstraße
Autobahn im Bau
Straßentunnel
U-Bahn
U-Bahnhof
1 : 35 000
1 cm ≙ 350 m
0 500 1000 1500 m

© Cornelsen

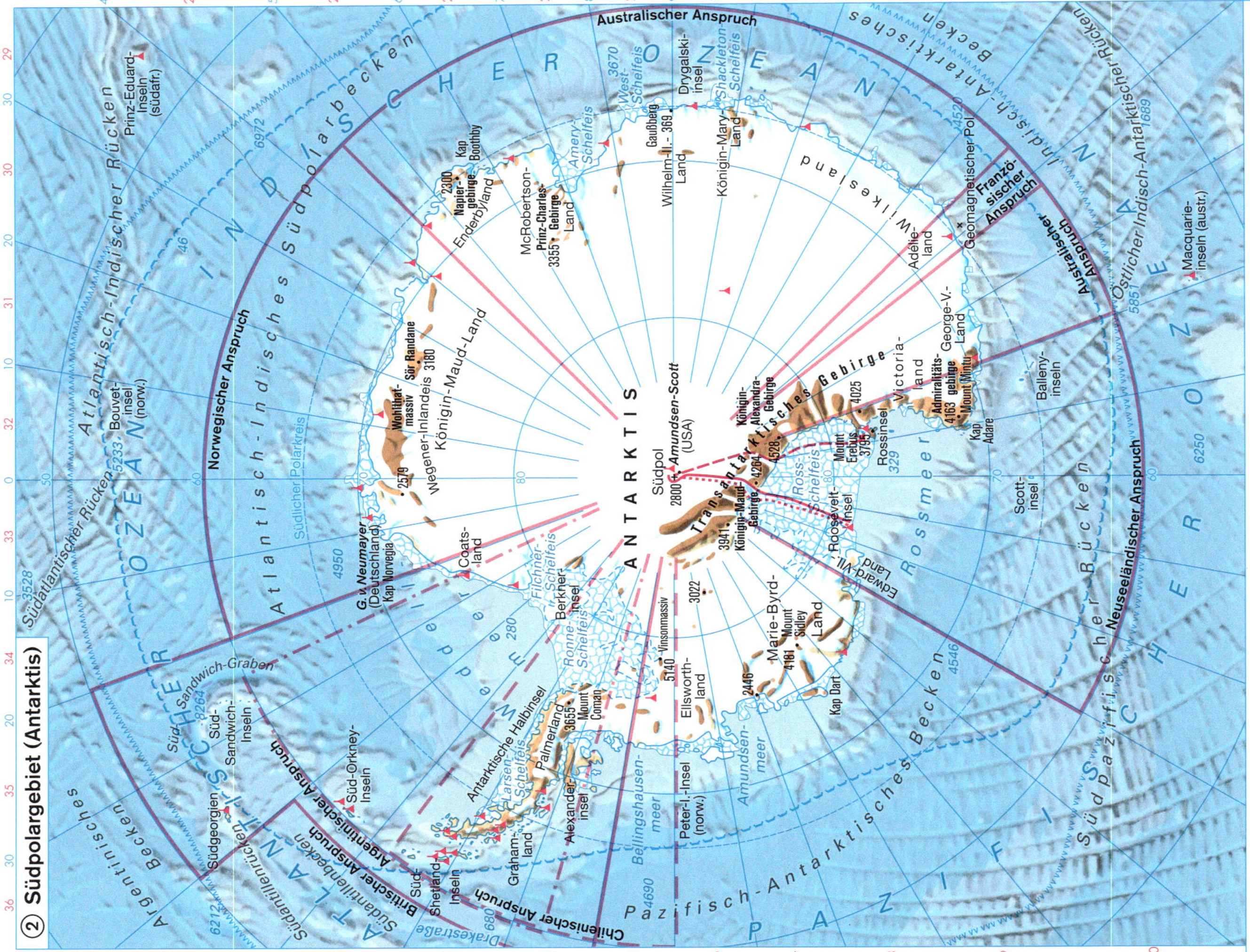

② Südpolargebiet (Antarktis)
ANTARKTIS
Südpolarbecken
Atlantisch-Indisches Südpolarbecken
Atlantisch-Indischer Rücken
Weddellmeer
Rossmeer
Amundsenmeer
Bellingshausenmeer
Pazifisch-Antarktisches Becken
Südpazifischer Rücken
Südpol
Amundsen-Scott (USA)
Transantarktisches Gebirge
Königin-Maud-Land
Wilkesland
Antarktische Halbinsel
Ross-Schelfeis
Ronne-Schelfeis
Australischer Anspruch
Norwegischer Anspruch
Neuseeländischer Anspruch
Französischer Anspruch
Chilenischer Anspruch
Britischer Anspruch
Argentinischer Anspruch
Landhöhen
Meerestiefen
unter 0
0
200
500
1000
2000
4000 m
8000
6000
4000
1000
200
westl. 180 östl. L.v.Greenw.
Forschungsreisen zum Südpol
Amundsen 1911
Scott 1911-12
Byrd 1929

① Nordpolargebiet (Arktis)
Nordpolarmeer
Nordpol
Völlige Eisbedeckung des Meeres im September
Grönland
Alaska
Kanada
Russland
Beringmeer
Barentssee
Karasee
Laptewsee
Ostsibirische See
Beaufortsee
Europäisches Nordmeer
Spitzbergen (norw.)
Franz-Josef-Land
Nowaja Semlja
Sewernaja Semlja
Neusibirische Inseln
Island
Forschungsreisen im Nordpolargebiet
Nordenskjöld 1878-79
Nansen 1893-96
Amundsen 1903-06
Peary 1909
Wegener (Grönland) 1930-31
Atom-U-Boot Nautilus 1958
Inlandeis und Gletscher
Schelfeis (Südpol)
Packeisgrenze
Eisberggrenze
2579 Höhenzahl
5851 Tiefenzahl
Forschungsstation
Grenzen der in der Antarktis beanspruchten Gebiete
Staatsgrenze
westl. 0 östl. L.v.Greenw.

© Cornelsen

Landwirtschaft

Zuckerrüben
Gemüse
Spargel
Hopfen
Tabak
Flachs, Lein

Obst
Zitrusfrüchte
Wein
Blumen
Oliven

Korkeichen

Kokospalmen
Ölpalmen
Dattelpalmen

Kaffee
Kakao
Erdnüsse
Bananen
Soja

Reis
Zuckerrohr
Tee
Gewürze

Baumwolle

Kautschuk
Sisal, Manilahanf
Jute

Viehhaltung

Rinder
Schafe

Fischerei

Fischereihafen
Fischverarbeitung

Fremdenverkehr

Fremdenverkehrsort

In den Karten erscheinen die Signaturen in drei Größenstufen je nach Bedeutung der einzelnen Standorte, z. B. für Chemische Industrie.

Bergbau und Steingewinnung

Steinkohle
Braunkohle
Erdöl
Erdgas

Eisenerz

Mangan
Nickel
Chrom
Wolfram
Molybdän
Kobalt
Antimon

Kupfer
Zink
Zinn
Blei
Uran
Bauxit (Aluminium)
Quecksilber

Gold
Silber
Platin

Steinsalz
Kalisalze
Phosphat
Schwefel
Schwefelkies
Salpeter
Asbest
Diamanten

Kalk
Marmor

Pipelines

Erdöl
Raffinerieprodukte
Erdgas

Kraftwerke

Wasserkraftwerk
Wärmekraftwerk
Kernkraftwerk

Industrie

Eisenverhüttung und Stahlherstellung
Gießerei, Walzwerk, Stahlbau
Buntmetallverhüttung
Aluminiumherstellung

Metall verarbeitende Industrie
Maschinenindustrie
Kraftfahrzeugindustrie
Waggon- und Lokomotivenbau
Schiffbau
Flugzeugbau
Drahtherstellung, Kabelwerk

Elektroindustrie
Elektronikindustrie
Feinmechanische Industrie
Optische Industrie
Uhrenindustrie
Schmuckwarenindustrie

Chemische Industrie
Kunststoffindustrie
Gummiindustrie
Erdölraffinerie

Textilindustrie
Bekleidungsindustrie
Lederverarbeitung
Schuhindustrie
Lederwarenherstellung

Holzindustrie
Möbelindustrie
Papierindustrie
Druckerei, Verlag
Spielwarenindustrie
Musikinstrumentenbau

Glasindustrie
Porzellanindustrie
Zementindustrie
Herstellung von Sanitärporzellan
Baustoffindustrie/Keramikindustrie

Nahrungsmittelindustrie
Zuckerindustrie
Getränkeherstellung
Brauerei
Süßwarenindustrie
Tabak verarbeitene Industrie

© Cornelsen

Atlasregister

A

B

C

D

E

F

G

H

I

J

K

L

T

U

V

W

X

Y

Z